瓦斯抽采地质分析技术及应用

Technology and Application of Gas Drainage Geology

宋志敏　马　耕等　著

北　京

内 容 简 介

本书以实验室测试、现场试验、数值模拟和理论分析为基础，结合地质构造、煤层与顶底板、水文地质、瓦斯地质、现代地应力、煤岩体物性特征等方面，根据矿井地质条件差异和煤体结构的非均质性、改造性、可抽性特点，提出了四级抽采地质单元划分方法，构建了可统一改造的强化层，揭示了强化层瓦斯运移产出过程，阐明了水力扰动工艺卸压增透机理，建立了一套瓦斯抽采地质评价技术指标体系，优选出了不同地质条件下的强化层和抽采工艺，创立了瓦斯抽采地质图及工程部署图编制方法，初步形成了瓦斯抽采地质分析技术体系，为瓦斯抽采精准施策提供了地质依据。

本书可供从事煤矿井下瓦斯抽采、瓦斯勘探开发的工程技术人员和科研人员，以及相关专业的高等院校师生参考使用。

图书在版编目（CIP）数据

瓦斯抽采地质分析技术及应用=Technology and Application of Gas Drainage Geology/宋志敏等著. —北京：科学出版社，2019.12

ISBN 978-7-03-062339-3

Ⅰ. ①瓦…　Ⅱ. ①宋…　Ⅲ. ①煤层瓦斯–瓦斯抽放–研究　Ⅳ. ①TD712

中国版本图书馆 CIP 数据核字（2019）第 206904 号

责任编辑：刘翠娜　崔元春/责任校对：樊雅琼
责任印制：吴兆东/封面设计：无极书装

科 学 出 版 社 出版
北京东黄城根北街 16 号
邮政编码：100717
http://www.sciencep.com

北京建宏印刷有限公司 印刷
科学出版社发行　各地新华书店经销
*
2019 年 12 月第 一 版　开本：787×1092　1/16
2019 年 12 月第一次印刷　印张：20 3/4
字数：401 000
定价：128.00 元
（如有印装质量问题，我社负责调换）

本书编写人员名单

宋志敏　马　耕　任建刚　杨程涛

李　冰　曲艳伟　陶云奇　刘见宝

前　言

我国的能源现状是缺油、少气、富煤。2018 年煤炭在我国一次能源消费结构中所占比例在 66% 左右，在未来相当长时间内，煤炭的主导地位不会改变。瓦斯与煤同生共体，是一种以甲烷为主要成分的混合气体，既是一种清洁能源，又是煤矿安全生产的灾害源。随着开采强度和深度的不断增加，瓦斯赋存地质条件更加复杂，瓦斯隐患更加严重。实施煤与瓦斯共采具有实现资源开发利用、煤矿减灾和节能减排三重作用。但现有的瓦斯抽采技术无法有效解决低透气性煤层高效抽采的难题，直接造成矿井瓦斯抽采率低，"抽、采、掘"比例失衡。究其原因，除了抽采工程技术方面的问题外，更重要的是缺乏行之有效的、用于指导瓦斯抽采工作的基础地质理论。长期以来，基础地质理论与瓦斯抽采工艺技术研究一直分属两种不同性质的工作，两者没能得到有效结合和匹配。实际工作中存在瓦斯抽采工作地质技术指导作用弱，各种抽采工艺的地质条件适用性不明确，未根据煤层地质条件形成一区一策、一面多法的抽采方案，缺乏系统的瓦斯抽采地质图和瓦斯抽采工程部署图编制方法，瓦斯抽采工艺设计具有缺乏规范化、科学化，针对性不强等一系列问题，而瓦斯抽采地质分析技术正是在这种背景下应运而生的。

瓦斯抽采地质分析技术是一门专门为瓦斯抽采工程服务的地质分析技术，其目的是查明与瓦斯抽采相关的地质条件，建立基于煤层地质条件的瓦斯抽采工艺优选体系，形成一区一策、一面多法的抽采设计方案，实现煤层瓦斯高效抽采。与瓦斯地质等学科相比，瓦斯抽采地质涵盖了瓦斯地质的所有信息，但又比瓦斯地质对煤矿井下瓦斯治理的指导更具操作性，是瓦斯地质的外延与升华，主要包括瓦斯抽采地质评价指标技术体系，瓦斯抽采地质单元逐级划分标准，基于强化抽采的瓦斯抽采难易程度评价、扰动工艺优选，瓦斯抽采地质图和工程部署图编制等多项关键技术，为矿井瓦斯抽采科学部署和扰动卸压增透技术设计提供了科学依据。

本书由河南工程学院和河南能源化工集团研究总院有限公司共同完成，具体分工为：前言、第 1 章由宋志敏、马耕编写；第 2 章由任建刚编写；第 3 章和第 4 章由杨程涛编写；第 5 章由任建刚、刘见宝编写；第 6 章由李冰编写；第 7 章由曲艳伟、陶云奇编写；第 8 章由宋志敏、马耕编写。全书由宋志敏和马耕统一审核、定稿。

作者及其研究团队潜心于该项研究多年，在煤矿环境地质灾害综合治理技术河南省工程实验室、国家自然科学基金（41872169、41972177）、河南省科技发展计划（182107000004、182102310787、192102310464）、河南省高等学校重点科研项目（18A440008）和河南工程学院博士基金（D2017010）等的资助下，初步建立了瓦斯抽采地质分析技术体系。尽管该技术在诸多方面存在不足，但作者还是编写了本书，旨在为大家提供一个供参考、讨论的对象，争取让更多的地质技术人员和企业关注这项技术，使其早日成为瓦斯治理的一种有效地质保障技术。

本书在研究过程中得到了许多专家学者和团队成员的大力支持和帮助，他们分别是张子戍教授、苏现波教授、李伍成教授、辛新平教授、张秀全教授、牛亚莉副教授、吕闰生副教授、刘高峰副教授、郭红玉副教授、林晓英副教授、刘晓博士、刘东博士、黄波博士、杨晓娜讲师、孟杰工程师、陈顶峰工程师、翁红波硕士、薛景予硕士、王怀玺硕士、陶克勤、周朝阳、张鹏举、柳鹏、贺添枥、梁乾坤、孙洪伟、彭林康、李晨龙、宗文强、闫秋玉、王艳芳等。现场工业应用得到了河南能源化工集团有限公司、河南能源化工集团研究总院有限公司、中煤科工集团重庆研究院有限公司、郑州煤炭工业（集团）有限公司、永城煤电控股集团有限公司博士后科研工作站等的大力支持，在此一并致以衷心的感谢！作者引用了大量国内外参考文献，在此对这些文献的作者表示感谢！

　　由于作者水平有限，书中难免存在疏漏和不足之处，恳请读者予以指正。

作　者

2019 年 2 月

目　录

1 绪 论

1.1 引 言

1.1.1 研究背景

我国是一个缺油、少气、富煤的国家，煤炭是主要能源。在我国一次能源消费结构中，煤炭产销量一直占 70%以上[1]，自 2012 年以来，受世界经济复苏乏力、我国经济发展进入"新常态"的影响，煤炭市场形势较前几年发生了较大的逆转变动，产能过剩、需求疲软，煤炭行业低迷已成为"新常态"，但从中长期来看，煤炭产业总体仍具有较好的发展前景[2]。国家《能源中长期发展规划纲要（2004～2020 年）》确定了我国将坚持以煤炭为主体、电力为中心、油气和新能源全面发展的能源战略。在可预见的几十年内，煤炭仍将是我国的重要能源，预计到 2050 年其在一次能源结构中所占的比例仍将在 50%以上，以煤炭为主的能源结构短期内将难以改变[3]。

近年来我国煤矿事故逐年大幅度下降，煤矿安全生产形势持续好转，但瓦斯灾害仍然是煤矿安全生产最大的隐患，尤其是随着矿井开采深度的逐年增加，瓦斯灾害的威胁日趋严重，防治难度也越来越大。矿井瓦斯会给煤矿带来重大灾害事故，也会破坏大气环境[4]。煤矿瓦斯的主要成分是甲烷，甲烷是除 CO_2 之外最主要的温室气体，甲烷在全球温室气体中所占的比例约为 18%，它比 CO_2 能产生更强烈的温室效应，同体积甲烷气体产生的温室效应是 CO_2 的 25 倍，但同时，它又是一种清洁能源。我国瓦斯资源丰富，据测算，埋深 2000m 以浅的瓦斯储量为 36 万亿 m^3，其中探明储量约 12 万亿 m^3，远景储量约 24 万亿 m^3，具有巨大的开发潜力[5]。实施煤与瓦斯共采不仅能保障我国经济发展对能源的依赖，还将进一步提升我国的煤矿安全高效生产水平，另外对减少温室气体排放具有重要意义[6]。煤与瓦斯共采实际上是在煤炭开采的准备、采中和采后等阶段，依据科学安排，采取合理、有效的技术手段，实施相关工程，实现煤炭与瓦斯共同开采，并对其加以综合利用[1]。

瓦斯抽采不但能避免煤矿生产过程中的瓦斯灾害，还可以保护环境，另外又能从一定程度上缓解我国对能源需求的压力。目前，世界各国对煤矿瓦斯的抽采效率和利用率普遍不高[7]。特别是我国，煤矿相继进入深部开采，原岩应力高，煤层具有渗透率低、瓦斯含量高、瓦斯吸附能力强的特点，尤其是单一低渗厚煤层瓦斯抽采难度越来越大，瓦斯抽采效果不理想，瓦斯抽采效率低[8,9]。针对这一现状，当赋存条件满足时，目前开采保护层后多是采用卸压瓦斯抽采方法来解决原岩应力高和煤层瓦斯压力高的难题；但是，对于单一低渗煤层，由于区域内不具备保护层开采条件，瓦斯治理技术措施以预抽煤层瓦斯为主。回采工作面主要采取本煤层平行钻孔、斜交钻孔、网格式钻孔、浅孔卸压钻孔、高位钻孔、采空区埋管抽采措施；掘进工作面主要采取穿层钻孔、顺层钻孔抽采措施；另外，辅助采取缩短钻孔间距、加大钻孔直径、增加钻探工程量、延长抽采时间等方法来实现瓦斯抽采，但是在有些矿区效果甚微[10]。因此，在技术上还必须采取各种形式的煤层增透技术措施来解决瓦斯抽采效率低这一难题，煤层增透技术措施可以在很大程度上增加煤体裂隙或者是使煤体内部的原生裂隙较好地沟通以便更好地为瓦斯的流动提供通道，各种形式的煤层增透技术措施可以从根本上使煤层透气性系数增高，最终增强本煤层的瓦斯抽采效果。对于透气性特别低、难以进行抽采的煤层而言，必须采取多种形式的技术手段对煤层进行卸压增透，使煤层内部的原生裂隙网络互相有效地沟通或者是产生新的裂隙网络。国内外很多矿井已经展开了各种形式的煤层增透技术措施的现场试验研究，根据现场应用情况来看，效果比较明显的技术措施主要有：突出煤层深钻孔、水力压裂、水力冲孔、水力割缝、高压水射流扩孔、深孔预裂爆破、CO_2 相变致裂等[11-13]。这些煤层增透技术本质上均是采用工程手段或者是在工程实施过程中配合化学试剂驱替/改性对煤层透气性进行改造，并且均在试验区取得了一定的效果。

《防治煤与瓦斯突出规定》颁布以来，我国煤矿在高瓦斯/突出煤层开采前和开采中实施了大量的瓦斯抽采工程，在很大程度上减少了瓦斯灾害，然而，目前仍存在瓦斯抽采不均衡、抽采效率低、盲目施工等问题，还不能完全消除瓦斯灾害。随着开采强度和深度的不断增加，瓦斯赋存地质条件更加复杂，瓦斯隐患更加严重。究其原因，除了抽采工程技术方面的问题外，更重要的是缺乏行之有效的、用于指导瓦斯抽采工作的基础地质理论；未将瓦斯抽采所需的相关地质参数进行精细化分析；未将工作面的具体地质特征与瓦斯抽采工艺紧密结合起来，做到一区一策；未根据矿井地质条件差异和煤体结构的非均质性与改造性、可抽性特点，科学划分瓦斯抽采地质单元；未能构建可统一强化改造的扰动层；未形成瓦斯抽采地质分析技术体系；实际工作中缺少一套有效指导瓦斯抽采工艺设计的地质指标体系，缺乏系统的汇编瓦斯抽采地质图和工程部署图的方法，瓦斯抽采工艺设计缺乏规范化、科学化，针对性不强，推广难度大；瓦斯综合治理工程投入产出比较低。

瓦斯抽采地质分析技术是一种专门为瓦斯抽采工程服务的地质分析技术，其目的是查明与瓦斯抽采相关的地质条件，建立基于煤层地质条件的瓦斯抽采工艺优选体系，形成一区一策、一面多法的抽采设计方案，实现煤层瓦斯高效抽采。其核心技术包括：瓦斯抽采地质评价指标技术体系，瓦斯抽采地质单元逐级划分标准，基于强化抽采的瓦斯抽采难易程度评价、扰动工艺优选，瓦斯抽采地质图和工程部署图编制等几个方面。

因此，开展瓦斯抽采地质分析技术研究，构建一套完全服务于瓦斯抽采工程的地质学研究技术与方法，科学指导瓦斯抽采设计、扰动工艺优选和抽采工程部署，对提高瓦斯抽采效果、实现煤与瓦斯共采的瓦斯综合治理目标具有重大意义。

1.1.2　抽采地质与瓦斯地质等的区别

煤炭企业要实现高效稳产，必须依赖现代科学技术的进步，借助先进的理论技术、工作方法为煤矿安全高效生产保驾护航。近几年，国内外在瓦斯地质学、煤层气地质学、矿井地质学等方向的研究取得了长足进展，为瓦斯抽采地质分析技术的研究提供了较好的理论支撑。

矿井地质学是运用地质学的基础理论，在地质勘探的基础上，研究和解决与煤矿设计、建设及生产有关的地质问题。传统的研究内容主要包括矿井地质条件评价、矿井生产地质编录、矿井水文地质、矿井地质制图、矿井资源/储量管理等几个方面[14]。近几年，矿井地质工作在加强地质特征及其规律研究的基础上，更加注重新技术、新方法在工作中的应用研究，利用先进的井下物探、井下钻探、井下测井、井下摄影等技术研究矿井地质规律，尤其是矿井地质雷达、无线电波坑透仪、瞬变电磁仪、槽波地震仪在矿井地质探测中的应用。总之，矿井地质工作主要为煤矿采掘服务，但缺少对瓦斯抽采工程的具体指导。

瓦斯地质学是应用地质学理论和方法，研究煤层瓦斯的赋存、运移和分布规律，矿井瓦斯涌出和煤与瓦斯突出的地质条件及其预测方法，其研究内容主要包括瓦斯的形成和赋存、煤与瓦斯突出、瓦斯危险性预测等几个方面[15, 16]。瓦斯地质学大体又分成两个研究方向：地质方向注重瓦斯分布规律和影响因素、突出危险性预测等方面的研究；安全与采矿方向注重瓦斯参数测试、通风、装备及工艺技术研究，二者之间联系不够紧密，缺乏对瓦斯抽采地质条件的研究与评价。

煤层气地质学是一门研究煤层气的形成、赋存、运移和产出规律的学科，直接服务于煤层气的勘探开发。其研究内容主要包括：煤层气的形成与赋存、成藏机理、储层数值模拟、煤层气资源评价等几个方面[17, 18]。煤层气地质学主要借鉴石油与天然气地质学发展而来，主要研究地面煤层气选区与开发及其储层物性，但由于开采工艺的不同，无法对井下瓦斯抽采给予有效指导。

瓦斯抽采地质分析技术是一门专门为瓦斯抽采工程服务的地质分析技术，其目的是查明与瓦斯抽采相关的地质条件，建立基于煤层地质条件的瓦斯抽采工艺优选体系，形成一区一策、一面多法的抽采设计方案，实现煤层瓦斯高效抽采。与瓦斯地质学等学科相比，瓦斯抽采地质分析技术涵盖了瓦斯地质的所有信息，但又比瓦斯地质对煤矿井下瓦斯治理的指导更具操作性，是瓦斯地质的外延与升华，主要包括瓦斯抽采地质评价指标技术体系，瓦斯抽采地质单元逐级划分标准，基于强化抽采的瓦斯抽采难易程度评价、扰动工艺优选，瓦斯抽采地质图和工程部署图编制等多项关键技术。瓦斯抽采地质分析技术可通过对矿井抽采单元进行科学划分和评价，为矿井瓦斯抽采的科学部署和扰动卸压增透技术设计提供科学依据，是未来服务于煤与瓦斯共采理论的地质分析技术的发展趋势。

1.2 研究现状与评述

1.2.1 瓦斯分布及影响因素

瓦斯分布规律研究是进行瓦斯地质单元划分的基础。瓦斯是地质作用的产物，瓦斯的形成和保存、运移与富集同地质条件密切相关，主要受煤层埋深、地质构造、顶底板围岩、煤层煤质及储层特性、水文地质特征等多种因素的综合影响[15, 16]。

煤层埋深：煤层埋深一般指上覆基岩埋深，在地质构造简单的情况下，基岩埋深是其决定性因素。Creedy[19]认为煤层埋深和风氧化带对煤层瓦斯含量有重要影响，并指出在最大埋深相对应的温度条件下，煤层瓦斯含量不可能超过该温度下的最大吸附量。Bodden 和 Ehrlich[20]、Markowski[21]认为煤层瓦斯含量会随着煤层埋深的增加而增加，但是煤层的渗透率和煤层瓦斯的采收率会随着煤层埋深的增加而减小，因此，在瓦斯开采活动中应该平衡产气量和煤层埋深之间的关系。

地质构造：在瓦斯地质研究中，历来重视地质构造的作用，着重研究地质构造的力学分析和主形态分析，分别从构造体系，构造形式及构造复合、联合部位等方面探讨其对瓦斯分布的影响。在构造复杂区域，上覆基岩埋深影响作用往往变得较弱。周克友[22]、王生全和王英[23]通过分析地质构造与煤层瓦斯含量、涌出量及煤与瓦斯突出之间的关系，总结出地质构造控制煤层瓦斯的 4 种类型。康继武[24]从褶皱变形与煤层瓦斯聚集的关系出发，提出了褶皱控制煤层瓦斯的 4 种基本类型，从理论上解释了褶皱轴部具有聚集和逸散瓦斯的双重性的原因。断裂构造破坏了煤层的连续性，开放性断裂构造有利于瓦斯释放，封闭性断裂构造则有利于瓦斯保存。Karacan等[25]认为断层是临近地层的瓦斯向煤层运移的通道，砂岩层的埋藏河道、黏土脉、上覆地层的渗透性和煤层所处挤压、剪切的位置也会影响瓦斯运移。刘贻军和娄建青[26]认为成煤期后发生的构造运动在瓦斯储层内形成的小规模构造，能够形成构造边界，引起储层渗透性、含水性和压力系统的改变。芮绍发等[27]根据生产实践中揭露的地质构造资料结合瓦斯监测资料，详细分析了瓦斯涌出与地质构造之间的关系，探讨了中小型断层构造控制瓦斯分布的规律，论述了中小型断层构造与工作面瓦斯涌出之间的关系。张子敏等[28]认为推覆逆冲构造一般有利于瓦斯保存。地质构造在运动演化过程中会对简单的地质构造加以改造，形成不同的构造组合和复合构造。黄德生[29]认为大至地块小至岩块受外力作用发生变形而形成一系列的构造形迹，这些构造形迹往往有规律地出现，其特点是大构造形迹逐级控制次一级构造形迹。张子敏等[28]指出只有运用板块构造理论、区域地质演化理论、瓦斯赋存构造逐级控制理论才能揭示瓦斯赋存机理。

顶底板围岩：煤层顶底板围岩的厚度和透气性是影响瓦斯赋存的主要因素之一。张建博[30]认煤层瓦斯通过盖层逸散，需要克服盖层的毛细封闭能力，油页岩、泥质岩层、灰岩等盖层具有较大的突破压力，对瓦斯的毛细封闭能力比较强，但是灰岩有较好的脆性和水溶性，易受构造运动和地下径流破坏而增大其透气性。宋岩等[31]认为上覆盖层不仅通过控制煤层压力影响煤的吸附性，而且也控制着游离气的运移条件。时保宏等[32]认为良好的围岩封闭性能够阻止煤层含水层间的水力联系，减少溶解气和游离气的损失。

煤层煤质及储层特性：煤层煤质及储层特性对瓦斯的赋存起着决定性作用，主要包括煤层厚度、煤的变质变形程度、煤岩组分和煤岩类型、煤层压力、煤层温度、煤层湿度条件、煤层孔隙/裂隙系统等。宋岩等[31]认为厚煤层不仅生气量大，而且资源丰度高，有利于瓦斯的赋存。Markowski[21]认为煤层瓦斯含量会随煤阶的增高而增加。唐书恒等[33]认为煤的吸附能力反映在微孔构成煤的吸附空间的大小上，在中低变质阶段，煤的孔隙比表面积随着变质程度的增高而减小，到中高变质阶段，煤的孔隙比表面积又开始随着变质程度的增高而增大。Flores[34]认为煤层赋存瓦斯的能力受煤的显微组分的影响，煤中无机矿物的含量也是影响瓦斯赋存能力的重要因素。张天军等[35]通过实验证明在相同的压力条件下,温度越高,煤体对甲烷的吸附量越小;在相同的温度条件下,压力越大,煤体对甲烷的吸附量越大。刘曰武等[36]认为水分子为极性分子,甲烷分子为非极性分子,水分子更容易取代甲烷分子的位置而吸附于煤中,煤层中水的存在降低了其对甲烷的吸附能力。Aminian 和 Ameri[37]认为煤层的微裂隙系统有巨大的赋存瓦斯的能力,煤层裂隙也是游离瓦斯的赋存空间,裂隙越发育、连通性越好,煤层渗透性就越好。除了微裂隙系统之外,煤中还存在大量的孔隙。赵庆波和张公明[38]认为煤层瓦斯的吸附量与煤层微孔隙内表面积有直接关系,煤基质微孔隙的内表面吸附瓦斯量可达 90%以上。

叶建平等[39]将水文地质的控气作用概括为 3 个特征:水力运移逸散作用、水力封闭作用和水力封堵作用。在储层压力高、含水层势能高的地区,煤层瓦斯容易富集;而在储层压力低、含水层势能低的地下水排泄区,煤层瓦斯容易逸散。Flores[34]认为含煤盆地的热演化成熟度与煤层的埋藏史、热流体循环和来自地壳深部的高热量热流体有着密切的关系。

1.2.2　煤体结构

煤的变形程度、变形作用类型不同,常形成不同的煤体结构煤。20 世纪 70 年代以前,构造煤分类大多借鉴构造岩的分类方法,即依据煤层破碎后的粒度大小,将构造煤分成不同类型。例如,1958 年苏联科学院地质所将煤层分为非破坏煤、破坏煤、强烈破坏煤(片状煤)、粉碎煤(粒状煤)、全粉煤(土块煤)5 类[40]。1979 年四川矿业学院将破坏煤分为难突出煤(甲)、可能突出煤(乙)和易突出煤(丙)3 类[15]。1983 年焦作矿业学院对煤体结构从宏观和微观两个方面进行了大量研究,划分了原生结构煤、碎裂煤、碎粒煤、糜棱煤 4 种煤体结构类型,其中碎粒煤和糜棱煤为主要突出煤体,这一划分方案广泛应用于瓦斯地质领域[15]。1995 年侯泉林等[41]初步提出了构造煤的成因分类方案,根据构造煤脆性和韧性变形的不同将其分为碎裂煤和糜棱煤两大类,继而将碎裂煤和糜棱煤又各划分为次一级三小类。曹代勇等[42]从煤的变形机制角度,提出构造煤变形序列划分方案。2004 年以琚宜文等[43]为代表提出了结构-成因分类方案,此方案按构造变形机制分为 3 个变形序列 10 类煤。2004 年汤友谊等[44]、2005 年孙四清[45]在焦作矿业学院 4 类划分的基础上,增加了视电阻率、超声波速、泊松比、弹性模量等指标,对原有的 4 类划分指标进行了改进和完善。2009 年王恩营等[46]通过深入分析构造煤的成因、结构、构造特征,提出了一套构造煤划分新方案:构造煤可分为脆性变形、韧性变形两个变形序列共 8 类煤。其中,又把脆性变形序列的构造煤进一步划分为片状序列和粒状序列,同时重新厘定了不同类型构造煤的变形性质和结构构造特征。2010 年郭红玉等[47]在苏联科学院地质所 5 类划分法的基础上,引入地质强度指标(GSI)来表征煤体结构,以此实现了煤体结构赋值定量表征。综上所述,人们对煤体结构的认识和分类在不断深入,构造煤分类的内涵在不断完善。

构造煤是原生结构煤在一定温压条件下受构造应力作用形成的,与各种地质构造相伴生,王恩营[48]、曹运兴和彭立世[49]、姜波等[50]、王生全等[51]、刘咸卫等[52]、邵强等[53]已有研究表明,褶皱和顺煤层断层引起的层间滑动是构造煤形成和呈区域分布的主要因素,切层断层是构造煤形成和呈局部分布的主要因素。一般情况下,褶皱的翼部比转折端构造煤更发育,断层上盘比下盘构造煤更发育,逆冲断层比正断层构造煤更发育,低角度断层比高角度断层构造煤更发育。层域上，构造煤的发育主要受煤层厚度控制，即构造煤主要发育在厚煤层层位。构造煤发育的部位是煤与瓦斯突出最严重的部位，构造通过控制构造煤，进而控制煤与瓦斯突出的分布。

1.2.3 孔隙结构

煤的孔隙结构是煤物理结构的主要研究内容，煤的吸附解吸特性、扩散能力在很大程度上取决于煤中孔隙的分布及其连通状态[54]。

1）孔隙结构测试方法

统计研究煤的孔隙结构测试方法共有 18 种之多，大概可以分为以下 3 类。

第一类主要通过液氮吸附法、CO_2 吸附方法、常规压汞、恒速压汞、密度计法等实验对孔隙结构进行研究，其中较为常用的为压汞实验[55-58]和液氮吸附实验[59-61]，主要用于孔容、孔径、比表面积、孔隙率和中孔孔宽等参数的测定。

第二类是将煤样制成煤光/薄片、煤块，通过显微光电技术测定孔、裂隙，主要观察、测量样品孔隙及裂隙的成因及类型、面密度、间距及数目等参数，进行定性或半定量研究，主要包括扫描电子显微镜（SEM）[62-64]、透射电子显微镜（TEM）[65]、原子力显微镜[66-70]、小角 X 射线散射（SAXS）[71-74]和 X-CT 扫描技术[75-77]。

第三类是通过仪器施加物理电磁信号，通过解释接收的信号反演煤样的结构信息，如核磁共振（NMR）技术[78,79]和声电效应探测技术[80,81]。另外在煤结构测定研究中，还有一些应用不太广泛的技术，如气体-液体排除法和中子散射测定等[82]。

以上常用的几种孔隙结构测试方法都存在一个有效测试范围（图 1-1）[8,83,84]。例如，光学显微镜的观测尺度基本在 10^3 nm 以上，扫描电子显微镜的观测尺度为 $8.0\sim10^5$ nm，透射电子显微镜的观测尺度在 $0.2\sim10^4$ nm，这些观测技术偏重于定性分析；压汞法测试

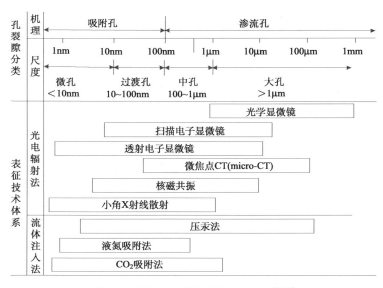

图 1-1　煤层孔-裂隙表征技术体系[8,84]

范围在 $3.75\sim360\mu m$，而低温液氮吸附法在测定 $1.5\sim400nm$ 的有效孔隙方面具有优势；小角 X 射线散射适用于 $0.5\sim100nm$ 的微孔和过渡孔，其优势是可以测得其中有效孔隙和封闭型孔隙的全部孔隙信息。

2）煤的孔隙类型划分

煤基质中分布有纳米级到微米级不同孔径尺度的孔隙，近半个多世纪以来，众多学者基于不同的研究目的，采用上述某种孔裂隙测试技术，提出了多种孔裂隙类型划分方案。目前主要有以下 3 类划分方案。

（1）煤孔隙的成因分类。Gan 等按孔隙成因将煤孔隙分为分子间孔、煤植体孔、热成因孔和裂隙孔[85]。郝琦[86]将煤孔隙分为 6 种：溶蚀孔、晶间孔、粒间孔、植物组织孔、气孔和铸模孔。朱兴珊[87]按孔隙成因将煤孔隙分为另外 6 种：颗粒间孔、变质气孔、层间孔、植物组织孔、矿物溶孔和胶体收缩孔。张慧[63]按煤孔隙成因类型将其划分为四大类十小类：原生孔、变质孔、外生孔和矿物质孔。

（2）煤孔隙的孔径结构分类。国内外学者从不同角度提出了煤孔隙孔径结构的不同划分界线。归纳起来，其划分主要依据 3 个方面：气体分子与孔径的作用特征、孔隙在煤中的分形或赋存特征、所用仪器的测试范围。作者统计有关孔径划分方案的相关文献共有 20 种之多，国内应用最广泛的是 Ходот 的十进制分类方案[91]，将孔隙系统划分为大孔（大于 10^3nm）、中孔（$10^2\sim10^3nm$）、过渡孔（$10\sim10^2nm$）和微孔（小于 $10nm$）。煤孔隙的孔径结构分类为研究煤中瓦斯气体吸附/解吸和扩散/渗流特性提供了重要信息，但是局限于目前所采用的测试手段和认知水平，大多研究均是采用单一测试方法针对一定孔径段孔隙，对影响解吸扩散特性的全孔径进行定量表征，对气体扩散与孔隙作用关系的分类研究还远远不够。

（3）煤孔隙的形态分类。煤孔隙的形态分有效孔隙和封闭型孔隙两种，其中有效孔隙又分开放型孔隙、半封闭型孔隙和细颈瓶孔隙 3 类。吴俊[88]将煤孔隙的形态分为开放型、过渡型和封闭型三大类九小类，并指出这一分类可以表征瓦斯运移的难易程度。秦勇[89]指出开放型孔隙和半封闭型孔隙中有效孔隙气体和液体可以进入，而封闭型的"死孔"是不能进入的，因此，压汞法和液氮吸附法仅能测有效孔隙的孔容及比表面积分布。陈萍和唐修义[59]通过研究不同破坏煤的低温液氮吸附等温线的形态，将孔隙形态划分为开放型孔隙、一端封闭型孔隙、一种特殊细颈瓶孔隙三大类七小类。降文萍等[61]基于不同煤体结构煤低温液氮实验结果分析，将构造煤的孔隙形态划分为狭缝形、墨水瓶形、一端开口和两端开口 4 类。

3）煤孔隙分布特征

迄今为止，大量研究已经对比分析了不同类型煤的孔隙分布特性，2000 年以前众多学者认为构造破坏主要影响了中孔、过渡孔的孔容，不影响微孔的孔容。Hower[90]研究认为构造应力不会对纳米级孔隙（$0.1\sim100nm$）产生影响。王佑安和杨思敬[91]发现中孔孔容随煤体变形程度的增高而增大，最高达到原生结构煤的 6.6 倍。姚多喜和吕劲[92]、张井等[93]利用压汞法证明构造煤主要增加了中孔和过渡孔的孔容，不影响纳米级孔隙的孔容。但王涛和黄文涛[94]采用液氮吸附法研究构造煤的孔隙分布时指出构造破坏已经对 $5\sim10nm$ 的微孔产生影响，但对超微孔（$<5nm$）的影响甚微。徐龙君等[95]采用压汞法和

CO_2 吸附法研究突出煤的孔隙分布得出其孔容、孔比表面积、孔隙率等与碳原子含量呈正相关关系。

随着构造煤孔隙结构测试方法的不断改善,近几年取得了一些新认识。吴俊等[55]采用压汞法对比研究了原生结构煤和构造煤的孔隙结构,发现构造煤的总孔容远大于原生结构煤。郭德勇等[96]认为原生结构煤的排驱压力一般较构造煤要高,不容易发生瓦斯突出。张子敏和张玉贵[97]认为构造煤与原生结构煤相比颗粒粒径较小,造成总比表面积较大,导致其瓦斯吸附能力较强。琚宜文等[98]基于对构造煤纳米级孔隙的研究认为碎裂、碎斑、片状煤主要分布有开放型孔隙和半封闭型孔隙,碎粒、薄片煤主要分布有一定量的半封闭型孔隙,揉皱、鳞片煤含有一定量的封闭型孔隙,细颈瓶孔则主要出现在糜棱煤中。琚宜文等[99]通过对构造煤的纳米级孔隙和大分子结构的进一步测定和观测,认为构造煤大分子结构基本单元堆砌度在强变质变形环境中增长较快,反映了构造变形强弱的变化;构造煤过渡孔(15~100nm)的孔容所占比例随着构造应力作用的增强明显降低,而微孔及其以下孔径段(<15nm)随着构造应力作用的增强明显增高,可观测到亚微孔(5~2.5nm)和极微孔(<2.5nm),同时过渡孔(15~100nm)的比表面积比随着构造应力作用的增强明显降低,而亚微孔(5~2.5nm)的比表面积比大幅增加。王向浩等[100]研究晋城和焦作地区的无烟煤时亦指出构造动力对煤孔隙结构的改造可能是全方位的,甚至影响到了微孔孔径段。要惠芳等[101]认为构造煤随着变形程度的增大,总孔容、中孔比表面积和微孔比例逐渐增大,孔隙连通性减弱。张文静等[102]研究认为脆性变形主要增加了煤的大孔(5000~20000nm)、中孔(100~5000nm)比例,韧性变形主要增加了微孔(5~15nm)和超微孔(<5nm)比例。姜家钰等[103]研究认为,构造煤以微孔为主,中孔和大孔相对较少且含一定量的细颈瓶孔,孔隙连通性差,构造煤各孔径段的孔容和比表面积均有所增加。

1.2.4 煤层瓦斯运移理论

煤层瓦斯渗流力学是专门研究瓦斯在煤层中的运动规律的一门新兴的边缘学科。自该学科提出至今,已发展起来的理论成果有线性瓦斯流动理论、线性瓦斯扩散理论、瓦斯扩散-渗透理论、非线性瓦斯流动理论、地球物理场效应下的瓦斯流动理论、多煤层系统瓦斯越流理论和煤层瓦斯流固耦合理论[104]。

对线性瓦斯流动理论的研究最早要追溯到 20 世纪 40 年代末,苏联学者应用达西定律——线性渗透规律来描述煤层内瓦斯的运动,开创性地研究了考虑瓦斯吸附性质的瓦斯渗流问题,成为开创瓦斯渗流力学的先驱之一。在我国直到 60 年代,周世宁和孙辑正[105]才从渗流力学的角度出发,认为瓦斯的流动基本上符合达西定律,把多孔介质的煤层看成是一种大尺度上均匀分布的虚拟连续介质,首次提出了瓦斯流动理论——线性瓦斯渗透理论,奠定了我国瓦斯研究的理论基础。并于 1984 年,在总结大量前期实测成果的基础上,创建了"钻孔流量法"测定煤层透气性系数的新技术,该测定方法及计算方法被广泛应用于我国煤矿开采中,目前已成为测定煤层透气性系数的标准方法。

线性瓦斯扩散理论认为煤屑内瓦斯运移基本符合线性扩散定律——菲克定律。瓦斯渗透-扩散理论认为,煤层内瓦斯运动是包含渗流和扩散的混合流动过程。随着煤层瓦斯运移规律研究的不断深入,国内外许多学者都赞同线性瓦斯渗透-扩散理论。

线性瓦斯流动理论虽说较为成熟,但有一定的适用范围,即雷诺数在 1~10 的线性层流区,超过该范围区域,达西定律将不再适用。多数学者认为,达西定律偏离的原因主要有流量过大、分子效应、离子效应和流体本身的非牛顿态势。随着煤层瓦斯流动理论研究的不断深入,其发展趋势越来越偏向地球物理场作用下的非线性、非达西渗流问题,其中最典型的理论模型为幂定律(power law)模型。1984 年,日本学者樋口澄志对高鸟、夕张等矿的块状煤样进行了瓦斯渗透实验。实验通过变化压差测定煤样瓦斯渗透率,指出达西定律不太符合瓦斯流动规律,并在大量实验研究的基础上提出了幂定律。该理论的实质是瓦斯流动速度和瓦斯压力梯度的 m 次幂成正比,其适用范围主要为雷诺数在 10~100 的非线性层流区。幂定律理论的提出引起众多学者的广泛关注。1987 年,国内学者孙培德和鲜学福[1104]根据幂定律的推广形式,在均质煤层和非均质煤层条件下,首次建立起可压缩性瓦斯在煤层内流动的数学模型——非线性瓦斯流动模型,并以焦作矿务局中马村矿的实测瓦斯参数为依据,对均质瓦斯渗流场的压力分布做了 3 类不同模型的数值模拟。与实测值相比,该文献提出的非线性瓦斯流动模型比以瓦斯体积守恒为基础建立的线性瓦斯流动模型更符合实际,认为幂定律更适合描述煤层瓦斯流动基本规律。

地球物理场效应下的瓦斯流动理论研究主要围绕地应力场、地温场及地电场等对瓦斯流动场的作用和影响;围绕煤体孔隙压力与围岩应力对煤岩体渗透系数的影响,以及对渗流规律——达西定律的各种修正,建立和发展了固气耦合作用下瓦斯流动模型及其数值算法。例如,唐书恒[1106]通过对阳泉、平顶山等 10 多个矿区煤层气井的试井实测渗透率与矿区最小主应力进行研究,发现在应力松弛区渗透率高,随深度的增加,渗透率变化幅度不大;在正常应力区,渗透率中等,随深度的增加而减少;在高应力区,渗透率较低,且随深度的增加渗透率急剧减小。唐巨鹏等[1107]通过研究卸载过程模拟煤层瓦斯抽采过程中的煤层瓦斯解吸和运移规律,得出煤层瓦斯渗透率和渗透系数随有效应力的减小出现先减小后增大的现象。何学秋和张力[1108]、聂百胜等[1109]进一步开展了有关电磁场影响煤层瓦斯吸附作用机理的研究,得出煤层瓦斯吸附电磁效应的结果是煤体吸附瓦斯量减少;瓦斯放散电磁效应使扩散系数变大,瓦斯放散速度加快。

煤层瓦斯流固耦合理论认为在煤层开采过程中,煤体骨架所受应力发生变化,导致煤体骨架的体积和孔隙发生变化,从而使煤层孔隙内瓦斯压力也发生变化,而瓦斯压力的变化又引起煤体吸附瓦斯发生变化,并使煤体骨架所受的有效应力发生变化,由此导致岩石特性发生变化;另外,这些变化又反过来影响瓦斯在煤层中的流动和压力分布。周世宁[1110]指出,在含瓦斯煤层的开采过程中,煤层变形和瓦斯流动都是在固流耦合作用下发生的。因此,要使煤层瓦斯流动理论的研究更符合实际,必须研究煤层瓦斯的流固耦合作用,即考虑煤层瓦斯系统内应力场与渗流场之间的相互耦合作用。国内学者在此领域做的研究与探索相对较多。例如,赵阳升[1111]根据固体变形和煤层瓦斯渗流的相关理论,建立了煤层瓦斯固气耦合数学模型,并结合实际分析了巷道瓦斯涌出规律,提出了模型的数值解法。梁冰等[1112]在考虑瓦斯吸附变化对煤体本构关系影响的基础上,建立了煤层瓦斯吸附变化对煤体变形耦合作用的数学模型,对采动影响下瓦斯在采空区的流动规律进行了数值模拟分析,为采空区煤层瓦斯抽采提供了科学依据。汪有刚等[1113]将渗流力学与弹塑性力学相结合，考虑煤层瓦斯和煤体骨架之间的相互作用，建立了煤层瓦斯运移的数学模型，并根据有限元法原理推出了耦合模型求解方法。

1.2.5　瓦斯抽采技术

传统煤矿井下瓦斯治理主要采用平行钻孔、斜交钻孔、网格式钻孔、浅孔卸压钻孔、高位钻孔、采空区埋管、穿层钻孔、顺层钻孔、立体交叉钻孔等进行瓦斯抽采。但抽采效果主要取决于煤储层原始透气性，钻孔工程量大，瓦斯抽采浓度低，消突时间长。为提高煤储层透气性，采用高压水射流扩孔、水力挤出、深孔高压注水、水力割缝法、水力冲孔、水力掏槽和水力压裂等措施，取得了一定的效果，但存在适用性差和诱导事故风险等问题，并未大范围地推广应用[114]。这里简要介绍几种常见的扰动增透技术，如下所述。

1）水力割缝

关于水力割缝技术的理论及实验研究，邹忠有等[115]通过水力冲割煤层卸压抽采瓦斯技术的试验研究，发现水力冲割煤层孔比普通钻孔的抽采瓦斯量可提高79%以上。赵岚等[116]研究了在固-气耦合作用下，通过水力割缝释放低渗透煤层的部分有效体积应力，使部分煤层在割缝后发生垮落，应力场重新分布，煤层内的裂缝和裂隙的数量、长度和张开度均得到增加，增大了煤层内裂缝、裂隙和孔隙的连通面积，从而增大了低渗透煤层的渗透性。2002年，段康廉等[117]介绍了特大煤样采用水力割缝提高瓦斯渗透率的实验研究。实验表明，割缝能提高瓦斯的排放量；当埋深为400m时，割缝较钻孔的瓦斯排放量可提高25%；相同埋深的煤层割缝后，初期瓦斯排放速度骤增，为钻孔的瓦斯排放量的2.0～2.5倍。王婕等[118]运用岩石破裂分析系统（RFPA^{2D}—Flow）模拟了割缝排放低透气性煤层内瓦斯的过程，验证了割缝排放煤层内瓦斯是降低低透气性煤层煤与瓦斯突出危险的有效方式。李晓红等[119]提出了利用高压脉冲水射流钻孔、切缝以提高松软煤层透气性和瓦斯抽采率的新思想。基于岩石动态损伤模型，采用理论分析和数值模拟高压脉冲水射流瞬时动载荷、柔性撞击作用下煤体的动态损伤特性及裂隙场的变化规律。结果表明，高压脉冲水射流的冲击效应、剥蚀效应及震动效应等冲击荷载作用可有效破碎煤体，增大煤体裂隙率和裂隙连通率，提高煤层透气性，已在重庆某典型高瓦斯低透气性煤矿成功应用，结果表明，高压脉冲水射流有效提高了煤层透气性，平均百米钻孔煤层瓦斯抽采量较原工艺提高了718倍。林柏泉等[120]通过分析煤层巷道煤与瓦斯突出机理，提出了整体卸压理念，开发了高压磨料射流割缝防突技术并且在煤层巷道掘进工作面进行了实际应用。应用结果表明，该技术可用于具有突出或冲击危险的煤层，可以使钻孔之间相互沟通，造出缝隙，使煤体得到充分卸压，煤体中的瓦斯得到排放，应力得到解除，为掘进工作提供较为安全的工作环境。

2）水力冲孔

水力冲孔措施是在进行石门揭煤或采掘工作之前，使用高压水射流，在突出危险煤层中，冲出若干直径较大的孔洞，冲孔过程中排出了大量瓦斯和一定数量的煤炭，因而在煤体中形成一定的卸压、排放瓦斯区域，在这个区域内可预防煤与瓦斯突出的发生。水力冲孔过程是高压射流破碎煤体、释放大量瓦斯、改变煤体应力状态的过程。煤体首先破坏高能量的高压射流破碎煤体，形成直径较小的孔，其次在煤体瓦斯压力梯度和射流残余能量反射作用下破碎孔周围的煤体，使孔洞进一步扩大。其原理类似于水力采煤原理，都是根据高压水射流破煤机理，高压水射流破煤包括裂缝的产生、水楔作用、表面冲刷 3 种机理[121-123]：射流主要是以高速水滴的形式撞击煤体，在较小的面积上集中大量的能量，在水射流脉动的动压力和总冲击力的作用下形成密实核，由此引起煤体受冲击点的脉动挤压变形，产生脉动的、向周围煤体传播的压缩应力波，剪应力波和张应力波及这些应力遇到不同介质的界面产生的反射应力波，形成复杂的动态应力场。对于近于脆性的煤体来说，剪应力对煤体破碎作用更加明显。在应力超过煤体强度时，产生裂缝，煤体开始破碎。

水力冲孔防突措施最先由中煤科工集团重庆研究院有限公司与南桐矿务局合作于1965 年在南桐鱼田堡矿首次试验成功，之后又在梅田矿务局、涟邵矿务局、六枝矿务局、北票矿务局、焦作矿务局等应用。但效果有好有坏，究其原因主要在于煤层瓦斯赋存条件、冲孔装备配套情况和冲孔技术参数，原有的水力冲孔装备一般只适用于坚固性系数在0.5 左右的煤层，对坚固性系数大于 1 的煤层进行冲孔效果较差，且不能进行钻冲一体化，钻孔施工结束后往往都需要重新退钻杆进行钻头更换，冲孔效率较低，劳动强度大。

3）水力压裂

有关煤层水力压裂技术的研究，其效果分析存在一定的分歧。李同林[124]对煤岩基本力学性质、煤层水力压裂裂缝形成条件、裂缝形态及裂缝开裂角方位等基本理论进行了研究与探讨。通过大量的煤岩力学性质的测试，证实了试验区目的层煤岩弹性模量低、泊松比高、脆性大、易破碎、易压缩，还得出了目的层煤岩断裂准则二次抛物线型包络线、煤层水力压裂裂缝形式判断、裂缝开裂角方位的计算公式及相关结论。李文魁[125]认为我国大多数煤层渗透性较差，且传统压裂存在诸多不利因素，因此，在煤层中造多条裂缝，以更好地沟通天然裂缝，是煤层压裂改造的有益尝试。李安启等[126]在理论和实践结合的基础上，阐述了煤岩特性对煤层水力压裂裂缝发育的影响，并结合国内煤层水力压裂裂缝监测结果进行了分析评估，提出了适合模拟煤层水力压裂裂缝几何尺寸的模型，特别是在煤层形成复杂裂缝系统时的一些新观点。赵阳升等[127]基于实验、理论与数值分析，论述了水力压裂技术在改造低渗透煤层过程中的局限性，其机理是水力压裂技术仅能在煤层中产生极少量的裂缝，而且在压裂裂缝周围还会产生应力集中带，该区事实上为煤层气开采的屏障区。

4）煤层注水

煤层注水的研究以现场应用为主，胡耀青等[128]以西山矿务局官地矿 32303 工作面高压注水为例，实测了高压注水时，注水压力、注水量与时间的变化规律及煤体的湿润情况与防尘效果，论述了煤体高压注水及防尘机理。聂百胜等[129]探讨了磁化水的性质、磁场作用机理及磁技术在煤层注水方面的应用前景。研究结果表明，必须在合适的磁场作用下水的表面张力才能降低到最小；磁处理后，可以明显减少水中的某些元素，这对于减少矿井水对管道的腐蚀具有重要意义；磁化水能够增加煤岩体的饱和吸水量，增强水在煤岩介质中的渗透性。

5）水力掏槽

水力掏槽防突措施是高压水通过水枪产生高流量的稳定射流破碎前方煤体形成槽硐，槽硐周围煤体得到充分卸压，释放出大量瓦斯，煤体物理力学性质发生改变。魏国营等[122]通过理论研究和工业试验，确定了水力掏槽新掘进防突措施，并提出了适合焦作矿区的防突措施参数。李学臣和魏国营[130]的试验研究证明，水力掏槽措施卸压范围广、防突效果显著，同时水力掏槽掘进工艺实现了操作过程无人值守，还提高了掘进过程的安全性。该技术经现场应用取得了十分显著的效果，具有广泛的适应性、有效性和安全性特征，经济和社会效益显著。

1.2.6　存在问题

为保证高瓦斯或煤与瓦斯突出矿井安全生产，全国各煤炭企业在瓦斯抽采与治理方面开展了许多有益的探索，近年来积极尝试了水力冲孔、水力压裂、空气/CO_2爆破等多种扰动强化工艺，但是仍然不能满足煤矿高效生产和瓦斯综合治理的需要。影响瓦斯高效抽采的主要因素除了抽采工艺的不适应性外，地质指导目的性不强，探测分析不精细，造成地质保障不力，主要存在以下问题。

（1）瓦斯抽采工作地质技术指导作用弱。地质构造缺乏系统认识分类；空间上对煤体结构、煤岩结构的变化缺乏规律性把握；瓦斯不均衡分布缺乏准确预测；顶底板富水性和水理性质认识不清；未根据矿井地质条件差异和煤体结构非均质性与改造性、可抽性特点进行瓦斯抽采地质分区。

（2）各种抽采工艺的地质条件适用性不明确；未根据影响抽采工艺地质因素构建可统一改造的强化层体系；煤岩体物性认识不全面；急需根据对矿井地质条件、地应力和煤岩体物性的研究，构建一套有效指导瓦斯抽采工艺设计的地质指标体系。

（3）指导瓦斯抽采工程部署和抽采工程优化设计的图表不完善，缺乏瓦斯抽采地质图和工程部署图编制方法；未根据煤层地质条件形成一区一策、一面多法的抽采方案，瓦斯抽采工艺设计缺乏规范化、科学化，针对性不强，推广难度大，瓦斯综合治理工程投入产出比较低。

因此，开展瓦斯抽采地质分析技术及应用研究，对解决地质不精细、保障不力等问题，指导瓦斯抽采工程部署，优化瓦斯抽采工艺设计，提高瓦斯抽采效果，实现煤气共采的瓦斯综合治理目标具有重大意义。

1.3　研　究　内　容

1）瓦斯抽采地质单元划分标准与技术研究

在研究区域构造演化的基础上，分析构造形成力学机制，对矿井进行构造应力分区；研究构造等地质因素对瓦斯的控制作用，结合瓦斯含量测试，圈出瓦斯抽采区；进一步查明煤层及煤体结构空间横向展布规律，依据断层、煤层厚度变化、煤体结构变化等在一个采区/工作面划分不同类别的瓦斯抽采地质单元；优选瓦斯抽采地质单元划分的地质参数探测、分析技术，制定划分依据与标准。

2）构建和优选扰动层体系与扰动层物性研究

研究扰动工艺的破裂机理，分析煤体裂隙与吸附解吸、抽采半径、扰动抽采半径的关系；进一步探明煤岩结构与煤体结构纵向组合特征、顶底板富水性及水理性质等，构建、优化扰动层体系，划分不同扰动工艺抽采区；优选扰动层构建依据的地质参数探测技术，编制掘进巷道剖面图，制定扰动层划分依据与标准。

3）建立瓦斯抽采工程地质评价指标技术体系及技术规范

开展煤岩层物性参数测试技术及科学分类研究，根据瓦斯抽采地质单元、扰动层及不同扰动工艺抽采区划分依据的地质参数与标准，优化一套基于扰动工艺技术的瓦斯抽采工程地质评价指标体系，并建立指标获取的技术规范。

4）基于地质分析技术的瓦斯抽采工程部署方案研究

根据不同瓦斯抽采地质单元、扰动层的地质条件，研究不同抽采工艺的技术特点及适应性、扰动层瓦斯抽采运移产出机理，科学指导瓦斯抽采扰动工艺、抽采工艺设计，优化瓦斯抽采工程部署。

5）编制瓦斯抽采地质与工程部署图及图纸制作标准

在采掘工程部署图上，依据瓦斯地质、瓦斯抽采地质研究成果，在一级瓦斯抽采地质单元范围内，增加瓦斯含量分区、地应力分区，标出煤层与顶底板、煤体结构、水文地质、煤岩力学性质等瓦斯抽采地质单元划分和扰动层物性参数，以及扰动与抽采工程部署等信息；参照国家地质图绘图方法和标准，编制瓦斯抽采地质与工程部署图，制定图例库和标准。在瓦斯抽采工程地质理论与技术研究的基础上，以焦煤集团中马村矿（简称中马村矿）27采区和义煤集团新义矿业有限公司（简称新义矿）11采区为例进行现场应用，修正瓦斯抽采地质指标，考核瓦斯抽采效果评价。

2　矿井瓦斯抽采地质特征

瓦斯是伴随煤一起形成的，与煤体、围岩、构造和地下水共同构成一个煤气同体系统[131]。瓦斯以游离态、吸附态和溶解态 3 种形式赋存于煤岩的孔隙、裂隙中，其中吸附态占 80%以上，主要赋存于煤岩的微孔隙或超微孔隙中。游离态瓦斯可以运动，吸附态瓦斯只有在增温或降压条件下，才能转化为游离态瓦斯并参与运动。因此，对煤岩体实施强化工艺，增加煤岩体中的裂隙，实现人工降压，是提高瓦斯运移速率的一种有效办法。

在成煤作用中后期，含煤岩系经历了多期构造运动，煤体发生不同程度的破坏变形，形成不同的煤体结构组合。煤体结构的不同导致煤层的含气性、渗透性及物理力学性质产生差异，直接影响水力强化工艺的选择和瓦斯抽采效率。因此，研究构造演化与构造应力，分析水文地质条件和煤体结构变化规律，划分瓦斯抽采地质单元，优选适宜强化的煤岩体系，是部署强化工艺的地质基础。本书以中马村矿、新义矿、河南能源化工集团永煤车集煤矿（简称车集矿）等为例，进行瓦斯抽采地质分析。

2.1　地 质 构 造

矿井地质构造包括褶皱构造和断裂构造（断层和节理），是影响煤矿生产、瓦斯抽采的主要地质因素之一。地质构造按其规模大小可分为大型、中型、小型 3 种类型（表 2-1、表 2-2），大型构造也叫骨干构造，一般指大断层和大的褶皱，在地质勘探阶段已经查明；

表 2-1　矿井大中型构造基本类型[132]

主体类型	基本类型		基本特征
以褶皱为主体构造格架（大型）	不协调褶皱		各层面弯曲形态不同，产状有突变，沿不同层位（尤其是煤层）褶皱枢纽组投影不重合，常见于我国南方煤层
	紧闭、倒转褶皱		一翼或两翼煤层产状倒转，煤层完整性遭受破坏，常见于南方煤层
	简单类型	单斜式	煤层产状稳定、单一，有的井田位于大型褶皱的一翼，呈"单斜构造"，有的井田以断层为边界，形成断陷式单斜，常见于北方煤层
		向斜式	井田为一大型向斜构造，分两翼布置开拓系统，我国北方和南方煤层均有这种构造类型
以断层为主体构造格架（中型）	正断层型		井田内全部为大型张性或张扭性正断层，无逆断层，断层走向会发生变化，北方煤层常见
	正逆断层复合型		井田内发育两组或两组以上的大中型逆断层，分组少但其延伸长度大，形成构造块段边界；正断层一般较多，落差大，正逆断层共同构成井田构造格局
断层、褶皱共同构成的构造格架（中型）	多组断层单组褶皱		井田发育一组褶皱，背向相间排列，基本控制煤岩层总体形态，发育多组断层，形成块段边界，山东的井田中这类构造格架较多
	多组褶皱多组断层		井田发育两组及以上褶皱，相互干涉和牵制；发育两组及以上断层，断层和褶皱相互切割，南方煤层常见

表 2-2　矿井小型构造基本类型[132]

主体类型	基本类型		基本特征
小型褶皱	规则形态	规则形态	形态规则，两翼产状对称，煤层厚度轻微变化
	不规则形态	不规则形态	形态不规则，两翼产状不对称，一翼厚一翼薄，煤层厚度变化大
		顶褶底平	煤层顶部发生不同程度的揉皱、变形，顶板起伏，煤层厚度变化大
		底褶顶平	煤层底部发生不同程度的揉皱、变形，底板起伏，煤层厚度变化大
		牵引褶皱	断层两盘或一盘煤层被牵引，形态不规则，煤层向断层附近变薄或尖灭
小型断裂	规则形态		断层产状稳定、层面清晰、延伸较远
	特殊类型	低角度正断层	断层产状平缓，煤层有较大范围的变薄带，断层面顺地层倾向延伸
		层间断层	断层仅在某段地层内发育小距离错移，受地层限制，井下较多
		层内断层	断层仅发育在某一层位，煤层出现小距离错移
		层滑断层	沿煤系地层的软弱面发育，一般沿煤层顶底板错动，多形成滑动构造，如豫西的滑动构造，煤层厚度变化大
		铲状断层	上部倾角大，下部倾角小，似铲子，一般顶板倾角大，进入煤层倾角变缓，切入底板中
		顶断底不断	顶板发生断裂，裂隙面切入煤层中逐渐消失，煤层厚度变化大
		底断顶不断	底板发生断裂，裂隙面切入煤层中逐渐消失，煤层厚度变化大

中型构造是指影响水平、采区划分和巷道布置的次一级构造，在勘探阶段尚未查明，对煤矿生产影响极大；小型构造是指在井巷或回采工作面内比较容易观察到其全貌的更次一级断层和褶皱[14]。

褶皱构造影响煤层在空间上的产状和形态，但没有破坏煤层的连续性和完整性，在井下巷道中比较容易追索和控制；断层则破坏了煤层的连续性和完整性，给采掘生产带来了严重影响，是矿井地质构造研究的重点；节理未对煤矿生产构成直接影响，在此不做阐述。地质构造对煤矿生产的影响主要包括：影响井田规模和井田划分、影响开拓部署、影响采面生产、影响掘进效率、影响安全生产条件。

生产矿井对地质构造的研究一般可概括为 4 个步骤：

（1）观测——对井巷所揭露的地质构造如实详细地进行观测和描述。

（2）判断——对井巷没有完全揭露的地质构造，做出正确分析和判断。

（3）预测——对揭露不全面的地质构造，总结已有构造发育规律，对未揭露的区域提出预见性认识。

（4）处理——针对地质构造的特点，提出相应的技术措施和处理方法。

煤与瓦斯同生共体。煤是沉积岩系中力学性质相对软弱的岩体，在构造应力场中，它既是传递应力的介质，又是受应力改造的岩体。当发生构造作用时，煤最易产生运动和变形，形成不同的煤体结构及组合，引起瓦斯的赋存运移规律发生变化。不同的构造组合及力学机制会产生不同的构造应力分区和构造特征，影响煤层的渗透性，控制水力强化裂缝的发育。因此，地质构造与构造应力是影响瓦斯抽采的主要因素。

2.1.1　区域构造演化

中马村矿、新义矿、车集矿等矿井位于华北板块南部河南地块北部、西部和东部，是晚古生代成煤期的产物。含煤地层形成后，至少经历了印支运动、燕山运动和喜马拉雅运动等多期构造运动（图 2-1），在不同的构造应力场作用下，形成不同的构造组合，断层性质也随之发生变化。

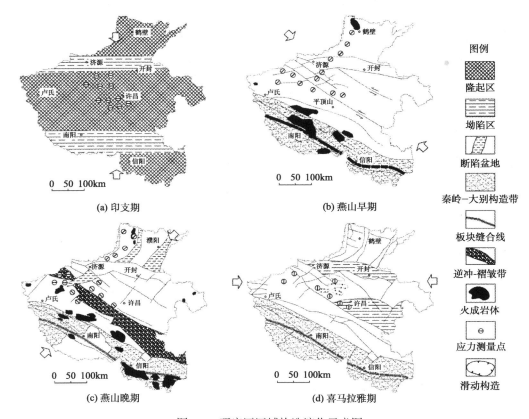

图 2-1　研究区区域构造演化示意图

1）印支期（T）

晚二叠世开始到三叠纪末期的印支构造事件使中国大陆发生大规模碰撞和拼合，板块内部的沉积盖层第一次发生变形。此时华南板块和华北板块对接、拼合，受 SN 向挤压应力场的作用，主要形成了轴向近 EW 向的宽缓褶皱构造。由于应力的远程传递，不同矿区表现出一定的差异性。焦作矿区南部形成墙南向斜，北部从现今构造行迹看其影响不明显，如中马村矿。安鹤矿区北部形成了轴向近 EW 向的褶皱构造，如白莲坡背斜、铜冶向斜、龙山向斜等。该组褶皱因后期断层的切割及断块掀斜作用的影响，局部轴向被改造为 NE 向。永城矿区在 SN 向的侧向挤压下，形成了一些近 EW 向展布的反向褶皱。新安矿区形成了位于南部的轴向近 EW 向的宽缓状新安向斜，该向斜形成于印支期，燕山早期的 NW 向左行走滑对该向斜有一定的影响，伴生近 EW 向正断层，即石井河断层、许村香坊沟断层等。

2）燕山期（J_1-K_1）

燕山期通常指燕山早期，表述早侏罗世—早白垩世早期发生的构造事件。由于东部太平洋板块对华北板块的强烈俯冲，板内变形特征十分鲜明，在最大主压应力方向为 NW-SE 向，后转为在 NWW-SEE 向的持续作用下，主要形成一系列的 NE 向或 NNE 向纵弯褶皱、逆断层或逆掩断层，NW-NWW 向的横张断层或走滑断层，即表现为新华夏体系构造特征。太行山褶皱隆起及东侧逆断裂带、郯庐逆断裂带与燕山早期构造作用相伴形成。

太行山复背斜在该时期隆起。焦作矿区 NWW 向的凤凰岭断层，NE 向的九里山断层、李庄断层开始形成，这些断层构成矿井边界。鹤壁矿区受 NW 向主压应力控制，形成 NE 向、NW 向共轭断裂，NE 向一组断裂发育，区外东部偶有 NW 向小断层。该组 NE 向断裂为区内主干断裂，往往成为矿区边界断层。该组断裂还错断了前期的褶皱，限制了后期 NNE 向断裂的延展，把鹤壁矿区分割为多个断块。永城矿区在此时期形成的构造主要受东部郯庐断裂和南部秦岭-大别碰撞造山带的强烈影响，构造比较复杂，但仍以 NNE 向构造为主体，还发育有近 SN 向、NE 向和近 EW 向、NW 向的配套断裂。新安矿区于燕山早期形成 NW 向左行走滑断裂，如岸上-襄郏断层、龙潭沟断层、省磺矿断层、仙人沟断层、土爷庙断层等。

3）燕山晚期（K_1-E_1）

燕山晚期即指四川期，包括早白垩世中期开始，延续到古新世末期的构造事件。由于南部印度洋板块快速北移、东部太平洋板块的俯冲挤压，构造应力场最大主压应力轴 σ_1 的优选产状为 NE24°，其构造变形主要以形成轴向 NWW 向的宽缓褶皱、NWW 向逆断层、NNE 向正断层、NE 向或 NW 向的走滑断层为特征。由于燕山早期形成的 NE 向断层与主压应力方向成小角度相交，都表现为走滑-正断层的特征。一系列 NNE 向的逆断层或逆掩断层都转化为正断层，如中马村矿九里山左行走滑-正断层、李庄左行走滑-正断层，凤凰岭断层转化为逆断层；鹤壁煤田发育 NNE 向、NE 向正断层；永城矿区在近 SN 向挤压作用下产生了近 EW 向拉张，形成了 NNE 向或近 SN 向张性断裂。新安矿区的南侧为碳石-义马逆冲断层，是华北板块南部巨型褶皱-逆冲断裂带的组成部分，派生一组（4条）NEE 向剪切平移断层，如普士山断层、李村断层、江村断层等，燕山晚期推覆逆冲期后形成，构成 NE 向断陷，发育 NE 向正断层，即常袋断层、孟津断层等。该时期有岩浆侵入活动。

4）喜马拉雅早期（E_2-E_3）

喜马拉雅早期又称华北期，指古近纪的始新世—渐新世的构造阶段，构造应力场最大主压应力轴 σ_1 的优选产状为 SE114°，显然华北期中国大陆构造应力场是以 SEE-NWW 向近水平的挤压作用和 NNE-SSW 向的水平伸展作用为主要特征的。与 NNE 向褶皱系相伴随，在近 EW 向缩短作用的影响下，形成一系列 NNE 向逆断层。例如，太行山东侧逆断层带、郯城-庐江断裂带南段、走向 NE 向的先存断层都具有右行走滑断层带的特征，走向 NW 向的先存断层则具有左行走滑断层带的特征。凤凰岭断层在 SN 向伸展作用下转化为正断层并具有左行走滑特征，九里山断层、李庄断层表现为右行走滑特征，矿井内的羽状断层应该是该时期形成的。而新安矿区于喜马拉雅期形成的滑动构造亦是该期构造特征之一，滑动构造大多处在单斜区或褶皱之一翼，多以 NW 向断裂为滑动边界，数量多，分布密集，规模大，滑脱面分布在盖层的不同层位，主滑面多分布在山西组二₁煤附近，控制了新安矿区煤层的厚度变化及赋存状态。

5）喜马拉雅晚期（N-Qp₁）

喜马拉雅山脉的形成及其强烈的构造变形是发生在新近纪到早更新世时期，因而将这个时期称为喜马拉雅构造期。喜马拉雅期中国大陆西部地区构造变形强烈，中国大陆东部板内变形微弱，以大面积的沉积和拗陷为主，因此，对研究区影响不大。

6）新构造期（Qp₂-Qh）

新构造期指中更新世到全新世的构造演化，受印度洋板块向北挤压的放射应力和太平洋板块的俯冲应力的影响，华北区域主应力方向为 NEE-SWW 向。此时，中国大陆的构造变形是相当微弱的。

2.1.2　构造形态与应力状态

研究区在多期构造运动作用下，把煤层分成了形态各异的不同断块，矿井构造组合形态总体可分为三大类，即掀斜断块、断块伴有褶曲、褶曲。每种组合形态由于其形成的力学机制不同又存在相对引张带、挤压带和过渡带 3 个构造应力带。

1）掀斜断块

掀斜断块是指矿井浅部和深部边界为相互平行的或近于平行的正断层，由于两条断层差异升降而形成的单斜构造。断块内以断裂构造发育为主，褶曲不发育。焦作矿区的矿井构造形态多数为掀斜断块。

中马村矿南东部（深部）以 NE 向九里山断层为界，北西部（浅部）以 NE 向李庄断层为界。九里山断层西南起于盘古寺断层，经于村和九里山、古汉山残丘北侧，东北至五里河附近，长约 60km，走向为 NE40°～60°，倾向 NW，倾角约 70°，为正断层，落差为 50～650m，在中马村矿东南部延伸长度为 8.50km。李庄断层位于矿区西北部，与李庄分支断层组成阶梯状断层组，研究区内延伸长度为 4.60km，断层走向为 NE28°～55°，倾向 298°～325°，倾角为 70°左右，断层落差为 0～120.00m，从中部向北东和西南方向延伸落差逐渐减小，南西部延伸出区外尖灭（图 2-2）。

中马村矿位于九里山断层的下降盘、李庄断层的上升盘，整体构造形态为 SW 向至 NE 向展布，为倾向 SE 的缓倾斜掀斜断块。断块内无褶曲，小断层非常发育。根据掀斜断块形成的力学机制分析，可将矿井分为 3 个应力区，大致与一水平、二水平、三水平相当。

一水平为挤压带。一水平位于李庄断层的上升盘，虽属矿井的浅部，上覆地层压力小于中深部，但是在断块南降北升的形成过程中，该区所受构造应力应该为相对挤压应力。从生产揭露的 26 条小断层分析，落差为 0.6～4.5m，走向均为 NE 向，倾向大部分为 SE 向，即小断层的上升盘与李庄断层的上升盘为同一盘，证明南东部是张应力区。矿井开采过程中一水平突出次数也明显高于二、三水平。目前的 17 采区因瓦斯抽采困难、治理难度大，至今未采。

二水平为过渡带。二水平位于断块中部，为南东部引张带向北西部挤压带舒缓过渡的地带。该区生产揭露 22 条小断层，落差集中于 0.6～2.0m，走向为 NE 向，倾向以 SE

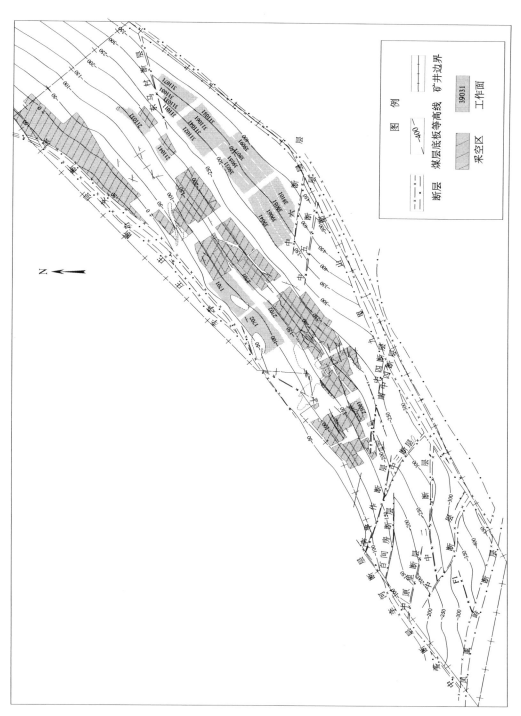

图 2-2　中马村矿底板等高线图（单位：m）

向为主,亦有 NW 向。小断层断距小,倾向 SE、NW 两个方向都有,小断层发育程度较一水平、三水平差。

三水平为相对引张带。三水平位于九里山断层的下降盘,属矿井深部,但由于处在正断层的下降盘,所受的构造应力为相对张性应力。根据三维地震解释的小断层,落差集中在 3~6m,走向以 NE 向、NW 向为主,倾向以 SE 向为主,即小断层的下降盘亦为九里山断层的下降盘,两下降盘相连下降,反映此区应为应力舒张区。三水平的透气性系数也高于二水平。

2)断块伴有褶曲

矿井总体构造形态为单斜,井田内断裂构造发育,同时有小型褶曲或断裂派生褶曲发育。

车集矿为全隐伏的单斜构造,南部及西北部各有一组较为宽缓的褶曲。单斜总体走向 NNE 向,与永城复背斜轴向基本一致,但局部地段在走向和倾向上有一定的变化。井田浅部地层走向 NNE 向,中深部 10 线以南地层走向近 SN 向,10~16 线转为 NNE 向,16~20 线转为 NE 向,20~26 线又转为 NNE 向。全井田地层走向大致呈反 S 形展布,地层倾向 SEE 向,倾角一般为 7°~20°,浅部较陡(20°~30°),中深部变缓(5°~10°),而深部又变陡(15°~20°),−800~−600m 水平为一近于平台的形态,地层倾角小于 10°。矿井内以正断层为主,褶曲较为宽缓,呈波状起伏。因此,断层加褶曲构成了本矿井地质构造的基本特征(图 2-3)。

受郯庐大断裂的影响,井田内主干断裂近 SN 向、NNE 向,属于高角度正断层。断层的牵引形成了矿井南部及西北部的一组较为宽缓的褶曲,且轴向与主干断裂近平行,属于断层的派生构造;配套断层为 NE 向,多为走滑正断层;近 EW 向断裂发育数量少,但规模大,控制矿井采区划分;NW 向断层在本区也较发育。

矿井 NNE 向断层剖面表现为犁形,断层在浅部表现为高角度正断层,至深部则倾角变缓,最终形成顺层滑脱,故在浅部(一水平−600m 以浅)断裂在拉张条件下形成,煤层处于相对引张带。而在深部(三水平−800m 以深)断层产状逐渐变缓,煤层处于挤压带。矿井中部(二水平−800~−600m)呈波状起伏,多为断煤厚或断距小于煤层厚度的小断层,断层走向与大断层一致,以近 SN 向、NNE 向为主,亦有 NE 向断层;二水平发育小型正断层,证明其处于引张应力条件,但是波状起伏表明受深部断层倾角变缓的阻滞,同时存在一定的挤压性质,故二水平应为相对引张与挤压的过渡带。矿井西南部发育两对背斜和向斜,为附近断层的派生构造;相互平行的断层组成地垒、地堑、阶梯状组合,由断层断距差异造成地层的扭动,形成了牵引褶皱,并造成不同分层之间的相对滑动;断层性质为张性或张扭性,褶皱轴部裂隙相对发育,褶皱两翼存在相对挤压应力。

新义矿位于新安倾伏向斜北翼的深部,为一宽缓单斜构造,向斜轴部走向近 EW 向,西部边界由于 F58 断层的影响,在 03 勘探线附近发育有一宽缓的牵引向斜,根据现有的三维地震及建井揭露资料显示,新义矿主要发育 NW 向的正断层,基本未见逆断层,其区域主应力方向应为 NW-SE 向的挤压。另外,从煤层底板等高线形态可以看出(图 2-4),井田西部由于受 NW 向龙潭沟断层牵引的影响,形成宽缓向斜,向斜轴部走

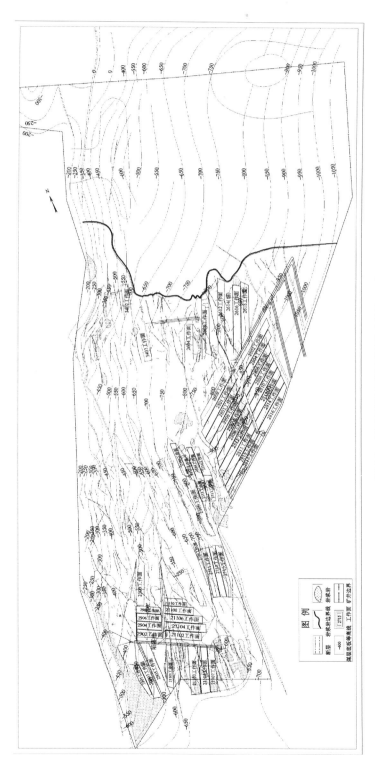

图 2-3 车集矿广底板等高线图（单位：m）

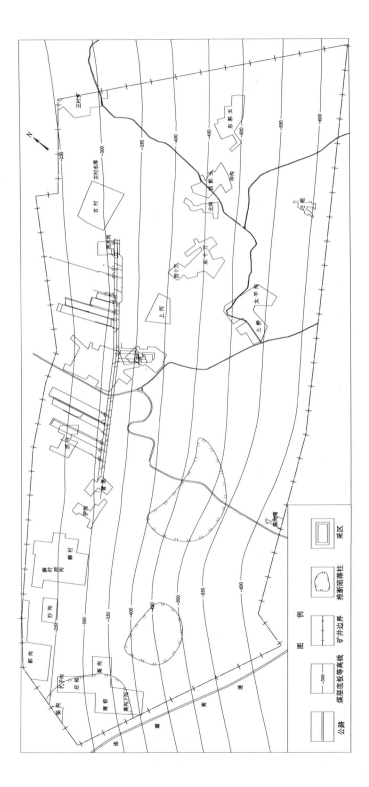

图 2-4　新义矿底板等高线图（单位：m）

向与断裂相同，也为 NW 向。受此褶皱的影响，井田首采西区断裂落差多为 10～20m，较首采东区断裂落差大。

因此，新义矿总体上可以划分为 3 个应力区：一水平（−300m）以上埋深较浅，中小断裂较为发育，属于相对引张带；一水平至二水平（−500～−300m）埋深增加，中小断裂也较为发育，为应力过渡带；二水平（−500m）以深接近于褶皱转折端外围高压带，并且埋深进一步增加，为挤压带。

3）褶曲

矿井构造总体形态为独立的向斜或背斜，或背向斜组合。

安阳龙山矿发育有东龙山向斜褶曲，轴向呈 NE32°～62°向展布，轴长 1700m，向北东倾伏，其北西翼走向近 SN 向，倾向 NEE 向，倾角一般在 4°～15°；南东翼地层走向 NEE 向，倾向 NNW 向，倾角一般在 14°～28°。向斜轴面倾角 70°，倾向 SE 向（图 2-5）。褶曲构造属于弹塑性变形，往往保留一定范围的原始应力状态，根据褶曲形成力学机制，总体上从轴部向外可以划分为 3 个带：轴部卸压带、转折端外端高压带和翼部低压带。在褶曲轴部，变形最大，相对能量释放最多，应力缓解，属于低应力区。在褶曲轴部向外，即轴部附近的两翼，应力相对集中，属于高应力区。由此向外，即正常翼部地带，属于正常应力区。

2.1.3　构造分类与特征

矿井内构造主要有断裂和褶曲。矿井内中小型构造的断裂性质、断距和褶皱形态是影响构造煤展布、沟通含水层及瓦斯抽采地质单元划分的关键因素，研究中小型构造形成的力学机制、规模、作用是瓦斯抽采地质单元划分的重要依据。

2.1.3.1　断裂构造

1）按照断裂构造形成的力学机制将其分为两类：封闭性断裂和开放性断裂

（1）封闭性断裂：封闭性断裂主要受压性或压扭性构造应力作用，断裂附近应力集中，煤层透气性较差，不利于瓦斯抽采。

（2）开放性断裂：开放性断裂主要受张性、张扭性构造应力作用，开放性断裂带及其附近区域煤层透气性相对较好，有利于瓦斯抽采。

研究区虽受多期构造运动影响，构造应力方向和断层性质也发生多次转化，但是构造基本框架是在燕山期形成的，又长期受到东部太平洋板块的俯冲挤压作用，与 NNE 向褶皱系相伴生，在近 EW 向挤压作用的影响下，NNE 向、近 SN 向的断层多属压性。走向 NE 向的断层都具有右行走滑的特征，走向 NW 向的断层则具有左行走滑的特征，均具有压扭性质。在南北向伸展作用下，近 EW 向、NWW 向的断层带表现张性或张扭性质（表 2-3）。

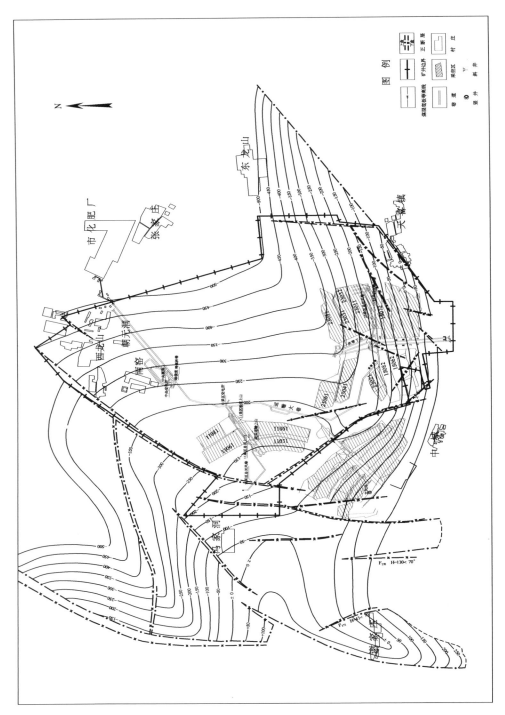

图 2-5　龙山矿煤底板等高线图（单位：m）

表 2-3　研究区断层形成力学机制一览表

矿井	断层名称	产状			规模		煤层对盘岩性	力学性质	期次
		走向/(°)	倾向/(°)	倾角/(°)	落差/m	长度/m			
中马村矿	凤凰岭断层	286	195	70	160~270	2100	O₂m 灰岩	张扭性	燕山期
	九里山断层	50	322	70	50~650	8500	L₈ 灰岩	压扭性	燕山期
	李庄断层	42	312	70	0~120	4600	O₂m 灰岩	压性	燕山晚期
	李庄分支断层	53	322	70	60~100	3900	P₁x 砂岩	压扭性	燕山晚期
	李河断层	60	150	70	0~252	650	P₁x 砂岩	压扭性	燕山晚期
	中四断层	103	193	60	0~49	800	L₉ 灰岩	张扭性	燕山晚期
	南中四断层	102	12	60	0~32	400	局部 L₉ 灰岩	张扭性	燕山晚期
	中五断层	96	187	70	0~70	1250	局部 L₉ 灰岩	张扭性	燕山晚期
	中六断层	97	186	70	0~25	1000	局部 L₉ 灰岩	张扭性	燕山晚期
	东马村断层	71	161	71	0~70	1500	局部 L₉ 灰岩	压扭性	燕山晚期
车集矿	F₆	143	53	70	130	4000	O₂m 灰岩	压扭性	燕山期
	F₉	环形	内侧	70	600	2600	O₂m 灰岩	张扭性	燕山期
	F₂₆	6	276	70	40	1600	L₁₂（K₃）和 L₁₁ 灰岩	压性	燕山期
	F₂	15	285	70	80	6300	L₂ 灰岩	压性	燕山期
	F₁₁	70	160	70	87	5100	L₂ 灰岩	压扭性	燕山期
	F₂₅	3	273	70	37	700	L₁₂（K₃）或 L₁₁ 灰岩	压性	燕山期
	F_{d1}	90	0	60	27	1500	泥岩	张扭性	燕山晚期
	F_{s1}	14	284	70	30	1700	泥岩	压性	燕山晚期
	F_{s2}	78	348	60	19	1400	泥岩	压扭性	燕山晚期
	DF₇	70	340	83	62	420	L₁₂（K₃）或 L₁₁ 灰岩	压扭性	燕山晚期
	F₂₉	95	185	53	33	1900	L₁₂（K₃）灰岩	张扭性	燕山期
	F₃₀	95	5	53	29	1900	L₁₂	张扭性	燕山期
	F₃₄	80	170	45	20	450	L₁₂	压扭性	燕山期
	F₃₃	68	158	70	20	400	L₁₂	压扭性	燕山期
	D₅F₂	80	170	70	30	1000	L₁₂	压扭性	燕山晚期
	D₅F₆	75	345	70	20	700	L₁₂	压扭性	燕山晚期
	D₅F₁₄	10	100	70	20	900	L₁₂	压性	燕山晚期
	DF₂₀	95	185	70	20	750	L₁₂	张扭性	燕山晚期

续表

矿井	断层名称	产状			规模		煤层对盘岩性	力学性质	期次
		走向/(°)	倾向/(°)	倾角/(°)	落差/m	长度/m			
车集矿	F_{38}	105	15	65	37	2200	L_{12}（K_3）灰岩	张扭性	燕山晚期
	F_{39-1}	100	190	55	32	800	L_{12}（K_3）灰岩	张扭性	燕山期
	F_{39}	100	190	55	89	2800	L_2灰岩	张扭性	燕山期
	F_{13}	118	28	70	91	4300	L_2灰岩	张扭性	燕山期
	F_{13-1}	95	5	65	65	2200	L_{12}（K_3）或L_{11}灰岩	张扭性	燕山晚期
	F_{13-2}	10	100	26	31	850	泥岩	压性	燕山晚期
	F_{22}	130	220	70	80	1800	L_2灰岩	张扭性	燕山期
	F_{40}	110	20	45	54	1200	L_{12}	张扭性	燕山晚期
	F_{23}	114	24	70	50	1600	L_{12}	张扭性	燕山期
	F_{18}	121	211	70	160	11500	O_2m灰岩	张扭性	燕山期
	DF_{18-1}	0	90	70	35	1190	L_{12}（K_3）灰岩	压性	燕山晚期
	DNF_2	94	124	70	22	1500	泥岩	张扭性	燕山晚期
	DNF_5	315	225	70	22	1600	泥岩	压扭性	燕山晚期
	DNF_{11}	315	225	70	22	1600	泥岩	压扭性	燕山晚期
	DNF_{13}	45	135	65	27	510	泥岩	压扭性	燕山晚期
	DNF_{53}	0	90	70	20	2000	泥岩	压性	燕山晚期
新义矿	石井河断层	EW	N	75	350~400	30000	O_2m灰岩	张扭性	燕山期
	许村香坊沟断层	EW	N	70	100~150	20000	O_2m灰岩	张扭性	燕山期
	龙潭沟断层	NW	NE	70	50~200	17000	O_2m灰岩	张扭性	燕山期
	省矿矿断层	N65°W	SW	65	80~150	170000	O_2m灰岩	张扭性	燕山期
	DF_5	NS转SW	E转SE	75	8	500	泥岩	张扭性	燕山晚期
	DF_6	NW	SW	70	5	250	泥岩	张扭性	燕山晚期
	DF_{23}	WE转SE	S转SW	65	5	330	泥岩	张扭性	燕山晚期
	DF_{26}	SW转SE	SE转SW	75	6	220	泥岩	张扭性	燕山晚期
	DF_{30}	NW	SW	70	6	350	泥岩	张扭性	燕山晚期
	DF_{33}	WE	N	75	12	650	泥岩	压扭性	燕山晚期
	DF_{34}	NW	SW	70	7	390	泥岩	张扭性	燕山晚期
	DF_{35}	NS	E	60	5	210	泥岩	张扭性	燕山晚期
	DF_{36}	NW	SW	70	5	200	泥岩	张扭性	燕山晚期
	DF_{38}	NW	NE	70	6	390	泥岩	张扭性	燕山晚期

续表

| 矿井 | 断层名称 | 产状 | | | 规模 | | 煤层对盘岩性 | 力学性质 | 期次 |
		走向/(°)	倾向/(°)	倾角/(°)	落差/m	长度/m			
新义矿	DF$_{39}$	SE	SW	70	6	260	泥岩	张扭性	燕山晚期
	DF$_{44}$	WE 转 NS	N 转 E	70	5	350	泥岩	张扭性	燕山晚期
	F$_{11-1}$	NE	NW	37	7	>10	泥岩	张扭性	燕山晚期
	DF$_{12-7}$	NNW	NEE	70	7	72	泥岩	张扭性	燕山晚期
	DF$_{12-9}$	NW	NE	70	10	153	泥岩	张扭性	燕山晚期
	DF$_{12-11}$	NW	SW	70	6	155	泥岩	张扭性	燕山晚期
	DF$_{12-12}$	NEE	SSE	70	20	275	泥岩	张扭性	燕山晚期
	DF$_{12-13}$	NW	NE	70	7	103	泥岩	张扭性	燕山晚期
	DF$_{12-14}$	NE 转 NEE	SE 转 SSE	70	18	199	泥岩	张扭性	燕山晚期
	DF$_{12-15}$	NNW	NEE	70	5	231	泥岩	张扭性	燕山晚期
	DF$_{12-16}$	NW 转 NWW	NNE 转 NE	70	17	360	泥岩	张扭性	燕山晚期
	DF$_{12-17}$	NE	SE	70	28	250	泥岩	张扭性	燕山晚期
	DF$_{12-18}$	NW	SW	70	20	235	泥岩	张扭性	燕山晚期
	DF$_{12-19}$	NE	SE	70	13	110	泥岩	张扭性	燕山晚期

2) 按照断裂与含水层、煤层关系分为 3 类：导水断裂、断煤厚断裂和未断煤厚断裂

（1）导水断裂：导水断裂断距大于煤层与顶底板直接含水层的最小间距，断到、断穿含水层，或者与边界大断裂有水力联系，具有导水性质。

导水断裂一般都是矿井的边界断裂、大断裂及其派生羽状断裂，断裂走向以 NWW 向、NEE 向、NW 向为主，NE 向、WE 向、NNW 向次之（表 2-4）；断裂力学性质多为张性、张扭性或压扭性，一般张性断裂导水能力强于张扭性断裂，张扭性强于压扭性（表 2-5）。

表 2-4 导水断层展布方向统计表

断层走向	NWW	NEE	NW	NE	WE	NNW
分布概率	0.39	0.21	0.18	0.06	0.13	0.03

表 2-5 导水断层特征一览表

矿井名称	断层名称	煤层对盘岩性	力学性质	断距/m	导水性
中马村矿	凤凰岭断层	O$_2$m 灰岩	张扭性	160～270	导水
	九里山断层	L$_8$ 灰岩	压扭性	50～650	导水
	李庄断层	O$_2$m 灰岩	压性	0～120	不导水
	李庄分支断层	P$_1$x 砂岩	压扭性	60～100	不导水

矿井名称	断层名称	煤层对盘岩性	力学性质	断距/m	导水性
中马村矿	李河断层	P_1x 砂岩	压扭性	0～252	不导水
	中四断层	L_9 灰岩	张扭性	0～49	导水
	南中四断层	局部 L_9 灰岩	张扭性	0～32	导水
	中五断层	局部 L_9 灰岩	张扭性	0～70	导水
	中六断层	局部 L_9 灰岩	张扭性	0～25	导水
	东马村断层	局部 L_9 灰岩	压扭性	0～70	导水
车集矿	F_6	O_2m 灰岩	压扭性	130	导水
	F_9	O_2m 灰岩	张扭性	600	导水
	F_{26}	L_{12}（K_3）和 L_{11} 灰岩	压性	40	导水
	F_2	L_2 灰岩	压性	80	导水
	F_{11}	L_2 灰岩	压扭性	87	导水
	F_{25}	L_{12}（K_3）或 L_{11} 灰岩	压性	37	导水
	F_{d1}	泥岩	张扭性	27	不导水
	F_{s1}	泥岩	压性	30	不导水
	F_{s2}	泥岩	压扭性	19	不导水
	DF_7	L_{12}（K_3）或 L_{11} 灰岩	压扭性	62	导水
	F_{29}	L_{12}（K_3）灰岩	张扭性	33	导水
	F_{30}	L_{12}	张扭性	29	不导水
	F_{34}	L_{12}	压扭性	20	不导水
	F_{33}	L_{12}	压扭性	20	不导水
	D_5F_2	L_{12}	压扭性	30	不导水
	D_5F_6	L_{12}	压扭性	20	不导水
	D_5F_{14}	L_{12}	压性	20	不导水
	DF_{20}	L_{12}	张扭性	20	不导水
	F_{38}	L_{12}（K_3）灰岩	张扭性	37	导水
	F_{39-1}	L_{12}（K_3）灰岩	张扭性	32	导水
	F_{39}	L_2 灰岩	张扭性	89	导水
	F_{13}	L_2 灰岩	张扭性	91	导水
	F_{13-1}	L_{12}（K_3）或 L_{11} 灰岩	张扭性	65	导水
	F_{13-2}	泥岩	压性	31	导水
	F_{22}	L_2 灰岩	张扭性	80	导水
	F_{40}	L_{12}	张扭性	54	导水
	F_{23}	L_{12}	张扭性	50	导水
	F_{18}	O_2m 灰岩	张扭性	160	导水
	DF_{18-1}	L_{12}（K_3）灰岩	压性	35	导水
	DNF_2	泥岩	张扭性	22	不导水
	DNF_5	泥岩	压扭性	22	不导水

续表

矿井名称	断层名称	煤层对盘岩性	力学性质	断距/m	导水性
车集矿	DNF$_{11}$	泥岩	压扭性	22	不导水
	DNF$_{13}$	泥岩	压扭性	27	不导水
	DNF$_{53}$	泥岩	压性	20	不导水
新义矿	石井河断层	O$_2$m 灰岩	张扭性	350~400	导水
	许村香坊沟断层	O$_2$m 灰岩	张扭性	100~150	导水
	龙潭沟断层	O$_2$m 灰岩	张扭性	50~200	导水
	省磺矿断层	O$_2$m 灰岩	张扭性	80~150	导水
	DF$_5$	泥岩	张扭性	8	不导水
	DF$_6$	泥岩	张扭性	5	不导水
	DF$_{23}$	泥岩	张扭性	5	不导水
	DF$_{26}$	泥岩	张扭性	6	不导水
	DF$_{30}$	泥岩	张扭性	6	不导水
	DF$_{33}$	泥岩	压扭性	12	导水
	DF$_{34}$	泥岩	张扭性	7	导水
	DF$_{35}$	泥岩	张扭性	5	不导水
	DF$_{36}$	泥岩	张扭性	5	不导水
	DF$_{38}$	泥岩	张扭性	6	导水
	DF$_{39}$	泥岩	张扭性	6	不导水
	DF$_{44}$	泥岩	张扭性	5	不导水
	F$_{11-1}$	泥岩	张扭性	7	不导水
	DF$_{12-7}$	泥岩	张扭性	7	不导水
	DF$_{12-9}$	泥岩	张扭性	10	不导水
	DF$_{12-11}$	泥岩	张扭性	6	不导水
	DF$_{12-12}$	泥岩	张扭性	20	导水
	DF$_{12-13}$	泥岩	张扭性	7	不导水
	DF$_{12-14}$	泥岩	张扭性	18	导水
	DF$_{12-15}$	泥岩	张扭性	5	不导水
	DF$_{12-16}$	泥岩	张扭性	17	不导水
	DF$_{12-17}$	泥岩	张扭性	28	导水
	DF$_{12-18}$	泥岩	张扭性	20	导水
	DF$_{12-19}$	泥岩	张扭性	13	不导水

（2）断煤厚断裂：断煤厚断裂的断距大于煤层厚度，使煤层全层与顶板或底板岩石对接，影响矿井采掘部署。

中马村矿断煤厚断层主要为九里山断层所派生的羽状断层等。羽状断层与九里山主干断层的夹角为 40°左右，近平行展布，其中，中四断层、南中四断层、中五断层、中六断层、东马村断层均断失煤层。

车集矿断煤厚断层非常发育，除边界断层外，落差大于 10m 的断层非常发育，主要为高角度正断层。断层走向以 NNE 向、近 SN 向和 NE 向为主，NWW 向、NEE 向、NW 向、NNW 向次之（表 2-6）。

表 2-6　断煤厚断层展布方向统计表

断层走向	NNE	SN	NE	NNW	NWW	NW	NEE
分布概率	0.62	0.13	0.10	0.06	0.03	0.03	0.03

新义矿根据三维地震揭露落差大于等于 5m 的断层，将首采区东区 13 条、西区 11 条，以及建井阶段揭露断层 34 条分别绘制断裂走向、倾向玫瑰花图，并统计断层延展长度及落差情况（表 2-7）。

表 2-7　新义矿断裂统计特征

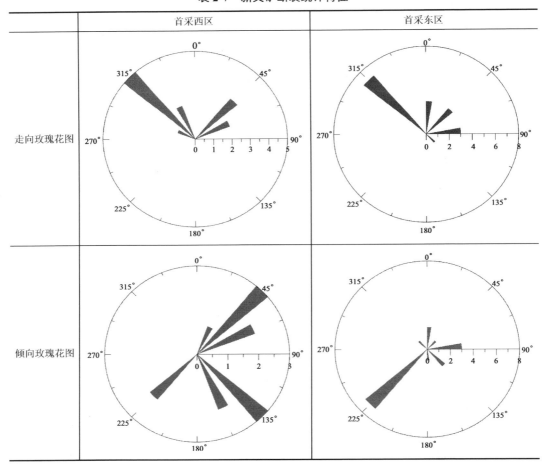

通过分析新义矿断层发育特征可以得出，断裂走向以 NW 向、NE 向、NNE 向 3 个方向为主，NW 向断裂发育尤为明显；NE 向、NNE 向断裂倾向多为 SE 向，而 NW 向断裂倾向主要为 SW 向和 NE 向两个方向。断层倾角均为大于 45°的陡倾断层。三维地震解释断层延展长度，首采西区多为 200m，首采东区多为 300m，井下揭露断层延展长度多为 5m 以上；三维地震解释断层落差，首采西区多为 10～20m，首采东区多为 6m 左右，井下揭露断层落差一般小于 2m。

（3）未断煤厚断裂：未断煤厚断裂的断距小于煤层厚度，为井田内发育的小断层。小断层的发育规律和性质直接影响水力强化裂缝展布和瓦斯抽采效果。

矿井内小断层受矿井边界断裂、导水断裂和断煤厚断裂的逐级控制与影响，控制程度与二者间距和断裂规模有关。

中马村矿以往生产中揭露小于 5m 的小断层共计 50 条，三维地震发现小断层 26 条，均属正断层，具有如下特征：

a）断层构造规模小。开采过程中所揭露的断层构造落差较小，一般为 0.5～3.0m（表 2-8 和图 2-6）。

表 2-8 生产矿井小断层规模概率分布统计表

断层落差 H/m	0～1	1～2	2～3	3～4	4～5	5～6	6～7	7～8	8～9	9～10
概率 P/%	30	36	26	2	2	2	0	0	0	2

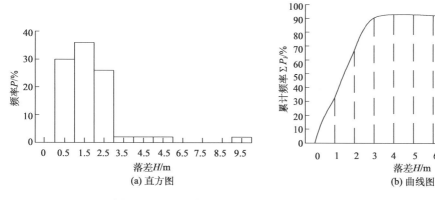

图 2-6 小断层落差大小直方图和累计频率曲线图（N=50）

b）方向性明显。从生产揭露的小断层的发育情况看，NE 向断层 48 条，大致平行煤层的走向，NW 向断层 2 条，主要分布于矿区西部大断层之间。三位地震解释矿井小断层展布方向以 NE 向、NW 向为主（表 2-9）。

表 2-9 三维地震解释矿井小断层展布方向统计表

断层走向	EW	NE	NW
概率 P	0.193	0.50	0.307

c）分布规律。由于受边界断裂的控制，小断层从浅部到深部表现出不同的规律，总体上三水平发育，一水平次之，二水平较弱。

一水平发育 26 条小断层，落差为 0.6～4.5m，延伸长度为 50～450m，走向均为 NE 向，倾向大部分为 SE 向，与北部边界李庄断层倾向相反，即小断层的上升盘与李庄断层的上升盘为同一盘，这和南部下降北部上升所产生的应力有关。

二水平发育 22 条小断层，落差集中与 0.6～2.0m，延伸长度为 50～100m，走向为 NE 向，倾向以 SE 向为主，亦有 NW 向，此处远离两边界断裂，小断层较一水平、三水平发育程度差。

三水平因大部分区域未进行开采，根据三维地震解释断层，走向以 NE 向、NW 向为主、落差集中在 3～6m，延伸长度一般为 100～200m，倾向以 SE 向为主，小断层倾向与九里山断层倾向相对应，两下降盘相连下降，反映此处小断层位于应力舒张区。

车集矿井内小断层十分发育，采掘工程已揭露中小型断层有 523 条，三维地震新发现断层 31 条，大部分断距小于煤层厚度。断层以正断层为主，逆断层仅占 1%，具有如下特征。

a）走向近 SN 向、倾向于东的断层最为发育，走向近 SN 向、倾向于西的断层发育次之（图 2-7、图 2-8）。

b）断层落差多数呈中间大两端小的特征。

c）断层展布形态多数呈"S"形或反"S"形。

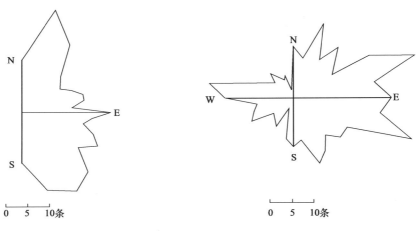

图 2-7　走向玫瑰花图　　　　图 2-8　倾向玫瑰花图

新义矿据三维地震勘探资料及巷道揭露，落差小于 5m 的断层有 66 条，以正断层为主，走向以 NW 向为主，NE 和 EW 向次之，说明井田内中小断层走向严格受边界断裂和区域大断裂影响与控制。其中，落差小于等于 3m 的小断层未完全破坏二₁煤的连续性，但在断层附近，煤层及其顶底板会存在断层破碎带淋水变大现象，对开采有一定的影响；落差为 3～5m 的小断层影响二₁煤的连续性，会给矿井机械化开采带来较大的影响。

2.1.3.2 褶曲构造

褶曲是煤岩受力发生的弯曲变形，多数是由断层牵引形成的。矿井内的煤层褶曲主要有两种形式，一种向上弯曲的为背斜，另一种向下弯曲的为向斜。

（1）背斜：埋藏相对较浅，中和面以上存在张裂隙，中和面以下以挤压作用为主。

（2）向斜：埋藏相对较深，中和面以下存在张裂隙，中和面以上以挤压作用为主。

车集矿井内的褶曲主要发育在南部和北部。例如，南部的呼庄向斜和呼庄背斜，北部浅部的崔庄向斜和王楼背斜等。中部则发育有幅度较小的缓波状起伏。现将主要的褶曲和波状起伏分述如下。

1）呼庄向斜

呼庄向斜位于井田南部，总体轴向近 SN 向，延伸长度约 3000m，最大幅度约 28m。西翼地层倾向近于东，倾角 11°～12°在 3 线被 F_{14} 断层切割；东翼地层倾向近于西，倾角 7°～8°。

2）呼庄背斜

呼庄背斜位于呼庄向斜的东侧，总体轴向近 SN 向，与呼庄向斜轴向近似平行，区内延伸长度为 3000m，最大幅度 27m。两翼倾角 7°～8°，基本上为一对称背斜。呼庄背斜在 2 线附近被 F_{13} 断层切割，5～6 线则变为宽缓的波状起伏。

2.2 煤层与顶底板

煤层作为含煤岩系的有机组成部分，常常赋存于一定层位，与其他共生的岩石类型构成特定的沉积序列。煤层形成后又受多期构造运动改造，煤岩体强度、孔裂隙发生变化，影响瓦斯运移、产出和水力强化工艺的部署。

2.2.1 煤层赋存状态

2.2.1.1 煤层厚度、结构分类

煤层厚度是指煤层顶底板岩层之间的垂直距离。煤层是煤矿开采的对象，煤层厚度变化是影响煤矿生产的主要地质因素之一。

1）按煤层厚度分类

煤层厚度差别很大，薄的仅数厘米，俗称煤线；厚的可达 300 多米。根据开采方式需要，煤层厚度分为 5 类，见表 2-10。

2）按煤层结构分类

煤层结构是指煤层中所含夹矸层的数量多少，可分为简单煤层结构和复杂煤层结构。简单煤层结构一般指煤层中不含夹矸或仅含有 1～2 层稳定夹矸；复杂煤层结构是指夹矸层数多，层数、层位、厚度及岩性变化大，对比困难。根据煤层结构，煤层厚度可分为总厚度、有益厚度、可采厚度（图 2-9）。

表 2-10　煤层厚度分类表

煤层分类	井工开采厚度/m
极薄煤层	0.3～0.5
薄煤层	0.5～1.3
中厚煤层	1.3～3.5
厚煤层	3.5～8.0
巨厚煤层	>8.0

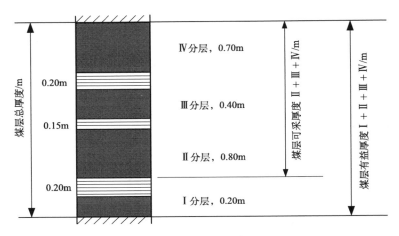

图 2-9　煤层厚度

　　煤层总厚度是指煤层顶底板间所有煤分层和夹矸层厚度的总和，图 2-9 中煤层总厚度 $M_{总}=0.70+0.20+0.40+0.15+0.80+0.20+0.20=2.65m$。

　　煤层有益厚度是指煤层顶底板之间所有煤分层厚度之和，其中不包括夹矸层的厚度，图 2-9 中煤层有益厚度 $M_{益}=0.70+0.40+0.80+0.20=2.1m$。

　　煤层可采厚度是指在现代经济技术条件下可以开采的煤层厚度或煤分层厚度的总和。图 2-9 中可采厚度 $M_{可}=0.80+0.40+0.70=1.90m$。

　　目前，根据我国自然资源部规定，一般地区煤层最低可采厚度（地下开采）标准见表 2-11。

表 2-11　一般煤层最低可采厚度标准（井工开采）

煤类	倾角/(°)		
	<25	25～45	>45
炼焦用煤/m	0.70	0.60	0.50
非炼焦用煤/m	0.80	0.70	0.60
褐煤/m	1.50	1.40	1.30

2.2.1.2　煤层厚度变化

煤层厚度和形态变化多种多样，自然界中不同煤层厚度不同，而且同一煤层的厚度变化在各处亦差别较大，煤层发生分岔、变形、尖灭等厚度变化，直接影响煤矿的正常生产和煤炭储量平衡。依据引起煤层厚度变化的主要地质因素，将其变化分为同生变化和后生变化。

1）同生变化

同生变化又称原生变化，是指在泥炭堆积过程中，在形成煤层顶板岩层之前，由各种地质作用引起的煤层厚度和形态的变化称为同生变化。同生变化的原因主要有泥炭沼泽基底不平、地壳不均衡沉降、同生冲蚀3种。

（1）泥炭沼泽基底不平。泥炭沼泽基底不平导致在煤矿中经常可以看到煤层增厚、变薄、尖灭现象。在聚煤期泥炭沼泽基底往往是不平整的，植物遗体堆积先在低洼处开始，然后才在高处堆积，随着区域性地壳沉降或地下水位抬升，原来低洼处堆积的泥炭层相互连成一体，泥炭层才在盆地范围内堆积，具体表现为低洼处泥炭层厚度大，高处泥炭层厚度薄的特点，当基底出露水面时若无植物遗体堆积，则出现无煤区，即煤层尖灭（图2-10）。

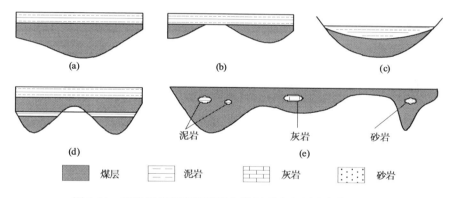

图2-10　泥炭沼泽基底不平引起煤层形态和厚度变化示意图

泥炭沼泽基底不平引起煤层厚度变化的特点如下：① 煤层顶平底不平，即煤层顶板比较平整，底板不规则。这种现象在煤系地层剖面的底部煤层中常见，中上部煤层则很少见到。② 煤层变薄的方向是古基底隆起或凸起的方向，煤层分层或层理被下伏基底岩层面所截断，上下分层呈超覆关系。③ 煤层层理与顶板平行，而与底板不平行。

（2）地壳不均衡沉降。含煤岩系形成过程中，聚煤拗陷基底沉降速度往往不均衡，这种沉降差异可能导致煤层形态和厚度发生变化。当地壳沉降速率与植物遗体堆积速率长时间一致时，沉积的煤层较厚；当地壳沉降速率加快并伴随有周期性的小振荡地区时，泥炭堆积与泥砂沉积交替进行，煤层出现分岔现象；当地壳沉降速率小于泥炭堆积速率时，易形成薄煤层（图2-11）。

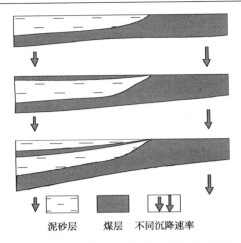

图 2-11　地壳不均匀沉降引起煤层厚度变化

　　地壳不均衡沉降引起煤层形态和厚度变化的特点：① 煤层顶底板不平整，岩相、岩性变化大，灰分增多。② 煤层厚度变化具有明显的方向性与分带性，即在沿地壳沉降幅度增大的方向上，煤层厚度由稳定、厚度大过渡为煤层数量增多、厚度变薄、最后尖灭。③ 由聚煤盆地中心向边缘或由边缘向聚煤盆地中心，依次为厚煤带、分岔带和尖灭带。

　　（3）同生冲蚀。同生冲蚀是指在泥炭层堆积过程中，顶板形成之前河流、海水对泥炭层的冲蚀作用。同生冲蚀的特点如下：① 泥炭沼泽中发育的河流规模一般不大，弯曲多、支流多，平面上呈条带状，上游沉积物粗，下游沉积物细，冲蚀面积和冲蚀深度均较小，河流冲蚀物一般为河流相的沉积物，如砂岩、粉砂岩，煤层与冲蚀沉积物具有共同的顶板[图 2-12（a）]。滨海沼泽中堆积的泥炭层遭受海水冲蚀一般影响范围大，当冲蚀范围较广时，可冲蚀掉整个煤层，造成煤层的直接顶板为石灰岩[图 2-12（b）]，煤层表面发育大小不一的沟槽。② 冲蚀范围有限，在平面上呈弯曲状分布，在剖面上呈 "V" 字形断面分布。③ 冲蚀带附近煤层的灰分增多。

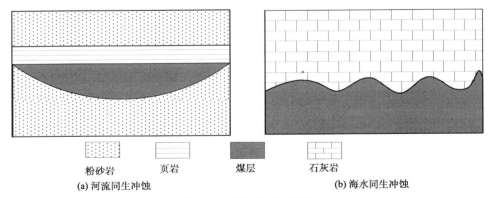

图 2-12　同生冲蚀示意图

　　2）后生变化
　　煤层厚度的后生变化是指泥炭层被顶板沉积物覆盖后，以至煤层、含煤岩系形成后受后期的构造变动、河流冲蚀等地质作用影响而引起的煤层厚度和形态的变化。主要包括河流的后生冲蚀、海水的后生冲蚀、褶皱和断裂构造变动、岩浆侵入、陷落柱等。

（1）后生冲蚀。后生冲蚀是在泥炭层被上覆沉积物覆盖后，直至含煤岩系形成后，由河流、海水等作用引起的。后生冲蚀的特征如下：① 后生冲蚀范围广，常形成大面积的无煤带，其在平面上呈很宽的条带状且延伸较远，宽度从数米至几百米，长度从数千米至数百千米不等。② 后生冲蚀造成煤层及顶板均遭受不同程度的破坏，甚至冲蚀到煤层底板（图 2-13）。冲刷强度与古河流流速、流量、冲刷时间密切相关，有时冲刷到煤层顶板，有时冲刷到煤层底板。③ 冲蚀带的岩性以砂岩、砾岩等粗粒碎屑岩为主，与煤层接触面起伏不平，底部常见煤屑、泥质包裹体、碳化树干等。

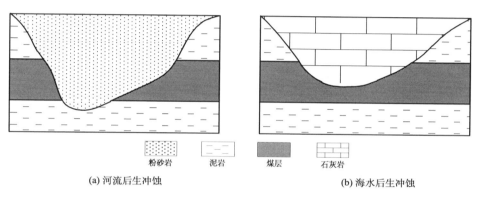

粉砂岩	泥岩	煤层	石灰岩

(a) 河流后生冲蚀　　　　　　　　　　(b) 海水后生冲蚀

图 2-13　后生冲蚀示意图

（2）构造挤压。煤层相比其他岩层较软，具有塑性变形特征，煤层在后期构造应力作用下受到挤压，极易发生塑性变形和流动，致使煤层厚度发生局部增厚、变薄、甚至尖灭等变化。

在水平挤压力作用下形成的褶皱构造的两翼受力大于轴部，运动方向正好相反。因此，在这种不均衡压力作用下，煤层由压力大的地方向压力小的地方发生塑性滑动和流动，即褶皱轴部煤层增厚，两翼煤层变薄[图 2-14 （a）]。在垂直应力挤压下褶皱轴部受力大于两翼，出现褶皱轴部煤层厚度减小，两翼煤层厚度增大的现象[图 2-14 （b）]。

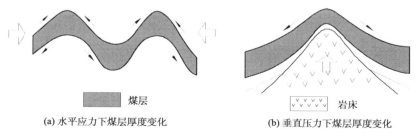

煤层	岩床

(a) 水平应力下煤层厚度变化　　　　(b) 垂直压力下煤层厚度变化

图 2-14　构造挤压引起煤层厚度变化示意图

构造挤压引起煤层厚度变化特征如下：① 煤层顶底板破碎，发育的裂隙有时与煤层相互穿插。② 在煤层厚度变化的地段，灰分增多的同时煤层原始结构遭受破坏，煤体被揉搓成鳞片状、粒状，伴随有不规则的小褶皱和相对光滑的挤压面。③ 沿煤层走向或倾向方向煤层变薄带和增厚带交替出现。

断层构造也会造成煤层增厚或变薄，其影响范围和程度通常比褶皱引起的煤层厚度变化要弱。一般正断层由于引张、拖拽作用，在断层两侧附近出现薄煤带；而逆断层受挤压作用在断层两侧出现厚煤带。在褶皱和断层均发育区，煤层厚度受褶皱和断层的双重影响而发生较大变化，如形成透镜状、藕节状、串珠状等。

（3）岩浆侵入。岩浆侵入是指在含煤岩系形成后，岩浆作用造成岩浆岩体周围煤层厚度和煤质发生变化。岩浆侵入区煤层原始结构、煤质严重破坏，甚至大片煤层被吞食或变成天然焦，给矿井采掘生产带来严重影响。

岩浆侵入煤层时其产状主要为岩墙和岩床，岩墙垂直或斜交穿过煤层及其顶底板，一般对煤层厚度影响不大，仅在侵蚀部位吞蚀煤层，但当岩墙厚度较大时，易造成较宽的无煤带（图 2-15）；岩床通常沿煤层顶板、底板或厚煤层的中部侵入，受岩浆成分、规模及煤层本身结构影响，岩浆侵入时具有选择性，顺煤层侵入形成较大的层状、似层状的侵入体，可全部吞蚀薄煤层或吞蚀部分厚煤层（图 2-16）。

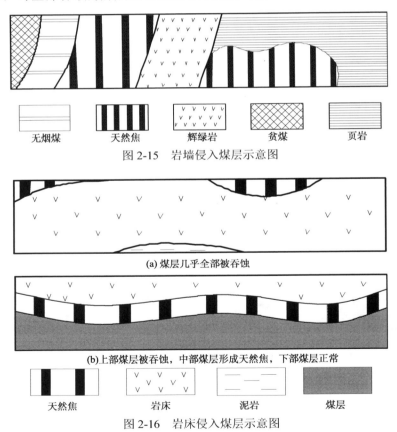

图 2-15　岩墙侵入煤层示意图

(a) 煤层几乎全部被吞蚀

(b) 上部煤层被吞蚀，中部煤层形成天然焦，下部煤层正常

图 2-16　岩床侵入煤层示意图

除岩墙和岩床侵入外，煤层中经常发育不规则状侵入体，如瘤状、串珠状、指状、扁豆状和其他不规则体，此类岩浆侵入对煤层的整体性破坏较大，使煤层形态、厚度、

结构产生不规则变化（图 2-17）。

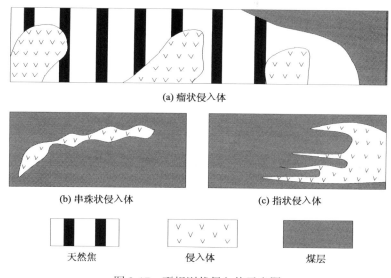

（a）瘤状侵入体

（b）串珠状侵入体　　　　　　　　（c）指状侵入体

天然焦　　　　　　侵入体　　　　　　煤层

图 2-17　不规则状侵入体示意图

岩浆侵入煤层厚度变化特征如下：① 岩浆侵入煤层后，多呈不规则状，其周围会形成不同变质程度的煤层条带。② 不规则状侵入的岩浆岩体造成其周围煤层形态极不规则。

（4）陷落柱。陷落柱是指在含煤岩系形成后，煤系地层下伏的岩溶塌陷，造成塌陷地带及附近煤层厚度发生变化。陷落柱造成煤层厚度发生变化的特征如下：① 煤层厚度变化范围与陷落柱塌陷区域基本一致，多呈大小不一的似椭圆状无煤区。② 陷落柱周围煤层多向陷落柱的中心倾伏，其煤质变差，灰分增高。

煤层厚度的变化往往不是某单一因素造成的，而是多种因素共同作用、相互影响的结果。因此，在研究煤层厚度的变化时应结合矿井实际开采情况进行综合分析，分清主次原因，才能准确地预测煤层厚度的变化特点，更好地指导生产。

2.2.1.3　煤层的埋深

中马村矿、新义矿等均属于隐伏煤田，煤层埋深均在 1000m 以浅，埋深条件较好，其中中马矿区埋深在 76.14～587.32m，平均为 332.86m（表 2-12）；车集矿区埋深在 384.27～960.4m，平均为 714.62m（表 2-13）；中泰矿区埋深在 334.25～872.92m，平均为 516.51m（表 2-14）；新义矿区埋深在 580～960m，平均为 770m（表 2-15）。

2.2.1.4　煤层厚度变化

瓦斯抽采煤层厚度是指煤层有益厚度，即煤层顶底板之间剔除夹矸后的煤层总厚度。根据见煤钻孔统计分析，煤层厚度为 2m 以上的占 77%左右，均属厚煤层（表 2-16～表 2-19）。煤层由于受基底构造、原始成煤环境、后期冲刷作用和构造作用的影响，煤层厚度会出现变薄、变厚的现象。目前对煤层厚度变化多采用煤层厚度变异系数等评价。

表 2-12　中马村矿各采区（或工作面）埋深一览表　　（单位：m）

采区	埋深		
	好	中等	差
	≤500	500～1000	≥1000
中马矿区	76.14～587.32 332.86		
17 采区	212.61～278.76 233.91		
23 采区	332.70～340.60 335.78		
27 采区	301.38～312.61 307.68		
211 采区	275.55～367.28 321.42		
39 采区	412.07～5306.32 465.22		
311 采区	367.28～552.95 454.35		

表 2-13　车集矿各采区（或工作面）埋深一览表　　（单位：m）

采区	埋深		
	好	中等	差
	≤500	500～1000	≥1000
车集矿区		384.27～960.4 714.62	
211 采区		541.27～608.32 566.73	
23 采区		832.86～960.4 881.86	
25 采区	384.27～504.15 459.72		
26 采区		826.85	
27 采区		624.45～750.65 697.12	
28 采区		835.97～943.47 909.62	
29 采区		514.77～559.40 537.09	

表 2-14　鹤壁中泰矿业有限公司各采区（或工作面）埋深一览表　（单位：m）

采区	埋深		
	好	中等	差
	≤500	500～1000	≥1000
中泰矿区		334.25～872.92 516.51	
21 采区		334.25～675.30 511.31	
23 采区		514.60～576.90 537.88	
25 采区	370.80～554.74 453.28		
31 采区		471.72～534.05 508.28	
32 采区		725.38～872.92 799.15	
33 采区		429.95～628.35	

表 2-15　新义矿各采区（或工作面）埋深一览表　（单位：m）

采区	埋深		
	好	中等	差
	≤500	500～1000	≥1000
新义矿区		580～960/770	
东一采区		636.79～702.85/669.82	
西二采区		640.51～691.70/666.105	
东三采区		637.60～697.66/667.63	
西四采区		603.12～688.00/645.56	
东五采区		711.80～767.50/739.65	
西六采区		685.30～795.25/740.275	
东七采区		687.00～737.59/712.295	
西八采区		671.70～769.85/720.775	

表 2-16　中马村矿见煤钻孔厚度分布

厚度区间/m	见煤点数/个	百分比/%
0～1	2	1.35
1～2	10	6.76
2～3	7	4.73
3～4	18	12.16
4～5	23	15.54
5～6	26	17.57

厚度区间/m	见煤点数/个	百分比/%
6～7	32	21.62
7～8	13	8.79
8～9	9	6.08
9～10	2	1.35
10～11	2	1.35
11～12	2	1.35
12～13	0	0.00
13～14	2	1.35

表 2-17　车集矿见煤钻孔厚度分布

厚度区间/m	见煤点数/个	百分比/%
0～1	2	3.85
1～2	3	5.77
2～3	31	59.61
3～4	13	25.00
4～5	2	3.85
5～6	0	0.00
6～7	0	0.00
7～8	0	0.00
8～9	0	0.00
9～10	1	1.92

表 2-18　鹤壁中泰矿业有限公司见煤钻孔厚度分布

厚度区间/m	见煤点数/个	百分比/%
4～5	1	2.33
5～6	2	4.65
6～7	9	20.93
7～8	7	16.28
8～9	18	41.86
9～10	5	11.62
10～11	1	2.33

表 2-19　新义矿见煤钻孔厚度分布

厚度区间/m	见煤点数/个	百分比/%
0～1	6	12.24
1～2	5	10.21
2～3	3	6.12

厚度区间/m	见煤点数/个	百分比/%
3～4	5	10.21
4～5	11	22.45
5～6	3	6.12
6～7	2	4.08
7～8	3	6.12
8～9	7	14.29
9～10	1	2.04
10～11	1	2.04
11～12	1	2.04
>12	1	2.04

1）煤层厚度的变化

煤层厚度的变化是煤层稳定性最重要的评价指标，可用其标准差进行定量评价：

$$S = \sqrt{\sum_{i=1}^{n}(x_i - \bar{x})^2 / (n-1)} \qquad (2-1)$$

式中，x_i 为各见煤点实测厚度，m；$\bar{x}$ 为矿井的平均煤层厚度，m；n 为参与评价的见煤点数；S 为标准差。

2）煤层厚度变异系数

煤层厚度变异系数是反映煤层厚度变化的离散性特征数，是评定研究区煤层厚度偏离平均煤层厚度程度的重要参数，是表征空间变异性的良好指标，能比较准确地反映煤层厚度的变化幅度和稳定程度，作为一项重要的技术指标在矿井地质条件评价中得到了广泛应用，其公式如下：

$$V = \frac{S}{\bar{x}} \times 100\% \qquad (2-2)$$

式中，S 为标准差；$\bar{x}$ 为矿井的平均煤层厚度，m；V 为煤层厚度变异系数，%。

根据中马村矿、车集矿、鹤壁中泰矿业有限公司、新义矿煤层厚度变异系数（表2-20～表2-23）分析，其煤层均属于较稳定煤层。

表 2-20　中马村矿采区内煤层稳定性参数一览表

采区名称	最小煤层厚度～最大煤层厚度/m / 平均煤层厚度/m	标准差 S	煤层厚度变异系数 V/%
中马矿区	0.65～13.53 / 5.45	2.31	42.39
一水平（-150m 以浅）	0.97～13.53 / 4.94	3.03	61.34

采区名称	最小煤层厚度～最大煤层厚度/m ——————————— 平均煤层厚度/m	标准差 S	煤层厚度变异系数 V/%
17 采区	1.54～6.28 4.28	1.64	38.32
二水平（-150～250m）	2.30～10.35 5.73	1.62	28.27
23 采区	6.70～7.04 6.87	0	0
27 采区	3.22～5.22 4.21	1.78	42.28
211 采区	5.45	1.89	34.68
三水平（-250m 以深）	1.19～13.09 6.00	2.58	43
39 采区	1.95～8.11 5.84	1.49	25.51
311 采区	1.95～9.01 5.58	2.24	40.14

表 2-21　车集矿采区内煤层稳定性参数一览表

采区名称	最小煤层厚度～最大煤层厚度/m ——————————— 平均煤层厚度/m	标准差 S	煤层厚度变异系数 V/%
车集矿区	0.55～9.43 3.00	1.49	49.67
二水平 （-800～-600m）	2.71～4.4 3.26	0.66	20.25
211 采区	2.10～2.89 2.59	0.43	16.60
23 采区	0.55～3.45 2.17	1.18	54.38
25 采区	2.40～3.31 2.70	0.43	15.93
26 采区	2.71	0	0
27 采区	2.75～4.40 3.31	0.63	19.03
28 采区	2.22～9.43 4.11	2.99	72.75
29 采区	2.75～2.78 2.77	0.02	0.72

表 2-22 鹤壁中泰矿业有限公司采区内煤层稳定性参数一览表

采区名称	最小煤层厚度～最大煤层厚度/m 平均煤层厚度/m	标准差 S	煤层厚度变异系数 V/%
中泰矿区	4.60～10.29 7.72	1.21	15.67
二水平（−350m 以浅）	4.60～9.05 7.84	1.06	13.52
21 采区	4.60～9.01 7.91	1.28	16.18
23 采区	8.10～8.44 8.32	0.19	2.28
25 采区	5.06～9.05 7.67	1.16	15.12
三水平（−350m 以深）	5.06～10.29 7.46	1.47	19.71
31 采区	6.28～9.02 8.05	1.22	15.16
32 采区	6.93～7.14 7.04	0.15	2.13
33 采区	5.40～10.29 7.39	1.54	20.84

表 2-23 新义矿采区内煤层稳定性参数一览表

采区名称	最小煤层厚度～最大煤层厚度/m 平均煤层厚度/m	标准差 S	煤层厚度变异系数 V/%
新义矿区	0～15.47 4.81	3.37	70.06
东一采区	0.80～8.87 4.59	2.75	59.91
西二采区	0.80～8.10 4.56	2.03	44.52
东三采区	1.16～8.10 5.31	2.80	52.73
西四采区	0.80～8.10 3.35	2.07	61.79
东五采区	5.06～10.29 4.49	2.78	61.92
西六采区	0.80～11.52 5.08	2.96	58.27
东七采区	0.80～7.95 4.51	2.96	65.63
西八采区	1.95～7.45 3.93	1.95	49.62

3）煤层厚度变化规律及其影响因素

从二₁煤煤层厚度等值线图（图 2-18～图 2-21）可以看出，中马村矿二₁煤煤层厚度整体呈现 NE 向的条带状分布规律，从北向南，煤层厚度呈现先增大后减小的变化趋势，在矿区中部和西部，多为厚煤带；车集矿二₁煤煤层厚度整体呈现 NW 向的条带状分布规律，从北向南，煤层厚度呈先增大后减小再增大的变化趋势，在矿区北部和南部，多为厚煤带；鹤壁中泰矿业有限公司二₁煤煤层厚度整体呈现东西厚南北薄，最厚的煤层分布在矿区中部，多为厚煤带；新义矿二₁煤煤层厚度具有短距离内急剧变化的特点，大致呈 N-NE 向厚薄相间交替出现。

研究区煤层厚度的变化与沉积环境密切相关。根据岩性组合、沉积特征及生物组合规律，山西组是在太原组碎屑-碳酸盐岩滨岸沉积体系的基础上形成的以过渡相为主的一套陆源碎屑含煤岩系。二₁煤主要由潮坪相、滨湖沼泽相沉积构成，向上逐渐过渡为分流河道相、河床相和河漫滩相。山西组早期处于潟湖海湾古地理环境中，二₁煤是在潟湖相、潮坪相构成的旋回内形成的，聚煤作用发育在海湾障壁岛潮陆的风坪和涨潮三角洲前缘低洼处。随着海水的后退，潟湖逐渐淤浅，沉积作用逐渐向深水方向推进，形成了潟湖和潮坪沉积旋回，并在潟湖、潮坪的浅水地带出现了泥炭堆积。当泥炭堆积速度与控制海平面的基底沉降速度协调时，就形成了较厚的泥炭堆积层。两者速度不协调时，局部泥炭堆积则为沼泽、潟湖的黏土和砂质沉积替代覆盖，形成泥炭堆积变薄和复杂结构。成煤后期由于煤层受到河流的冲刷作用，煤层厚度受到影响，甚至一些地方出现薄煤带，改变了煤层厚度的分布规律。

构造运动引起煤层厚度变化。由于煤层强度低，在构造应力作用下，易发生塑性流变，煤层局部变厚或变薄，引起断层面附近煤层形态和厚度发生变化。一般情况下，张性、张扭性断层的拖曳作用使煤层变薄，而压性、压扭性断层出现挤压使煤层变厚，由断层引起的煤层厚度变化常呈条带状分布。

以新义矿二₁煤煤层厚度变化为例，区域上引起新义矿二₁煤煤层厚度变化的主要原因并不是地壳不均衡沉降、泥炭沼泽基底不平、同生冲蚀，而是在新安向斜形成过程中引起的顺层滑动。勘探及煤矿开采实践表明，新义矿二₁煤煤层顶板平整，底板起伏，当底板凸起时，煤层厚度减薄，底板凹下时煤层厚度增厚，厚薄煤点间距 25～92m，分析认为，新义矿二₁煤煤层厚度变化主要是由在顺层滑动机制作用下煤层底板软岩中形成的层间小褶皱或次级小褶皱引起的。

煤田内顺层滑动的动力来源可能来源于新安向斜的形成过程中，也可能来源于后期重力作用。新安向斜作为区域性构造，在其形成过程中，组成褶皱的各岩层层面之间必然产生顺层剪切应力作用。按照褶皱成因理论分析，脆性厚岩层之间的塑性层发生弯流褶皱作用，物质流动方向从两翼流向转折端等，煤层在地层结构中是最软的岩层，符合发生弯流作用的条件，使煤层在向斜轴部增厚；另外，强硬岩层之间的薄层塑性岩层在顺层剪切应力作用下，往往形成层间小褶皱（图 2-22）。

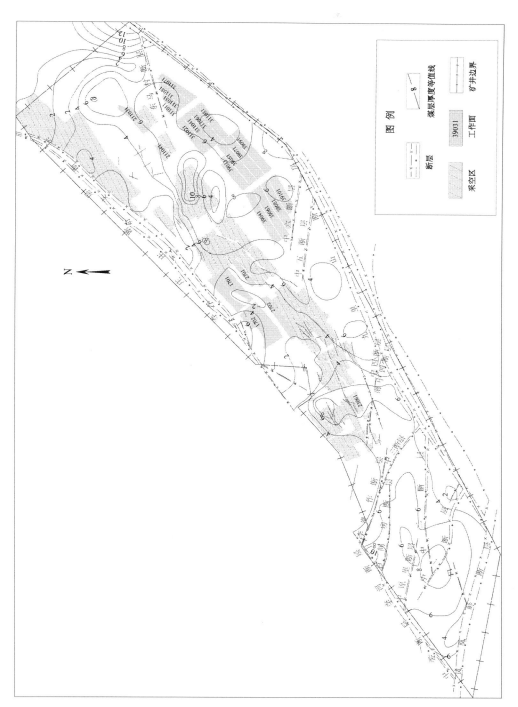

图 2-18　中马村矿二$_1$煤煤层厚度等值线图（单位：m）

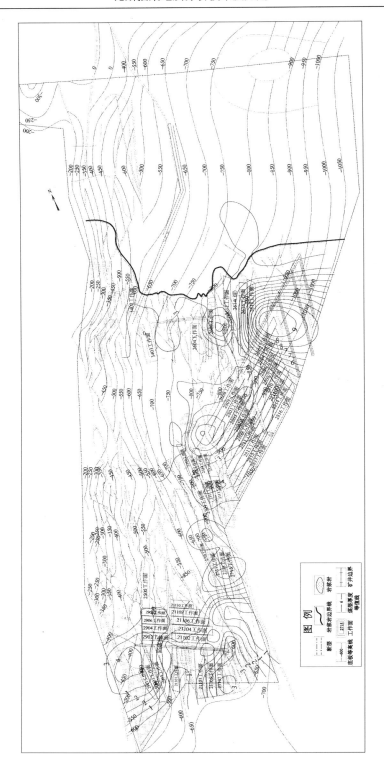

图 2-19　车集矿二₁煤煤层厚度等值线图（单位：m）

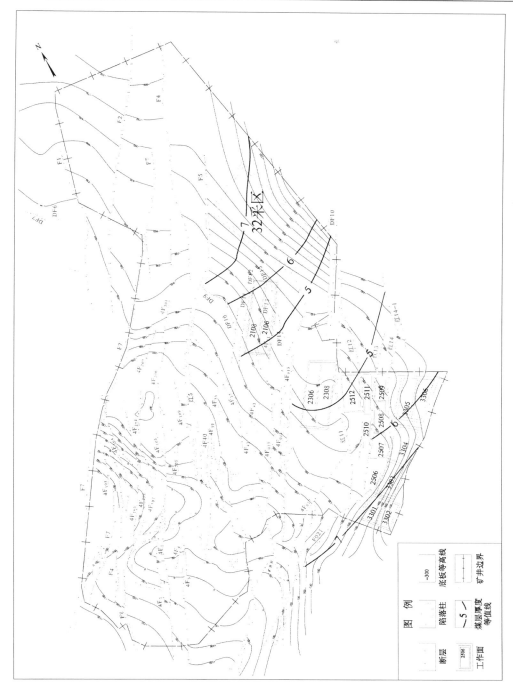

图 2-20 鹤壁中泰矿业有限公司二$_1$煤煤层厚度等值线图（单位：m）

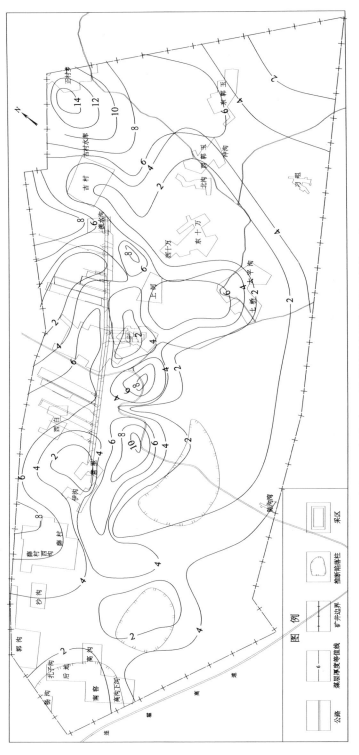

图 2-21　新义矿二$_1$煤煤层厚度等值线图（单位：m）

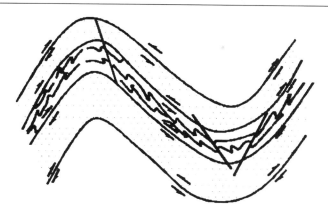

图 2-22 褶皱翼部层间小褶皱形成示意图

根据煤岩层沉积学理论,未受到构造变动之前,煤层及其顶底板泥岩厚度应该是缓变的,或者说其厚度应该是相对稳定的,但勘探钻孔揭露其厚度变化均比较大,说明其厚度变化是构造作用的结果。

新安向斜形成过程中,煤层顶底板的强硬岩层厚度不会变化,煤层及顶底板泥岩通过塑性变形或流变调节顺层面的剪应力。煤层与其顶底板泥岩相比较,煤层的强度只有泥岩的几分之一,也就是说,相对于煤层来说,泥岩在变形中相对成为强硬岩层。如果发生塑性流变,只能是煤层,泥岩不大可能发生塑性流变,井下也未见顶板泥岩发生塑性流变的有力证据,而煤层流变特征明显,如煤层中构造煤显示的片理状构造、透镜状夹矸的串珠状分布等,局部伪顶碳质泥岩一般呈透镜状,也会发生一定程度的塑性流变。

除了塑性流变之外,另一种变形方式是形成层间小褶皱,而泥岩作为相对强硬岩层决定了小褶皱的形成及规模。按照毕奥特等的主波长理论,小褶皱的波长与煤层顶底板泥岩的厚度及其与煤层的黏度成正比,也就是说,泥岩的厚度越大,小褶皱的初始波长也越大。根据兰姆赛等的研究,一套强硬岩层相间组成褶皱时,其形态不仅与各层的性能有关,而且取决于相邻强硬岩层的相互影响程度,后者又取决于强岩层间的距离和褶皱层的接触应变带宽度,比较明显的接触应变带宽度大约相当于强硬岩层一个初始波长的大小[48]。

如果两强硬岩层间距较小,相邻岩层位于接触应变带之内,那么,一个岩层的褶皱就会影响到另一个岩层的褶皱的发育;如果各强硬岩层的厚度及黏度相同,那么整个褶皱岩系形成协调褶皱,否则形成不协调褶皱。

显然,煤田内煤层厚度远小于接触应变带宽度,煤层及其顶底板泥岩应当以形成协调褶皱为主,在这个褶皱过程中煤层发生弯流褶皱作用,形成被动褶皱,即通过自身厚度变化来调节泥岩褶皱过程中引起的应力变化。具体来说,煤田内煤层厚度的变化可以有以下 4 种模式,其特点如下所述。

模式一:煤岩层在受到顺层剪切应力作用下,煤层顶板泥岩形成层间小褶皱,底板砂岩、泥岩和灰岩等硬岩层相对平整,小型背斜使煤层厚度增大,向斜使煤层厚度减薄。这种情况在矿井生产中比较少见。

模式二：煤岩层在受到顺层剪切应力作用下，煤层顶底板泥岩一同褶皱，形成不对称协调小褶皱，煤层厚度在背斜和向斜的不同构造部位相似，即煤层厚度总体上是均匀的，煤层厚度变化可能是其他随机因素造成的。这种情况在矿井生产中最常见。

模式三：与模式一类似，煤岩层在顺层剪切应力作用下，煤层底板泥岩形成层间小褶皱，顶板砂岩相对平整，小型向斜使煤层厚度增大，背斜使煤层厚度减薄。这种情况在矿井生产中比较常见。

模式四：煤层顶底板均为强硬岩层，煤岩层在顺层剪切应力作用下，煤层顶底板局部变形轻微，煤层主要通过韧性流变的方式调节应力。一方面，煤层向区域褶皱的核部流动；另一方面，由于煤层顶底板岩性的不均一性，煤层也可能向相邻的软弱煤岩层分布区流动，从而使本区煤层厚度减薄，相邻区煤层厚度增大。

事实上，以上4种模式不可能以相同模式集中分布，而是在以模式二、模式三为主的条件下，各种模式混杂分布，相互影响，从而使煤层厚度变化更为复杂。

（1）煤层底板一般为泥岩，顶板多数情况下是砂岩或泥岩，即主要是模式二和模式三；底板是砂岩，顶板是砂岩或泥岩的情况少，即模式一和模式四少。

（2）当煤层顶底板都是泥岩时煤层厚度大，且相对比较稳定，其他情况煤层厚度都明显减薄，而且变化大。

综合分析认为，新义矿二$_1$煤煤层厚度变化主要是由煤层顶底板顺层剪切滑动造成的，煤层及其顶底板软岩组合形式的差别使煤层厚度变化更加复杂，当煤层顶底板有一方为砂岩或都是砂岩时，煤层厚度明显变薄；都是泥岩时，煤层厚度最大。

2.2.1.5　煤层结构

煤层结构是指煤层中包含煤分层和岩石夹层的层数及厚度的特征，不含夹矸层的称为简单结构，含有夹矸层的称为复杂结构。研究区煤层绝大多数为简单结构，仅局部地区见一层夹矸，含有两层夹矸的煤层更少，煤层结构相对简单。

中马村矿各采区搜集到170个钻孔，其中18个为含夹矸的钻孔，在含夹矸的18个钻孔中，含有两层夹矸的只有2个，夹矸厚度为0.25～5.94m，平均为1.73m，夹矸多为泥岩、页岩（表2-24）；新义矿二$_1$煤煤层为简单结构、较稳定型煤层，一般不含夹矸（58个见煤点中47个见煤点不含夹矸），局部结构复杂（仅11013钻孔含夹矸3层，11015

表2-24　中马村矿各采区煤层夹矸一览表

采区名称	孔号	煤上分层厚度/m	夹矸岩性	夹矸厚度/m	煤下分层厚度/m
17采区	中47	0.57	泥岩	5.94	1.54
27采区	2-4	2.45	页岩	1.8	0.81
	中58	2.58	泥岩	0.65	1.06
	w11	2.67	泥岩	2.81	2.65
	w13	3.38	泥岩	1.8	1.82
39采区	中54	2.66	泥岩	0.85	2.90

钻孔含夹矸 8 层，夹矸厚度均小于 0.80m，属复杂煤层），含夹矸 1～2 层，有分叉现象，夹矸单层厚度为 0.10～4.29m，夹矸岩性为黑色砂质泥岩、泥岩或碳质泥岩；车集矿收集的钻孔资料中很少见有夹矸情况（表2-25）；鹤壁中泰矿业有限公司夹矸情况缺少钻孔资料。

表 2-25　车集矿各采区煤层夹矸一览表

采区名称	钻孔号	上分层厚度/m	夹矸岩性	夹矸厚度/m	下分层厚度/m
27 采区	627	0.83	天然焦	1.78	0.98
24 采区	1708	2.47	泥岩	0.95	0.20

煤层结构和形态会直接影响煤层的储气能力，其中煤层中夹矸的层数、厚度及岩性在一定程度上决定了开采过程中流体运移的难易程度。因此，研究煤层结构特征能为煤层瓦斯赋存规律评价提供重要依据。为了定量评价煤层的储层结构特征，引入储层结构指数。储层结构指数包括：夹矸层数指数（PLI）＝夹矸层数/煤层总厚度（层/m）；夹矸厚度指数（PTI）＝夹矸总厚度/煤层总厚度（层/m）；夹矸厚度百分指数（PRI）＝PTI×100%。

利用已有的钻孔资料，计算 PLI、PTI、PRI，结果见表 2-26～表 2-28。

表 2-26　中马村矿煤层夹矸统计一览表

采区名称	钻孔号	煤层总厚度/m	夹矸总厚度/m	PLI	PTI	PRI/%
17 采区	中 47	2.11	5.94	0.47	2.82	282
27 采区	2-4	3.26	1.8	0.31	0.55	55
	中 58	3.64	0.65	0.27	0.18	18
	w11	5.32	2.81	0.19	0.53	53
	w13	5.20	1.80	0.19	0.35	35
39 采区	中 54	6.51	0.85	0.46	0.13	13

表 2-27　车集矿煤层夹矸统计一览表

采区名称	钻孔号	煤层总厚度/m	夹矸总厚度/m	PLI	PTI	PRI/%
27 采区	627	1.81	1.78	0.55	0.98	98
24 采区	1708	2.67	0.95	0.37	0.36	36

表 2-28　新义矿煤层夹矸统计一览表

采区名称	钻孔号	煤层总厚度/m	夹矸总厚度/m	PLI	PTI	PRI/%
东一采区	11012	7.03	1.21	0.28	0.17	17
东五采区	11015	7.60	2.13	1.05	0.28	28

　　煤层中的夹矸多少及分布主要取决于聚煤期的古构造和古地理环境，当地壳沉降速度暂时大于植物堆积速度时，就会出现夹矸。夹矸来源主要取决于泥炭、沼泽所处的沉积环境，夹矸的岩石类型、层数、厚度和侧向变化主要取决于沉积-构造条件，一般情况下，稳定的拗陷盆地和滨海沉积环境下形成的煤层及夹矸、煤层稳定，结构简单；断陷盆地和内陆沉积环境下形成的煤层，结构复杂，常呈透镜状产出。

　　中马村矿夹矸（图 2-23）主要分布在 27 采区，17 采区和 39 采区少见，其主要影响因素为聚煤期的古地理环境，当泥炭堆积速度与控制海平面的基底沉降速度协调时，就形成了较厚的泥炭堆积层；两者速度不协调时，局部泥炭堆积则为沼泽、潟湖的黏土和砂质沉积替代覆盖，泥炭堆积变薄形成复杂结构。二$_1$ 煤受沉积旋回的影响，分流河道相的底部常见泥岩碎块或泥岩包裹体，对下伏二$_1$ 煤局部有冲刷现象。

2.2.2　煤体结构

　　煤体结构是指煤层各组成部分颗粒的大小、形态特征及其相互关系。包括宏观结构、微观结构和超微观结构[133]。煤层的强度在含煤岩系的各种岩性中最小，所以在构造运动过程中煤体较其他岩体更容易遭到破坏。煤层在破坏变形过程中，物理结构、化学结构、力学性质及其光学性质都会产生不同程度的变化，表现出不同的特征。在煤体结构未遭破坏的煤层中，原始沉积特征保存完好，煤层中镜煤、亮煤、暗煤和丝炭等不同煤岩组分呈层状或条带状分布，扫描电子显微镜下观测，其结构均一，可见贝壳状断口、放射状细纹、裂隙和气孔等。这种未遭破坏或破坏轻微的煤体结构称为原生结构。依据煤层破碎后的粒度大小，将构造煤分成碎裂煤、碎粒煤、糜棱煤。煤矿生产中习惯将未遭破坏的和破坏轻微的原生结构煤、碎裂煤称为硬煤，将遭受构造应力破坏严重的碎粒煤、糜棱煤称为软煤。

2.2.2.1　煤体结构定量表征

　　煤体结构是对煤层形成后受构造应力作用发生变形的程度的分类，煤体结构不同实质上是煤体的强度发生了变化，因此，引入地质强度指标 GSI 值和煤的坚固性系数 f 值定量化描述煤体结构是可行的[13]。地质强度指标 GSI 值综合考虑煤体结构和裂隙发育两方面，对煤体结构进行定量化赋值（图 2-24）。煤的坚固性是煤的各种性质所决定的煤体抵抗外力破坏能力的一个综合性指标，用煤的坚固性系数 f 值来表示，国内外普遍采用落锤法来测定煤的坚固性系数。不同煤体结构类型煤的 f 值具有一定的数值域，并有相对密集的值域区间，即常见值域。常见值域中数可较好地表达相应煤体结构类型煤的平均强度，因此 f 值可作为划分煤体结构类型的一个指标。相邻破坏程度煤的 f 值的数值域均有一定的交叉、重叠，因此使用 f 值将煤体结构细分到小类具有一定困难。但根据 f 值可将煤体结构较明确地区分为硬煤和构造软煤两大类，所以 f 值可作为区别硬煤和构造软煤的分类指标。

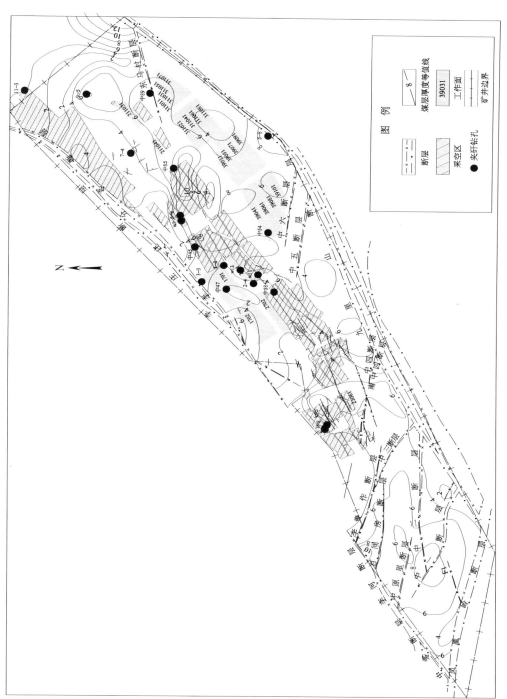

图 2-23 中马村矿煤层夹矸在矿区的分布（单位：m）

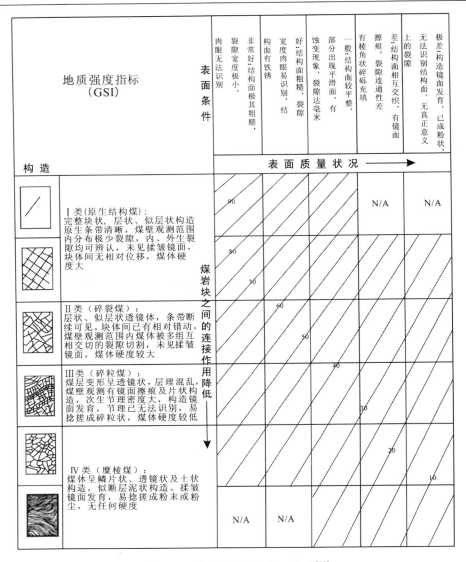

图 2-24　煤体结构量化的 GSI 表[13]

图中斜线上的数值即为 GSI 值；"N/A"表示在这个范围内不适用

　　利用 GSI 值和 f 值反映的煤储层整体性特点来定量表征煤体结构，并将其与传统的煤体结构分类进行对比，每种煤体结构类型对应一个相应的常见值域区间（表 2-29）。

表 2-29　煤体结构定量表征值与传统分类的对应关系

传统的煤体结构	实际井下应用术语	f 值范围	GSI 值范围
糜棱煤	软煤	<0.30	0～20
碎粒煤		0.50～0.25	20～45
碎裂煤	硬煤	0.50～1.00	45～65
原生结构煤		>0.75	65～100

　　基于煤体的变形的逐步过渡过程,结合地质强度指标 GSI 值和 f 值对中马村矿、车集矿、鹤壁中泰矿业有限公司、新义矿不同地点观测的原生结构煤、碎裂煤、碎粒煤、糜棱煤的 GSI 值进行了现场观测,并采集煤样采用落锤法来测定其 f 值(表 2-30～表 2-40)。

表 2-30　中马村矿 27011 工作面煤体结构描述

27011 工作面	厚度 /m	煤体结构	GSI 值	结构、构造特征	结构面
顶层 A₁	0.3	糜棱煤(软煤)	17	二₁煤煤体呈鳞片状、粉状,节理和裂隙基本破坏殆尽,无残余强度	煤体结构面少见,揉皱镜面发育,连通性极差
中上层 A₂	0.2	碎裂煤(硬煤)	48	二₁煤煤体呈块状构造,块体间已有明显位移,煤壁观测大范围内煤体被多组互相交切的裂隙所切割,部分已有镜面擦痕及片状构造,次生节理密度逐渐增大,煤体强度相对较低	煤体结构面虽较平整,但已有相互交织现象出现,有些裂隙间有矿物质充填,连通性较差
中下层 A₃	1.5	碎粒煤(软煤)	36	二₁煤煤体呈粒状,块体间位移明显,煤壁观测大范围内煤体被互相交切的裂隙所切割,节理和裂隙破坏严重,煤体强度低	煤体结构面相互交织或呈片状构造,镜面擦痕常见,连通性差
下层 A₄	2.2	碎裂煤(硬煤)	56	二₁煤煤体呈层状构造,条带状时常断续可见,块体间已有相对位移,煤壁观测大范围内煤体被多组互相交切的裂隙所切割,煤体强度进一步降低	煤体结构面较平整,部分出现滑面,裂隙宽度达到数毫米,裂隙间有矿物质充填

表 2-31　中马村矿 23061 工作面煤体结构描述

23061 工作面	厚度/m	煤体结构	GSI 值	结构、构造特征	结构面
顶层 B₁	0.2	糜棱煤(软煤)	18	二₁煤煤体呈鳞片状、粉状,节理和裂隙基本破坏殆尽,无残余强度	煤体结构面少见,揉皱镜面发育,连通性极差
中层 B₂	0.3	碎裂煤(硬煤)	61	二₁煤煤体呈层状构造,条带状时常断续可见,块体间已有相对位移,煤壁观测大范围内煤体被多组互相交切的裂隙所切割,煤体强度进一步降低	煤体结构面较平整,部分出现滑面,裂隙宽度达到数毫米,裂隙间有矿物质充填
下层 B₃	1.8	原生结构煤(硬煤)	73	二₁煤煤体呈层状、似层状构造,原生条带已出现断续现象,煤壁观测大范围内有 3～4 组交互的裂隙切割,块体间已有不太明显的位错。未见揉皱镜面,内、外生裂隙可辨别,煤体硬度有所降低	煤体结构面粗糙,但已开始渐趋平整,裂隙宽度已清晰可见,部分裂隙出现充填现象

表 2-32　中马村矿 39011 掘进头煤体结构描述

301011 工作面	厚度 /m	煤体结构	GSI 值	结构、构造特征	结构面
顶层 C₁	0.3	糜棱煤(软煤)	17	二₁煤煤体呈鳞片状、粉状,节理和裂隙基本破坏殆尽,无残余强度	煤体结构面少见,揉皱镜面发育,连通性极差
中层 C₂	0.3	碎粒煤(软煤)	34	二₁煤煤体呈粒状,块体间位移明显,煤壁观测大范围内煤体被互相交切的裂隙切割,节理和裂隙破坏严重,煤体强度低	煤体结构面相互交织或呈片状构造,镜面擦痕常见,连通性差
下层 C₃	2.0	碎裂煤(硬煤)	54	煤体呈层状、似层状透镜体构造,部分已完全呈透镜体构造,块体间已有明显位移,煤壁观测大范围内煤体被多组互相交切的裂隙切割,部分已有镜面擦痕及片状构造,次生节理密度逐渐增大,煤体强度相对较低	煤体结构面虽较平整,但已有相互交织现象出现,并有镜面擦痕出现,裂隙已被矿物质充填,连通性较差

表 2-33　中马村矿煤样坚固性系数统计表

煤样编号	27011 工作面				23061 工作面			39011 工作面		
	A₁	A₂	A₃	A₄	B₁	B₂	B₃	C₁	C₂	C₃
f 值测定结果	0.22	0.54	0.38	0.59	0.23	0.63	0.75	0.23	0.35	0.57

表 2-34　车集矿 2906 工作面煤体结构描述

2906 工作面	煤体结构	GSI 值	结构、构造特征	结构面
全层 A₁	碎裂煤（硬煤）	46	二₂煤煤体呈层状构造，块体间已有明显位移，煤壁观测大范围内煤体被多组互相交切的裂隙切割，部分已有镜面擦痕及片状构造，次生节理密度逐渐增大，煤体强度相对较低	煤体结构面虽较平整，但已有相互交织现象出现，连通性较差

表 2-35　车集矿 2706 工作面煤体结构描述

2706 工作面	厚度/m	煤体结构	GSI 值	结构、构造特征	结构面
上分层 B₁	2.6	碎裂煤（硬煤）	45	二₂煤体呈层状构造，条带状时常断续可见，块体间已有相对位移，煤壁观测大范围内煤体被多组互相交切的裂隙切割，煤体强度进一步降低	煤体结构面较平整，部分出现滑面，裂隙宽度达到数毫米
下分层 B₂	0.2	糜棱煤（软煤）	23	二₂煤体呈鳞片状、粉状，节理和裂隙基本破坏殆尽，无残余强度	煤体结构面少见

表 2-36　车集矿 2715 工作面煤体结构描述

2715 工作面	厚度/m	煤体结构	GSI 值	结构、构造特征	结构面
整层 C₁	1.8～2.3	碎裂煤（硬煤）	45	煤体呈层状、似层状透镜体构造，部分已完全呈透镜体构造，块体间已有明显位移，煤壁观测大范围内煤体被多组互相交切的裂隙切割，部分已有镜面擦痕及片状构造，次生节理密度逐渐增大，煤体强度相对较低	煤体结构面虽较平整，但已有相互交织现象出现，并有镜面擦痕出现，连通性较差

表 2-37　车集矿煤样坚固性系数统计表

煤样编号	2906 工作面	2706 工作面		2715 工作面
	A₁	B₁	B₂	C₁
f 值测定结果	0.51～0.60	0.50～0.60	0.24～0.35	0.50～0.61

表 2-38　新义矿 11070 工作面煤体结构描述

11070 工作面	厚度/m	煤体结构	GSI 值	结构、构造特征	结构面
上层	1.2	糜棱煤（软煤）	16	二₁煤煤体呈鳞片状、粉状，节理和裂隙基本破坏殆尽，无残余强度	煤体结构面少见，揉皱镜面发育，连通性极差
下层	1.5	碎粒煤（软煤）	36	二₁煤煤体呈粒状，块体间位移明显，煤壁观测大范围内煤体被互相交切的裂隙切割，节理和裂隙破坏严重，煤体强度低	煤体结构面相互交织或呈片状构造，镜面擦痕常见，连通性差
底部	薄层	碎裂煤（硬煤）	56	二₁煤煤体呈层状构造，块体间已有明显位移，煤壁观测大范围内煤体被多组互相交切的裂隙切割，部分已有镜面擦痕及片状构造，次生节理密度逐渐增大，煤体强度相对较低	煤体结构面虽较平整，但已有相互交织现象出现，有些裂隙间有矿物质充填，连通性较差

表 2-39　新义矿 11090 工作面掘进头煤体结构描述

11090 工作面	厚度/m	煤体结构	GSI 值	结构、构造特征	结构面
上层	1.2	糜棱煤（软煤）	17	二₁煤煤体呈鳞片状、粉状，节理和裂隙基本破坏殆尽，无残余强度	煤体结构面少见，揉皱镜面发育，连续性极差
下层	1.8	碎粒煤（软煤）	34	二₁煤煤体呈粒状，块体间位移明显，煤壁观测大范围内煤体被互相交切的裂隙切割，节理和裂隙破坏严重，煤体强度低	煤体结构面相互交织或呈片状构造，镜面擦痕常见，连通性差
底部	薄层	碎裂煤（硬煤）	61	二₁煤煤体呈层状构造，条带状时常断续可见，块体间已有相对位移，煤壁观测大范围内煤体被多组互相交切的裂隙切割，煤体强度进一步降低	煤体结构面较平整，部分出现滑面，裂隙宽度达到数毫米，裂隙间有矿物质充填

表 2-40　新义矿煤样坚固性系数统计表

煤样编号	11070 工作面上层		11070 工作面下层		11090 工作面上层		11090 工作面下层	
	A₁	A₂	B₁	B₂	C₁	C₂	D₁	D₂
f 值测定结果	0.23	0.22	0.27	0.26	0.24	0.23	0.26	0.28

2.2.2.2　煤体结构组合特征及展布规律

煤层或煤分层由于沉积环境和成煤物质的差异，构造应力在煤层中有一定的选择性，强硬层遭受的破坏程度相对较小，软弱层遭受的破坏程度相对较大。经构造应力改造的煤层出现了破坏程度、形态特征及物理性质各异的煤分层，形成了不同煤体结构的组合。

1）井下观察

煤体结构一般划分为原生结构、碎裂结构、碎粒结构、糜棱结构 4 种类型。通过对中马村矿、车集矿、鹤壁中泰矿业有限公司、新义矿的井下观察，中马村矿现揭露煤层以碎裂煤-碎粒煤为主，局部有糜棱煤薄带分布；车集矿现揭露煤层以碎裂煤-碎粒煤为主，局部有糜棱煤薄带分布，主要分布在煤层的底部；鹤壁中泰矿业有限公司现揭露煤层以碎裂煤-碎粒煤为主，局部有糜棱煤薄带分布，主要分布在煤层的底部；新义矿二₁煤煤层整体属碎粒煤-糜棱煤。

（1）中马村矿 27011 工作面。

27011 工作面分上下两层开采。通过在井下 27011 工作面掘进头现场观测，上分层中靠近顶板有 0.30m 左右的糜棱煤分布，现场估算其 GIS 值为 14～20；糜棱煤下部分布近 0.20m 的碎裂煤，GIS 值为 45～50；碎裂煤的下部为大约 1.50m 的碎粒煤，其 GIS 值为 31～42。下分层在垂向上均为碎裂煤，大约为 2.20m，GSI 值为 51～62，局部有大约 0.8m 厚的夹矸。采集煤样用落锤法测定其 f 值介于 0.22～0.59（图 2-25）。

（2）中马村矿 23061 工作面上层。

23061 工作面上层原生结构煤发育，局部有碎裂煤发育，煤层厚度大约为 2.30m。顶层发育 0.20m 的糜棱煤，定量化指标 GIS 值为 16～20；中部发育 0.30m 的碎裂煤，定量化指标 GIS 值为 58～64；下部为 1.80m 的原生结构煤，定量化指标 GIS 值为 69～77。采集煤样用落锤法测定其 f 值介于 0.23～0.75（图 2-26）。

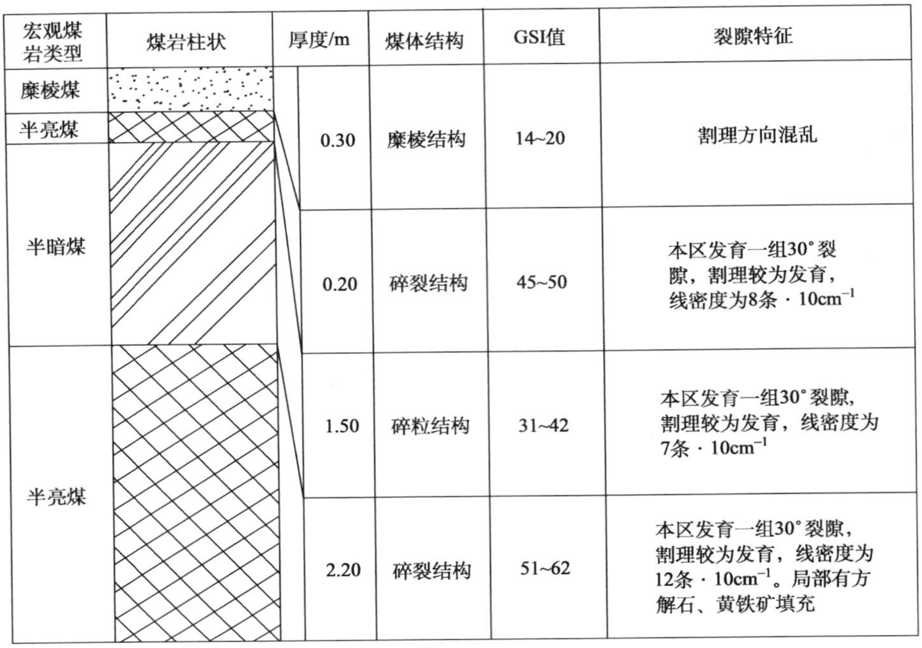

宏观煤岩类型	煤岩柱状	厚度/m	煤体结构	GSI值	裂隙特征
糜棱煤					
半亮煤		0.30	糜棱结构	14～20	割理方向混乱
半暗煤		0.20	碎裂结构	45～50	本区发育一组30°裂隙，割理较为发育，线密度为8条·10cm⁻¹
半亮煤		1.50	碎粒结构	31～42	本区发育一组30°裂隙，割理较为发育，线密度为7条·10cm⁻¹
		2.20	碎裂结构	51～62	本区发育一组30°裂隙，割理较为发育，线密度为12条·10cm⁻¹。局部有方解石、黄铁矿填充

图 2-25 中马村矿 27011 工作面煤体结构柱状图

宏观煤岩类型	煤岩柱状	厚度/m	煤体结构	GSI值	裂隙特征
糜棱煤		0.20	糜棱结构	16～20	割理方向混乱
半亮煤		0.30	碎裂结构	58～64	外生裂隙发育3组：0°、310°、240°。割理较发育，线密度为12条·10cm⁻¹
半亮煤		1.80	原生结构	69～77	外生裂隙发育3组：0°、310°、240°。割理较发育，线密度为8条·10cm⁻¹，黄铁矿、方解石填充

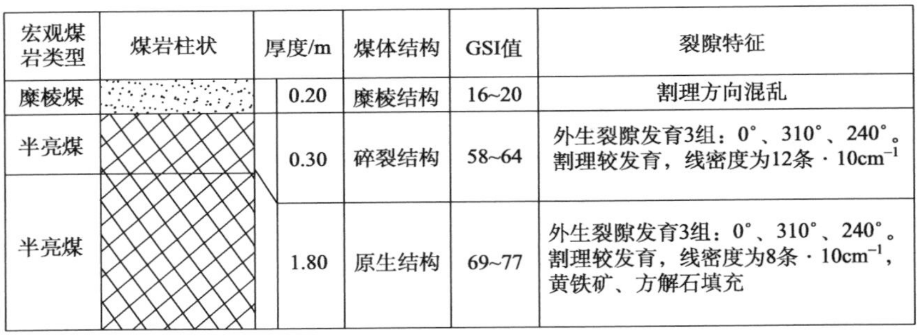

图 2-26 中马村矿 23061 工作面煤体结构柱状图

（3）中马村矿 39011 工作面运输巷掘进头。

39011 工作面运输巷掘进头采高 2.60m。顶部发育 0.30m 的糜棱煤，定量化指标 GIS 值为 15～19；中部发育 0.30m 的碎粒煤，定量化指标 GIS 值为 31～37；下部为 2.00m 厚的碎裂煤，定量化指标 GIS 值为 50～58。采集煤样用落锤法测定其 f 值介于 0.23～0.57（图 2-27）。

（4）车集矿 2906 工作面。

车集矿 2906 工作面煤层厚度为 2.90m，均为碎裂煤，GSI 值为 45～65，煤岩组分以镜煤为主，暗煤次之，煤岩类型为光亮-半亮煤。发育两组节理，一组为 280°∠40°，一组为走向 105° 的水平裂隙。割理线密度为 7 条·10cm^{-1}。采集煤样用落锤法测定其 f 值为 0.51~0.61（图 2-28）。

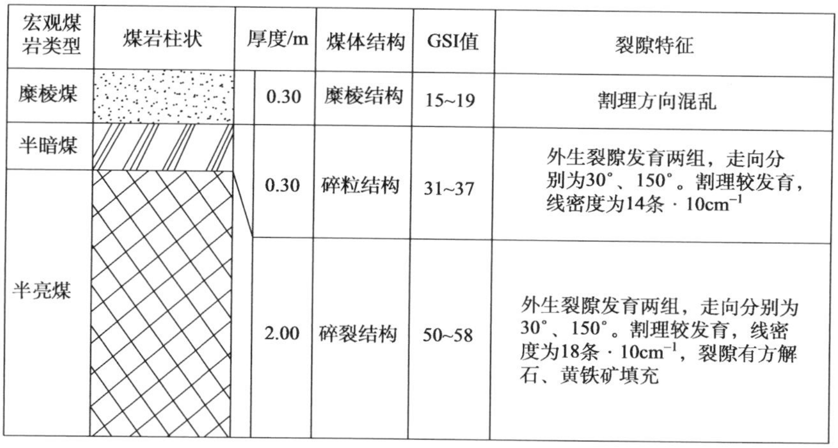

宏观煤岩类型	煤岩柱状	厚度/m	煤体结构	GSI值	裂隙特征
糜棱煤		0.30	糜棱结构	15~19	割理方向混乱
半暗煤		0.30	碎粒结构	31~37	外生裂隙发育两组，走向分别为30°、150°。割理较发育，线密度为14条·10cm^{-1}
半亮煤		2.00	碎裂结构	50~58	外生裂隙发育两组，走向分别为30°、150°。割理较发育，线密度为18条·10cm^{-1}，裂隙有方解石、黄铁矿填充

图 2-27 中马村矿 39011 工作面煤体结构柱状图

宏观煤岩类型	煤岩柱状	厚度/m	煤体结构	GSI值	裂隙特征
碳质泥岩		0.15	—		伪顶
光亮-半亮煤		2.90	碎裂结构	45~65	本区发育两组节理，一组走向280°，一组走向105°。割理较为发育，线密度为7条·10cm^{-1}。煤层中未见填充

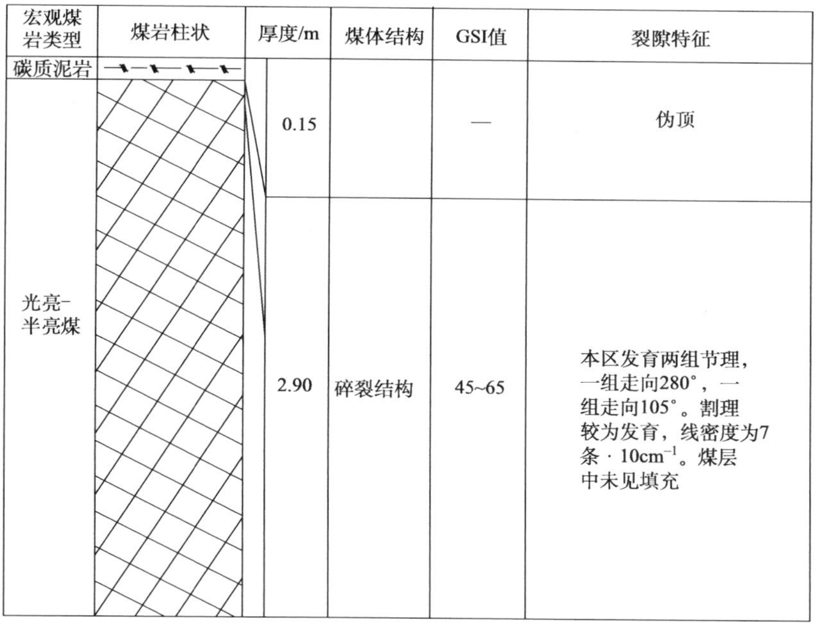

图 2-28 车集矿 2906 工作面煤体结构柱状图

（5）车集矿 2706 工作面。

车集矿 2706 工作面宏观煤岩类型以半亮煤、暗淡煤为主，节理发育两组，一组产状为 160°∠60°，另一组为 95°∠70°。煤层厚度为 2.80m，二$_2$ 煤上部为 2.60m 的碎裂煤，煤岩类型为半亮型，GSI 值为 45~61；下部为 0.20m 的糜棱煤，煤岩类型为暗淡型，GSI 值为 22~24；煤层中部具有 15cm 的夹矸，面割理密度为 10 条·10cm^{-1}，端割理不发育。采集煤样用落锤法测定其 f 值介于 0.24~0.60（图 2-29）。

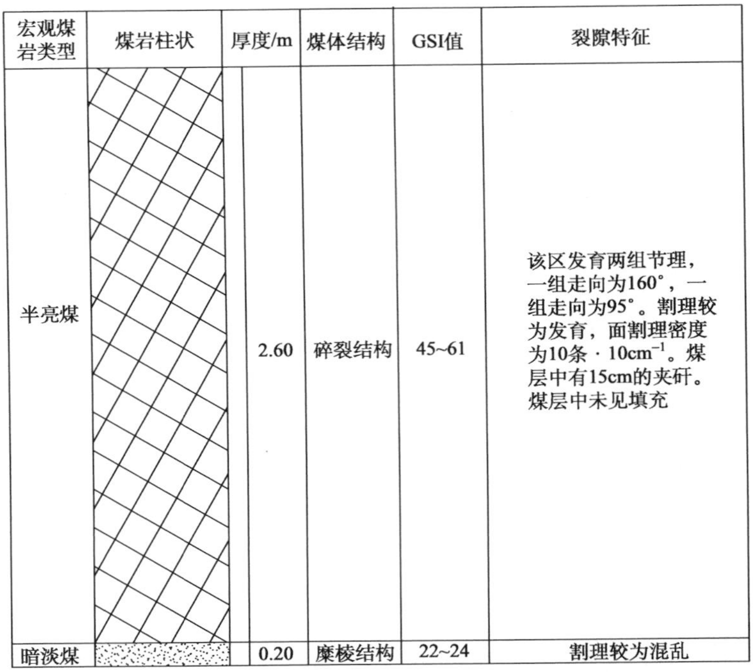

宏观煤岩类型	煤岩柱状	厚度/m	煤体结构	GSI值	裂隙特征
半亮煤		2.60	碎裂结构	45~61	该区发育两组节理，一组走向为160°，一组走向为95°。割理较为发育，面割理密度为10条·10cm⁻¹。煤层中有15cm的夹矸。煤层中未见填充
暗淡煤		0.20	糜棱结构	22~24	割理较为混乱

图 2-29　车集矿 2706 工作面煤体结构柱状图

（6）车集矿 2715 工作面中巷钻进硐室。

车集矿 2715 工作面中巷钻进硐室煤层厚度为 1.80~2.30m，均为碎裂煤，GSI 值为 45~49，面割理密度为 5 条·10cm⁻¹，宏观煤岩类型为半亮煤，未见节理。测定其 f 值为 0.50~0.60（图 2-30）。

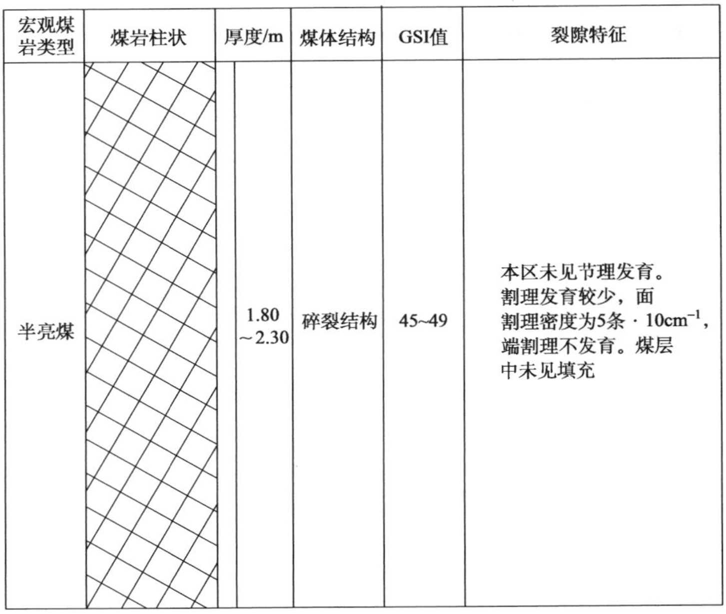

宏观煤岩类型	煤岩柱状	厚度/m	煤体结构	GSI值	裂隙特征
半亮煤		1.80~2.30	碎裂结构	45~49	本区未见节理发育。割理发育较少，面割理密度为5条·10cm⁻¹，端割理不发育。煤层中未见填充

图 2-30　车集矿 2715 工作面煤体结构柱状图

（7）鹤壁中泰矿业有限公司 41011 工作面上层。

鹤壁中泰矿业有限公司 41011 工作面上层煤层厚度为 2.0m，上部为 0.8m 的碎粒煤，GSI 值为 24～35，割理线密度为 11 条·10cm^{-1}，宏观煤岩类型为半暗煤；下部为 1.2m 的碎裂煤，GSI 值为 45～49，割理线密度为 16 条·10cm^{-1}，宏观煤岩类型为半亮煤，未见节理。测定其 f 值为 0.25～0.57（图 2-31）。

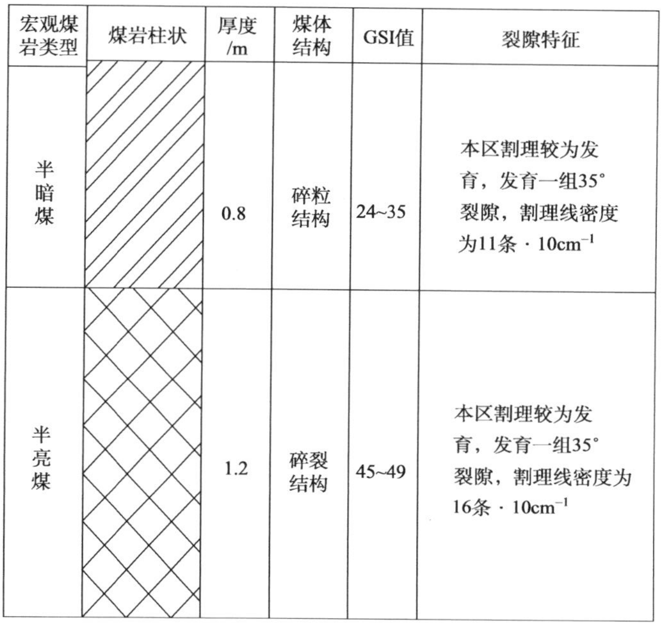

宏观煤岩类型	煤岩柱状	厚度/m	煤体结构	GSI值	裂隙特征
半暗煤		0.8	碎粒结构	24~35	本区割理较为发育，发育一组35°裂隙，割理线密度为11条·10cm^{-1}
半亮煤		1.2	碎裂结构	45~49	本区割理较为发育，发育一组35°裂隙，割理线密度为16条·10cm^{-1}

图 2-31　鹤壁中泰矿业有限公司 41011 工作面煤体结构柱状图

（8）鹤壁中泰矿业有限公司 2604 工作面上层。

鹤壁中泰矿业有限公司 2604 工作面上层煤层厚度为 2.4m，上部为 0.9m 的碎粒煤，GSI 值为 39～44，割理线密度为 12 条·10cm^{-1}，宏观煤岩类型为半暗煤；下部为 1.3m 的碎裂煤，GSI 值为 44～49，割理线密度为 18 条·10cm^{-1}，宏观煤岩类型为半亮煤，未见节理。测定其 f 值为 0.30～0.59（图 2-32）。

（9）新义矿 11070 工作面。

对新义矿 11070 工作面进行了现场观测，上分层中发育有 1.2m 左右的糜棱煤，现场估算定量化指标 GIS 值介于 14～20；糜棱煤下部约有 1.5m 的碎粒煤，其定量化指标 GIS 值介于 35～40；在煤层底部偶见不规则分布的薄层碎裂煤，其定量化指标 GIS 值介于 54～60。采集煤样落锤法测定其 f 值为 0.22～0.27（图 2-33）。

宏观煤岩类型	煤岩柱状	厚度/m	煤体结构	GSI值	裂隙特征
半暗煤		0.9	碎粒结构	39~44	本区割理较为发育，发育一组35°裂隙，割理线密度为12条·10cm⁻¹
		0.2			夹矸
半亮煤		1.3	碎裂结构	44~49	本区割理较为发育，发育一组35°裂隙，割理线密度为18条·10cm⁻¹

图 2-32　鹤壁中泰矿业有限公司 2604 工作面上层煤体结构柱状图

宏观煤岩成分	煤岩柱状	厚度/m	煤体结构	GSI值	裂隙特征
半暗煤		1.2	糜棱结构	14~20	割理方向混乱
半亮煤		1.5	碎粒结构	35~40	本区发育一组30°裂隙，割理较为发育，线密度为9条·10cm⁻¹
半亮煤	不规则分布的薄层		碎裂结构	54~60	本区发育一组30°裂隙，割理较为发育，线密度为12条·10cm⁻¹。局部有方解石、黄铁矿填充

图 2-33　新义矿 11070 工作面煤体结构柱状图

（10）新义矿 11090 工作面掘进头。

新义矿 11090 工作面位于 11 采区东部，北部为新义矿与新安煤矿井田边界保护煤柱，南部为西翼回风大巷保护煤柱，西部为 11070 工作面，东部未圈定。11090 工作面掘进头碎粒-糜棱结构煤发育，底部偶见薄层碎裂煤发育。煤层总厚度大约 3.0m。顶层发育有约 1.2m 的糜棱煤，其 GIS 值介于 16~20；中下部主要发育有约 1.8m 的碎粒结构煤，其 GIS 值介于 34~40。煤层底部偶见不规则分布的薄层碎裂煤，其 GIS 值介于 50~65。测定其 f 值为 0.23~0.28（图 2-34）。

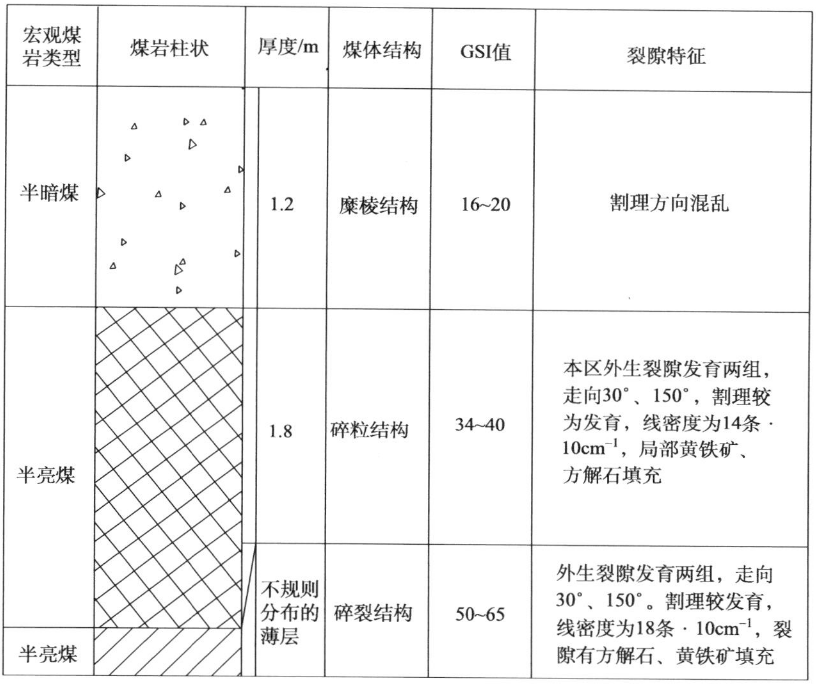

宏观煤岩类型	煤岩柱状	厚度/m	煤体结构	GSI值	裂隙特征
半暗煤		1.2	糜棱结构	16~20	割理方向混乱
半亮煤		1.8	碎粒结构	34~40	本区外生裂隙发育两组，走向30°、150°，割理较为发育，线密度为14条·10cm⁻¹，局部黄铁矿、方解石填充
半亮煤		不规则分布的薄层	碎裂结构	50~65	外生裂隙发育两组，走向30°、150°。割理较发育，线密度为18条·10cm⁻¹，裂隙有方解石、黄铁矿填充

图 2-34 新义矿 11090 工作面掘进头煤体结构柱状图

2）测井曲线解释

利用视电阻率曲线和伽马曲线来判识中马村矿二₁煤煤层构造煤（表 2-41），依据钻孔解释资料生成了中马村矿 39 采区 I+II 类构造煤的解释煤层厚度等值线图（图 2-35）。

表 2-41 中马村矿二₁煤层构造煤解译结果

位置	钻孔号	煤层结构/m	累计厚度/m	
			I ~ II	III ~ IV
39 采区及附近	中 12	I ~ II=3.24，III~IV=0.40，I ~ II=2.74	5.98	0.40
	中 46	I ~ II=2.72，III~IV=0.91，I ~ II=5.38	8.10	0.91
	中 55	I ~ II=3.47	3.47	
	中 80	III~IV=6.16，I ~ II=0.63	0.63	6.16
	中 61	III~IV=1.19		1.19
	中 62	I ~ II=5.78，III~IV=0.72	5.78	0.72

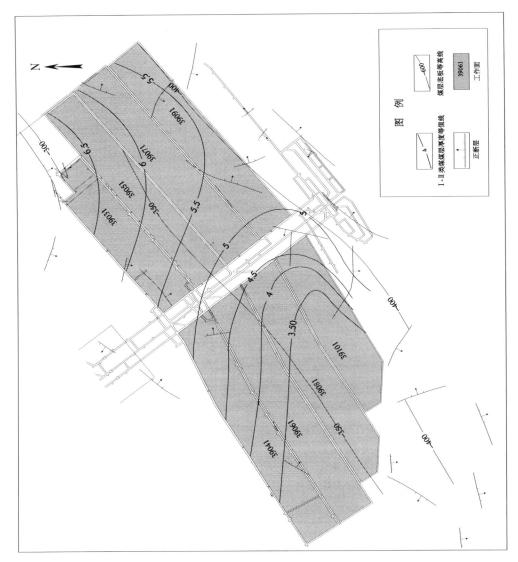

图 2-35　中马村矿 39 采区 Ⅰ + Ⅱ 类构造煤的解释煤层厚度等直线图（单位：m）

2.2.2.3　构造煤形成机制分析

由于影响构造煤发育的因素是多方面的，既可以是区域构造应力场作用下形成的褶皱和断裂，也可以是煤岩层岩石力学性质及组合的影响，加之应力分布的渐变过渡等因素，构造煤的分布常呈现出复杂的特点，但这是一个宏观与微观的问题，应区别对待。大量的资料和实际观测表明，构造煤绝不是受一种应力或一次作用形成的，而是受多种应力作用，又经过多期次变动的结果。在构造煤中，受一种应力作用所形成的形变，往往被另一种应力作用所改造，以致构造煤中的形变特别复杂且不规则。

虽然构造煤表现为多次构造应力叠加作用的结果，但层间滑动仍是导致构造煤区域分布的主要因素，切层断层只是控制构造煤的局部分布。

1）纵弯褶皱作用中构造煤形成演化模式

焦作矿区、安鹤矿区位于太行山复背斜的东南翼，永城矿区位于永城复背斜的两翼，新义矿区位于新安向斜的北翼。根据纵弯褶皱作用的动力学和运动学分析，与褶皱相伴生的构造煤的形成演化过程具有以下特点[48]。

褶皱形成前：煤岩层受顺层挤压应力作用，在脆性变形条件下，构造应力在煤层顶底板强硬岩层中集中，岩层横向缩短是有限的，主要形成区域共轭剪节理[图 2-36（a）]；与此同时，煤层作为相对软弱岩层主要发生轻微的塑性变形。这一阶段没有构造煤形成，煤层仍然保持原生结构煤的特点。

褶皱形成初-中期：在水平挤压应力持续作用下，煤岩层失稳弯曲形成平缓-开阔褶皱，煤层在褶皱翼部主要受顺层剪切应力作用，转折端随上下岩层一起被动弯曲，受力较弱，区域压扁作用也居于次要地位[图 2-36（b）]。褶皱不同部位的受力特点使构造煤主要形成在褶皱的翼部，脆性比较强的煤层以顺层剪切破裂为主，并形成透镜状、片状、鳞片状等片状序列的构造煤，片理面产状与层面产状一致或呈小角度相交。韧性比较强的煤层还会形成层间不对称的斜歪小褶皱，褶皱多紧闭，轴面与相邻层面的锐夹角指示了煤层的运动方向，同时，片状构造煤在宏观上也多呈团块状构造，具有揉皱煤的特点。构造煤的厚度和发育程度与褶皱规模成正比，大型褶皱翼部受到更强烈的剪切作用，有利于构造煤的形成。同时，构造煤的形成破坏了煤层结构的完整性，减小了煤岩固态流动的阻力，使翼部煤层有利于向转折端运动。

褶皱形成中-后期：随着褶皱作用的进一步加剧，形成中常-紧闭-同斜（平卧）褶皱，褶皱不同部位的显著变化使压扁作用进一步增强，由压扁作用所引起的构造煤的变化使构造煤的流动性增强，形成碎粒流[图 2-36（c）]。褶皱翼部煤层受顺层剪切作用和压扁作用的共同作用，煤层中夹矸被拉断，形成顺层展布的石香肠或构造透镜体，而煤层本身则形成流劈理或折劈理，并被压薄；褶皱转折端受压扁作用和虚脱引起的垂向张应力的共同作用，煤层被压碎，形成以粉粒状为主的构造煤序列，而且厚度显著增大，在构造煤中还可见大量的高角度劈理面，煤层中被拉断或剪断的夹矸形成无根钩状构造等。

总之，纵弯褶皱作用中，褶皱不同部位应力性质不同，因此，在空间上必然形成不同类型的构造煤；另外，褶皱作用的程度不同，构造应力作用的强弱也是变化的，因此，在时间上同一褶皱部位构造煤发育特点也有差异。褶皱翼部前期以透入性顺层剪切应力作为主，且拐点处应力最大，形成片状序列的构造煤，后期又复合了压扁作用，主要使煤层变薄；褶皱转折端受力比较复杂，其中，前期受力较弱，构造煤不发育，后期以压扁作用和虚脱引起的垂向张应力作用为主，形成以粉粒状为主的构造煤序列，而且厚度显著增大；褶皱形式不同，构造煤发育的层位也不同，对于背斜来说，外弧受张，内弧受压，因此，构造煤主要形成在煤层的下层面或下部，向斜则相反。

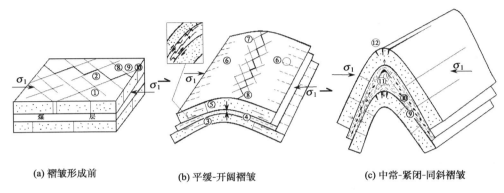

(a) 褶皱形成前　　　　　　(b) 平缓-开阔褶皱　　　　　　(c) 中常-紧闭-同斜褶皱

图 2-36　纵弯褶皱作用中构造煤形成演化模式[48]

①早期平面共轭节理；②早期追踪张节理；③同心环状节理；④片状序列构造煤中片理或破劈理；⑤旋转剪节理；⑥层面擦痕；⑦晚期平面共轭节理；⑧晚期追踪张节理；⑨流劈理；⑩透镜体；⑪无根钩状构造；⑫纵张节理

2）断裂构造对构造煤形成的控制作用

现今含煤地层中的构造大都经历了多期次构造运动作用，多期次构造运动的叠加使断层两盘的构造煤更加复杂。研究区主要断裂构造线方向有 NE-NNE 向、EW 向和 NW 向 3 组，根据区域构造发育特点，3 组断裂的活动性及其对构造煤的控制具有如下特点[48]。

（1）NE-NNE 向断裂。

NE-NNE 向断裂主要形成于燕山期，是在印支期区域 SN 向挤压应力和燕山期 SE 向、SEE 向、NE 向长期作用下形成的，与 NW 向断裂组成共轭断裂，具有左行平移性质，断裂结构面具有压扭性特征，属于压扭性走滑正断层的范畴。喜马拉雅期，印度洋板块沿 NNE 方向对欧亚板块进行强烈碰撞，库拉-太平洋板块向欧亚板块的俯冲由 NNW 向转变为 NW 向，板内的区域差异升降运动加剧，西伯利亚板块继续由北向南挤压，在上述构造应力的共同作用下，板内 NE-NNE 向断裂主要表现为晚期引张应力或重力作用下的差异升降活动，并具有一定的右旋性质，断层活动主要表现出右行平移正断层的性质。

根据以上分析，该组断裂早期活动主要表现为强烈的左行平移断层，在此基础上叠加了弱的正断层活动，由于平移断层两盘不形成构造煤，只有正断层活动才形成构造煤，该组断裂早期形成的构造煤较弱，而且，其主要局限在断层上盘较窄的范围内。晚期，该组断裂主要表现为强烈的正断层活动，并叠加了弱的右旋平移，由于平移的强度较小，断层两盘的应力被先存破裂吸收，不产生新的构造变形；虽然该期正断层活动强烈，但早期构造活动在断层两盘形成的剪切破裂变形，造成断层两盘先期剪切破裂再活动而形成次级断层，因此，对构造煤的形成影响较弱。总之，该组断裂两盘构造煤发育主要局限在断层上盘较小的范围内，但由于断裂两盘同向断层较为发育，也形成相应的构造煤，区域上在断裂两盘仍然构成构造煤发育条带，条带内构造煤的连续性与断裂的密度有关，靠近主断裂，断层密度较大，形成连续分布的构造煤；远离主断裂，断层密度减小，构造煤条带也变得不连续。

（2）NW 向断裂。

NW 向断裂为 NE-NNE 向断裂的配套共轭断裂，板内发育比较弱，对构造煤的形成影响不大。其活动性质与 NE-NNE 向断裂相反，早期具有正平移（右行）断层的性质，晚期具有左行平移正断层的性质。该组断裂两盘构造煤的形成过程及特点与 NE-NNE 向断裂类似。

（3）EW 向断裂。

EW 向断裂是 NE-NNE 向断裂、NW 向断裂的配套断裂，主要形成在板块边缘，断层性质以逆断层或逆冲断层为主，其次为正断层。与 NE-NNE 向断裂一样，EW 向断裂也主要形成于燕山期，是印支期区域 SN 向挤压应力和燕山期 SE 向、SEE 向、NE 向应力长期作用的结果。喜马拉雅期，在区域引张应力或重力作用下，板内先存的挤压系统部分转变为伸展系统，可能发生构造反转，逆冲断层转变为正断层，断层两盘具有反牵引构造。这种构造反转虽然在构造体制上发生了重大转化，但变形不一定强烈，所以在不同层次上某些构造仍保持反转前的一些构造特征。一般说来，挤压作用与伸展作用是紧密相关的，在区域尺度上，伸展构造最发育的部位，可能也是先期挤压缩短作用最为强烈的地区。因此，EW 向断裂后期活动具有正断层的性质。

上述分析表明，该组断裂早期为强烈的逆冲断层活动，晚期为弱的正断层活动。由于断裂早期受强烈的逆冲构造应力作用，按照逆冲断层形成的动力学和运动学分析，在断层两盘必然形成较宽的构造煤条带。晚期弱的正断层活动使早期的逆冲断层发生构造反转，但断层活动较弱，又受先期断层活动在断层两盘形成的变形的影响，对构造煤的形成影响也较弱，仍然保持先期构造煤的分布特点。总之，该组断裂两盘构造煤的分布主要受早期逆冲断层活动的影响，断裂两盘分布较宽的构造煤条带。

一般认为褶皱形成在先，断层形成在后，断层复合在褶皱之上。根据褶皱形成的动力学和运动学分析，在褶皱形成过程中，翼部产生透入性顺层剪切应力，并形成区域性分布的构造煤，当褶皱与切层断层复合时，断层两盘的剪切应力因煤层中先期构造煤发育形成的弱面将引起更大范围的变形，同时，也使先期形成的构造煤进一步发育，并形成级别更高的构造煤。

总之，含煤地层中构造的复合不仅表现为断层与断层的复合，而且表现为断层与褶皱的复合；既可以是同期构造应力场形成的配套构造的复合，也可以是不同期构造应力场形成的构造的复合等。由于构造形成的复杂性和多期性，复合的种类有多种组合形式，但不管哪一种组合形式，其结果都是一样的，即都是各种构造作用的叠加，并使构造煤的发育程度和厚度都增大，煤体结构更复杂。因此，具体问题具体分析是研究区域构造煤分布的构造控制的有效方法。

根据中马村矿区域构造位置分析，中马村矿位于太行山复背斜的东南翼，褶皱在形成过程中，其翼部会发生层间滑动，由于受力机制与煤层成层特点，所形成的不同类型的构造煤也应表现为成层分布的特点。煤层顶板岩性强度大于底板，顶板与煤层结合面没有底板紧密，煤层上部受到揉搓的可能性要大，因此构造煤发育在顶部应该符合地质规律。根据井下观察描述、利用视电阻率曲线和伽马曲线分析的结果来看，中马村矿Ⅱ类破碎煤和Ⅲ类碎粒煤位于煤层中下部，糜棱煤出现在煤层顶部（图 2-37）。而新义矿浅部主要开采的二叠系山西组二$_1$煤，受剪切滑动构造及重力滑动断裂的影响，发生层间滑动效应，构造软煤全层发育，GSI 值介于 14～40，f 值平均为 0.25，煤体整体破坏类型属Ⅲ～Ⅴ类煤，空间上煤体结构展布规律为煤层上分层以糜棱煤为主，下分层以碎粒煤为主，煤层底部偶见碎裂煤薄层（图 2-38、图 2-39）。

根据断层对构造煤的控制规律可知，构造煤形成的宽度和厚度在断层两盘表现不同，断层上盘构造煤形成宽度和厚度大于断层下盘。构造煤的形成还与断层的落差成正比，与断层倾角成反比。由于落差和断层倾角的共同影响，在井田内落差大于 2m 的断层，两盘均有一定规模的构造煤发育，断层附近糜棱煤要比其他区域发育。

2.2.3 顶底板

2.2.3.1 煤层顶底板

煤层顶底板是指在正常沉积序列中，位于煤层上下一段距离内的岩层。煤层顶底板的岩石性质、节理发育程度、含水性及可塑性直接关系到矿井的采掘生产，是确定巷道支护方法和顶板管理的重要依据。

1）煤层顶板

位于煤层上部一定范围内的岩层称作煤层顶板。从采掘工作角度按顶板的变形及垮落特征可将其分为：基本顶、直接顶和伪顶，如图 2-40 所示。

（1）伪顶。伪顶直接位于煤层之上，为一层极易垮落的薄层岩石，厚度从几厘米至几十厘米，随采随落，岩性多为碳质泥岩、泥岩或页岩。

（2）直接顶。直接顶直接位于伪顶之上或煤层之上，由较易垮落的一层或几层岩石组成，厚度一般为数米，采后不久便自行垮落，岩性通常为页岩或粉砂岩等。

（3）基本顶。基本顶位于直接顶之上，有时也直接位于煤层之上，为不易垮落的坚硬岩层，通常在煤炭采出后长时间不垮落，垮落后形成大面积的沉降。

2）煤层底板

直接位于煤层下部一段距离内的岩层，称作煤层底板。煤层底板可分为直接底和基本底两种，如图 2-40 所示。

（1）直接底。直接底为直接位于煤层下部的岩层，厚度为数十厘米，多为富含植物根部化石的泥岩或黏土岩，黏土岩遇水会发生膨胀。

（2）基本底。基本底位于直接底之下，厚度大，岩性主要为砂岩、砂质页岩、粉砂岩或石灰岩等。

2.2.3.2 古地理分析

山西组在沉积时期，受北部阴山海西构造活动的影响，华北板块北缘逐渐抬升，整个华北板块北高南低的古地形格局更加明显，早二叠世太原组沉积期形成的北升南降的

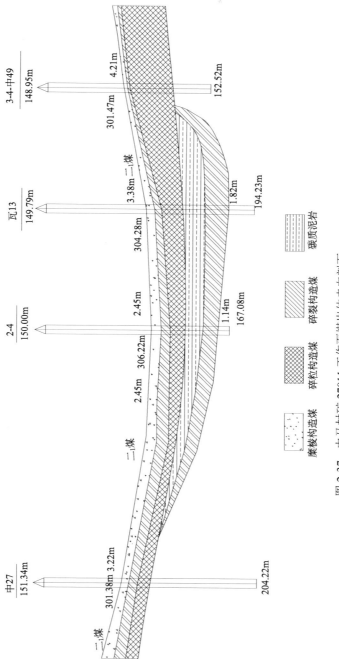

图 2-37 中马村矿 27011 工作面煤岩体走向剖面

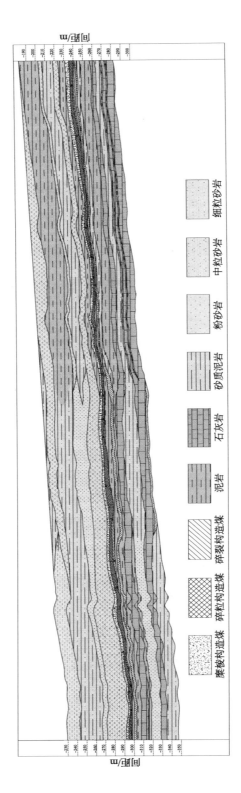

图 2-38　新义矿 11090 工作面皮带顺槽剖面图

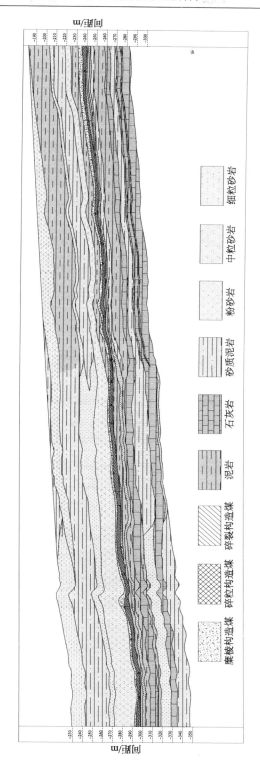

图 2-39 新义矿 11090 工作面轨道顺槽剖面

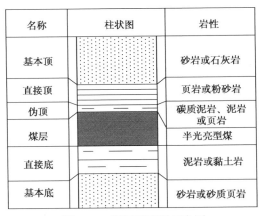

名称	柱状图	岩性
基本顶		砂岩或石灰岩
直接顶		页岩或粉砂岩
伪顶		碳质泥岩、泥岩或页岩
煤层		半光亮型煤
直接底		泥岩或黏土岩
基本底		砂岩或砂质页岩

图 2-40　煤层顶底板示意图

构造格局是中二叠世山西组沉积前的主要构造格局，华北板块南部构造古地理仍为北西高、南东低，盆地的沉降-沉积中心处在郑州—开封—柘城一带。该时期，河南省境内陆表海盆地开始转变为拗陷盆地，大部分地区呈现为三角洲沉积体系和滨岸潮坪泥炭沉积的景观。在垂向上又表现为从山西组下段以潮坪沉积为主演变到山西组上段以三角洲平原体系为主的沉积体系[134]。

山西组沉积时的构造古地理面貌主要表现为：沉积盆地南缘受秦岭构造带的影响，使得伏牛（洛宁—固始）古隆起呈 NW 向展布，即沿商丹—北淮阳断裂带方向分布，大约位于洛宁—鲁山—潢川—霍邱一线以南地区；沉积盆地西缘仍然受中条古陆的控制；盆内由北向南可大致划分为三大沉积区，即北部三角洲平原碎屑岩沉积区、中部海湾（潟湖）—潮坪碎屑岩沉积区和南部障壁岛—潮坪—潟湖碎屑岩沉积区。次级隆起和拗陷呈现为两种样式分布：北部（大约沿黄河一线）呈 NE 向展布，自西向东包括中条隆起、太行山隆起、安阳—鹤壁拗陷、浚县隆起和东濮拗陷区；南部呈近 EW 向分布，主要隆起有嵩箕隆起、新密—长葛—鄢陵隆起、宁陵—商丘隆起及孟州—开封拗陷和汝州—平顶山—永城拗陷。

研究区随着阴山古陆相对升高，海水从东南方向退出本区，来自北方的河流携带大量陆源碎屑物质对该区进行充填，形成了河控三角洲沉积体系。分流河道-河口砂坝呈 SE 向的朵状及条带状，其两侧为分流间湾-分流河道相区和漫滩湖泊-分流河道相区。早二叠世早期山西组岩相古地理主要为：分流河道-河口砂坝相、分流间湾相、漫滩湖泊相及沼泽相。早二叠世晚期主要为三角洲平原相，在修武—赵固—新乡一线以北为上三角洲平原相，以南为下三角洲平原相，东南部出现三角洲前缘相。研究区顶底板主要为碎屑岩沉积，顶板岩性主要为泥岩、砂质泥岩、粉砂岩和细粒砂岩，局部有中粗粒砂岩，底板主要为泥岩、砂质泥岩和粉砂岩。

2.2.3.3　矿井顶底板岩性特征

1）中马村矿

（1）顶板岩性。

中马村矿二₁煤顶板岩性主要为泥岩、砂质泥岩和粉砂岩，其中以泥岩分布最广，局部零星分布有细-中粗粒砂岩（图 2-41）。泥岩多分布于恩村井田、墙南详查区和赵固

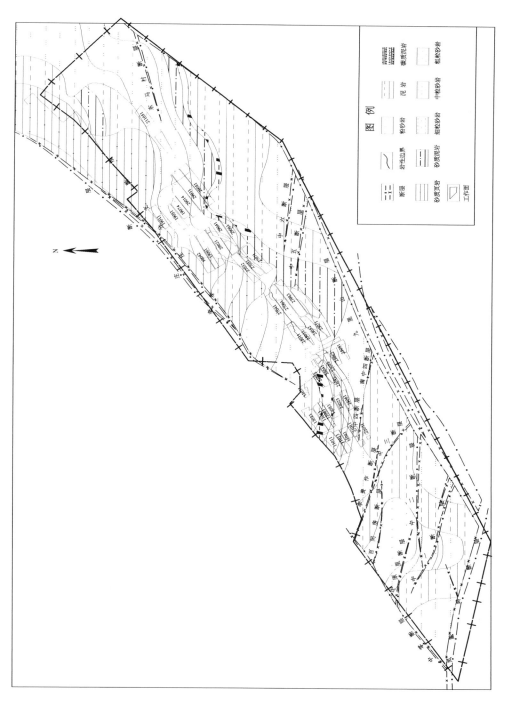

图 2-41 中马村矿二₁煤煤层顶板岩性分布图

井田，厚度为 0.30～17.67m，一般厚 1～3m，平均厚 3.97m；砂质泥岩、粉砂岩主要分布于矿区中部的演马庄、九里山、冯营井田和赵固井田，厚度为 0.30～26.84m，一般厚 1～7m，平均厚 6.69m；砂岩（细、中、粗粒砂岩）零星分布于矿区各处，以中马村井田最多，厚度为 0.80～33.49m，一般厚 6～9m，平均厚 9.75m。二$_1$煤底板岩性多为泥岩、砂质泥岩和粉砂岩。

中马村矿：二$_1$煤局部存在伪顶，岩性多为泥岩、碳质泥岩，小于 0.50m。直接顶岩性多为泥岩、砂质泥岩、砂质页岩及粉砂岩，也有细粒砂岩，老顶大多为灰白色、浅灰色厚层状中-细粒石英长石砂岩（大占砂岩）。

17 采区：二$_1$煤顶板岩性主要由粗粒砂岩和砂质页岩组成，其中粗粒砂岩呈灰黑色，细-中粒，黏土质胶结、硅质胶结，矿物成分主要为石英、云母，含有植物化石。

27 采区（27011 工作面、27012 工作面）：27011 工作面顶板岩性以黑色、灰黑色砂质页岩及粉砂岩为主，主要矿物组成为高岭石、石英、云母，含植物化石；27012 工作面顶板岩性以砂岩为主，含有部分砂质泥岩，主要矿物组成为石英、长石、云母，含植物化石。

39 采区：二$_1$煤 39031 工作面、39041 工作面、39051 工作面、39061 工作面、39071 工作面、39091 工作面顶板岩性大部分由泥岩组成，呈灰黑色、黑色，接触-孔隙式胶结，主要由高岭石组成，以及少量石英、长石、云母，含植物化石，泥质结构，层状构造，有滑面，具滑感。39081 工作面、39101 工作面大部分由砂岩组成，其中 39061 工作面小部分由砂岩组成，呈深灰色-灰黑色、黑色砂质结构，层状构造，含植物化石残片及云母碎片，有的为硅质胶结，坚硬细致。

311 采区：二$_1$煤顶板岩性大部分工作面由泥岩和粉砂岩组成，311011 工作面、311021 工作面、311031 工作面、311051 工作面、311071 工作面二$_1$煤顶板岩性大部分由粉砂岩组成，粉砂岩呈深灰色，主要由高岭石、石英、长石、云母组成，薄层状，产植物化石，硅质胶结，层面上有白云母碎片。311021 工作面、311031 工作面、31105 工作面、311071 工作面由部分砂岩和泥岩组成。311041 工作面、311061 工作面、311081 工作面全部由泥岩组成。泥岩呈灰黑色、黑色，疏松，含云母、植物化石，具滑感，有的地方致密，呈薄层状。

（2）底板岩性。

中马村矿底板为泥岩（碳质泥岩、页岩、砂质页岩），局部为黑色泥岩或粉砂岩，含植物根化石和黄铁矿结核，具透镜状层理、波状层理和水平纹理，遇水易膨胀，受击打呈楔形碎裂（图 2-42）。

17 采区：二$_1$煤底板岩性大部分由粉砂岩组成，局部由泥岩、砂质页岩组成。粉砂岩呈灰黑色，主要造岩矿物为石英、云母，含植物化石，具划痕。砂质页岩呈灰黑色，性脆，浸染铁质。泥岩呈黑色，含植物化石及白云母，含菱铁质、方解石脉。

27 采区（27011 工作面、279012 工作面）：二$_1$煤底板岩性均为粉砂岩，主要矿物组成为石英、长石、云母，含植物化石，粉砂质结构，孔隙式胶结。

39 采区：底板主要由泥岩组成，泥岩黑色质硬，含高岭石及少量的石英、长石、云母，含植物化石，有的顶部质软疏松，含云母植物化石，具滑感。

311 采区：二$_1$煤底板岩性几乎全部由泥岩组成，呈黑色-灰黑色，薄层状，致密性脆，产植物化石碎片。

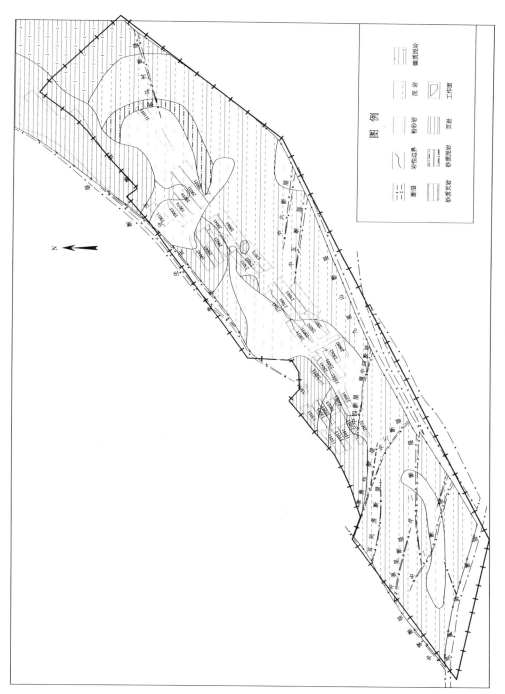

图 2-42　中马村矿二₁煤煤层底板岩性分布图

（3）顶底板岩性地质强度值指标（GSI）值。

通过现场观测中马村矿钻孔岩心及新掘进岩巷岩壁，对煤层顶底板不同岩性进行了地质强度指标（GSI）赋值。顶底板岩石因岩性、结构构造、节理发育程度等的差异而具有不同的 GSI 值（表 2-42、表 2-43）。

表 2-42　中马村矿二₁煤顶板不同岩性岩石的 GSI 值

岩性	泥岩	碳质泥岩	砂质泥岩	砂质页岩	粉砂岩	细粒砂岩	大占砂岩
GSI 值	72~77	71~79	76~84	75~83	79~86	78~85	73~78

表 2-43　中马村矿二₁煤底板不同岩性岩石的 GSI 值

岩性	页岩	碳质泥岩	砂质泥岩	砂质页岩	粉砂岩	泥岩
GSI 值	78~86	81~89	82~89	84~89	83~90	82~87

（4）顶底板岩性展布规律。

由煤层顶板岩性分布图（图 2-41）可知：煤层顶板主要由泥岩、碳质泥岩（砂质泥岩、砂质页岩）、粉砂岩、细粒砂岩、中粒砂岩、粗粒砂岩组成，以泥岩为主，泥岩和砂岩呈互层出现，所占的比率见表 2-44。

表 2-44　煤层顶板岩性面积分布比率　　　　　　　　（单位：%）

名称	岩性面积比率					
	碳质泥岩	砂质页岩、砂质泥岩	粉砂岩	细粒砂岩	中粒砂岩	粗粒砂岩
中马村矿	30.38	24.61	19.61	8.09	7.03	10.28
17 采区	28.83	29.64	7.53			34
23 采区			11.62			88.38
27 采区	19.50	13.01	42.20	7.03		18.26
211 采区	63.97	3.79	16.81		15.43	
39 采区	79.21		20.79			
311 采区	38.20	26.60	35.20			

其中 17 采区的顶板岩性主要由粗粒砂岩和砂质页岩组成。23 采区以黑色、深灰色砂岩为主。27 采区主要由砂岩、页岩组成，其中 27011 工作面二₁煤顶板岩性以黑色、灰黑色砂质页岩及粉砂岩为主，27021 工作面顶板岩性以砂岩为主，含有部分砂质泥岩，从 27011 工作面到 27021 工作面，岩性呈泥岩—砂质泥岩—砂岩变化。211 采区的 211031 工作面顶板岩性以泥岩为主；211041 工作面顶板岩性以砂岩为主，部分为砂质泥岩，从砂质泥岩—粉砂岩—中粒砂岩过渡，粒度从细—粗变化。39 采区顶板岩性以灰黑色、黑色泥岩为主，39 采区下部的 39081 工作面、390101 工作面主要由灰黑色粉砂岩组成。311 采区大部分工作面由泥岩和粉砂岩组成，采区上部多为粉砂岩，下部多为泥岩（图 2-41、表 2-44）。

纵向上从煤层顶板至大占砂岩（S_d）顶板由深灰-灰黑色泥岩、砂质泥岩及灰色砂岩组成，厚度为 6.48～58.55m，平均厚度为 29.28m，大部分集中在 20～30m。

　　煤层顶板至大占砂岩（S_d）顶板范围内的砂岩与泥岩的面积比率（表 2-45）反映了顶板沉积介质条件变化的差异性，在此阶段内的砂岩与泥岩的面积比率为 0.02%～69.24%，平均为 16.26%。

表 2-45　中马村矿顶板砂岩与泥岩的面积比率（围岩）参数一览表　（单位：%）

采区	17 采区	23 采区	27 采区	211 采区	39 采区	311 采区	中马村矿
≤10%						$\frac{0.26\sim20.92}{9.81}$	
10%～20%	$\frac{0.43\sim27.02}{11.42}$		$\frac{0\sim27.94}{15.58}$	$\frac{4.38\sim18.74}{11.56}$	$\frac{0.26\sim41.63}{10.59}$		$\frac{0.02\sim69.24}{16.26}$
≥20%		$\frac{9.38\sim25.85}{20.0}$					

　　由煤层底板岩性分布图（图 2-42）可知，煤层底板岩性主要是泥岩和粉砂岩，其中以泥岩为主，细粒砂岩、中粒砂岩、粗粒砂岩不存在，岩性分布情况见表 2-46。

表 2-46　煤层底板岩性面积分布比率　（单位：%）

采区	岩性面积分布比率		
	泥岩、页岩	砂质（碳质）泥岩、砂质页岩	粉砂岩
中马村矿	52.93	26.53	20.54
17 采区	28.06	17.67	54.27
23 采区			100
27 采区	25.23		74.77
211 采区	8.32	20.55	71.13
39 采区	93.58		6.42
311 采区	64.58	31.19	4.23

　　其中 17 采区的底板岩性主要为粉砂岩和少部分泥岩；23 采区工作面二$_1$煤底板岩性为粉砂岩；27011 工作面二$_1$煤底板岩性为泥岩、页岩、粉砂岩，与上部相邻的 17 采区岩性变化相同；211 采区二$_1$煤底板岩性主要为粉砂岩；39 采区二$_1$煤底板岩性主要为泥岩；311 采区二$_1$煤底板岩性主要为泥岩、页岩。各采区的底板岩性分布和面积比率如图 2-42 和表 2-46 所示。

　　纵向上二$_1$煤底板至 L_9 灰岩顶板由泥岩、砂质泥岩和砂岩组成，厚度为 0.5～48.27m，平均为 13.68m 左右，有浅部较厚而向深部变薄的沉积特征。该层段岩石空隙不发育，透水性差，它是阻隔底板水充入矿坑的主要隔水层段。由于局部厚度较小，又有后期构造破坏和生产采动，在开采中时常发生突水，但其仍是阻隔底板水充入矿坑的主要隔水层段。

　　煤层底板至 L_9 顶范围内的砂岩与泥岩的面积比率（表 2-47）反映了底板沉积介质条件变化的差异性。从煤层底板至 L_9 顶，砂岩与泥岩的面积比率在 0～103.50，平均为 6.09，大部分集中在 0～20。

表 2-47　中马村矿底板砂岩与泥岩的面积比率（围岩）参数一览表　　（单位：%）

采区	17 采区	23 采区	27 采区	211 采区	39 采区	中马村矿
≤10%	$\frac{0\sim32.66}{6.09}$		$\frac{0\sim31.07}{9.54}$		$\frac{0\sim46.90}{9.78}$	$\frac{0\sim103.50}{6.09}$
10%～20%		$\frac{8.20\sim21.41}{15.41}$				
≥20%				$\frac{1.61\sim62.40}{32.01}$		

2）车集矿

车集矿二$_2$煤老顶以粗或中、细粒砂岩居多，亦见有粉砂岩、砂质泥岩等。二$_2$煤直接顶板结构较为复杂，由于沉积环境的变化，岩性多变，以泥岩或砂质泥岩居多，其次多为中、细粒砂岩，其中泥岩厚度为 0.5～21m，平均厚度为 2.9m，多呈灰、中灰色，块状，裂隙发育，具有滑移面。砂质泥岩厚度为 0.6～19m，平均厚度为 3.2m，为中灰色或浅灰色，具有滑移面，呈块状。细粒砂岩厚度为 1.0～14.2m，平均厚度为 4.4m，多呈薄层状或与砂质泥岩、泥岩互层。通过对车集矿大量钻孔资料统计，其顶底板岩性参数见表 2-48、图 2-43。

表 2-48　车集矿煤层顶板岩性面积分布比率　　（单位：%）

名称	岩性面积比率			
	泥岩	砂质泥岩	中粒砂岩	细粒砂岩
车集矿区	82.68	11.81	0.3	5.21
23 采区	71.83	28.17		
25 采区	89.49	10.51		
26 采区	54.45	45.55		
27 采区	58.39	41.61		
28 采区	100			
29 采区	96.16		3.84	
34 采区	60.67	39.33		
211 采区	89.11	7.49	3.4	

3）鹤壁中泰矿业有限公司

鹤壁中泰矿业有限公司井田范围内开采的煤层为二$_1$煤，二$_1$煤伪顶厚度为 0～0.5m，平均厚度为 0.2m，为黑色不纯质页岩，极易跨落；直接顶厚度为 2.7～26m，平均厚度为 7m，为灰黑色砂质泥岩或页岩，局部为薄层状细-中粒石英砂岩；老顶为灰、灰白色巨厚层状中细粒石英砂岩，均质层理，层面含大量白云母碎片。二$_1$煤直接底为灰黑色砂质泥岩或页岩，厚度为 1～7m，平均厚度为 4.7m，二水平该层厚度为 0.8～1.3m，平均厚度为 1m；老底为深灰及浅灰色厚层状细-中粒石英砂岩，层理较发育，层面含碳质及大量白云母碎片，中下部发育有黑色泥质包裹体，厚度为 5～21m，平均厚度为 7m。顶板岩性参数见表 2-49、图 2-44。

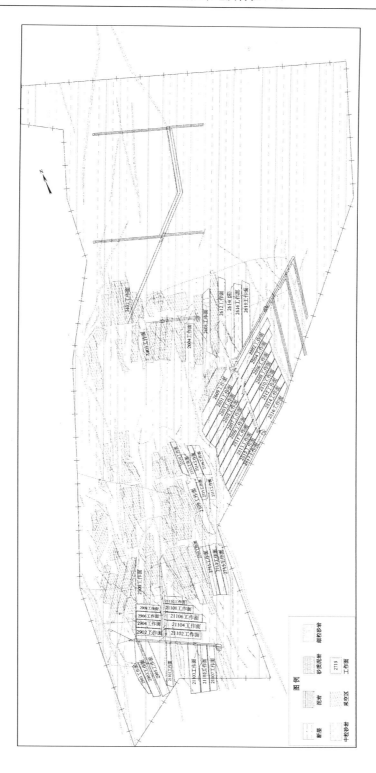

图 2-43 车集矿煤层顶板岩性分布图

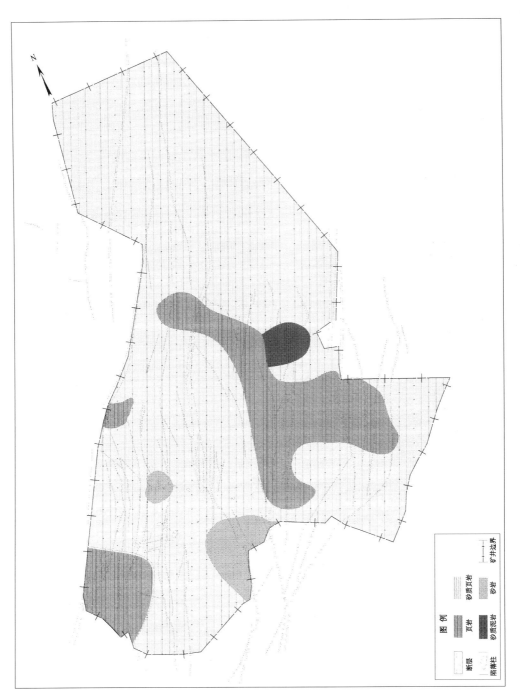

图 2-44　鹤壁中泰矿业有限公司煤层顶板岩性分布图

表 2-49　鹤壁中泰矿业有限公司煤层顶板岩性面积分布比率　　（单位：%）

名称	砂质页岩	页岩	砂岩	砂质泥岩
中泰矿区	78.22	17.35	3.10	1.33
21 采区	54.74	29.32	0	15.94
23 采区	6.91	93.09	0	0
25 采区	28.89	71.11	0	0
32 采区	100	0	0	0
33 采区	100	0	0	0

4）新义矿

（1）顶板岩性。

据矿区 53 个钻孔分析（表 2-50），新义矿顶板岩性以细粒砂岩、粉砂岩为主，厚度为 1.90～41.60m，属三角洲分流河口坝沉积，局部零星分布有泥岩、粉砂岩、碳质泥岩和砂质泥岩，厚度为 0.55～22.53m，岩石完整性较好（图 2-45）。局部存在伪顶，岩性多为泥岩、碳质泥岩，小于 0.50m。二₁煤与其顶板接触关系可概括为 3 种类型：①过渡型接触（顶板为碳质泥岩）；②明显接触（顶板为泥岩、砂质泥岩）；③冲刷接触（顶板为砂岩）。

表 2-50　新义矿钻孔柱状图统计表

钻孔号	纬距 X	经距 Y	高程 H/m	标高 Z/m	顶板		底板	
					岩性	厚度/m	岩性	厚度/m
001	3848827.9	37598725.09	+340.22					
003	3848414.10	37599622.32	+378.48		细粒砂岩	3.9	泥岩	3.75
004	387400.24	37598400.50	+318.54		泥岩	0.75	碳质泥岩	1.15
005	3846194.71	37599195.23	+284.10		碳质泥岩	0.82	泥岩	1.67
01013	3849817.63	37598833.82	+367.02		细粒砂岩	33.20	泥岩	9.15
01017	3848668.49	37600511.64	+387.43					
01018	3848256.87	37600756.64	+361.45		细粒砂岩	4.64	泥岩	1.17
0301	3850599.60	37599685.93	+415.61		细粒砂岩	10.28	砂质泥岩	5.91
0303	3849903.91	37600364.55	+346.03		砂质泥岩	2.05	砂质泥岩	2.35
0305	3849289.12	37601125.44		401.16	碳质泥岩	0.82	泥岩	1.67
0501	3851102.24	37600467.96		392.45	砂质泥岩	13.20	砂质泥岩	5.82
0502	3850774.90	37600866.70	+384.22		泥岩	1.42	泥岩	1.30
0503	3850431.06	37601344.86		401.45	细粒砂岩	41.60	泥岩	0.80
0504	3850056.03	37601731.47	+419.67		细粒砂岩	21.01	泥岩	1.40
0506	3849400.95	37602514.06	+395.49					
0601	3851275.79	37601101.58	+392.10		细粒砂岩	33.60	砂质泥岩	5.75
0602	3850591.57	37601378.59	+390.69		砂质泥岩	3.55	砂质泥岩	2.40

续表

钻孔号	纬距 X	经距 Y	高程 H/m	标高 Z/m	顶板		底板	
					岩性	厚度/m	岩性	厚度/m
0603	3850591.57	37601872.74	+395.44		细粒砂岩	22.90	碳质泥岩	1.30
7011	3851636.23	37601277.74	+410.59		碳质泥岩	1.72	砂质泥岩	5.30
7013	3851054.08	37602062.06	+400.79		细粒砂岩	18.60	碳质泥岩	0.58
7014	3850587.74	37602446.90		360.87	细粒砂岩	15.02	泥岩	1.85
7016	3850406.89	37602713.39	+380.45		细粒砂岩	14.75	泥岩	1.50
0802	3851619.39	37601997.65	+376.41		碳质泥岩	0.55	砂质泥岩	11.10
0803	3851320.94	37602688.43	+355.33		细粒砂岩	8.90	砂质泥岩	4.50
0804	3850932.55	37602925.15	+344.34		泥岩	0.75	碳质泥岩	1.15
0901	3852252.55	37602177.80	+396.44		泥岩	0.86	泥岩	0.95
0902	3851924.32	37602585.28		386.70	砂质泥岩	12.22	砂质泥岩	1.70
0903	3851690.97	37603060.63	+377.02		泥岩	15.15	泥岩	9.69
0904	3851185.29	37603331.62		382.16	细粒砂岩	1.90	细粒砂岩	3.55
0906	3850644.77	37604135.90	+406.97		细粒砂岩	25.52	泥岩	3.58
1003	3851658.97	37603498.77		371.44	泥岩	2.11	泥岩	11.95
1004	3851315.40	37603916.26		381.10	细粒砂岩	16.20	泥岩	3.90
11011	3852650.67	37603240.38		388.58	粉砂岩	8.94	泥岩	17.60
11013	3851927.34	37603933.01		370.93	砂质泥岩	22.53	泥岩	0.58
11017	3851002.03	37604984.61	+401.77		泥岩	2.54	砂质泥岩	3.31
1200	3853222.50	37604111.38		396.95	泥岩	1.60	泥岩	4.89
1201	3852854.05	37603841.13		390.24	泥岩	1.00	砂质泥岩	5.99
1202	3852518.29	37604071.03		396.48	砂质泥岩	5.05	泥岩	10.03
1203	3852169.03	37604398.70		382.56	碳质泥岩	0.70	泥岩	4.15
1301	3853222.50	37604111.38		396.95	泥岩	1.60	泥岩	4.89
1302	3852881.20	37704451.25		385.33	细粒砂岩	5.90	泥岩	2.00
1303	3852527.35	37604814.60		379.65	泥岩	0.70	泥岩	8.38
1304	3852292.66	37605119.16		364.76	细粒砂岩	7.60	砂质泥岩	6.90
1401	3854227.96	37605294.82		370.99	细粒砂岩	7.90	泥岩	1.07
1402	3853395.62	37604696.56		365.50	细粒砂岩	15.39	泥岩	6.37
1403	3853066.57	37604997.84		372.05	细粒砂岩	21.68	泥岩	2.46
1404	3852713.64	37605328.37		375.29	细粒砂岩	14.91	细粒砂岩	5.03
15012	3853740.47	37604990.58		370.02	泥岩	6.35	泥岩	1.20
1601	3854227.96	37605294.82		370.99	细粒砂岩	7.90	泥岩	1.07
1603	3853476.67	37605960.49		344.58	泥岩	4.29	泥岩	2.84
1604	3853123.59	37606355.60		349.88	细粒砂岩	7.81	砂质泥岩	8.02
1801	3854789.55	37606103.07		390.53	碳质泥岩	1.60	泥岩	1.16
1803	3854117.46	37606791.03		384.74	泥岩	3.30	泥岩	2.40

注：统计的 53 个钻孔柱状图，其中 24 个钻孔的顶板岩性为砂岩（23 个细粒砂岩，1 个粉砂岩），26 个钻孔的顶板岩性为泥岩（14 个泥岩，6 个碳质泥岩，6 个砂质泥岩），001 钻孔、01017 钻孔和 0506 钻孔未见二₁煤；其中 48 个钻孔的底板岩性为泥岩（31 个泥岩，13 个砂质泥岩，4 个碳质泥岩），2 个钻孔的底板岩性为细粒砂岩，001 钻孔、01017 钻孔和 0506 钻孔未见二₁煤。

图 2-45　新义矿二₁煤顶板岩性分布图

图例

泥岩　碳质泥岩　砂质泥岩　粉砂岩　细粒砂岩　矿井边界

11 采区：二₁煤顶板岩性主要由细粒砂岩和泥岩组成，其中 11070 工作面和 11090 工作面的二₁煤顶板岩性以细粒砂岩为主，呈灰色、浅灰色，以石英、长石为主，分选磨圆中等，泥质胶结、钙质胶结，层面含有有机物，富含丰富的白云母片，夹碳质条纹、黄铁矿结核，岩石质量指标（RQD）为 99%。11010 工作面、11020 工作面、11030 工作面、11040 工作面顶板岩性以泥岩为主，呈灰黑色、浅灰色，致密块状，局部有滑动镜面，含植物化石。

12 采区：大部分工作面二₁煤顶板岩性由细粒砂岩和泥岩组成。12010 工作面、12020 工作面、12040 工作面和 12050 工作面的顶板岩性以泥岩（砂质泥岩、碳质泥岩）为主，呈灰黑色，平坦状断口，水平层理，富含植物化石，部分含有砂质泥岩，呈深灰色，含黄铁矿结核，层理含白云母碎片。12070 工作面顶板岩性以细粒砂岩为主，呈灰色，浅灰色，成分以石英、长石为主，暗色矿物次之，泥质胶结，夹薄层砂质泥岩和泥岩，局部含泥岩团块，具斜层理，RQD 为 80.8%。

（2）底板岩性。

根据钻孔资料显示（表 2-50），新义矿底板岩性以黑色泥岩和砂质泥岩为主，有时相变为粉砂岩或细粒砂岩，厚度为 1.60～11.95m，局部有碳质泥岩，含植物根部化石和黄铁矿结核，具水平纹理，遇水易膨胀。与煤层呈过渡型接触关系，具沼泽相特征（图 2-46）。

11 采区：二₁煤底板岩性几乎全部由泥岩组成，呈深灰色、灰黑色，厚层状，水平层理，含植物根部化石及黄铁矿结核，有的顶部质软疏松，含云母植物化石，具滑面，RQD 为 96%。

12 采区：二₁煤底板岩性由砂质泥岩和泥岩组成。其中砂质泥岩呈深灰色，致密块状，富含大量植物化石和黄铁矿结核，具滑面和镜面，RQD 为 84%；泥岩呈灰黑色，平坦状断口，水平层理，含植物化石碎片。

（3）顶底板岩性地质强度值指标（GSI）值。

通过现场观测钻孔岩心及新掘进岩巷岩壁，对煤层顶底板不同岩性进行了地质强度指标（GSI）赋值。顶底板岩石因岩性、结构构造、节理发育程度等差异而具有不同的 GSI 值（表 2-51、表 2-52）。

表 2-51　新义矿二₁煤顶板不同岩性岩石的 GSI 值

岩性	泥岩	碳质泥岩	砂质泥岩	粉砂岩	细粒砂岩
GSI 值	72～77	71～79	76～84	79～86	68～75

表 2-52　新义矿二₁煤底板不同岩性岩石的 GSI 值

岩性	泥岩	碳质泥岩	砂质泥岩	细粒砂岩	粉砂岩
GSI 值	82～87	81～89	82～89	78～85	83～90

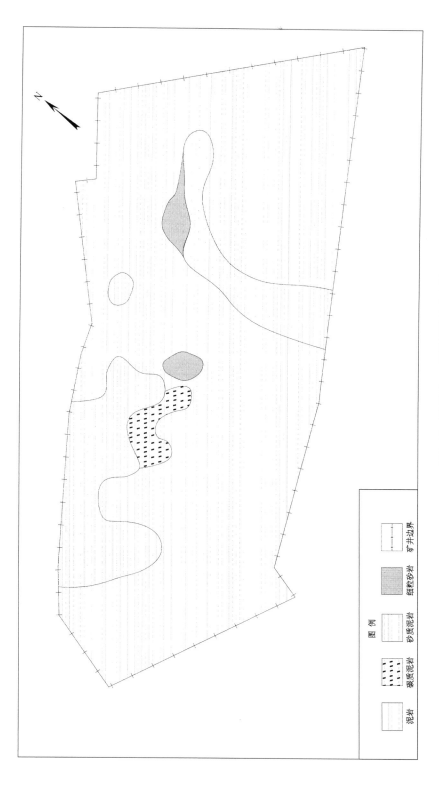

图 2-46 新义矿二₁煤底板岩性分布图

2.3 水 文 地 质

水文地质条件与瓦斯赋存、煤与瓦斯突出也具有一定的相关性，区域上煤层顶底板的富水性一般取决于地下水的补给、径流、排泄条件及含水层和隔水层特征等，从局部来看，断裂构造一般决定了富水带的分布。

华北型石炭-二叠系煤田对瓦斯赋存和抽采有影响的主要含水层包括煤层下伏奥陶系灰岩岩溶裂隙含水层、太原组灰岩岩溶裂隙含水层、煤层上覆砂岩裂隙含水层和第四系松散孔隙含水层[135]。

《煤矿防治水规定》（2009）第十一条规定：根据矿井受采掘破坏或影响的含水层及水体、矿井及周边老空水分布状况、矿井涌水量、矿井突水量、矿井开采受水害影响程度及防治水工作难易程度，将矿井水文地质类型划分为简单、中等、复杂和极复杂 4 种。矿井水文地质类型是矿井水文地质条件复杂程度的综合反映，界定矿井水文地质类型是对矿井水文地质条件和受水害威胁程度的综合评价。

《煤矿防治水规定》（2009）划分矿井水文地质类型的指标共有六大项 8 个指标，第一项指标是受采掘破坏或影响的含水层及水体，包含两个指标，分别是含水层性质及补给条件和含水层单位涌水量；第二项指标是矿井及周边老空水分布状况；第三项指标是矿井涌水量，包括矿井正常涌水量和矿井最大涌水量；第四项指标是矿井突水量；第五项指标是矿井开采受水害影响程度；第六项指标是防治水工作难易程度。具体划分标准见表 2-53。

表 2-53　矿井水文地质类型划分

分类依据		类别			
		简单	中等	复杂	极复杂
受采掘破坏或影响的含水层及水体	含水层性质及补给条件	受采掘破坏或影响的孔隙、裂隙、岩溶含水层补给条件差，补给来源少或极少	受采掘破坏或影响的孔隙、裂隙、岩溶含水层补给条件一般，有一定的补给水源	受采掘破坏或影响的主要是岩溶含水层、厚层砂砾石含水层、老空水、地表水补给条件好，补给水源充沛	受采掘破坏或影响的是岩溶含水层、老空水、地表水，其补给条件很好，补给来源极其充沛，地表泄水条件差
	含水层单位涌水量 q/($L \cdot s^{-1} \cdot m^{-1}$)	$q \leq 0.1$	$0.1 < q \leq 1.0$	$1.0 < q \leq 5.0$	$q > 5.0$
矿井及周边老空水分布状况		无老空积水	存在少量老空积水，位置、范围、积水量清楚	存在少量老空积水，位置、范围、积水量不清楚	存在大量老空积水，位置、范围、积水量不清楚
矿井涌水量/($m^3 \cdot h^{-1}$)	正常涌水量 Q_1	$Q_1 \leq 180$（西北地区 $Q_1 \leq 90$）	$180 < Q_1 \leq 600$（西北地区 $90 < Q_1 \leq 180$）	$600 < Q_1 \leq 2100$（西北地区 $180 < Q_1 \leq 1200$）	$Q_1 > 2100$（西北地区 $Q_1 > 1200$）
	最大涌水量 Q_2	$Q_2 \leq 300$（西北地区 $Q_2 \leq 210$）	$300 < Q_2 \leq 1200$（西北地区 $210 < Q_2 \leq 600$）	$1200 < Q_2 \leq 3000$（西北地区 $600 < Q_2 \leq 2100$）	$Q_2 > 3000$（西北地区 $Q_2 > 2100$）

续表

分类依据	类别			
	简单	中等	复杂	极复杂
矿井突水量 Q_3（$m^3 \cdot h^{-1}$）	无	$Q_3 \leqslant 600$	$600 < Q_3 \leqslant 1800$	$Q_3 > 1800$
矿井开采受水害影响程度	采掘工程不受水害影响	矿井偶有突水，采掘工程受水害影响，但不威胁矿井安全	矿井时有突水，采掘工程、矿井安全受水害威胁	矿井突水频繁，采掘工程、矿井安全严重受水害威胁
防治水工作难易程度	防治水工作简单	防治水工作简单或易于进行	防治水工程量较大，难度较高	防治水工程量大，难度高

注：①单位涌水量以井田主要充水含水层中有代表性的为准；②在单位涌水量 q，矿井涌水量 Q_1、Q_2 和矿井突水量 Q_3 中，以其最大值作为分类依据；③同一井田煤层较多，且水文地质条件变化较大时，应当分煤层进行矿井水文地质类型划分；④按分类依据"就高不就低"的原则，确定矿井水文地质类型。

影响瓦斯抽采的水文地质条件主要是煤层顶底板的贮水性、渗透性、原始水头、连通性及安全厚度等，查明顶底板直接含水层的水文地质特征与参数，可为科学划分瓦斯抽采地质单元、优选强化层及实施水力强化工艺提供依据。

2.3.1 地下水运动规律

研究区从构造上分属太行构造小区、嵩箕构造区和豫东构造小区。焦作矿区、安鹤矿区分布在太行构造小区，新安矿区位于嵩箕构造区的西部，永城矿区分布在豫东构造小区。

太行构造小区位于盘古寺断裂以北，太行山隆起带与华北平原沉降带之间的过渡地段，属太行山东南麓山前冲、洪积缓倾斜平原，总的地势为西北高东南低，微向东南倾斜。大气降水为矿区岩溶裂隙水的主要补给来源，北部裸露山区广泛出露的奥陶系石灰岩是岩溶地下水良好的补给场所，地下水通过岩溶与断裂发育带汇集于山前煤田下部。

中马村矿处在焦作煤田的浅部，总的地势倾向与煤田一致，沟谷不甚发育，地面较为平坦。地下水运动规律整体是由 NW 方向向 SE 方向运动，但因断裂构造较发育，断层控制地下水局部运动。地下水由于受到近 EW 向断裂与石炭系、二叠系弱透水岩体的阻隔和导向，转而向东、东南方向运移，排泄于区外（图 2-47）。

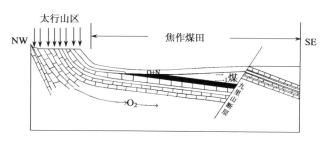

图 2-47 焦作矿区地下水运动规律示意图

　　鹤壁中泰矿业有限公司属山区向平原过渡的低山丘陵地貌,西连山脉,东接豫北平原。矿井靠近太行山东麓主分水岭。西北部山区基岩大面积裸露,以透水性良好的寒武系和奥陶系碳酸盐岩为主,具有良好的天然补给条件。地下水通过岩溶与断裂发育带汇集于山前煤田下部。

　　豫东构造小区位于京广铁路以东,35°沉降带以南,岸上-襄郏断裂以北的豫东平原。永城矿区位于淮河冲积平原的北部,黄河故道的南侧。北部八里庄正断层以北沉积了新生界的古近系地层,构成北部的隔水边界;济阳-亳州断裂带构成西部的隔水边界,其西北盘下降,基底深度达1500m以下,南东盘上升,东侧永城古隆起相对抬高,白垩系、侏罗系、古近系地层与二叠系地层接触;张大屯正断层东盘下降,西盘上升,构成东部隔水边界;宿北正断层北盘上升,南盘下降,大部分地段与寒武系、奥陶系、二叠系地层接触,作为南部相对隔水边界。以上构造使永城矿区成为一个封闭-半封闭的独立水文地质单元。

　　车集矿位于永城复背斜的东翼。大气降水垂直下渗是潜水的主要补给来源,洪水期或河流上游建闸蓄水抬高水位后,地表水将补给地下水。本区浅层水循环交替条件良好,动态变化较大,变化幅值为1~4m,径流方向自西北流向东南,大面积垂直蒸发或越流补给下部含水层。平水期、枯水期地下水以补给河水为主要排泄途径。深层水补给来源主要有两个方面:冲积平原分布面积较大,区域地下水可能存在侧向补给区;局部地段隔水层变薄或尖灭后,也能造成上部含水层越流补给下部含水层。径流方向为NW-SE向,以潜水方式排泄于上部含水层或地表水体之中。

　　砂岩裂隙水在裸露区直接接受大气降水、潜水、地表水的补给,在新地层掩盖区,底部松散孔隙承压水局部沿风氧化带或采空塌陷带补给基岩含水层,矿井长期排水是主要泄水通道。太原组上段灰岩含水组通过群孔抽水试验和6次单孔抽水试验,查明了其水文地质特征及补给、径流、排泄条件,证实了太原组上段灰岩地下水的重要补给来源是基底奥陶系厚层灰岩水的侧性补给。

　　新安煤田位于盘古寺-丰沛断裂与岸上-襄郏断裂之间嵩箕构造区的西部。新义井田属于新安岩溶水系统,该系统北界为黄河北岸近EW向的石井河断层(F_1),断层南盘奥陶系地层与北盘二叠系地层对接,形成阻水边界;南界为NW-SE向的龙潭沟断层(F_{58})、新安向斜轴部,龙潭沟断层南侧属渑池岩溶水系统;西界以曹村以西出露的新元古界石英砂岩为相对隔水层,形成相对隔水边界;常袋断层为其东界,断层西盘上升,东盘下降,为相对阻水边界。深部岩溶含水层垂深大于1000m,岩溶不发育,形成相对封闭的独立水文地质单元,总面积约800km²。新义井田位于新安岩溶水系统中心的深部滞留带,奥陶系地层埋深600~1000m,富水性较弱。

　　西南部岸上断层及震旦系地层出露处为义马水文地质单元与新安水文地质单元分界,西北部是碳酸盐岩裸露区,面积约190km²,为地下水补给区,补给来源主要是大气降水入渗,其次为地表水体的渗漏补给,碳酸盐岩地层向南东倾伏,深部岩溶不发育,形成岩溶水的滞流带,地下水向北东方向运移,一部分以人工开采和矿井排水方式被排出,其余继续向北东方向径流,最终排泄于黄河。

2.3.2 含水层富水性

研究区属于华北碳-二叠系煤田,主要含水层包括煤层下伏奥陶系灰岩岩溶裂隙含水层、太原组灰岩岩溶裂隙含水层、煤层上覆砂岩裂隙含水层和第四系松散孔隙含水层。4个含水层之间,一般都有泥质岩类作为隔水层,相互之间水力联系微弱。

2.3.2.1 主要含水层及富水性

影响二₁煤、瓦斯抽采和强化工艺选择的地下含水层主要有奥陶系灰岩岩溶裂隙承压含水层、太原组下段灰岩含水层组、太原组上段灰岩含水层和二₁煤顶板砂岩含水层及新近系、第四系砂卵砾石含水层组。

1)奥陶系灰岩岩溶裂隙承压含水层

奥陶系灰岩在矿区边缘大面积裸露,为海相碳酸盐岩沉积。主要由角砾状灰岩、厚层状灰岩、白云质灰岩和泥灰岩组成。灰岩具有裂隙岩溶比较发育,富水性强的特点。受大气降水补给,地下水活动强烈(表 2-54)。

表 2-54 矿井奥陶系灰岩岩溶裂隙承压含水层参数

矿名	岩性	厚度/m	单位涌水量 q/[L·(s·m)⁻¹]	渗透系数/(m·d⁻¹)	水位标高/m	总矿化度/(g·L⁻¹)	水质类型	距二$_{1(2)}$煤间距/m	富水评价
中马村矿	厚层状灰岩	400	0.00066~3.22	0.00162~3.22	89.10~90.30			$\frac{89.9~153.9}{123.9}$	强
车集矿		121	0.00843~0.704	0.0561~1.878	28.23	3.541~3.672	SO₄-Ca-Na型	$\frac{68~122}{105}$	中
鹤壁中泰矿业有限公司		400	0.018~0.019	0.007	121~137	1.26	CO₃-Ca-Mg型	160~180	强
龙山矿		400	2.97~179.41	0.0073	136.30~140.75	低矿化度	HCO₃-Ca-Mg型	150	强
新义矿		273	0.00061~4.03	0.00045~9.02	291.14~375.75	0.888~1.441	HCO₃-Ca-Mg型	$\frac{44.30~79.68}{58}$	中

2)太原组下段灰岩含水层组

太原组下段灰岩含水层组由 L₁~L₆ 灰岩组成,其中 L₂ 灰岩层位稳定,厚度较大,属中厚层状灰岩，灰岩岩溶裂隙较发育，富水性强，与奥陶系灰岩水存在一定的水力联系（表 2-55）。焦作矿区曾多次发生该层段灰岩岩溶水突水淹井事故，单位水压突水量为 $4.55\sim10.17m^3\cdot min^{-1}\cdot kg\cdot cm^{-2}$。中马村矿也发生过 4 次突水，突水量为 $1.00\sim128.00m^3\cdot min^{-1}$。

表 2-55　矿井太原组下段灰岩含水层组参数

矿名	岩性	厚度/m	单位涌水量 /[L·(s·m)$^{-1}$]	渗透系数/ (m·d^{-1})	水位标高/m	总矿化度/ (g·L^{-1})	水质类型	距二$_{1(2)}$煤间距/m	富水评价
中马村矿	L$_1$～L$_3$灰岩	9～20/12		0.021～3.48	85			$\dfrac{60.7\sim110.5}{82.3}$	强
车集矿	L$_6$～L$_2$灰岩	24	0.121～1.216	0.731～7.473	28.22	3.312～4.43	SO$_4$-Ca-Na型	$\dfrac{53\sim96}{83}$	中
鹤壁中泰矿业有限公司	L$_2$灰岩	2.85～11.73/6.2	0.1～0.106			0.35～1.011	CO$_3$-Ca-Mg型	$\dfrac{87.0\sim163.0}{127.3}$	强
龙山矿			0.00218	0.0159			HCO$_3$-K+Na型		强
新义矿	L$_6$～L$_2$灰岩	10	0.00044～0.0843	0.00412～4.762					弱

3）太原组上段灰岩含水层

太原组上段灰岩含水层由 L$_7$～L$_{12}$灰岩组成（表 2-56），其中 L$_7$ 与 L$_9$ 灰岩层位不稳定，厚度较薄，以 L$_8$ 灰岩为主要含水层，厚度为 3.94～12.54m，平均为 7.78m，岩溶裂隙比较发育，以往揭穿 L$_8$ 灰岩的钻孔中揭露溶洞直径 0.3～0.5m。车集矿由 L$_7$～L$_{12}$ 共 6 层灰岩组成，灰岩累计厚度 32m，上部 L$_{12}$（K$_3$）灰岩和 L$_{11}$ 两层灰岩厚度不大，累计厚度在 3～5m，揭露该层位的钻孔 156 个，漏水钻孔 19 个，仅占 12.2%。全段以 L$_9$ 和 L$_{10}$ 灰岩为最厚，其中 L$_9$ 灰岩厚度为 10m 左右，全井田发育稳定，岩溶裂隙最为发育，裂隙面多无充填并具有水蚀现象。本含水层为二$_1$煤底板直接充水含水层。中马村矿生产过程中发生过多次突水，其中 51 次为 L$_8$ 灰岩水，突水量为 0.3～105m^3·min^{-1}，约占总突水次数的 70%，说明该含水层富水性比较强，但极不均一，不易疏排，是对二$_1$煤开采造成威胁的主要含水层段。鹤壁中泰矿业有限公司揭露本含水层的突水点有 20 多处，其中钻孔突水 1 次，突水量为 72m³·h⁻¹，其余的均为岩溶裂隙或断层裂隙突水，突水量介于 $0.6\sim84\ \mathrm{m^3\cdot h^{-1}}$。

表 2-56 矿井太原组上段灰岩含水层参数

矿名	岩性	厚度/m	单位涌水量/[L·(s·m)⁻¹]	渗透系数/(m·d⁻¹)	水位标高/m	总矿化度/(g·L⁻¹)	水质类型	距二₁₍₂₎煤间距/m	富水评价
中马村矿	$L_7\sim L_9$	$\dfrac{3.94\sim12.54}{7.78}$	0.00199~4.24	0.0235~13.15	95~100	0.33~0.95		$\dfrac{13.31\sim51.02}{27.06}$	强
车集矿	$L_7\sim L_{12}$	32	0.125~0.793	0.801~4.904	27.52~28.31	3.20~4.02	SO₄-Ca+Na 型	$\dfrac{0\sim57}{21}$	中
鹤壁中泰矿业有限公司	L_8	$\dfrac{3.5\sim7.66}{4.4}$	0.179	3.446		0.641~0.894	CO₃-Ca+Mg 型	$\dfrac{14.8\sim65.2}{39.4}$	强
龙山矿		1.3~7.33	0.00218	0.0159			HCO₃-K+Na 型	8.70~58.52	强
新义矿	L_7	7.04~16.35	0.048~0.094	0.100~0.551	330.22~336.13	0.58~1.428	HCO₃-Ca+Mg 型	$\dfrac{5.82\sim21.00}{11.93}$	弱

4）二₁煤顶板砂岩含水层

二₁煤顶板砂岩含水层指二₁煤以上 60m 范围内由 1~4 层砂岩组成的含水层组，以大占砂岩、香炭砂岩和冯家沟砂岩为主，厚度一般为 10~20m，为二₁煤的老顶。砂岩裂隙不发育，且与泥岩和砂质泥岩相间发育，补给条件差，导、富水性比较弱（表 2-57）。中马村矿在开采中曾发生过 17 次顶板突水，突水量为 0.05~7.60m³·min⁻¹，约占总突水次数的 23%。一般仅表现为局部有淋水和滴水现象，说明该含水层富水性比较弱，易于疏排，对二₁煤开采不会造成大的威胁。鹤壁中泰矿业有限公司在矿井生产过程中，揭露本含水层突水 5 次，其中顶板淋水 1 次，水量为 3m³·h⁻¹；断层裂隙突水 4 次，突水量为 4.2~6m³·h⁻¹，因为其含水量和突水量都不大，补给来源不足，主要表现为顶板淋水现象，所以对二₁煤的开采影响不大。车集矿处于近似封闭环境，该含水层以静储量为主，易疏干，属弱含水层。新义矿二₁煤砂岩间接充水层还包括上、下石盒子组（P₂s、

P_1x）砂岩裂隙承压含水层和平顶山砂岩裂隙含水层，富水性较弱。

表 2-57　矿井二 $_{1(2)}$ 煤层顶板砂岩含水层参数

矿名	岩性	厚度	单位涌水量/[L·(s·m)$^{-1}$]	渗透系数/(m·d^{-1})	水位标高/m	总矿化度/(g·L^{-1})	水质类型	距二$_{1(2)}$煤间距/m	富水评价
中马村矿		10~20	0.011~0.71	0.088~1.48		0.34~1.1		$\dfrac{0~16.9}{8.6}$	弱
车集矿		52.19	0.000367~0.00804	0.00172~0.0338	25.33	3.334	SO$_4$-Na 型	$\dfrac{0~37}{13}$	弱
鹤壁中泰矿业有限公司	砂岩	6~15 9					CO$_3$-Ca-Mg 型	$\dfrac{0~27.9}{6.2}$	弱
龙山矿		38.27	0.0145	0.0297	134.74~175.01		HCO$_3$-K+Na 型		弱
新义矿		30	0.00025~0.181	0.00135~0.217	198.75~324.48	0.357~0.797	HCO$_3$-Na 型		弱

5）新近系、第四系砂卵砾石含水层组

焦作矿区由 1～7 层砂砾石和卵砾石层组成。地层厚度为 27.25～112.92m，平均厚度为 76.12m，其中含水性较强的砾石层有 2～3 层，厚度为 3～63m，平均为 11m，含水层与黏土或黏土夹砾石层相间，构成多层次复结构含水层组，直接接受大气降水与地表水补给，富水性很强，上部为潜水，下部多为承压水，单位涌水量为 0.089～5.56L·(s·m)$^{-1}$，渗透系数为 0.12～16.00m·d^{-1}。由于大部分地段已被疏干，该含水层组对当前矿井开采影响甚微。

永城矿区新近系、第四系由上到下划分为 4 个含水层组。

1）第四系全新统松散孔隙潜水含水层组（Ⅰ）

该含水层组由土黄、浅黄色细粒砂岩及黏土质砂岩组成，间夹薄层黏土，一般埋深在 21m 左右，砂岩层较发育，单层厚度大但分布不稳定，富水性具明显差异。单位涌水量为 0.152～4.167L·(s·m)$^{-1}$，渗透系数为 0.654～23.06m·d^{-1}，给水度为 0.035，水位埋深为 1～4m，水位变化幅度受大气降水影响，循环交替条件好，总矿化度小于 0.6g·L^{-1}，水质类型为 HCO₃-Ca 型、HCO₃-Mg-Ca-Na 型，属强含水层。

2）第四系更新统松散孔隙承压水含水层组（Ⅱ）

该含水层组由深黄及黄褐色黏土质砂岩及粉砂岩、细粒砂岩层透镜体组成，黏土层相间沉积，厚度为 33m 左右。其中砂层厚 21m，占 64%，稳定性较差，单位涌水量为 0.594 L・(s・m)⁻¹，矿化度大于 1g・L⁻¹，水质类型为 SO₄-Na 型，属中等含水层。

3）古近系上部松散孔隙承压水含水层组（Ⅲ）

该含水层由棕黄色及黄褐色细粒砂岩、粉砂岩及黏土质砂岩、黏土组成，总厚度为 70m 左右，在 16 线以北的深部厚度变薄。其中砂层厚 32m，占 45%，单位涌水量为 0.01~0.278 L・(s・m)⁻¹，矿化度大于 1 g・L⁻¹，水质类型为 SO₄-HCO₃-Na 型，属中等含水层。

4）古近系下部松散孔隙承压水含水层组（Ⅳ₋₁）

该含水层由褐黄及灰褐色细粒砂岩、中粒砂岩组成，黏土层发育较差，总厚度为 70m 左右，在 16 线以北的深部，受古地形影响，沉积厚度变薄。含砂层 7~9 层，厚度为 47m，占 67%，单层厚度大，分布稳定，胶结不良，呈疏松状，富水性强，单位涌水量为 0.198~0.468L・(s・m)⁻¹，渗透系数为 0.476~1.87m・d⁻¹，水位标高为 27.26m，水温为 19.5℃，总矿化度为 0.99~1.36g・L⁻¹，水质类型为 SO₄-HCO₃-Na 型和 HCO₃-Na 型，属中等含水层。

新生界地层总厚度为 223.24m，上述含水层组之间普遍发育黏土、砂质黏土层，分布较为稳定，各含水层组间水位、流量均有差异，正常情况下含水层之间不存在水力联系。

新义矿第四系地层中分布有砂、卵石含水层，厚度为 0~19.36m，岩性松散，分选性差，次棱角及次圆状，成分主要为砂岩、石英岩和灰岩等，砾径一般为 2~10cm。该层漏水严重，具有一定的贮水条件。

2.3.2.2　主要隔水层及隔水性

1）本溪组铝土质泥岩隔水层

该隔水层由铝土质泥岩、薄层砂和砂质泥岩组成，厚度为 7.94~41.30m，平均厚度为 24.66m，岩性致密，透水性差，分布稳定，隔水性能良好，是 O₂m 灰岩含水层与太原组下段灰岩含水层之间的主要隔水层，正常情况下它们之间亦无水力联系。由于沉积厚度较薄，又被后期构造破坏，局部失去了隔水性能，使上下层灰岩水发生了一定的水力联系，但在地层连续完整的情况下，仍具有良好的隔水性能。

2）太原组中段隔水层

该隔水层由泥岩、砂质泥岩和砂岩及薄层灰岩组成，厚度为 15~30m，永城矿区厚度一般在 60~70m，是阻隔太原组上、下段灰岩含水层之间水力联系的主要隔水层，正常情况下它们之间无水力联系。后期构造的破坏，在断裂附近失去了隔水作用，使太原组上、下段灰岩水发生了水力联系，但仍具有一定的隔水作用。

3）二₁煤底板隔水层

焦作矿区、安鹤矿区二₁煤底面至 L₉ 灰岩顶面之间由泥岩、砂质泥岩和砂岩组成，厚度为 10~40m，一般为 20m 左右。该层段岩石空隙不发育，透水性差，它是阻隔底板水充入矿坑的主要隔水层段。由于局部厚度较小，又有后期构造破坏和生产采动，在开采中时常发生突水，但仍是阻隔底板水充入矿坑的主要隔水层段。

永城矿区二$_2$煤底板至太原组第一层灰岩之间均由细粒砂岩、粉砂岩及泥岩组成，下部发育有厚层的海相泥岩。岩石致密、完整，最大厚度为71.49m，最小厚度为32.79m，平均厚度为51.24m，抗压强度一般在316～640kg·cm^{-2}，抗拉强度一般在16～34kg·cm^{-2}，具有较好的力学性质，为良好的隔水层段。

4）石盒子组泥质岩类隔水层

该隔水层自二$_1$煤顶板60m以上至新近系、第四系底之间的碎屑岩段，由泥岩、砂质泥岩及粉砂岩、细粒砂岩等组成，厚度一般为250～500m，厚度大，裂隙不发育，透水性弱，补给条件差，隔水性能良好，是二$_1$煤顶板与第四系含水层之间的良好隔水层。

中马村矿二$_1$煤主要隔水层为本溪组铝土质泥岩隔水层、太原组中段隔水层、二$_1$煤底板隔水层、石盒子组泥质岩类隔水层，各隔水层厚度、岩性、隔水层位见表2-58。

表2-58　中马村矿隔水层一览表

隔水层	岩性	岩性厚度/均厚/m	隔水层位
本溪组铝土质泥岩隔水层	铝土质泥岩、薄层砂岩、砂质泥岩	$\dfrac{7.94\sim41.30}{24.66}$	O$_2$m 灰岩含水层
			太原组下段灰岩含水层
太原组中段隔水层	泥岩、砂质泥岩和砂岩、薄层灰岩	$\dfrac{15\sim30}{22}$	太原组上段灰岩
			太原组下段灰岩
二$_1$煤底板隔水层	泥岩、砂质泥岩、砂岩	$\dfrac{10\sim40}{20}$	二$_1$煤底面
			L$_9$灰岩顶面
石盒子组泥质岩类隔水层	泥岩、砂质泥岩、粉砂岩、细粒砂岩	250～500	二$_1$煤顶板60m以上
			新近系、第四系底

新义矿隔水层由本溪组铝土质泥岩隔水层、二$_1$煤底板隔水层、山西组顶界上部的隔水层组成，其中本溪组铝土质泥岩隔水层由本溪组铝土质泥岩或铝土岩组成；二$_1$煤底板隔水层由砂质泥岩、泥岩等组成；山西组顶界上部的隔水层由紫色泥岩和砂质泥岩组成。各隔水层岩性厚度、岩性、隔水层位见表2-59。

表2-59　新义村矿隔水层一览表

隔水层	岩性	岩性厚度/均厚/m	隔水层位
本溪组铝土质泥岩隔水层	铝土质泥岩或铝土岩	$\dfrac{6.50\sim26.12}{13.36}$	O$_2$m 灰岩含水层
			太原组下段灰岩含水层
二$_1$煤底板隔水层	泥岩、砂质泥岩、砂岩	10	二$_1$煤层底面
			L$_7$灰岩顶面
山西组顶界上部的隔水层	紫色泥岩和砂质泥岩	30	山西组砂岩裂隙水
			石盒子组砂岩裂隙水

2.3.2.3　矿井充水水源

研究区矿井充水水源主要有大气降水、地下水、小煤窑老空积水和岩浆岩接触带裂隙水等。矿井因水文地质条件不同而各具特点，总体上以地下含水层为主。

1）中马村矿矿井充水水源

（1）大气降水。

研究区地下水除在灰岩露头地区和隐伏露头地区"天窗"地段直接接受大气降水补给外，主要为来自太行山区的侧向径流补给。煤田位于区域地下水径流带，据区域水文地质资料，西北部山区补给区基岩大面积裸露，以透水性良好的寒武系和奥陶系碳酸盐岩为主，具有良好的天然补给条件。

中马村矿煤层埋藏较深，且所有井筒的井口标高均高于当地历年最高洪水位，因此对中马村矿而言，大气降水主要以侧向径流补给地下水的形式间接进入井巷。

（2）新近系、第四系潜水。

研究区内新近系、第四系砂卵砾石含水层组大部分地段已被疏干，该含水层组对当前矿井开采影响甚微，因此基本不会构成矿床充水水源。

（3）煤层顶板砂岩裂隙水。

二$_1$煤以上60m范围内是由1～4层砂岩组成的砂岩含水层组，砂岩裂隙不发育，且与泥岩和砂质泥岩相间发育，补给条件差，导、富水性比较弱。一般仅表现为局部有淋水和滴水现象，对二$_1$煤开采不会造成大的威胁。

（4）煤层底板岩溶裂隙水。

二$_1$煤底板以下发育的太原组灰岩含水层（上段L$_8$灰岩和下段L$_{2+3}$灰岩）是需要特别关注的井田充水水源。灰岩岩溶裂隙较发育，富水性强，与O$_2$m灰岩水存在一定的水力联系，是对二$_1$煤开采造成威胁的主要含水层段。

（5）小煤窑积水。

中马村矿范围内共有6处已经报废的小煤窑，主要集中在井田东北部，井下对应位置为中马村矿的111采区上部，其采空区及废巷中存有大量积水。但是，由于中马村矿111采区尚未进行开采，该范围小煤窑积水暂未威胁中马村矿。另外在邻近的小马村矿井田范围内也有4处已经报废的小煤窑，其采空区及废巷中积水已通过小马村矿与中马村矿的连通巷道排入中马村矿。

2）车集矿矿井充水水源

（1）煤层顶板砂岩裂隙水。

煤层顶板为中、细粒砂岩，裂隙不发育，富水性微弱，水量不大，以静储量为主。在正常地层块段内砂岩裂隙水基本不影响矿井安全生产，但在褶曲、断层等构造发育处，掘进巷道和回采工作面有顶板滴、淋水及底板渗水现象。

（2）煤层底板灰岩岩溶裂隙承压水。

二$_2$煤与L$_{12}$灰岩一般间距为50m左右，又有导水性较弱的泥岩、砂质泥岩相隔，并夹有抗拉强度大的砂岩，所以在正常地层块段内，突水系数小于0.06MPa·m^{-1}时不存在突水的可能性。若遇落差大于30m断层，灰岩水可能通过断层溃入采场，造成突水。

另外，在小断层密集区，地层完整性受到破坏，煤层底板抗水压能力降低，也可导致太原组上段灰岩水突出，影响工作面生产。

（3）井筒淋水。

车集矿由于井筒深，穿过多层流砂层和砂岩层，地下水常沿裂缝以淋水方式充入坑道内。

（4）岩浆岩接触带裂隙水。

在生产过程中揭露的岩浆岩，其接触面都有不同程度的渗水现象，但水量不大，富水性较弱，对矿井基本没有威胁。

3）鹤壁中泰矿业有限公司矿井充水水源

（1）煤层底板灰岩岩溶裂隙承压水。

在 41 次突水事件中，有 20 次突水水源来自 C_3L_8 灰岩，说明 C_3L_8 灰岩含水层是威胁矿井安全生产的主要因素之一。陷落柱的发育构成了各含水层之间的联络通道，断层的发育也强化了各含水层之间的水力联系。

（2）小煤窑老空积水。

生产实践表明，矿井突水的水源主要来自老空区，突水次数也有所减少。2002～2014年，井下突水事件发生过两次，突水类型均属巷道帮或巷道帮水沟出水，这些水源均来自采空区，它们也是目前矿井涌水量的主要组成部分。

4）新义矿矿井充水水源

（1）大气降水、地表水。

从近几年所研究的矿井涌水量与大气降水量的关系可以看出，二者存在的联系不大，由于研究区内地表被大面积第四系黄土层覆盖，基岩层仅在沟谷中有零星分布，直接补给各含水层面积较小，加之各含水层渗透性较弱，而含水层之间又有较厚的泥岩、砂质泥岩阻隔，断裂构造简单，大气降水通过含水层间接补给矿井较缓慢，且水量有限。井田深部，由于煤层埋藏深，随着开采深度的增加，大气降水对矿井涌水量的直接影响逐渐减弱甚至消失。井田内地表水系不发育，加之地形坡度较大，不利于大气降水及地表水下渗，地表水对矿井开采没有影响。

（2）含水层水、老空水。

新义矿为海陆交替相区，煤系基底岩层为碳酸盐岩溶裂隙含水层，太原组上段灰岩岩溶裂隙含水层为矿井底板直接充水含水层，全井田普遍发育，岩溶裂隙发育不均，其静储量有限。太原组下段灰岩岩溶裂隙含水层、奥陶系灰岩埋藏深、水压大，也为弱富水性的含水层，但富水性极不均匀，距离 二₁煤底板平均 58m。正常情况下对开采二₁煤没有影响，但由构造破坏造成煤层底板隔水层导水情况下就会发生突水，成为矿井充水水源，对矿井生产造成威胁。

煤层顶板砂岩裂隙含水层主要由山西组二₁煤顶板大占砂岩、香炭砂岩及上、下石盒子组砂岩组成，累计厚度较大，井田内施工的所有钻孔均未发现涌、漏水现象，应属弱富水含水层且易于疏排，但在矿井回采初期会对矿井生产影响较大。

2.3.2.4 矿井充水通道

矿井各含水层之间具有良好的隔水层，一般情况下没有水力联系，但是在构造异常带，由于断层、陷落柱、岩浆岩裂隙接触带、顶底板突破通道影响，会形成矿井充水通道。

1）断层

根据以往矿井突水水源及诱因分析发现，矿井 70%以上的突水是由断层引起的，且 L_2 灰岩突水多与小断层有关，特别是一些低角度断层。因此，矿井涌水主要通道是断裂带。

中马村矿矿井断裂带涌水通道主要有以下两种。

（1）边界断层：在井田控制性断层中，李河断层使 L_8 灰岩与北盘太原组灰岩和奥陶系灰岩相对接并形成导水通道；矿区深部的九里山断层使研究区外的奥陶系灰岩含水层与区内的 L_8 灰岩含水层对接，是研究区内查明的南部及东南部导水断层。

（2）羽状断层：中二断层位于矿区西南部，是九里山主干断层（F_{14}）的羽状断层，断层在研究区内延伸长度为 1.90km。断层走向 90°，倾向 0°，倾角 60°左右，落差 10～54m。断层分别在中 67 钻孔 267.50～270.90m、610 钻孔 112.00～132.00m、中 76 钻孔 45.70～348.30m 见断层破碎带。因此中二断层也会成为矿井的涌水通道。

车集矿断层的富水性及导水性取决于断层的位置、两盘的岩性、充填物质、充填程度等因素，同一断层不同部位导水性各有差异。矿井内多为 NNE 向及 NE 向高角度正断层。断层带厚度一般为 3～7m，破碎带多由砂岩、泥岩、煤屑等受挤压而成，富水微弱，导水性不良。研究区内勘探阶段共见断点 67 个，简易水文统计中冲洗液消耗量大于 $1m^3 \cdot h^{-1}$ 的钻孔 3 个，占 4.5%，多数断点不消耗或微量消耗冲洗液。1103 钻孔抽 F_{10} 断层水（断距 60m，断层带厚 5.0m，岩心极为破碎）单位涌水量为 $0.00173\ L \cdot (s \cdot m)^{-1}$，渗透系数为 $0.0329m \cdot d^{-1}$；1105 钻孔抽 F_{1-2} 断层水（断距 130～160m，断层带厚 2.6m，由挤压破碎的砂质泥岩组成），单位涌水量为 $0.00437L \cdot (s \cdot m)^{-1}$，渗透系数为 $0.0968m \cdot d^{-1}$，抽水时水位降低达 68.22m，涌水量极小，证明未受到断层下盘大面积太原组灰岩和奥陶系灰岩水的补给。邻区淮北煤田二叠系地层断层带 30 次抽水试验资料显示，单位涌水量为 $0～0.057\ L \cdot (s \cdot m)^{-1}$。充分证明断层带在自然状态下富水性微弱。

但群孔抽水时，11 个观测孔的分布基本控制了全井田，各钻孔水位都受到影响，也证明了井田内断层存在导水性。天然状态下，压力处于平衡状态，断层局部地段可能起到一定的阻水作用。当水头压力较大时，断层带的碎屑物质在承受不了地下水静水压力作用时，就会使地下水通过断层充入矿井。

鹤壁中泰矿业有限公司中部红 $_5$ 断层附近，红 $_5$ 断层的导水性和发育的成组性已被多处采掘工程和大巷揭露所证实。在井田东南部，发育有多条大断层，如 F_{14}、红 $_{11}$～红 $_{14}$ 断层等，都可能构成与 C_3L_8 灰岩之间的水力联系。

新义矿西部边界龙潭沟正断层对 3 个含水层的反映位置基本一致，这表明，该断层很有可能导致灰岩含水层局部与含煤地层对接，造成了奥陶系灰岩岩溶裂隙水对煤矿床充水，开采时应按规定留设防水煤柱。研究区内未发现落差大于 20m 以上的断层，主要是大量的小断层，小断层多不含水，构造简单，表明井田内地层连续性和完整性较好，各含水层因断层发生水力联系的概率较小，但当断层切穿煤层顶、底板含水层或者是隐伏构造受到采掘影响后可形成导水通道，特别是煤层底板隐伏断层，可造成煤层底板隔水层减薄或使奥陶系灰岩与 L7 灰岩沟通，致使奥陶系灰岩具有突水的可能。如果顶板发育有隐伏断层，将下石盒子组及其以上砂岩含水层沟通都将增加间接充水含水层的矿井水补给来源。

2）陷落柱

研究区陷落柱相对不甚发育，但在车集矿、鹤壁中泰矿业有限公司也有存在。车集矿在 23 采区轨道下山中部揭露了 1 个陷落柱，揭露时柱体内无水。鹤壁中泰矿业有限公司已被采掘工程揭露的陷落柱有 25 个，被钻孔揭露的有 1 个，共计 26 个。陷落柱形态不规则，大小不一，最大的长轴可达 150m，陷落最大高度达 300m 左右。已发现的陷落柱大多数分布在Ⅳ号背斜及其两翼，在开采过程中未见陷落柱发生突水现象。

3）岩浆岩裂隙接触带

研究区燕山期岩浆岩侵入不同时代的地层中，在围岩接触带处含裂隙水。目前，仅在车集矿揭露以辉绿岩为主的岩浆岩，主要分布在井田的南北两侧，最大厚度为 124m。全井田共见岩浆岩钻孔 96 个，冲洗液漏失和消耗钻孔 3 个，约占所见钻孔的 3%。矿井投产以来所揭露的岩浆岩证实，岩浆岩与围岩接触带内的裂隙水富水性微弱、水量较小，对矿床充水影响不大。

4）顶底板突破通道

在对煤层顶底板实施强化工艺后，会使原岩裂隙沟通和延伸，并成为另一个矿井的涌水通道。

在煤矿开采中，巷道底板以下的间接充水层在地下水压力和矿山压力作用下，使底板遭到破坏，形成人工裂隙通道，导致下部高压地下水涌入井巷造成突水。中马村矿 5 次较大突水事故中，1969 年的那次突水就是 L8 灰岩水突破底板造成的，最大突水强度是 $8m^3 \cdot min^{-1}$，突水位置在东总回风巷三横贯口东。

2.3.2.5　贮水性

贮水率是衡量顶底板及煤层贮水性大小的单位，其量纲为 L^{-1}。表示由水头升高或降低引起的含水层的弹性贮水或释水能力。贮水率乘以含水层（煤层）厚度 H，称为贮水系数或释水系数，无量纲。与砂岩或灰岩裂隙含水层相比，煤层自身的贮水性很弱，地下水在煤层中主要赋存于煤层的裂隙中，因此裂隙的发育程度不仅决定了煤层的渗透性，同时也影响到了煤层自身的贮水性。煤层的贮水系数越大，表明煤层的裂隙越发育，煤层储存的水量越多。对于同样排量的抽水量，煤层中的压力降低幅度越小，瓦斯抽采的工作难度越大。大部分承压含水层的贮水系数在 $10^{-6} \sim 10^{-3}$（表 2-60）。

表 2-60　部分岩石介质的贮水率

介质类型	贮水率/L^{-1}	多孔介质	贮水率/L^{-1}
塑性黏土	$2.03\times10^{-3}\sim2.56\times10^{-3}$	致密砂岩	$1.28\times10^{-4}\sim2.03\times10^{-4}$
硬质黏土	$1.28\times10^{-3}\sim2.56\times10^{-3}$	致密砂砾岩	$4.92\times10^{-5}\sim1.02\times10^{-4}$
中等硬质黏土	$9.19\times10^{-4}\sim1.28\times10^{-3}$	岩石，有节理裂隙	$3.28\times10^{-6}\sim6.89\times10^{-5}$
松散砂	$4.92\times10^{-4}\sim1.02\times10^{-3}$	岩石，完好	$<3.28\times10^{-6}$

2.3.2.6　强化层安全有效厚度

研究区底板含水层富水性比较强，顶板含水层富水性相对较弱。强化层安全有效厚度是依据《煤矿防治水规定》计算底板隔水层安全厚度，再减去水力压裂裂缝在底板延伸的高度。如果底板隔水层安全厚度小于强化层安全有效厚度，那么压裂有可能突水，如果底板隔水层安全厚度大于强化层安全有效厚度，且无裂隙导水，那么压裂相对是比较安全的。

强化层安全有效厚度计算公式：

$$t = \frac{L(\sqrt{\gamma^2 L^2 + 8K_p P} - \gamma L)}{4K_p} - H' \tag{2-3}$$

式中，t 为强化层安全有效厚度，m；L 为采掘工作面底板最大宽度，m；γ 为底板隔水层的平均重度，MN・m^{-3}；K_p 为底板隔水层的平均抗拉强度，MPa；P 为底板隔水层承受的水头压力，MPa。H' 为底板强化裂缝极限高度，m。

根据以往生产实践，研究区底板灰岩水对煤矿安全生产威胁较大，本节重点对中马村矿、车集矿、鹤壁中泰矿业有限公司、新义矿强化层底板安全有效厚度进行计算分析。

1）中马村矿强化层安全有效厚度

中马村矿 27011 工作面标高为–150m 左右，23061 工作面标高为–200m 左右，39 采区标高为–400~–300m。L$_8$ 灰岩岩溶水的水位标高为 5.24~137.76m（与 L$_2$ 灰岩含水层联系密切地段可视为同一水体），距离二$_1$ 煤底板较近，最小距离为 13.31m，最大距离为 51.02m，平均为 29.06m。

二$_1$ 煤底板采掘工作面宽度分别为：23061 工作面为 2.6~4m，27011 工作面为 2.8~4.6m，39041 工作面为 3.2~5m。

二$_1$ 煤底板隔水层的平均重度分别为：23（23061 工作面）采区隔水层的平均重度为 2.72 MN・m^{-3}，27（27011 工作面）采区隔水层的平均重度为 2.71MN・m^{-3}，39 采区隔水层的平均重度为 2.72MN・m^{-3}。

二$_1$ 煤底板隔水层基本均为泥岩，底板隔水层的平均抗拉强度分别为：23 采区（23061 工作面）底板泥岩隔水层的平均抗拉强度为 0.108MPa，27 采区（227011 工作面）底板泥岩隔水层的平均抗拉强度为 0.108MPa，39 采区底板泥岩隔水层的平均抗拉强度为 0.108MPa。

底板隔水层承受的水头压力分别为：23 采区（23061 工作面）底板隔水层承受的水头压力为 2.10MPa，27 采区（27011 工作面）底板隔水层承受的水头压力为 1.90MPa，39 采区（39041 工作面）底板隔水层承受的水头压力为 3.10MPa。

中马村矿工作面强化层安全有效厚度为 9~11m，小于《煤矿防治水规划》15m 隔水层安全有效厚度的要求，不易实施底板水力强化工艺（表 2-61）。

表 2-61　中马村矿各采区强化层安全有效厚度

采区	27	23	39
强化层安全有效厚度/m	9.1	8.6	11.0

2）车集矿强化层安全有效厚度

车集矿二水平二$_2$煤底板标高在 $-1000 \sim -800$m，在 $11 \sim 19$ 勘探线，西部基本以 F_5 正断层为界，东部以 F_{16} 正断层及 -1000m 二$_2$煤底板等高线为界；南部至沱河北岸，北部到 19 线附近的岩浆岩侵蚀边界。南北走向长 4500m，东西斜宽 $1500 \sim 2000$m，面积约为 9.09km^2。根据一水平生产实践及区域水文地质条件分析，二水平水文地质条件较复杂。开采二$_2$煤时，以顶板砂岩裂隙和太原组灰岩岩溶水为主要充水水源，其中，太原组上段灰岩水是影响生产的主要充水水源。L_8灰岩岩溶水的水位标高为 $+5.24 \sim -137.76$m（与 L_2 灰岩含水层联系密切地段可视为同一水体），距离二$_2$煤底板较近，最小距离为 13.31m，最大距离为 51.02m，平均为 29.06m。

二$_2$煤底板岩巷宽度分别为：23 采区为 $2.5 \sim 4.2$m，27 采区为 $2.9 \sim 4.8$m，29 采区为 $3.2 \sim 5$m。隔水层的平均重度分别为：23 采区隔水层的平均重度为 2.72MN·m^{-3}；27 采区隔水层的平均重度为 2.71MN·m^{-3}，29 采区隔水层的平均重度为 2.72MN·m^{-3}。

二$_2$煤底板隔水层基本均为泥岩，底板隔水层的平均抗拉强度分别为：23 采区底板泥岩隔水层的平均抗拉强度为 0.108MPa，27 采区底板泥岩隔水层的平均抗拉强度为 0.108 MPa，39 采区底板泥岩隔水层的平均抗拉强度为 0.108 MPa。

底板隔水层承受的水头压力分别为：23 采区底板隔水层承受的水头压力为 2.10MPa，27 采区底板隔水层承受的水头压力为 1.90MPa，39 采区底板隔水层承受的水头压力为 3.10MPa。

水力压裂高度目前只能通过物探监测手段实测，没有科学的预测模型，所以根据井下底板水力压裂钻孔部署和实践，取 5m 为水力压裂裂缝向下延伸的极限高度。根据式（3-1）对车集矿各工作面强化层安全有效厚度进行了计算（表 2-62）。

表 2-62　车集矿各采区强化层安全有效厚度

采区	21	23	26	27	28	29
强化层安全有效厚度/m	12.5	14.1	15.4	17.1	13.0	18.0

3）鹤壁中泰矿业有限公司底板强化层安全有效厚度

根据以往生产实践，底板灰岩水对煤矿安全生产威胁较大，因此重点对鹤壁中泰矿业有限公司底板强化层安全有效厚度进行了计算分析。

21102 工作面位于鹤壁中泰矿业有限公司二水平一采区中部，该工作面东部以设计上顺槽为界，与 2103 采空区相邻；南部以设计停采线为界，与 2101 采空区相邻；西部以设计下顺槽为界，与 2112 采空区、21082 工作面相邻；北部以设计切眼为界，与 -250m 北翼皮带巷相邻。地面标高为 $+237.5 \sim +252.4$m，二$_1$煤底板标高在 $-210 \sim -190$m，该工作面二$_1$煤埋深 442.4～447.5m。

21241 工作面为倾斜长壁仰斜开采面，采用综合机械化采煤工艺，采用全部垮落法管理顶板。工作面平均推进长度为 454m，工作面平均长度为 50m，采高为 2.2m，煤层倾角为 10°～14°。通风方式为 U 形通风，下顺槽进风，上顺槽回风，上、下顺槽平均高差为 5m，为下行通风。

25052 工作面东部以设计下顺槽为界，与 4F$_{50}$ 断层相邻；南部以设计切眼为界，与 4F$_{021}$ 断层相邻；西部以设计上顺槽为界，与红 $_{11}$ 断层相邻；北部以设计停采线为界，与南翼回风巷相邻。25052 工作面设计长度为 150m，推进长度为 242m，面积为 38750m^2，工作面煤层厚度为 5.8m。

35052 工作面底板标高为–210～–200m，煤层倾角为 2°～6°，地面标高为 212.8～217.8m，埋藏深度为 417.8～422.8m。

41011 工作面位于四水平一采区，面积为 58529m^2。该工作面东部以设计切眼为界；南部以 41011 工作面设计上顺槽为界，与 31021 工作面下顺槽相邻；西部以设计停采线为界，与北翼专用回风巷相邻；北部以 41011 工作面设计下顺槽为界。工作面切眼上部地表距杜贺驼村庄 60m，地面标高为+215～+243.3m，二$_1$煤底板标高为–496～–365m，埋藏深度为 608.3～711m。

L$_8$ 灰岩岩溶水的水位标高为–137.76～+5.24m（与 L$_2$ 灰岩含水层联系密切地段可视为同一水体），距离二$_1$煤底板较近，最小距离为 13.31m，最大距离为 51.02m，平均为 29.06m。

二$_1$煤底板岩巷宽度分别为：21102 工作面、21241 工作面、25052 工作面为 2.4～4.4m，35052 工作面为 2.5～4.7m，41011 工作面为 3.2～5m。底板隔水层的平均重度为 2.72MN·m^{-3}。二$_1$煤底板隔水层基本均为泥岩，底板隔水层的平均抗拉强度平均为 0.108MPa。底板隔水层承受的水头压力分别为：21 采区、25 采区底板承受的水头压力为 2.14MPa，35 采区底板承受的水头压力为 2.20MPa，41 采区底板承受的水头压力为 3.10MPa。

经计算，鹤壁中泰矿业有限公司各工作面强化层安全有效厚度介于16.4～19.8m，与《煤矿防治水规划》15m 隔水层安全厚度的要求相近，因此可以实施底板水力强化工艺（表 2-63）。

表 2-63　鹤壁中泰矿业有限公司强化层安全有效厚度

采区	21	23	25	31	32	33	41
强化层安全有效厚度/m	17.3	16.4	18.5	19.8	18.9	19.2	17.3

4）新义矿安全厚度

新义矿 11090 工作面为 11071 工作面的接替面，北部为新义矿与新安矿井田边界，南部为东回大巷保护煤柱，西部为 11080 工作面未采区，东部为未采工作面。其井下标高为–298.53～–186.6m，对应地面标高为+390～+413m，走向长度为 191m，倾斜可采长度为 1030m，可采储量 137.6 万 t。11090 工作面回采采用倾斜长壁采煤法，采用全部跨落法管理顶板，工作面长度为191m。

11090 工作面水文地质条件中等，掘进时涌水量不大，回采时正常涌水量为150～200m³·h⁻¹，最大涌水量约300 m³·h⁻¹。顶板直接充水水源为大占砂岩，为弱富水含水层，工作面充水主要水源，底板直接充水含水层为L₇～L₈灰岩，底板间接充水含水层为奥陶系灰岩，距二₁煤底板平均58m，含水不均匀，为矿井防治水重点。

新义矿12051 工作面位于12采区西侧，北部为新义矿边界保护煤柱，南部为大巷保护煤柱，东侧为12041 工作面已采区，西部为12061 工作面待采区。12051 工作面井下标高为–304.58～–212.704m，对应地面标高为+390～+413m，切眼长度为120m，倾斜可采长度为924m，可采储量为80.5 万 t。该区水文地质条件中等，顶板含水层为弱富水含水层，根据11011 工作面、12011 工作面回采涌水情况，预计回采时正常涌水量为150～200m³·h⁻¹，最大涌水量约300m³·h⁻¹。12051 工作面距12041 工作面较近，可能会引起老空水水灾。距离 L₇ 灰岩和奥陶系灰岩富水区较远，但若有裂隙构造可能会引起 L₇ 灰岩和奥陶系灰岩突水，掘进过程中要加强观测。太原组 L₇ 灰岩顶部距二₁煤底板砂岩底界间距为 5.82～21.00m，平均为 11.93m，地下水位标高为+ 330.22～+336.13 m，属矿井直接充水含水层。

底板隔水层的平均重度为 2.72MN·m⁻³；二₁煤底板隔水层基本均为泥岩，底板隔水层的平均抗拉强度为 0.108MPa。

底板隔水层承受的水头压力分别为：11 采区底板隔水层承受的水头压力为 2.14MPa，12 采区底板隔水层承受的水头压力为 2.20MPa。经计算新义矿各采区强化层安全有效厚度为 16.3～17.4m，与《煤矿防治水规划》15m隔水层安全厚度的要求相近，因此可以实施底板水力强化工艺（表 2-64）。

表 2-64　新义矿各采区强化层安全有效厚度

采区	11	12
强化层安全有效厚度/m	16.3	17.4

2.4　瓦斯地质

2.4.1　瓦斯形成与赋存

2.4.1.1　瓦斯在煤体中的赋存状态

瓦斯在煤体中的赋存状态主要有游离态、吸附态（包括吸着态和吸收态）两种（图 2-48）。其中吸着态瓦斯和吸收态瓦斯统称为吸附态瓦斯，占煤体瓦斯量的 70%～90%，游离态瓦斯占 10%～30%。

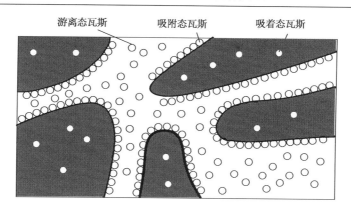

图 2-48   瓦斯在煤体中的赋存状态

1）游离态（自由态）瓦斯

瓦斯以游离的甲烷分子状态存在于煤体，围岩的孔隙、裂隙或空洞中，瓦斯分子在煤体的空隙内可以自由运动。游离态瓦斯量的大小受煤（岩）孔隙率大小、外界温度、压力等因素的控制。

2）吸附态瓦斯

煤层是一种多孔且具有强吸附性的岩层，尤其是煤体中的微孔大量存在，使煤层具有很大的孔隙比表面积和很强的吸附性。吸附态瓦斯吸附在这些孔隙的表面，形成一层瓦斯薄膜，其薄膜的形成，受到煤固体颗粒与气体分子之间的范德瓦耳斯力的控制，吸附量的大小取决于煤对瓦斯的吸附能力的大小，同时又取决于煤的孔隙率、变质程度及外界压力和温度。

2.4.1.2   矿井瓦斯的垂向分带

赋存于煤层中的瓦斯，在靠近地表处因瓦斯大量逸散会造成瓦斯含量降低、瓦斯成分减少；而在距地表一定深度以下，瓦斯垂向运移减慢，煤层中瓦斯含量增高。因此，从地表向下煤层中的瓦斯显示出一种垂向分带特征。自上而下按瓦斯成分的高低可将矿井瓦斯划分为 4 个带（表 2-65）。

表 2-65   煤层瓦斯的垂向分带

地表	带名		成因	成分特征/%		
				N_2	CO_2	甲烷
	瓦斯风化带	CO_2-N_2 带	生物化学和空气	20～80	20～80	<20
		N_2 带	空气	80～100	<20	<20
		N_2-甲烷	空气-变质	800～100	<20	80～100
	甲烷带	甲烷	变质	<20	<20	80～100

根据《矿井瓦斯涌出量预测方法》（AQ 1018－2006），瓦斯风化带下限深度可采用以下指标确定。

（1）煤层的相对瓦斯涌出量等于 2～3m³·t⁻¹；

（2）煤层的瓦斯组分中甲烷及总烃之和达到 80%（体积比）；

（3）煤层内瓦斯压力为 0.1～0.15MPa；

（4）煤层瓦斯含量达到以下值时：长焰煤为 1.0～1.5m³·t⁻¹·r，气煤为 1.5～2.0m³·t⁻¹·r，肥煤和焦煤为 2.0～2.5m³·t⁻¹·r，瘦煤为 2.5～3.0m³·t⁻¹·r，贫煤为 3.0～4.0m³·t⁻¹·r，无烟煤为 5.0～7.0m³·t⁻¹·r。

2.4.2　瓦斯分布与影响地质因素

研究区共有合格地质勘查期间钻孔煤层瓦斯样 150 个（中马村矿 47 个、车集矿 36 个、鹤壁中泰矿业有限公司 27 个、新义矿 40 个），经过评价和校正，编制了 4 个矿区的瓦斯地质图（图 2-49～图 2-52）。鹤壁中泰矿业有限公司、中马村矿、新义矿主采煤层瓦斯含量较高，平均在 10m³·t⁻¹ 以上；车集矿主采煤层瓦斯含量较低，平均值均小于 4m³·t⁻¹，但瓦斯分布不均，局部超过 10m³·t⁻¹。

2.4.2.1　中马村矿瓦斯地质规律

（1）根据矿井构造特征，将中马村矿划分为 3 部分：井田西部（矿井西边界至中三断层、李贵作断层以西）、井田中部（矿井中间部分）、井田东部（东马村断层以北与四联络巷以东至井田东边界）。由瓦斯地质图可以看出：井田中部具有高瓦斯含量值，多数含量大于 16m³·t⁻¹，最高达 23.7m³·t⁻¹；东、西部相对较低（图 2-53）。

（2）按煤层的埋深：−150m 标高以浅（一水平）瓦斯含量较低，平均瓦斯含量为 13.478m³·t⁻¹；−250～−150m 标高（二水平）范围内瓦斯含量最高，平均瓦斯含量为 19.54m³·t⁻¹，最高值达 23.7m³·t⁻¹；−250m 标高以深（三水平）瓦斯含量低于二水平，平均瓦斯含量为 17.374m³·t⁻¹（图 2-54）。

（3）不同采区地质条件各异，由于围岩岩性及断层性质不同，其瓦斯分布产生局部差异。例如，同为井田中部，但一水平瓦斯含量相对较低，二水平最高，三水平次之（图 2-55）。

2.4.2.2　车集矿瓦斯地质规律

（1）井田浅部煤体（−600m 标高以浅）瓦斯含量较低，由于瓦斯风化带作用，瓦斯大量逸出，瓦斯赋存维持在一个很低的水平（表 2-66）。因此，本矿区各煤层从露头到底板标高−600m 水平为低瓦斯带。

（2）在−600m 标高以浅，总体上瓦斯含量随埋深的增加而增加，但瓦斯梯度不太明显（图 2-56）。瓦斯局部比较富集，在 10～18 勘探线的深部，瓦斯浓度最高点达 95.99%，瓦斯含量为 13.37m³·t⁻¹。

（3）不同区域岩浆侵入情况不同，造成局部区域瓦斯含量增加或者减少。例如，在 F_{51} 断层的上盘，由于岩浆侵入体的存在，5606 钻孔瓦斯含量为 0.76m³·t⁻¹（标高 −675.56m），731 钻孔瓦斯含量为 2.21m³·t⁻¹（标高−695.56m）；而在 1529 钻孔处瓦斯含量为 7.91m³·t⁻¹（标高−799m），在 1402 钻孔附近−728m 标高处，瓦斯含量为 7.98 m³·t⁻¹。

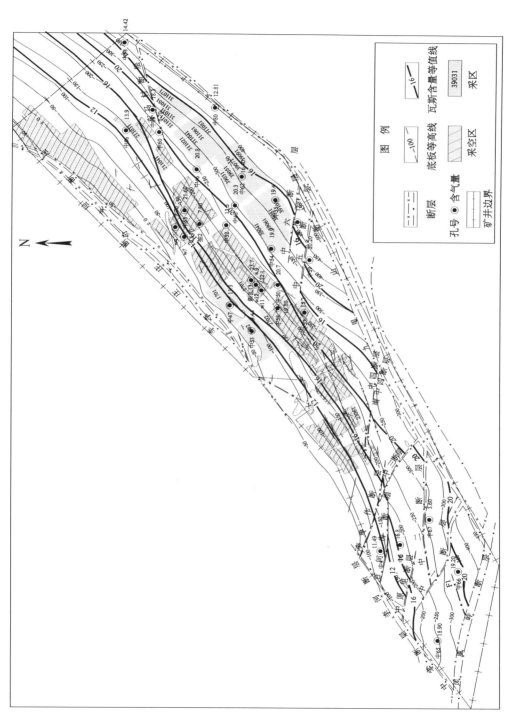

图 2-49 中马村矿二₁煤瓦斯地质图

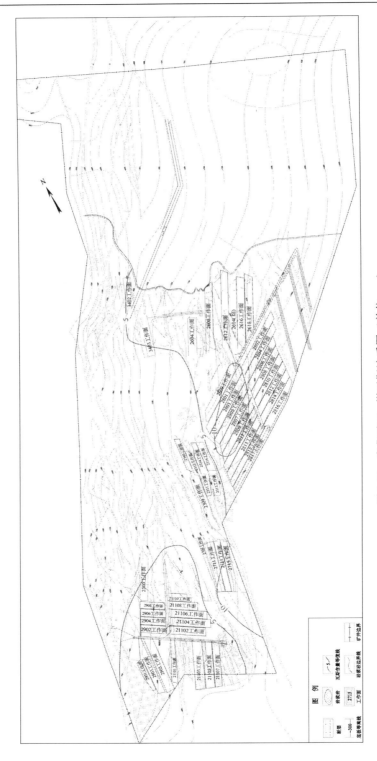

图 2-50　车集矿二_2煤瓦斯地质图（单位：m）

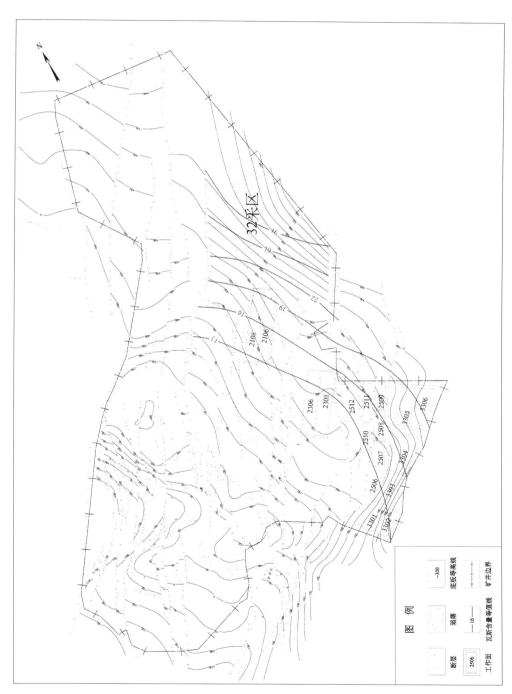

图 2-51　鹤壁中泰矿业有限公司二₁煤瓦斯地质图（单位：m）

图　例

工作面　　2506　瓦斯含量等值线　　—16—

断层　　　陷落　　　　　　　　　底板等高线　　—300

　　　　　　　　　　　　　矿井边界

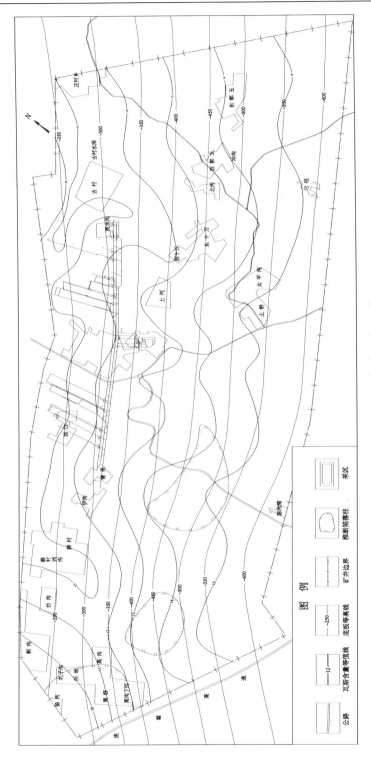

图 2-52　新义矿二₁煤瓦斯地质图（单位：m）

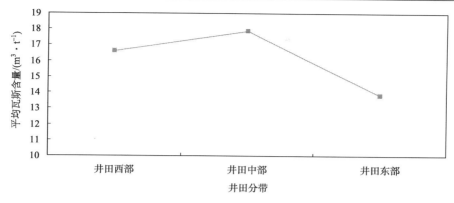

图 2-53　中马村矿平均瓦斯含量在井田中的分布

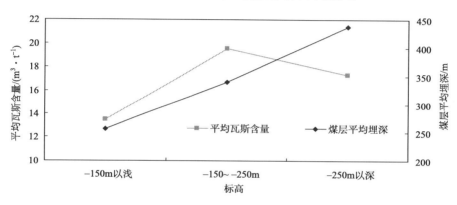

图 2-54　中马村矿不同水平瓦斯含量分布图

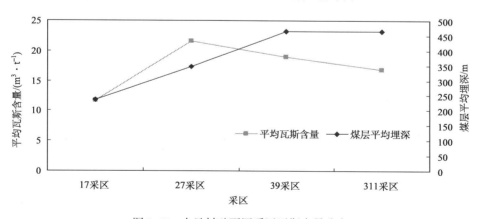

图 2-55　中马村矿不同采区瓦斯含量分布

2.4.2.3　鹤壁中泰矿业有限公司瓦斯地质规律

（1）南翼 25 采区瓦斯含量较低，说明该地区断层为开放性断层，掘进期间瓦斯提前释放。

表 2-66　车集矿浅部取样钻孔瓦斯含量

钻孔号	采样深度/m	二₂煤瓦斯含量/（m³·t⁻¹）	底板标高/m
402	482.88～484.80	0.001	−453.61
306	548.74～549.79	0.020	−518.98
5601	410.67～411.72	0.010	−381.37
525	501.57～502.77	0.062	−472.24
630	289.39～290.19	0.010	−256.93
728	523.69～524.79	0.010	−493.63
927	526.95～527.95	0.550	−484.20
1323	513.70～514.10	1.450	−484.20
1430	500.70～501.85	0.060	−470.47
13014	615.07～616.47	0.093	−579.92
1525	642.69～643.11	0	−609.17
1702	548.68～549.87	0.004	−517.75
1807	366.34～368.33	0.010	−355.54
1902	516.24～518.07	0.001	−485.38

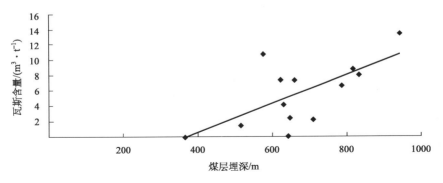

图 2-56　车集矿二₂煤埋深与瓦斯含量关系图

（2）总体上看，钻孔瓦斯含量随埋深总体呈增加趋势，但其关系不太明显（图 2-57）。这一方面是由于钻孔数据少，地质勘探期间有些数据测定不太可靠；另一方面是由于矿井地质构造复杂，瓦斯赋存不太稳定。例如，1901 钻孔瓦斯含量为 $8.64m^3 \cdot t^{-1} \cdot r$，该钻孔处于龙宫井田与下部的贺驼矿井交界附近，钻孔东部发育有红₁₁、红₁₂、红₁₃和红₁₄等断层组，并通过一矿和二矿的 F_{50} 断层和 F_{022} 断层与二₁煤露头相沟通，使得该区域瓦斯得到释放，瓦斯含量降低。贺驼矿井获得的鹤壁中泰矿业有限公司井田范围内的 28-5 钻孔（见煤深度为 554.67m）瓦斯含量为 $6.17m^3 \cdot t^{-1} \cdot r$，26-3 钻孔（见煤深度为 783.72m）瓦斯含量为 $7.22m^3 \cdot t^{-1} \cdot r$，都相对较小，可以说明这一问题。

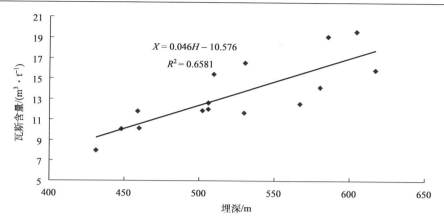

图 2-57　鹤壁中泰矿业有限公司钻孔瓦斯含量（可燃基）与埋深关系图

2.4.2.4　新义矿瓦斯地质规律

（1）总体来看，瓦斯含量自井田浅部向深部逐渐增高，瓦斯含量等值线与煤层底板等高线走向呈小角度相交，但瓦斯含量等值线走向变化比煤层底板等高线大。

（2）瓦斯含量在浅部随埋深的增加递增较快，向深部递增趋势逐渐减慢。井田上部边界–200m 线附近瓦斯含量为 $10\sim11m^3\cdot t^{-1}$，至井田大巷–305m 线附近瓦斯含量达到 $12m^3\cdot t^{-1}$。标高–600m 处瓦斯含量达到 $14m^3\cdot t^{-1}$ 以上。

2.4.2.5　影响瓦斯赋存的地质因素

煤层所含瓦斯的多少用瓦斯含量来表示，单位为 $m^3\cdot t^{-1}$。煤层瓦斯含量的高低取决于两个条件：一是成煤阶段生成瓦斯含量的高低；二是瓦斯的保存条件。煤层瓦斯的形成、赋存、运移和富集均受地质条件的影响和制约，影响瓦斯赋存的地质因素主要有以下几种。

1）煤的变质程度

煤的变质程度不仅影响瓦斯生成量，而且在很大程度上决定了煤对瓦斯的吸附能力的大小。一般情况下，煤的变质程度越高，内部孔隙率就越高，尤其是微孔隙越发育，孔隙比表面积越大，煤对瓦斯的吸附能力越强。例如，褐煤结构松散，孔隙率大，因而具有很强的吸附能力，但褐煤的变质程度较低，自身生成的瓦斯含量很低且容易逸散，煤中实际所含瓦斯量很少；长焰煤在变质过程中受温度、压力影响，其孔隙率变小，孔隙比表面积也大大减小，对瓦斯的吸附能力大大降低；无烟煤自身不仅生成的瓦斯含量高，而且在高温高压作用下，煤体内部由于干馏作用而形成许多微孔隙，孔隙比表面积达到最大，对瓦斯的吸附能力最强。随着无烟煤进一步变质成超无烟煤，微孔隙收缩，其对瓦斯的吸附能力开始急剧下降，变成石墨时，基本不吸附瓦斯（图 2-58）。

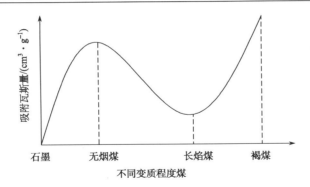

图 2-58　不同变质程度煤对瓦斯的吸附能力

2）围岩及透气性

围岩是指煤层顶底板及一定范围内的岩层，煤层围岩对瓦斯赋存的影响取决于它的隔气、透气性能。一般来讲，当煤层顶板岩性为致密、完整的岩石，如页岩、油母页岩时，煤层中的瓦斯容易被保存下来；顶板为多孔隙或脆性裂隙发育的岩石，如砾岩、砂岩时，瓦斯容易逸散。煤层围岩及透气性不仅与其岩性特征、孔隙度有关，还与一定范围内的岩性组合及变形特点有关。

（1）孔渗性特征。

围岩的孔渗性好坏决定了煤层瓦斯垂向运移的难易程度。表示岩石孔隙大小及发育程度，采用孔隙度来表征，孔隙度是岩石中孔隙体积与岩石总体积的比值，尤其是有效孔隙度的大小对瓦斯运移起关键作用。有效孔隙度是岩石孔隙中相互连通的孔隙体积与岩石总体积的比值，有效孔隙度越大，煤层瓦斯运移越容易。有效孔隙度受岩石成分、组成、胶结物、胶结类型、构造情况、裂隙发育情况、裂隙特征等因素影响。

（2）变形特征。

煤层及围岩在构造运动作用下发生的变形、变位和破坏，对煤层瓦斯起到排放作用。断裂通道中瓦斯以渗流形式发生流动，对煤层瓦斯的排放效果相比孔隙的渗透排放效果要好得多，围岩的变形破坏特征对煤层瓦斯的排放至关重要。

煤层顶板的变形破坏可为分为断层裂隙型顶板（坚硬致密岩层）、揉皱型顶板（粉砂岩、泥岩）、透镜化围岩顶板 3 种[图 2-59（a）]。

不同岩性顶板发育特点具有明显差异，脆性岩层主要发育垂直于层面的破劈理，塑性岩层主要发育平行层面的流壁理，相邻脆、塑岩层界面出现折射现象[图 2-59（b）]。因此，不同岩层的岩性及其组合关系对瓦斯的保存和运移具有明显差别。

3）埋深

在瓦斯风化带以下，煤层瓦斯含量、瓦斯压力和瓦斯涌出量都与埋深具有一定的比例关系。

一般情况下，煤层中的瓦斯压力随着埋深的增大而增大。随着埋深的增大，上覆岩层的重力增大，煤的孔、裂隙受压缩变小，原来游离在孔、裂隙中的瓦斯压力增大，对

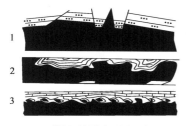 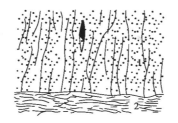 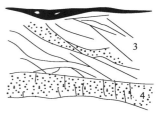

(a) 煤层顶板的变形破坏类型　　　　　　　　(b) 顶板破坏类型

图 2-59　层围岩变形特征

（a）中：1-断层裂隙型顶板；2-揉皱型顶板；3-透镜化围岩顶板。（b）中：1-石英砂岩；2-泥岩；3-细粒砂岩

应压力下的吸附量也增大，造成瓦斯含量增大，煤与岩石中游离态瓦斯量所占的比例增大，煤中的吸附态瓦斯逐渐趋于饱和。同时，埋深增大，煤层瓦斯沿垂向逸散路径变长，运移能力减弱。所以，从理论上分析，在一定埋深范围内，煤层瓦斯含量也随埋深的增大而增加。但是如果埋深继续增大，那么瓦斯含量增加的速度将会减慢，最终达到煤的极限吸附饱和状态。

4）地质构造

地质构造是影响瓦斯赋存和运移的重要原因之一。地质构造分褶皱构造和断裂构造两种。

（1）褶皱构造。

褶曲类型、封闭情况和复杂程度都会直接影响瓦斯赋存，在发育向斜盆地构造的矿区，顶板封闭条件良好时，瓦斯沿垂直地层方向运移是比较困难的，大部分瓦斯仅能沿两翼流向地表。封闭的背斜有利于瓦斯储存，是良好的储气构造，背斜转折端的煤层瓦斯聚积，造成翼部瓦斯相比转折端瓦斯含量要低；然而，当背斜的顶板是致密的细粒碎屑岩时，背斜两翼煤层中的瓦斯沿垂向运移相对容易，造成背斜转折端瓦斯相比其两翼瓦斯要高。因此，褶皱构造既有利于瓦斯保存，又有利于瓦斯排放，要根据实际地质条件具体分析，区别对待。

（2）断裂构造。

有的断层有利于瓦斯排放，而有的断层对瓦斯排放起阻挡作用，成为瓦斯逸散的屏障。前者称为开放性断层，后者称为封闭性断层。断层的开放性与封闭性取决于下列条件。

a）断层的性质和力学性质。一般张性正断层属开放性断层，而压性或压扭性逆断层的封闭条件较好。

b）断层与地表或与冲积层的连通情况。规模大且与地表相通或与松散冲积层相连的断层一般为开放性断层，不利于瓦斯保存。

c）断层将煤层断开后，煤层与断层另一盘接触的岩层性质。

d）断层带的特征（充填、紧密、裂隙发育程度）。

5）地下水活动

地下水与瓦斯共存于煤层及围岩之中，其共性是均为流体，运移和赋存都与煤、岩层的孔隙、裂隙通道密切相关。地下水的流动一方面驱动着裂隙和孔隙中瓦斯的运移；另一方面又带动溶解于水中的瓦斯一起流动。尽管瓦斯在水中的溶解度仅为1%~4%，但在地下水径流强烈的地区，水能从煤层中带走大量的瓦斯，使煤层瓦斯含量明显降低；同时，水吸附在裂隙和孔隙的表面，减弱了煤对瓦斯的吸附能力。因此，地下水的活动有利于瓦斯的逸散，地下水和瓦斯占有的空间是互补的，这种相互关系，常表现为水大的地带瓦斯含量低，水小的地带瓦斯含量高。例如，峰峰矿务局羊渠河矿开采山西组煤层时，水文地质条件较为简单，相对瓦斯涌出量为$10m^3 \cdot t^{-1}$；而开采受岩溶裂隙水影响较大的小青煤层时，相对瓦斯涌出量为$2~3m^3 \cdot t^{-1}$。

除以上地质因素外，煤田的暴露程度、煤层厚度、煤质等都会对煤层瓦斯保存产生影响。

2.4.2.6 实例分析

1）地质构造

从广义上讲，地质构造因素直接或间接控制着从含煤地层形成至煤层瓦斯生成、聚集过程中的每个环节，是所有地质因素中最为重要和直接的控制因素。在聚煤期，地质构造控制着含煤地层和煤层发育的特征，在聚煤期后，构造特征及其演化通过改变瓦斯地质条件，不仅对煤层瓦斯的生成、赋存产生影响，而且直接控制煤层瓦斯的运移、聚集和保存特征，从而决定煤层瓦斯的分布规律。

（1）研究区瓦斯含量均受断层影响，在压扭性断层及封闭性断层附近具有高瓦斯含量值，并且这些区域也是煤与瓦斯突出频发地区；而开放性断层附近瓦斯含量较低。例如，中马村矿井田西部是李河断层、中零断层（NE向断层）及NW向的凤凰岭断层的交汇部位，受断层的影响，羽状断层特别发育，由于羽状断层的开放性，西部区域瓦斯含量较中部稍低。但在井田西部靠近凤凰岭断层的-250m、-320m处，测试瓦斯含量分别为$18.9m^3 \cdot t^{-1}$和$19.2m^3 \cdot t^{-1}$，处于一种高瓦斯含量状态，这是由凤凰岭断层的压扭性质所决定，这在一定程度上对瓦斯起到了密封保存的作用。中马村矿井田中部的浅部区域由于受封闭性断层——李庄断层及李庄分支断层的影响，瓦斯含量高，其最高值可达$21.6m^3 \cdot t^{-1}$，瓦斯突出现象严重。再如，车集矿井田内断层较为发育。断层对附近煤层瓦斯含量的影响表现为：封闭性断层附近的瓦斯含量升高，如2301二联络巷上段揭露的一条断层附近出现瓦斯涌出现象，而其周围煤层则无瓦斯涌出。开放性断层因其导通性而使煤层瓦斯容易排放，从而使断层附近瓦斯含量降低，如2410回风巷揭露的一条走向断层，其断层两侧附近瓦斯明显低于其他地方。

（2）断层落差的大小同样影响着瓦斯含量的分布。例如，在鹤壁中泰矿业有限公司，矿井内发育的大中型断层均为张扭性正断层，属开放性断层，有利于瓦斯排放。再如，25021工作面位于红$_{11}$断层和红$_{12}$断层之间，且上述两个断层落差较大，其他断层和煤层露头相贯通，使该区域形成较好的瓦斯排放条件，区内瓦斯含量低，实测瓦斯含量仅为$10.12m^3 \cdot t^{-1}$；红$_5$断层位于井田中部，走向NE10°~20°，倾向NW50°~75°，正断层，最大落差为100m，对该地区的瓦斯排放有一定的作用，越靠近断层瓦斯含量越低。

（3）矿井内小褶曲的部位不同，对瓦斯含量的影响程度也不同。例如，鹤壁中泰矿业有限公司 216 采区处于 4-Ⅰ号向斜、4-Ⅱ号背斜、4-Ⅲ号向斜和 4-Ⅳ号背斜的交叉部位，同时来自深部的 4-Ⅷ号向斜也汇集到该处，使该区域形成一个小型盆地和小穹隆，在盆地的下部为 4-Ⅱ号背斜和 4-Ⅷ号向斜交汇的马鞍状构造，上部为沿 4-Ⅱ号背斜两翼形成的陷落柱组。受马鞍状构造和陷落柱的控制，煤层瓦斯不易释放，在小盆地和小穹隆地区瓦斯容易富集，导致该区域瓦斯含量较高且赋存不太稳定，同时受多组褶皱的复合叠加作用和多条断层的作用，煤层原始结构遭到破坏，产状多变，硬度降低，软煤分层发育，使得煤的吸附性增强，透气性降低，导致该矿的几次突出都发生在该区域。

2）围岩

研究区钻孔资料的统计分析表明，当煤层围岩为致密岩时，如泥岩、页岩、粉砂岩等，则不利于瓦斯排放，因此瓦斯含量普遍较高。

根据对中马村村矿 148 个钻孔资料统计表明，二$_1$煤直接顶岩性为砂岩的有 43 个钻孔，约占 29.1%，厚 0.1～10.82m；直接顶岩性为砂质泥（页）岩、粉砂岩的有 69 个钻孔，约占 46.6%，厚 0.75～44.34m；直接顶岩性为泥（页）岩（少数为碳质泥岩）的有 36 个钻孔，约占 24.3%，厚 1.95～26.32m。煤层直接底岩性为砂岩（断层角砾岩）的钻孔有 1 个，厚 0.55m 左右；煤层直接底岩性为泥岩的钻孔有 79 个，约占 53.7%，厚 0.16～12.48m；煤层直接底岩性为砂质泥岩、粉砂岩的钻孔有 67 个，约占 45.6%，厚 0.55～19.99m。纵观全区煤层直接顶以砂质泥岩、泥岩为主，间接顶为细-粗粒砂岩（大占砂岩）；底板多为砂质泥岩和粉砂岩，局部为灰色、灰黑色细粒砂岩，含少量白云母碎片和植物根部化石，偶见碳质泥岩。因此，研究区内二$_1$煤顶底板岩性特征使煤层处在一个封闭条件较好的环境中，对瓦斯保存十分有利。

在鹤壁中泰矿业有限公司，二$_1$煤老顶为大占砂岩（S$_{10}$），直接顶为灰黑色泥岩及砂质泥岩，不利于瓦斯逸散，因此瓦斯含量普遍较高。

据新义矿二$_1$煤顶板岩性及厚度分析，顶板岩性以中-细粒砂岩为主，厚度为 5.90～21.68m，属三角洲分流河口坝沉积，局部零星分布有碳质泥岩和砂质泥岩，厚度为 1.60～5.05m，岩石完整性较好。二$_1$煤底板岩性以黑色泥岩和砂质泥岩为主，有时相变为粉砂岩或细粒砂岩，厚 1.60～11.95m，局部有碳质泥岩。当研究区内二$_1$煤顶板为砂岩时，瓦斯含量相对低于相同地质条件下泥岩顶板处的瓦斯含量，即使砂岩顶板处煤层厚度大也不例外。泥岩为顶板且厚度较大时，瓦斯含量则相对较高，泥岩厚度小则影响不甚明显。

3）煤层赋存条件

煤层赋存条件首先是指煤层的埋深。浅部煤层，特别是有露头存在时，煤体中的瓦斯容易逸散到大气中去，瓦斯含量很低。如果煤层被较厚的冲积层所覆盖，没有通过地表的露头，瓦斯难以逸散，煤层瓦斯含量就比较高。一般说来，煤层的瓦斯含量随着埋深的增加而逐渐增大。新义矿二$_1$煤埋藏较深，基岩厚度对瓦斯赋存的影响稍弱，而基岩上覆冲积层厚度较大，阻碍瓦斯逸散，对瓦斯赋存影响较明显。本区煤层埋藏较深，因此瓦斯含量整体较高。其次是指煤层倾角，煤层倾角越小，瓦斯含量越高。新义矿位于新安向斜北翼，煤层整体构造形态为走向近 NE-SW 向、倾向 SE 的单斜构造，倾角为 6°～14°，多为 7°。煤层倾角较小，因此整体瓦斯含量较高。

4）岩浆岩

在岩浆活动强烈的地区，岩浆热液作用对煤的变质程度有很大影响。大量研究表明，岩浆的侵入改善了煤层的含气性、增加了含气量。岩浆侵入的热作用一方面促使煤层进一步热演化和煤层甲烷进一步生成，为煤层甲烷的吸附聚集提供了大量的气源；另一方面，进一步的热演化导致煤级升高，提高了煤层的吸附能力，有利于煤层甲烷吸附储集。

研究区东部的车集矿受岩浆岩的影响主要表现在两个方面：一方面是沿走向展布的岩浆岩墙导气性弱，使深部瓦斯不易向外扩散，而在岩墙附近富集。例如，南翼采区大巷沿走向展布的岩浆岩墙上部的 21 采区和 25 采区瓦斯含量极低，而位于岩浆岩墙下部的 23 采区和 27 采区瓦斯含量大幅度增加，且靠近岩浆岩墙区域的瓦斯含量高于其下部相邻地区。另一方面，在岩浆岩附近的煤体受火成岩作用变质程度增高，因而煤层中瓦斯含量也增高，如靠近矿井岩浆岩墙的 405 号钻孔瓦斯含量高达 14.49m^3·t^{-1}。

2.4.3　瓦斯资源特征

瓦斯资源量主要包括资源量、资源丰度、含气量、甲烷浓度等参数。

2.4.3.1　含气量

含气量指单位质量煤中所含的气体体积量（标准状态下）。准确的含气量数据是瓦斯开发规划中估算资源量必不可少的参数之一，它关系到产气能力的预测、布井和开采条件的确定，决定着煤层气资源前景的好坏及能否进行经济开发。

含气量是瓦斯抽采的基础。煤层含气量包括游离气、水溶气和吸附气，以吸附气为主。各种测试方法测得的瓦斯含量均为可燃基瓦斯含量，而原煤的瓦斯含量要考虑水分和灰分的影响，因此要进行水分和灰分的校正，将其换算为原煤瓦斯含量。

校正公式如下：

$$W = W_{daf} \times \frac{100 - A - M}{100} \tag{2-4}$$

式中，W 为原煤瓦斯含量，mL·g^{-1}；W_{daf} 为可燃基瓦斯含量，mL·g^{-1}·r；A 为煤中灰分，无钻孔灰分资料时，取井田煤层平均灰分，%；M 为煤中水分，无钻孔水分资料时，取井田煤层平均水分，%。

经统计，中马村矿二$_1$煤瓦斯含量为 7.80～23.70m^3·t^{-1}，平均含量为 15.63m^3·t^{-1}（表 2-67）；车集矿二$_2$煤瓦斯含量为 0.001～13.370m^3·t^{-1}，平均含量为 5.26m^3·t^{-1}（表 2-68）；鹤壁中泰矿业有限公司二$_1$煤瓦斯含量为 8.62～16.57m^3·t^{-1}，平均含量为 13.34m^3·t^{-1}（表 2-69）；新义矿二$_1$煤瓦斯含量为 9.65～14.72m^3·t^{-1}，平均含量为 12.21m^3·t^{-1}（表 2-70）。

表 2-67 中马村矿钻孔瓦斯含量一览表

钻孔号	顶板埋深/m	底板埋深/m	甲烷浓度/%	瓦斯含量/(m³·t⁻¹)
w11	322.92	331.05	96.90	22.10
w12	321.30	328.22	50.58	4.90
新瓦13	321.22	328.57	99.29	23.70
中46	376.42	385.43	98.49	20.80
中47	232.87	240.92		11.30
中48	425.74	433.36	72.86	20.30
中50	374.45	381.01	87.35	20.70
中52	370.12	378.57	97.77	13.50
中53	227.12	232.09		9.44
中54	435.94	443.30	98.64	19.90
中55	502.94	506.62	97.22	19.40
中56	270.10	275.55	88.18	13.90
中57	396.61	403.51	84.26	15.20
中58	338.16	342.45	99.25	19.80
中59	545.32	550.60	95.95	20.20
中60	360.48	367.28	71.85	8.70
中62	483.55	490.11	90.56	16.40
中63	275.27	286.52	98.15	21.60
中65	365.65	371.11	93.35	18.90
中66	435.82	443.21	88.41	19.20
抽2	294.19	300.44	66.40	7.80
w4	227.45	231.40	87.09	8.70
w7	233.30	241.81	87.36	11.70
3-6	530.42	538.39		12.81
中93	471.50	484.59	86.11	14.42
中4	264.41	270.84	84.50	11.49
中5	303.26	308.91		16.80
中57	396.61	403.51	84.26	15.20
中89	394.64	404.28		18.30
中60	360.48	367.28	71.85	8.70
中63	275.27	286.52	98.15	21.60
中80	266.36	272.76		12.81

表 2-68 车集矿钻孔瓦斯含量一览表

钻孔号	采样深度/m	甲烷浓度/%	瓦斯含量/(m³·t⁻¹)
126	647.81~648.41	76.02	2.458
402	484.28~484.68		0.190

续表

钻孔号	采样深度/m	甲烷浓度/%	瓦斯含量/（m³·t⁻¹）
404	622.27～622.93	87.79	7.400
507-4		6.70	0.049
509		91.80	6.770
5605	572.42～573.12	92.93	10.670
5604	629.33～630.53	74.88	4.200
5606	727.70～728.40	40.20	0.750
731 罐	709.05～710.05	61.41	2.210
1028	941.98～943.23	96.42	13.370
1203-1	819.98～820.72	88.74	9.740
1323	513.70～514.10	41.57	1.450
1306	786.25～787.35	89.75	6.600
1528	790.94～791.55	73.07	8.840
1527	816.59～817.79	94.62	8.720
1529	831.08～832.47	86.46	7.910
1603-瓦 1		2.01	6.530
1703	659.79～661.29	92.34	7.310
1807	366.40～366.71	0.92	0.010
1902	516.24～518.07	0.02	0.001

表 2-69　鹤壁中泰矿业有限公司钻孔及生产期间瓦斯含量一览表

钻孔号及工作面	采样深度/m	甲烷浓度/%	瓦斯含量/（m³·t⁻¹）
476-5	408.9	84.22	16.27
476-14	456.0	89.48	14.95
476-6	373.5	23.40	10.46
35031 工作面	459.0	86.18	11.79
2126 工作面	380.0	85.34	14.74
3103 工作面	498.0	80.12	8.62/10.49/9.57
3101 工作面	530.0	79.28	16.57

表 2-70　新义矿钻孔瓦斯含量一览表

钻孔号	煤层厚度/m	底板标高/m	埋深/m	瓦斯含量/（m³·t⁻¹）
0303	3.65	−323.54	671.70	11.15
1003	0.60	−350.90	723.35	12.42
0501	8.10	−232.71	626.00	11.39
0503	7.45	−337.94	742.60	12.31
7014	11.52	−390.36	752.80	13.09
0904	10.65	−376.97	761.15	13.22

续表

钻孔号	煤层厚度/m	底板标高/m	埋深/m	瓦斯含量/（$m^3 \cdot t^{-1}$）
1004	4.25	−404.33	787.95	12.57
11013	1.00	−349.73	721.80	12.86
1200	0.80	−238.43	646.50	11.58
1201	2.42	−268.00	658.24	11.24
1202	5.20	−304.58	702.85	12.21
1203	4.20	−356.09	735.45	13.02
1301	1.06	−263.96	660.91	11.20
1302	1.20	−299.77	687.45	12.14
1303	8.85	−349.46	731.75	12.62
1304	0.40	−383.22	747.50	11.94
1401	8.60	−241.42	615.07	11.14
1402	8.10	−279.61	645.72	11.19
1403	4.18	−317.39	692.19	11.14
1404	1.64	−359.34	737.55	11.60
15012	4.50	−258.15	637.60	11.50
1601	4.65	−263.72	635.25	10.80
1603	7.01	−340.00	687.00	12.28
1604	4.88	−377.71	727.59	12.78
1803	7.95	−333.49	718.75	12.77
11013	1.00	−349.73	721.80	12.86
0802	5.60	−264.10	640.51	11.51
0804	1.55	−373.97	719.50	12.60
0504	0.65	−399.86	820.05	14.03
003	4.60	−437.45	819.85	13.98
01013	2.70	−236.10	603.12	9.65
0301	4.51	−225.21	642.19	11.92
0602	1.95	−299.75	691.70	12.21
7016	4.55	−412.87	795.25	13.66
0906	0.40	−461.43	871.17	14.72
0803	5.15	−338.94	695.30	12.27
0903	4.80	−324.69	703.33	12.37
0502	3.43	−282.66	668.15	11.88
7013	3.47	−382.25	730.97	12.76
0902	7.25	−276.62	664.05	11.85

2.4.3.2　甲烷浓度

甲烷浓度是煤层甲烷在煤层气中占有的体积分数。

经统计，中马村矿二₁煤甲烷浓度为 50.58%~99.29%，平均浓度为 87.49%；车集矿二₂煤甲烷浓度为 0.02%~96.42%，平均浓度为 63.03%；鹤壁中泰矿业有限公司二₁煤甲烷浓度为 23.40%~89.48%，平均浓度为 75.43%，在埋深 373.5m 处，有一钻孔甲烷浓度小于 80%，为 23.40%；新义矿二₁煤瓦斯采样深度为 603.12~871.17m，瓦斯成分中含少量的 N_2、CO_2 及微量的重烃，甲烷浓度为 79.56%~97.27%。

2.4.3.3 资源量

煤层气资源量的大小、分布是煤层气地质评价的重要内容，也是煤层气开发前进行经济预算的主要依据。煤层气资源量计算的准确与否直接影响到煤层气开发的经济效益。

煤层气资源量即为煤层储量与含气量之积，煤层储量为剔除低含气量煤层后，含气面积、煤层厚度之积。

煤层甲烷储层（煤层）是一种裂隙-孔隙型的双重孔隙介质储集层。煤层甲烷主要以吸附态赋存于煤储层之中，这是其与常规天然气在储集、运移、保存等方面存在差异的根本原因。因此，容积法和储层数值模拟法比较适用于煤层甲烷资源量或储量的计算，而其他计算方法的误差很大，在实际中难以应用。因此，本书依据《瓦斯（煤层气）资源/储量规范》（DZ/T 0216—2002），统一采用容积法对研究区煤层甲烷资源量进行计算。

1）计算公式

$$Q=A \cdot H \cdot D \cdot q \tag{2-5}$$

式中，Q 为煤层甲烷资源量，m^3；A 为计算单元面积，m^2；H 为煤储层厚度，m；D 为煤的视密度，$t \cdot m^{-3}$；q 为煤层无水基含气量，$m^3 \cdot t^{-1}$。

如果已知计算单元中煤炭资源储量，则式（2-5）可简化为

$$Q=M \cdot q \tag{2-6}$$

式中，M 为煤炭资源储量，t。

2）参数确定

利用 MapGIS 软件，求得块段水平投影面积；利用块段内钻孔资料，选取其甲烷浓度大于 80%的钻孔瓦斯含量值（不包括风氧化带内的）求取平均值；利用块段内所有钻孔测得的煤层厚度资料，即整层煤层厚度去除夹矸厚度，也称净厚度，求取煤层厚度平均值；煤的容重由试验所得。

中马村矿 21 个采区或工作面、15 个区块面积（净面积）共为 13.47km²，煤炭资源量为 115.36×10^8t，全井田共计瓦斯资源量为 $18.79 \times 10^8 m^3$（表 2-71）；车集矿 7 个采区共 52 个工作面，其面积（净面积）共为 9.58km²，煤炭资源量为 40.06×10^8t，全井田共计瓦斯资源量为 $3.26 \times 10^8 m^3$（表 2-72）；鹤壁中泰矿业有限公司共计 18 个采区或工作面，其面积（净面积）共为 2.79km²，煤炭资源量为 30.89×10^8t，全井田共计瓦斯资源量为 $3.53 \times 10^8 m^3$（表 2-73）；新义矿矿井东西长 9.8~10.5km，南北宽 3.6~4.7km，矿井面积

约 35.48km²，开采的二₁煤限采标高为-600～-200m，煤炭资源量约为 2.19×10⁸t，规划有 16 个采区，瓦斯资源量估算面积约为 35.48km²，共计瓦斯资源量约为 27.35×10⁸m³，其中，标高在-400～-200m 的一水平区域约为 11.49×10⁸m³，标高在-600～-400m 的二水平区域约为 15.87×10⁸m³，东一采区（11 采区）和西二采区（12 采区）分别约为 13.21×10⁸m³ 和 17.18×10⁸m³，其余采区块段瓦斯资源量见表 2-74。

2.4.3.4 资源丰度

瓦斯资源丰度为单位面积上煤层气的含量。一般来讲，资源丰度越高可采性越大。

瓦斯的开发是建立在资源的基础上，只有储层具有一定程度的资源量，才具有开发的意义。瓦斯资源丰度计算是在瓦斯含量的基础上进行的。利用煤层厚度、煤的视密度和含气量进行计算，其公式为

$$F = H \times D \times C_{ad}/100 \tag{2-7}$$

式中，F 为资源丰度，$10^8 m^3 \cdot km^{-2}$；H 为煤储层厚度，m；D 为煤的视密度，$t \cdot m^{-3}$；C_{ad} 为原煤空气干燥基瓦斯含量，$m^3 \cdot t^{-1}$。

经计算，中马村矿资源丰度为 $1.41 \times 10^8 m^3 \cdot km^{-2}$；车集矿资源丰度为 $0.30 \times 10^8 m^3 \cdot km^{-2}$；鹤壁中泰矿业有限公司资源丰度为 $1.46 \times 10^8 m^3 \cdot km^{-2}$（表 2-71～表 2-74）。

表 2-71 中马村矿瓦斯资源量计算成果表

区块		面积 /km²	煤层厚度/m	容重/ (t·m⁻³)	瓦斯含量/ (m³·t⁻¹)	瓦斯资源量 /10⁸m³	煤炭资源量 /10⁸t	资源丰度/ (10⁸m³·km⁻²)
标高在-150m以浅	1	0.18	8.76	1.50	11.49	0.27	2.37	1.51
	2	0.18	8.76	1.50	11.49	0.27	2.32	1.51
	3	0.81	7.07	1.50	12.00	1.03	8.59	1.27
	4	2.56	4.3	1.50	13.98	2.31	16.51	0.90
标高在-250～-150m	5	0.95	6.24	1.50	17.85	1.59	8.90	1.67
	6	0.09	7.06	1.50	17.85	0.17	0.93	1.89
	7	2.11	5.58	1.50	17.93	3.17	17.68	1.50
	8	0.00	5.58	1.50	17.93	0.00	0.02	1.50
标高在-250m以深	9	0.88	7.02	1.50	19.20	1.78	9.25	2.02
	10	0.42	5.62	1.50	16.00	0.56	3.51	1.35
	11	0.29	5.07	1.50	16.00	0.36	2.22	1.22
	12	0.28	5.21	1.50	16.00	0.35	2.18	1.25
	13	2.66	5.91	1.50	17.40	4.11	23.59	1.54
	14	0.51	6.33	1.50	16.36	0.79	4.82	1.55

续表

区块		面积/km²	煤层厚度/m	容重/(t·m⁻³)	瓦斯含量/(m³·t⁻¹)	瓦斯资源量/10⁸m³	煤炭资源量/10⁸t	资源丰度/(10⁸m³·km⁻²)
采区或工作面	23061	0.01	6.87	1.50	17.93	0.03	0.14	1.85
	2701	0.03	5.20	1.50	21.87	0.06	0.27	1.25
	2702	0.07	3.22	1.50	21.87	0.07	0.32	0.77
	3903	0.06	5.64	1.50	17.40	0.09	0.54	1.47
	3904	0.09	6.10	1.50	17.40	0.14	0.81	1.59
	3905	0.08	5.64	1.50	17.40	0.11	0.66	1.47
	3906	0.09	6.10	1.50	17.40	0.14	0.82	1.59
	3907	0.09	5.64	1.50	17.40	0.13	0.75	1.47
	3908	0.09	6.10	1.50	17.40	0.14	0.78	1.59
	3909	0.08	5.64	1.50	17.40	0.12	0.71	1.47
	3910	0.07	6.10	1.50	17.40	0.11	0.62	1.59
	21103	0.06	5.45	1.50	13.90	0.07	0.49	1.14
	21104	0.03	5.45	1.50	13.90	0.03	0.24	1.14
	17	0.16	4.28	1.50	9.40	0.10	1.03	0.60
		0.15	4.28	1.50	11.30	0.11	0.95	0.71
	31101	0.01	5.67	1.50	17.40	0.02	0.11	1.48
	31102	0.06	5.52	1.50	17.40	0.09	0.52	1.44
	31103	0.03	5.67	1.50	17.40	0.04	0.26	1.48
	31104	0.06	5.52	1.50	17.40	0.09	0.52	1.44
	31105	0.05	5.67	1.50	17.40	0.07	0.40	1.48
	31106	0.06	5.52	1.50	17.40	0.09	0.52	1.44
	31107	0.06	5.67	1.50	17.40	0.09	0.49	1.48
	31108	0.06	5.52	1.50	17.40	0.09	0.52	1.44
总计		36	13.47			18.79	115.36	1.41

表 2-72 车集矿瓦斯资源量计算成果表

区块		面积/km²	煤层厚度/m	容重/(t·m⁻³)	瓦斯含量/(m³·t⁻¹)	瓦斯资源量/10⁸m³	煤炭资源量/10⁸t	资源丰度/(10⁸m³·km⁻²)
标高在−600m以浅	3402	0.13	3.00	1.47	7.30	0.04	0.59	0.32
	2902	0.09	2.74	1.47	3.80	0.01	0.34	0.15
	2904	0.01	2.74	1.47	3.85	0.00	0.03	0.16
	2906	0.08	2.76	1.47	4.12	0.01	0.32	0.17
	2908	0.07	2.80	1.47	4.10	0.01	0.29	0.17

续表

区块		面积/km²	煤层厚度/m	容重/(t·m⁻³)	瓦斯含量/(m³·t⁻¹)	瓦斯资源量/10⁸m³	煤炭资源量/10⁸t	资源丰度/(10⁸m³·km⁻²)
标高在−600m以浅	2901	0.08	2.65	1.47	3.22	0.01	0.30	0.13
	2903	0.12	2.66	1.47	3.22	0.01	0.45	0.13
	2905	0.22	2.68	1.47	3.30	0.03	0.85	0.13
	21102	0.13	2.75	1.47	4.30	0.02	0.52	0.17
	21104	0.14	2.77	1.47	4.30	0.02	0.57	0.18
	21106	0.12	2.80	1.47	4.53	0.02	0.49	0.19
	21108	0.10	2.85	1.47	4.60	0.02	0.40	0.19
	21110	0.07	2.90	1.47	5.30	0.01	0.28	0.23
	21101	0.09	2.69	1.47	3.56	0.01	0.37	0.14
标高在−800～−600m	2604	0.14	2.80	1.47	8.50	0.05	0.58	0.35
	3403	0.10	3.35	1.47	6.58	0.03	0.49	0.32
	2715	0.14	4.20	1.47	13.05	0.12	0.89	0.81
	2713	0.14	3.40	1.47	11.60	0.08	0.70	0.58
	2711	0.08	3.40	1.47	9.34	0.04	0.40	0.47
	2709	0.06	3.36	1.47	8.00	0.02	0.30	0.40
	21103	0.21	2.71	1.47	4.50	0.04	0.84	0.18
	21105	0.16	2.72	1.47	4.50	0.03	0.66	0.18
	21107	0.14	2.75	1.47	4.60	0.03	0.57	0.19
标高在−800m以深	2609	0.20	2.29	1.47	8.52	0.06	0.67	0.29
	2616	0.26	2.78	1.47	8.26	0.09	1.06	0.34
	2612	0.26	2.76	1.47	8.70	0.09	1.03	0.35
	2608	0.25	2.75	1.47	8.50	0.09	1.03	0.34
	2614	0.29	2.76	1.47	8.50	0.10	1.19	0.34
	2618	0.22	2.79	1.47	8.26	0.07	0.90	0.34
	2310	0.08	2.90	1.47	4.12	0.01	0.34	0.18
	2312	0.08	2.84	1.47	4.12	0.01	0.34	0.17
	2314	0.10	2.80	1.47	4.18	0.02	0.39	0.17
	2316	0.10	2.86	1.47	4.20	0.02	0.42	0.18
	2313	0.07	2.65	1.47	4.15	0.01	0.29	0.16
	2311	0.06	2.63	1.47	4.15	0.01	0.25	0.16
	2801	2.20	2.80	1.47	9.75	0.88	9.06	0.40
	2803	0.20	2.90	1.47	10.80	0.09	0.85	0.46
	2805	0.19	2.92	1.47	11.73	0.10	0.82	0.50
	2807	0.18	2.95	1.47	12.50	0.10	0.77	0.54
	2809	0.18	2.97	1.47	13.20	0.10	0.77	0.58
	2811	0.19	2.90	1.47	10.65	0.08	0.79	0.45
	2813	0.19	2.86	1.47	8.57	0.07	0.82	0.36

区块		面积/km²	煤层厚度/m	容重/(t·m⁻³)	瓦斯含量/(m³·t⁻¹)	瓦斯资源量/10⁸m³	煤炭资源量/10⁸t	资源丰度/(10⁸m³·km⁻²)
标高在 −800m 以深	2815	0.15	2.87	1.47	7.50	0.05	0.63	0.32
	2817	0.18	2.86	1.47	6.08	0.05	0.76	0.26
	2816	0.17	2.83	1.47	8.50	0.06	0.69	0.35
	2814	0.16	2.85	1.47	8.50	0.06	0.67	0.36
	2812	0.16	2.86	1.47	8.70	0.06	0.67	0.37
	2810	0.16	2.91	1.47	8.75	0.06	0.68	0.37
	2808	0.16	2.90	1.47	8.73	0.06	0.67	0.37
	2806	0.16	2.95	1.47	8.73	0.06	0.69	0.38
	2804	0.17	3.01	1.47	8.71	0.07	0.75	0.39
	2802	0.19	2.96	1.47	8.70	0.07	0.83	0.38
总计		52	9.58			3.26	40.06	0.30

表 2-73　鹤壁中泰矿业有限公司瓦斯资源量计算成果表

区块	面积/km²	煤层厚度/m	容重/(t·m⁻³)	瓦斯含量/(m³·t⁻¹)	瓦斯资源量/10⁸m³	煤炭资源量/10⁸t	资源丰度/(10⁸m³·km⁻²)
32采区	1.01	7.04	1.4	18.00	1.79	10.67	1.77
2108	0.18	8.11	1.4	16.00	0.32	2.16	1.82
2106	0.16	8.15	1.4	16.00	0.28	1.90	1.83
2306	0.16	8.30	1.4	13.00	0.24	2.03	1.51
2308	0.18	8.10	1.4	13.00	0.26	2.17	1.47
2512	0.12	8.28	1.4	14.00	0.19	1.46	1.62
2511	0.06	7.98	1.4	13.00	0.08	0.66	1.45
2510	0.04	7.50	1.4	11.00	0.04	0.43	1.16
2506	0.03	8.53	1.4	11.00	0.04	0.44	1.31
2507	0.06	8.50	1.4	11.00	0.08	0.81	1.31
2508	0.07	6.50	1.4	13.00	0.07	0.65	1.18
2509	0.05	5.06	1.4	15.00	0.05	0.40	1.06
3305	0.12	5.40	1.4	19.00	0.02	0.98	1.44
3306	0.12	5.84	1.4	19.00	0.02	1.08	1.55
3304	0.15	6.88	1.4	14.00	0.02	1.52	1.35
3303	0.12	8.50	1.4	13.00	0.01	1.51	1.55
3301	0.08	8.71	1.4	12.00	0.01	1.04	1.46
3302	0.08	8.70	1.4	12.00	0.01	0.98	1.46
总计	2.79				3.53	30.89	1.46

表 2-74 新义矿瓦斯资源量计算成果表

水平		区块	面积/$10^4 m^2$	煤炭资源量/$10^4 t$	煤层厚度/m	瓦斯含量/$(m^3 \cdot t^{-1})$	容重	瓦斯资源量/$(10^4 \cdot m^{-3})$	资源丰度/$(10^8 m^3 \cdot km^{-2})$
采矿许可证范围内	一水平（−400~−200m）	东一采区	180.86	1249.8	4.80	10.58		13214.42	0.74
		东三采区	184.14	1462.6	5.20	9.90		14479.74	0.75
		东五采区	200.54	1298.8	4.80	11.24		14598.51	0.79
		东七采区	204.75	1465.9	6.20	11.20		16418.08	1.01
		西二采区	253.56	1697.3	4.60	10.12		17176.68	0.68
		西四采区	261.17	1273.4	3.12	9.60		12224.64	0.44
		西六采区	194.84	1400.7	4.20	11.46		16052.02	0.70
		西八采区	187.51	957.2	3.20	11.20		10720.64	0.52
	二水平（−600~−400m）	东九采区	255.25	1527.3	4.40	12.50		19091.25	0.80
		东十一采区	231.04	1719.0	4.0	12.54		21556.26	0.73
		东十三采区	345.32	2474.6	4.60	15.40		38108.84	1.03
		东十五采区	288.10	2170.4	4.80	15.52		33684.61	1.09
		西十采区	136.27	781.2	5.20	12.80		9999.36	0.97
		西十二采区	139.78	485.2	2.60	12.89		6254.23	0.49
		西十四采区	229.81	983.0	4.20	15.70		15433.1	0.96
		西十六采区	254.72	948.9	4.42	15.32		14537.15	0.99
总计			3547.66	21895.3				273549.53	0.79

新义矿通过计算获得全井田资源丰度为 $0.79×10^8 m^3 \cdot km^{-2}$，其中，−400~−200m 区域资源丰度为 $0.70×10^8 m^3 \cdot km^{-2}$，−600~−400m 区域资源丰度为 $0.88×10^8 m^3 \cdot km^{-2}$，东一采区（11 采区）和西二采区（12 采区）分别为 $0.74×10^8 m^3 \cdot km^{-2}$ 和 $0.68×10^8 m^3 \cdot km^{-2}$，其余采区块段瓦斯资源丰度见表 2-74。

在对研究区的瓦斯资源量进行计算时，计算单元划分遵循以下原则。

（1）以采区或工作面为计算单元；

（2）采区或工作面以外区域，按开采水平标高并考虑断层作为计算单元边界。

按照以上划分原则，中马村矿共有 22 个采区或工作面、14 个区块，共计 36 个计算单元参与瓦斯资源量的计算；车集矿共有 7 个采区 52 个工作面，共计 52 个计算单元参与瓦斯资源量的计算；鹤壁中泰矿业有限公司共有 18 个采区或工作面，共计 18 个计算单元参与瓦斯资源量的计算；新义矿二$_1$煤共划分了 16 个采区，其中一水平 8 个采区（4个上山采区，4 个下山采区），二水平 8 个采区（4 个上山采区，4 个下山采区），共计 16 个采区作为计算单元参与瓦斯资源量的计算（图 2-60）。

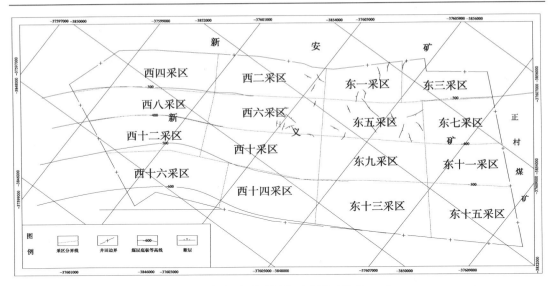

图 2-60　新义矿采区划分示意图（单位：m）

2.5　现代地应力

原始地应力是指在地壳中未受工程扰动和影响的天然应力。各种地质构造现象、矿井动力现象都与应力作用密切相关[136]。高地应力矿井瓦斯突出更为严重，世界上几乎所有大型突出都与异常地应力场相关。煤与瓦斯突出地质控制机理研究认为，构造煤和高压瓦斯是发生突出的物质基础，构造作用、特别是地应力是发生突出的动力基础。煤层的地应力是控制煤层瓦斯高效抽采的关键因素，研究区地应力的测试研究对煤层孔渗性能和抽采地质条件的评价十分重要。

2.5.1　地应力概念

地应力是在不断的应力效应作用下产生和保存，在一定时间和一定地区的地壳中的应力状态，是各种起源的应力效应作用的结果。因此，岩体应力状态不仅是一个空间位置的函数，而且会随时间推移而发生变化。地应力在岩体空间有规律的分布状态称为地应力场[137-139]。

近 30 年来的实测与理论分析证明，原岩应力场是一个相对稳定的非稳定应力场。原岩应力状态是岩体工程空间与时间的函数。但除少数构造活动带外，时间上的变化可以不予考虑。原岩应力主要是由岩体的自重和地质构造作用引起的，它与岩体特性、裂隙方向和分布密度、岩体的流变性及断层、褶皱等构造形迹有关。此外，影响原岩应力状态的因素还有地形、地震力、水压力、热应力等。不过这些因素所产生的应力大多是次要的，只有在特定情况下才予以考虑。对岩体工程来讲，主要应考虑重力应力和构造应力，因此，原岩应力可以认为是重力应力和构造应力叠加而成的[139, 140]。

（1）重力应力：一般称为大地静应力，指由上覆岩层的质量所产生的应力（垂向应力），或指由上覆岩层的重力所引起的水平应力分量。

垂向应力可由海姆公式[13]得出，即

$$\sigma_v = \sum_{i=1}^{n} r_i h_i = \bar{r} H \tag{2-8}$$

式中，σ_v 为垂直应力，MPa；r_i 为某分层岩石密度，$g \cdot cm^{-2}$；h_i 为某分层岩石厚度，m；H 为上覆地层厚度，m；$\bar{r}$ 为岩层平均密度，$g \cdot cm^{-2}$。

重力应力在水平方向产生的应力分量可由金尼克公式[13]得出，即

$$\sigma_{hv} = \lambda(\sigma_v - \alpha p) \approx \frac{1}{1-\mu}(\sigma_v - \alpha p) \tag{2-9}$$

式中，σ_{hv} 为重力应力在水平方向产生的分应力，MPa；λ 为侧压系数；α 为毕奥特系数；p 为孔隙压力，MPa；μ 为泊松比。

（2）孔隙压力和有效压力：在煤储层中的地应力，一部分由储层孔隙、裂隙中的流体承受，称为孔隙压力，一部分由煤基质块承受，称为有效压力。

（3）热应力：指由地层温度发生变化在煤岩体内部引起的内应力增量。热应力主要与温度的变化和煤岩体的热力学性质有关。

（4）残余应力：指除去外力作用之后，尚残存在地层岩石中的应力。这种残余应力在煤储层中很小，所以常忽略不计。

（5）构造应力：在构造地质学研究中，构造应力是导致构造运动、产生构造变形、形成各种构造行迹的那部分应力。这种构造应力的影响使两个水平方向的应力不等。在煤储层应力场研究中，构造应力常指由构造运动引起的地应力增量。

一个方向的水平构造应力在另一个水平方向的分应力为

$$\sigma_{hh1} = \sigma_{hmin} \mu \tag{2-10}$$

$$\sigma_{hh2} = \sigma_{Hmax} \mu \tag{2-11}$$

式中，σ_{hh1} 为最小水平构造应力（σ_{hmin}）在最大水平应力方向产生的分应力，MPa；σ_{hh2} 为最大水平构造应力（σ_{Hmax}）在最小水平应力方向产生的分应力，MPa；μ 为泊松比。

则最大、最小水平主应力为

$$\sigma_H = \sigma_{hv} + \sigma_{Hmax} + \sigma_{hh1} \tag{2-12}$$

$$\sigma_h = \sigma_{hv} + \sigma_{hmin} + \sigma_{hh2} \tag{2-13}$$

2.5.2　地应力场监测

随着地应力测试工作的不断开展，各种测试方法和测试仪器不断发展起来。截至目前，世界范围内地应力测试方法已有数十种，测量仪器已有数百种。

根据测量原理的不同，地应力测量方法可分为直接法和间接法两大类。应力解除法、松弛应变测量法、地球物理方法、水压致裂法和声发射（AE）法等均属间接法，其中应力解除法、水压致裂法是目前国内外应用最广泛的方法，它能够比较准确地确定岩体中某点的三维应力状态[141]。

　　水压致裂法是最常用的测量地壳地应力状态的一种有效方法，这种方法的测试原理基于 3 个基本假设：① 地壳岩石具有线性均匀性，是各向同性的弹性体；② 岩石视为多孔介质，孔隙内流体流动符合达西定律；③ 主应力方向中，有一个主应力方向与钻孔的轴向平行。当向封闭的钻孔内注入高压水时，压力达到最大值 P_b 后，钻孔井壁会发生破裂，从而导致井内压力下降，为了使裂隙保持张开状态，钻孔内压力最终会达到恒定值，不再注入高压水后，钻孔内压力迅速下降，裂隙愈合，之后压力降低速度变慢，其临界值为瞬时关闭压力 P_s，完全卸压后再重新注入液体，得到裂隙的重张压力 p_r，以及瞬时关闭压力 P_s，然后通过仪器记录裂缝的方向。因此，水压致裂法的力学模型可简化为一个平面问题，即相当于两个垂直水平应力 σ_1 和 σ_2 作用在一个中部直径为 AA' 的圆孔的无限大平面上（图 2-61），根据弹性力学计算可知孔壁夹角为 90°时 A、B 两点的应力集中分别为[142, 143]

$$\sigma_A = 3\sigma_2 - \sigma_1 \qquad (2\text{-}14)$$

$$\sigma_B = 3\sigma_1 - \sigma_2 \qquad (2\text{-}15)$$

　　若 $\sigma_1 > \sigma_2$，则 $\sigma_A < \sigma_B$。因此，当在圆孔内施加的液压大于孔壁上岩石所承受的压力时，将在最小切向应力方向上，即 A 点及其对称点 A' 点处产生张破裂。并且破裂将沿着垂直于最小主应力方向扩展，此时把使孔壁产生破裂的外加液压 P_b 称为临界破裂压力。临界破裂压力等于孔壁破裂处的应力集中值加上岩石抗张强度 T，即

$$P_b = 3\sigma_2 - \sigma_1 + T \qquad (2\text{-}16)$$

　　若考虑到岩石中所存在的孔隙压力 P_0，将有效应力替换为区域主应力，则式（2-16）将变为

$$P_b = 3\sigma_h - \sigma_H + T - P_0 \qquad (2\text{-}17)$$

式中，σ_H、σ_h 分别为原地应力场中的最大和最小水平主应力，MPa。

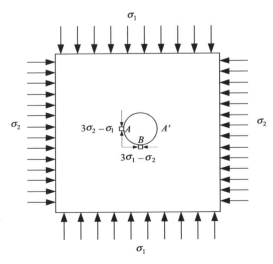

图 2-61　水压致裂应力原理图[116]

在实际测量中被封隔器封闭孔段，在孔壁破裂后，若继续注浆增压，裂隙将向纵深处扩展，若马上停止注压并保持压裂系统封闭，裂隙将立即停止扩展延伸。由于地应力场的作用，被高压液体涨破的裂隙会逐渐趋于闭合，我们把保持裂隙张开时的平衡压力称为瞬时关闭压力 P_s，它等于垂直裂隙面的最小水平主应力，即

$$P_s = \sigma_h \qquad (2\text{-}18)$$

如果再次对封闭孔段进行注液增压，使破裂重新张开时，即可得到破裂重新开始的压力 P_γ，即重张压力，由于此时岩石已经破裂，抗张强度 $T=0$，那么：

$$P_\gamma = 3\sigma_h - \sigma_H - P_0 \qquad (2\text{-}19)$$

式中，P_γ 为破裂压力。

在现场得到岩石抗张强度：

$$T = P_b - P_\gamma \qquad (2\text{-}20)$$

最大水平主应力 σ_H 的公式为

$$\sigma_H = 3P_s - P_\gamma - P_0 \qquad (2\text{-}21)$$

垂直应力可根据上覆岩石的质量来计算：

$$\sigma_v = \rho g H \qquad (2\text{-}22)$$

式中，ρ 为岩石密度，$g \cdot cm^{-2}$；g 为重力加速度，$m \cdot s^{-2}$；H 为埋深，m。

地应力测量一般是在现场的巷道围岩钻孔中进行（图 2-62）。在打好的钻孔中，用钻杆将一对橡胶封隔器送到钻孔的指定位置，然后注入高压水，使封隔器胀起，对两个封隔器之间的岩孔进行封闭。对封隔器之间的岩孔进行高压注水，直至高压将围岩压裂，产生裂隙，压裂的方向即为最大水平主应力方向。为了得到水力压裂裂缝的方位及形态，在压裂后需进行印模。印模是指把带有定向罗盘的印模胶筒放在已压裂孔段，然后给印模器注水加压，压力大小和加压时间一般根据压裂参数设定。在印模器的外层涂有半硫化橡胶。半硫化橡胶具有一定的塑性。因此，当印模器注水膨胀，压力达到一定数值后，

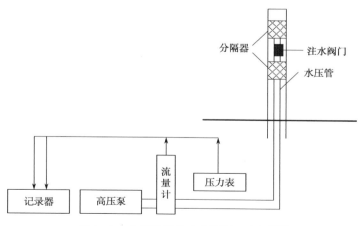

图 2-62　水压致裂地应力测量示意图[143]

其外层橡胶就挤入压裂缝和原生裂缝。然后利用印模装置中的定位罗盘测量出胶筒基线方位，从而确定出破裂方向。根据水压致裂测量原理，破裂方向就是最大主应力 σ_H 的方向[144, 145]。

　　本书地应力测试采用空心包体应力解除法。空心包体应力计的种类有很多，但其原理基本相同，本书地应力测试采用中国地质科学院地质力学研究所研制的 KX-81 型空心包体三轴地应力计。中马村矿、车集矿地应力测点布置见表 2-75、表 2-76。

表 2-75　中马村矿地应力测点布置

测点	位置	测点埋深/m	钻孔深度/m	钻孔方位/(°)	钻孔倾角/(°)
1#	17 炸药库口	294.0	6.57	137.0	12.5
2#	211 沉淀池	355.0	7.10	103.0	7.0

表 2-76　车集矿地应力测点布置

测点	孔位 (x, y, z)	测点埋深/m	钻孔方位/(°)	钻孔倾角/(°)	钻孔深度/m
1#	(7088, 3341, −547.3)	578	181	5.0	8.6
2#	(5914, 4529, −751.0)	782	159	4.5	12.0
3#	(2328, 2378, −539.6)	570	110	4.0	9.8
4#	(2181, 3489, −769.0)	800	67	4.0	8.9

　　根据中马村矿地应力测试结果（表 2-77），中马村矿最大水平主应力 σ_1 近于水平，方位角为 128.2°~130.4°，方向为东偏南；中间水平主应力 σ_2 近于水平，方位角为 42.93°~41.4°，方向为北偏东，最小水平主应力 σ_3 接近垂直。根据车集矿地应力测试结果（表 2-78），车集矿有两个主应力接近于水平方向，最大水平主应力的倾角小于 6°，第二水平主应力的倾角不大于 14°，最小水平主应力接近于垂直方向，与垂直方向夹角大于 75°，其区域构造应力场为近南北向，方位角位于 SE10°~SW11°。

表 2-77　中马村矿地应力测试结果

测试地点	垂直应力/MPa	最大水平主应力/MPa	最小水平主应力/MPa
17 炸药库	7.61	10.58	9.55
211 沉淀池	6.64	11.31	10.41

表 2-78　车集矿地应力测试结果

测试地点	垂直应力/MPa	最大水平主应力/MPa	最小水平主应力/MPa
1#	15.36	24.64	17.45
2#	20.26	33.11	21.85
3#	15.08	24.29	17.13
4#	20.90	34.14	21.97

2.5.3 地应力场预测

2.5.3.1 垂直应力

垂直应力在地下采矿中亦称"矿山、岩石压力",也叫地层孔隙压力,指作用在岩石孔隙内流体上的垂直压力。

$$\sigma_v = \sum_{i=1}^{n} r_i g h_i = \overline{r} g H \times 10^{-3} \tag{2-23}$$

式中,σ_v 为垂直应力;r_i 为某分层岩石密度;h_i 为某分层岩石厚度,m;H 为埋深,m,$\overline{r}$ 为岩层平均密度,$g \cdot cm^{-2}$;g 为重力加速度,$m \cdot s^{-2}$。

参数的选取:岩层平均密度为 $2.552 g \cdot cm^{-2}$;埋深为 $0 \sim 1000m$;重力加速度为 $10 m \cdot s^{-2}$。

中马村矿、车集矿、新义矿垂直应力计算结果见表 2-79~表 2-81。

表 2-79 中马村矿垂直应力计算结果表

埋深/m	100	200	300	400	500
垂直应力/MPa	2.55	5.10	7.66	10.21	12.76

表 2-80 车集矿垂直应力计算结果表

埋深/m	100	200	300	400	500	600	700	800	900	1000
垂直应力/MPa	2.67	5.35	8.02	10.69	13.37	16.04	18.71	21.38	24.06	26.73

表 2-81 新义矿垂直应力计算结果表

埋深/m	600	200	300	400	500
垂直应力/MPa	12.60	14.70	16.80	18.90	21.00

2.5.3.2 水平主应力

中马村矿埋深为 $294 \sim 355m$ 的实测数据表明:中马村矿最大水平主应力为 $10.58 \sim 11.31MPa$,最小水平主应力为 $9.55 \sim 10.41MPa$,最大水平主应力梯度为 $1.198MPa \cdot 100m^{-1}$,最小水平主应力梯度为 $1.410MPa \cdot 100m^{-1}$。中马村矿为单斜地层,区内未发育褶皱,水平主应力随埋深的增加具有呈线性增大的规律。

最小水平主应力和埋深的拟合关系为

$$\sigma_h = 0.0141H + 5.405 \tag{2-24}$$

最大水平主应力和埋深的拟合关系为

$$\sigma_H = 0.012H + 7.062 \tag{2-25}$$

式中,H 为埋深,m。

车集矿埋深为 $570 \sim 800m$ 的实测数据表明:车集矿最大水平主应力为 $24.29 \sim 34.14MPa$,

最小水平主应力为 17.13~21.97MPa，最大水平主应力梯度为 4.23MPa·100m^{-1}，最小水平主应力梯度为 2.13MPa·100m^{-1}。车集矿为单斜地层，区内未发育褶皱，水平主应力随埋深的增加具有呈线性增大的规律。

最小水平主应力和埋深的拟合关系为

$$\sigma_h = 0.0213H + 5.0949 \qquad (2\text{-}26)$$

最大水平主应力和埋深的拟合关系为

$$\sigma_H = 0.0423H + 0.1995 \qquad (2\text{-}27)$$

式中，H 为埋深，m。

新义矿未进行过地应力测定。根据相关的统计资料[146, 147]，前人在对唐山、天津和沧州等地区的研究表明：在 0~4000m 埋深范围内，主应力随埋深的增加有如下经验公式[148]：

最小水平主应力和埋深的拟合关系为

$$\sigma_h = -0.5 + 0.018H \qquad (2\text{-}28)$$

最大水平主应力和埋深的拟合关系为

$$\sigma_H = 0.7 + 0.023H \qquad (2\text{-}29)$$

垂直应力和埋深的拟合关系为

$$\sigma_v = 0.021H \qquad (2\text{-}30)$$

式中，H 为埋深，m。

中马村矿、车集矿、新义矿水平主应力计算结果见表 2-82~表 2-84。

表 2-82　中马村矿水平主应力计算结果表

埋深/m	100	200	300	400	500
σ_h/MPa	6.82	8.23	9.64	11.04	12.46
σ_H/MPa	8.26	9.46	10.66	11.86	13.06

表 2-83　车集矿水平主应力计算结果表

埋深/m	100	200	300	400	500	600	700	800	900	1000
σ_h/MPa	7.22	9.35	11.48	13.61	15.74	17.87	20.00	22.13	24.26	26.39
σ_H/MPa	4.42	8.66	12.89	17.12	21.35	25.58	29.81	34.04	38.27	42.50

表 2-84　新义矿水平主应力计算结果表

埋深/m	600	700	800	900	1000
σ_h/MPa	10.3	12.1	13.9	15.7	17.5
σ_H/MPa	14.5	16.8	19.1	21.4	23.7

2.6 小   结

本章对影响瓦斯抽采分区的地质因素进行了分析，主要包括矿井地质构造、煤层与顶底板、水文地质、瓦斯地质、现代地应力等，分析了煤层及围岩的非均质性地质演变规律，查明了强化工艺要求的瓦斯抽采地质特征，为科学划分瓦斯抽采地质单元和优选适宜强化的煤岩体系奠定了基础。

（1）研究区位于华北板块南部河南地块的北部、西部和东部，属于晚古生代成煤期。含煤地层形成后，至少经历了印支运动、燕山运动和喜马拉运动等多期构造运动，在不同的构造应力场作用下，形成不同的构造组合，断层性质也随之发生变化。

（2）在多期构造运动作用下，煤层形成了形态各异的不同断块，矿井构造组合形态总体可分为三大类，即掀斜断块、断块伴有褶曲、褶曲。每种组合形态由于其形成力学机制不同又存在相对引张带、挤压带和过渡带 3 个构造应力带。

（3）矿井内构造主要有断裂和褶曲。按照断裂构造形成的力学机制可分为两类：封闭性断裂和开放性断裂。按照断裂与含水层、煤层关系可分为 3 类：导水断裂、断煤厚断裂和未断煤厚断裂。矿井内的煤层褶曲主要有两种形式，即背斜和向斜。其中背斜埋藏相对较浅，中和面以上存在张裂隙，中和面以下以挤压作用为主；向斜埋藏相对较深，中和面以下存在张裂隙，中和面以上以挤压作用为主。

（4）研究区属于隐伏煤田，煤层埋深均在 1000m 以浅，埋深条件较好；煤层厚度为 3m 以上的占 87%左右，均属厚煤层。本章计算了中马村矿、车集矿、新义矿、鹤壁中泰矿业有限公司主采煤层的煤层厚度变异系数，可知煤层均属于较稳定煤层；绘制了 4 个矿井二$_1$煤煤层厚度等值线图，并分析了煤层厚度变化规律及其影响因素。研究区煤层绝大多数为简单结构，仅局部地区见一层夹矸，含有两层夹矸的煤层更少，煤层结构相对简单。

（5）经构造应力改造的煤层出现了破坏程度、形态特征及物理性质各异的煤分层，形成了不同煤体结构的组合。井下实测了中马村矿、车集矿、新义矿、鹤壁中泰矿业有限公司共计 12 个工作面或掘进头煤体结构横向和纵向展布规律，利用视电阻率曲线和伽马曲线对煤层构造煤进行了判识，并分析了构造煤形成的力学机制。

（6）对研究区顶底板进行了岩相古地理分析，其主要为碎屑岩沉积，顶板岩性主要为泥岩、砂质泥岩、粉砂岩和细粒砂岩，局部有中粗粒砂岩，底板主要为泥岩、砂质泥岩和粉砂岩。本章绘制了中马村矿、车集矿、新义矿、鹤壁中泰矿业有限公司顶底板岩性分布图。

（7）本章查明了影响瓦斯抽采的顶底板直接含水层的水文地质特征与参数，分析了主要含水层的地下水运动规律及富水性，计算了各主要采区的强化层安全有效厚度。

（8）本章编制了中马村矿、车集矿、鹤壁中泰矿业有限公司、新义矿 4 个矿区的瓦斯地质图，分析了各矿井瓦斯分布规律，其中鹤壁中泰矿业有限公司、中马村矿、新义矿主采煤层瓦斯含量最高，平均在 $10\text{m}^3 \cdot \text{t}^{-1}$ 以上；车集矿主采煤层瓦斯含量较低，平均

值均小于 $4m^3 \cdot t^{-1}$，但瓦斯分布不均，局部超过 $10m^3 \cdot t^{-1}$。另外还分析了影响瓦斯分布的地质因素。计算了各矿矿井、各采区或工作面的瓦斯资源量，包括资源量、资源丰度、含气量、甲烷浓度等参数。

（9）地应力是控制煤层瓦斯高效抽采的关键因素，本章实测并计算了各矿井不同埋深条件下的垂直应力，最大、最小水平主应力分布值。

3 瓦斯抽采工艺类型

3.1 瓦斯抽采概况

3.1.1 瓦斯抽采发展历程

我国从明代开始就已经意识到井下排瓦斯的重要性，1637年宋应星所著《天工开物》记载"利用竹管引排煤中瓦斯"的方法。1934年以来，抚顺龙凤矿为国内煤矿抽采瓦斯的先头兵。1938年该矿开始利用机械设备抽采井下巷道积聚瓦斯；1940年在地面建立瓦斯抽采泵站和容积为100m^{3}的瓦斯储罐，瓦斯抽采流量为10m^3·min^{-1}，瓦斯浓度为30%～40%，实现民用；1952年采用煤层巷道法预抽该煤矿煤层瓦斯获得成功；1954年成功采用钻孔法预抽该煤矿煤层瓦斯。1957年阳泉四矿成功采用钻孔法抽采上邻近煤层卸压瓦斯。1960年抚顺、阳泉、天府和北票等企业六座矿井抽采瓦斯，全国瓦斯抽采量为125Mm^3；1965年新增中梁山、焦作、淮南、包头、松藻、峰峰等企业抽采瓦斯，全国瓦斯抽采量为150Mm^3。至2006年，全国年瓦斯抽采量达到3000Mm^3，利用量达到1200Mm$^{3[149]}$。

总体来说，我国煤矿瓦斯抽放技术的发展经历了高透气性煤层抽采、邻近层卸压抽采、低透气性煤层强化抽采、综合抽采、立体化抽采5个阶段[150, 151]。

高透气性煤层抽采瓦斯阶段：20世纪50年代初期，在抚顺煤矿高透气性特厚煤层中首次成功采用井下钻孔预抽煤层瓦斯，解决了抚顺矿区向深部发展的关键安全问题，但在透气性小于抚顺矿区的其他矿井未取得明显的效果。

邻近层卸压抽采瓦斯阶段：50年代中期，阳泉煤矿采用穿层钻孔抽放上邻近层瓦斯获得成功，解决了煤层群开采中首采面瓦斯涌出量大的问题。同时，认识到利用煤层开采后形成的采动卸压作用边采边抽，可以有效地抽采出瓦斯。

低透气性煤层强化抽采瓦斯阶段：突出煤层抽采瓦斯效果不理想、难以消除突出威胁。从60年代开始，通过试验研究了多种强化抽采煤层瓦斯的方法，如煤层高、中压注水，水力压裂，水力割缝，松动爆破，大直径钻孔等，对降低突出危险性煤层瓦斯压力和煤层消除突出起到积极作用。

综合抽采瓦斯阶段：80年代开始，为适应综采和综放采煤技术的推广应用，通过试验研究了开采煤层瓦斯采前预抽、卸压邻近层瓦斯边采边抽及采空区瓦斯采后抽等多种方法在一个采区内综合抽采瓦斯，解决了高产、高效工作面瓦斯涌出源多、瓦斯涌出量大的难题。

立体化抽采瓦斯阶段：近年来，通过试验研究了地面钻孔与井下钻孔联合抽采矿井瓦斯。利用地面钻孔对开采层进行压裂、抽采瓦斯及对采动影响卸压瓦斯和采空区瓦斯进行抽采。在开采过程中，利用井下钻孔对煤层瓦斯进行抽采，实现立体抽采。解决了开采煤层预抽时间短、抽采率低的问题。

3.1.2 瓦斯抽采的必要性

中国煤矿地质构造条件复杂，开采深度大，华北地区平均开采深度达到650m，且每年以 20~50m 的速度下延。煤层瓦斯压力大、瓦斯含量高、煤质松软、透气性低是我国煤矿的主要特点，因此进行瓦斯抽采势在必行。

《煤矿安全规程》《煤矿瓦斯抽放规范》（AQ 1027—2006）及《煤炭工业矿井设计规范》（GB 50215—2015）规定：有下列情况之一的矿井，必须建立地面永久抽采瓦斯系统或井下临时抽采瓦斯系统。

（1）一个回采工作面的瓦斯涌出量大于 $5m^3 \cdot min^{-1}$，或一个掘进工作面瓦斯涌出量大于 $3m^3 \cdot min^{-1}$，采用通风方法解决瓦斯问题不合理时。

（2）矿井绝对瓦斯涌出量达到下列条件的：①绝对瓦斯涌出量大于 $40m^3 \cdot min^{-1}$。②年产量 1.0~1.5Mt；绝对瓦斯涌出量大于 $30m^3 \cdot min^{-1}$。③年产量 0.6~1.0Mt；绝对瓦斯涌出量大于 $25m^3 \cdot min^{-1}$。④年产量 0.4~0.6Mt；绝对瓦斯涌出量大于 $20m^3 \cdot min^{-1}$。⑤年产量等于小于 0.4Mt；绝对瓦斯涌出量大于 $15m^3 \cdot min^{-1}$。

（3）开采具有煤与瓦斯突出危险煤层。

《煤矿瓦斯抽采基本指标》（AQ 1026—2006）、《煤矿瓦斯抽放规范》（AQ 1027—2006）规定对未卸压煤层进行预抽，煤层瓦斯抽采的难易程度可划分为 3 类，见表 3-1。在"容易抽采"的煤层中抽采瓦斯，往往可以获得较大的抽出量，取得较好的抽采效果，如抚顺各矿进行的预抽煤层瓦斯。在"可以抽采"的煤层中抽放瓦斯，虽能取得一定的效果，但需要较长的抽采时间和较多的钻孔工程量才能达到预期效果，如焦作、鹤壁等矿区。属于"较难抽采"的煤层，采用一般的抽采方法已经失去作用，需采取特殊措施方可达到一定的抽采效果。

表 3-1　煤层瓦斯抽放难易分类表[152]

类别	钻孔流量衰减系数/d^{-1}	煤层透气性系数/（$m^2 \cdot MPa^{-2} \cdot d$）
容易抽采	<0.003	>10
可以抽采	0.003~0.05	10~0.1
较难抽采	>0.05	<0.1

瓦斯抽采率通常是指矿井、采区或工作面等的抽出瓦斯量占其抽排瓦斯总量的百分比，各种瓦斯抽采方法的抽采率见表 3-2。

表 3-2　各种瓦斯抽采方法的抽采率

瓦斯来源	抽采原理	抽采方法	抽采率/%
开采层	未卸压抽采瓦斯	用采准巷道抽采	10~30
		打上向、下向顺层钻孔抽采	10~50
		打穿层钻孔抽采	10~30
	利用巷道周围松动及工作面前方松动卸压抽采瓦斯	掘进巷道四周抽采瓦斯	20~50
		回采工作面前方抽采瓦斯	20~30
	强化抽采瓦斯	水力破裂、水力压裂抽采瓦斯	20~30
		钻孔水力割缝抽采瓦斯	30~40
邻近层	先采下层，卸压，抽采上邻近层瓦斯	在维护的巷道用顶板钻孔或顶板巷道抽采瓦斯	40~80
		在废弃的巷道用钻孔抽采瓦斯	20~50
	先采上层，卸压，抽下邻近层瓦斯	在维护的巷道打底板钻孔抽采瓦斯	30~50

抽采的目标就是将突出煤层转变为低瓦斯煤层，实现突出煤层安全高效开采。

3.2 常规瓦斯抽采方法

经过数十年的实践和试验研究，已经积累了上百种瓦斯抽采方法。本书通过研究总结出应用范围广、效果好、有发展潜力的 5 类 41 种[11]。瓦斯抽采方法的分类如图 3-1 所示。

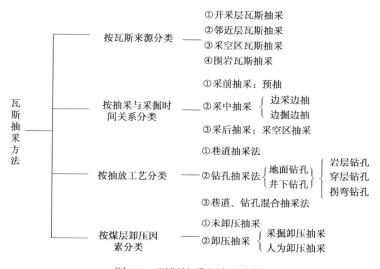

图 3-1　瓦斯抽采方法分类图

根据《煤矿瓦斯抽放规范》（AQ 1027—2006），煤矿井下瓦斯抽采按煤层卸压因素分类，可分为卸压抽采和未卸压抽采两大类，其中卸压抽采按照卸压方式分为采掘卸压抽采和人为卸压抽采；按抽采瓦斯来源又可分为开采层瓦斯抽采、邻近层瓦斯抽采、采空区瓦斯抽采、围岩瓦斯抽采等（表 3-3）。

未卸压煤层的抽采效果完全取决于煤层原始渗透率，对低渗及特低渗煤层来说区域消除突出难度大，往往也是以极大的工程量为代价换取有限的瓦斯抽采效果，为从根本上解决煤矿瓦斯抽采问题，必须提高未卸压煤层的渗透率。

3.2.1　瓦斯抽采技术分类

1）开采层瓦斯抽采

开采煤层瓦斯抽采就是在煤层开采之前或采掘的同时，用钻孔或巷道对该煤层进行瓦斯抽采工作，常见抽采方法见表 3-4。

表 3-3　井下瓦斯抽采方法一览表

分类	增透机理	方法简述		适用条件
开采层瓦斯抽采	未卸压增透	岩巷揭煤与煤巷掘进抽采	①由岩巷向煤层打穿层钻孔抽采	高瓦斯煤层或有突出危险煤层
			②由巷道工作面打超前钻孔抽采	
		采区（工作面）大面积抽采	①由开采层工作面运输巷，回风巷，煤门打上、下向顺层钻孔抽采或打交叉钻孔抽采	有预抽时间的高瓦斯煤层
			②由岩巷、石门、临近层打穿层钻孔抽采，突出煤层瓦斯预抽可采用网格布孔	
			③地面钻孔抽采	
			④密闭开采层巷道抽采	
		边掘边抽	由巷道两侧或沿巷道向两边巷道周围打钻孔抽采	瓦斯涌出量大的掘进巷道
	卸压增透	边采边抽	①由运输巷、回风巷向工作面前方卸压区打钻孔抽采	煤层透气性较差，预抽时间不充分的煤层
			②由岩巷、煤门向开采层上部或下部未采的分层打穿层钻孔或顺层钻孔抽采	
		水力割缝 松动爆破 控制爆破	①由工作面运输巷打顺层钻孔，用水力割煤	多使用低透气性煤层预抽
			②由工作面运输巷或回风巷打顺层钻孔进行松动爆破	
			③由工作面运输巷或回风巷打顺层钻孔，控制孔不装药、爆破孔装药进行爆破	
邻近层瓦斯抽采		上下临近层	①由工作面运输巷、回风巷或岩巷向临近层打钻孔抽采	瓦斯来源于临近层的工作面
			②由工作面运输巷、回风巷打斜交迎面钻孔抽采	
			③由煤门打顺层钻孔抽采	
			④在临近层掘进专用瓦斯巷道抽采	
			⑤地面钻孔抽采	
采空区瓦斯抽采		全封闭式抽采	密闭采空区插管抽采	瓦斯涌出量大的老采空区
		半封闭式抽采	①由现采空区后方设密闭墙插管抽采	采空区瓦斯涌出量大的回采工作面
			②由采空区附近巷道向采空区上方打钻孔抽采	
围岩瓦斯抽采		围岩裂隙与溶洞	①由巷道向裂隙带或溶洞打钻孔抽采	有围岩瓦斯涌出或瓦斯喷出危险地区
			②密闭巷道抽采	

表 3-4　开采煤层瓦斯抽采方法

分类	开采煤层瓦斯抽采方法名称
开采煤层瓦斯抽采方法	1.立井揭煤层超前钻孔预抽瓦斯方法
	2.石门揭煤层超前钻孔预抽瓦斯方法
	3.煤巷掘进预抽（排）瓦斯方法
	4.煤巷先抽后掘抽采瓦斯方法
	5.穿层钻孔大面积预抽瓦斯方法
	6.顺层上向钻孔预抽瓦斯方法
	7.顺层下向钻孔预抽瓦斯方法

续表

分类	开采煤层瓦斯抽采方法名称
开采煤层瓦斯抽采方法	8.顺层走向水平钻孔预抽瓦斯方法
	9.顺层交叉网状钻孔抽采瓦斯方法
	10.边掘边抽卸压瓦斯方法
	11.边采边抽卸压瓦斯方法
	12.开采上保护层抽采开采煤层（被保护层）瓦斯方法
	13.开采下保护层抽采开采煤层瓦斯方法
	14.混合式抽采上、下保护层瓦斯方法
	15.水力压裂强化抽采开采煤层瓦斯方法
	16.水力割缝强化抽采开采煤层瓦斯方法
	17.长钻孔控制预裂爆破强化抽采开采煤层瓦斯方法

《煤矿瓦斯抽放规范》（AQ 1027—2006）关于开采煤层瓦斯抽放方法的内容如下所述。

（1）煤层透气性较好、容易抽采的煤层，宜采用本层预抽方法，可采用顺层或穿层布孔方式。

（2）煤层透气性较差、采用分层开采的厚煤层，可利用先采分层的卸压作用抽采未采分层的瓦斯。

（3）单一低透气性高瓦斯煤层，可选用加密钻孔、交叉钻孔、水力割缝、水力压裂、松动爆破、深孔控制顶裂爆破等方法强化抽采。煤与瓦斯突出危险严重煤层，应选择穿层网格布孔方式。

（4）煤巷掘进瓦斯涌出量较大的煤层，可采用边掘边抽或先抽后掘的抽采方法。

煤层回采前的抽采属于未卸压抽采。决定未卸压煤层抽采效果的关键性因素是煤层透气性系数。目前较为先进的钻孔预抽瓦斯技术有穿层网格布孔预抽开采层瓦斯技术和沿层交叉钻孔预抽开采层瓦斯技术。

在受到采掘工作面影响范围内的抽采属于卸压抽采。在受回采或掘进的采动影响下，引起煤层和围岩的应力重新分布，形成卸压区和应力集中区。在卸压区内煤层膨胀变形，透气性系数增加，在这个区域内打钻孔抽采瓦斯，可以提高抽采量，并阻截瓦斯流向工作空间。当掘进煤层巷道瓦斯涌出量大于 $3m^3 \cdot min^{-1}$ 时，由煤巷两侧掘进小钻场，在钻场内布置钻孔，抽采巷道周围卸压煤体的瓦斯，并截取深处煤体涌出的瓦斯。卸压抽采的适用条件与优缺点：① 掘进煤层巷道时瓦斯涌出量超过 $3m^3 \cdot min^{-1}$，通风不易解决瓦斯突出问题。② 适用于透气性低、预抽效果不好的煤层。③ 抽出巷道周围煤体的卸压瓦斯，并可截取煤体深处涌出的瓦斯，减少涌入巷道的瓦斯量，抽采效果好。④ 钻孔易漏气，往往不易保证规定的抽采瓦斯浓度。目前开采层卸压抽采技术主要有厚煤层上行分层开采边采边抽方法、厚煤层下行分层开采边采边抽方法、一次采全高边采边抽方法。

提高本煤层瓦斯抽采量的途径可以从以下几个方面进行考虑：①增大钻孔直径。目前各国的抽采钻孔直径都有增大的趋势。②增大煤层透气性。可以通过地面钻孔水力压裂、水力破裂、水力割缝、交叉钻孔等实现。③提高抽采负压。提高抽采负压是否能显著增加抽采量还存在着不同的看法。

2）邻近层瓦斯抽采

在煤层群开采时，由于开采层的采动影响，其上部或下部的围岩及煤层卸压并引起这些煤岩层膨胀变形和透气性大幅度提高，从而引起这些煤层的瓦斯向开采层采掘空间涌出。常见的邻近层瓦斯抽采方法见表 3-5。

表 3-5　邻近层瓦斯抽采方法

类型	煤矿瓦斯抽采方法名称
邻近层卸压瓦斯抽采方法	1.平行穿层钻孔抽采上邻近层瓦斯方法
	2.迎面斜交钻孔抽采上邻近层瓦斯方法
	3.顶板走向长钻孔抽采上邻近层瓦斯方法
	4.地面垂直钻孔抽采上邻近层（含采空区）瓦斯方法
	5.走向高抽巷抽采上邻近层瓦斯方法
	6.倾斜高抽巷抽采上邻近层瓦斯方法
	7.走向高、中、低位抽瓦斯巷相结合的抽采上邻近层瓦斯方法
	8.下向孔抽采下邻近层瓦斯方法（因为底板涌水，抽放效果一般较差）
	9.上向孔抽采下邻近层瓦斯方法

《煤矿瓦斯抽放规范》（AQ 1027—2006）关于邻近层瓦斯抽放方法的内容如下所述。

（1）通常采用从开采层回风巷（或回风副巷）向邻近层打垂直或斜交穿层钻孔抽采瓦斯。

（2）当邻近层瓦斯涌出量大时，可采用顶（底）板瓦斯巷道（高抽巷）抽采。

（3）当邻近层或围岩瓦斯涌出量较大时，可在工作面回风侧沿开采层顶板布置迎面水平长钻孔（高位钻孔）抽采上邻近层瓦斯。

邻近层瓦斯抽采按邻近层的位置分为上邻近层（或顶板邻近层）抽采和下邻近层（或底板邻近层）抽采；按汇集瓦斯的方法分为钻孔抽采、巷道抽采和巷道与钻孔综合抽采 3 类。

从开采层层内巷道打钻孔抽采主要包括尾巷倾斜钻孔抽采邻近层瓦斯、迎面斜交钻孔抽采邻近层瓦斯、运输巷钻孔抽采邻近层瓦斯、中间巷钻孔抽采邻近层瓦斯、回风巷钻场倾斜钻孔抽采上邻近层瓦斯、回风巷与运输巷同时打钻孔抽采邻近层瓦斯。从开采层外打钻孔抽采邻近层瓦斯包括底板岩巷钻孔抽采邻近层瓦斯、顶板岩巷钻孔抽采邻近层瓦斯、邻近层巷道钻孔抽采邻近层瓦斯。

抽采邻近层瓦斯钻孔直径一般采用 75mm 左右；钻场间距多为 30～60m，一个钻场可布置一个或多个钻孔；抽采上邻近层时的钻孔仰角应使钻孔通过顶板岩石的裂隙进入邻近层充分卸压区，下邻近层抽采时的钻孔角度没有严格要求；一般孔口负压应保持在 6.7kPa 以上，国外多为 13.3～26.6kPa。

3）围岩瓦斯抽采技术

围岩瓦斯抽采是指抽采开采层围岩内的瓦斯，常见方法见表3-6。

表3-6　围岩瓦斯抽采方法

类型	煤矿瓦斯抽采方法名称
围岩瓦斯抽采方法	1.邻近围岩瓦斯抽采方法（与邻近层瓦斯抽采相结合）
	2.钻孔抽采地质构造裂隙带瓦斯方法
	3.钻孔抽采围岩孔洞（溶洞）瓦斯方法
	4.密闭瓦斯喷出巷道抽采围岩瓦斯方法

4）采空区瓦斯抽采技术

采空区瓦斯抽采是指抽采现采工作面采空区和老采空区的瓦斯，前者称现采空区（半封闭式）抽采，后者称老采空区（全封闭式）抽采，常见方法见表3-7。

表3-7　采空区瓦斯抽采方法

类型	煤矿抽采瓦斯方法名称
采空区瓦斯抽采方法	1.从回风巷布孔抽采卸压带、冒落带瓦斯方法
	2.从回风巷抬高钻场布孔抽采卸压带、冒落带瓦斯方法
	3.低位专用抽瓦斯巷抽采卸压带、冒落带瓦斯方法
	4.密闭回风巷横贯插管抽采采空区积聚瓦斯方法
	5.密闭尾巷抽采采空区积聚瓦斯方法
	6.埋管抽采采空区积聚瓦斯方法
	7.顶煤专用巷抽采采空区瓦斯方法
	8.顶煤专用巷与埋（插）管相结合抽采采空区瓦斯方法
	9.钻孔抽采老空区瓦斯方法
	10.密闭插管抽采老空区瓦斯方法
	11.上隅角工作面瓦斯抽采方法

5）综合抽采技术

随着煤矿机械化水平的提高，以及综采放顶煤开采方法的应用，由于开采强度的大幅度提高，开采后邻近层（包括围岩）、采空区等的瓦斯涌出量也急剧增加，有的工作面瓦斯涌出总量超过 100m^3 · min^{-1}，这样大的瓦斯涌出量使原有的抽采方式、方法已不能消除工作面的瓦斯威胁。为了实现高产高效矿井（工作面）的高效安全生产，要求抽采瓦斯技术有一个新的突破，而解决高产高效矿井（工作面）的高瓦斯涌出问题的方法只能是实行综合抽采瓦斯。

《煤炭工业矿井设计规范》（GB 50215—2015）制订了瓦斯抽采方法、方式选用的原则。瓦斯抽采方法、方式的选择，应根据煤层赋存条件、瓦斯来源、巷道布置、瓦斯基础参数等综合分析比较后确定，并应符合下列规定：

（1）各抽采瓦斯矿井均应采取开采层、邻近层和采空区相结合的综合抽采方法。

（2）无采动卸压煤层抽采瓦斯主要采取巷道抽采、顺层钻孔和穿层钻孔抽采方法及其他人为强制性卸压措施。穿层钻孔抽采时，宜采用网格式密集钻孔；顺层钻孔宜采用大孔径、长钻孔、高负压抽采。

（3）无解放层的突出煤层，开采前宜用网格式密集钻孔区域预抽。

3.2.2　典型钻孔抽采技术

目前瓦斯抽采方法按照布孔方式主要包括顺层钻孔、交叉钻孔、网格式穿层钻孔等的开采层瓦斯抽采方法；顶（底）板穿层钻孔、顶（底）板岩抽巷、顶板水平长钻孔、高位巷道等的邻近层瓦斯抽采；高冒带钻孔、埋管抽采、地面抽采等的采空区瓦斯抽采方法[151]。

1）顺层钻孔抽采开采层瓦斯

顺层钻孔用于区域性抽采，适用于煤层透气性系数 $\lambda \geq 0.1 m^2 \cdot MPa^{-2} \cdot d$ 的煤层、瓦斯含量 $\geq 8m^3 \cdot t^{-1}$ 或开采突出煤层（图 3-2）。该钻孔抽采技术可抽采工作面前方煤体的卸压瓦斯，提高钻孔的抽采半径，抽采效果可提高 1.5 倍。

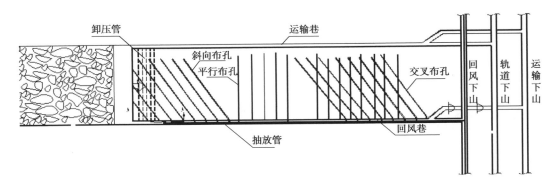

图 3-2　顺层钻孔及交叉布孔预抽开采层瓦斯示意图

2）网格式穿层钻孔抽采开采层瓦斯

网格式穿层钻孔适用于松软低透气性突出煤层的瓦斯抽采，可解决突出煤层打顺层钻孔时的喷孔、塌孔问题（图 3-3）。网格式穿层钻孔是我国单一煤层防突的主要方法，已在突出严重的北票、白沙、中梁山等矿区推广应用。

3）顶板水平长钻孔抽采邻近层瓦斯

该抽采方法适用于煤层群开采条件下邻近层和采空区瓦斯涌出量较大的工作面（图 3-4）。该抽采技术与顶板岩巷抽采法、顶板穿层短钻孔抽采法相比，在技术和经济上具有显著的优越性。该技术已在淮南、铁法等 20 多个矿区 160 个矿推广应用。

4）高位巷道密闭抽采邻近层与采空区瓦斯

该抽采方法适用于煤层群开采或采空区丢煤较多，煤层顶板有遇水膨胀的泥岩层无法施工钻孔、高产高效工作面的情况（图 3-5）。具有抽采量大、抽采强度影响范围广的特点，是消除工作面上隅角和后运输巷道瓦斯超限的有效方法之一。该抽采方法已在阳泉五矿、铁法大隆、大同塔山等多个矿区推广应用。

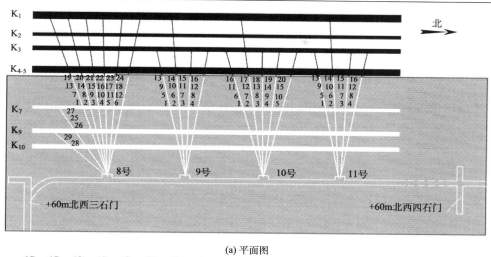

(a) 平面图

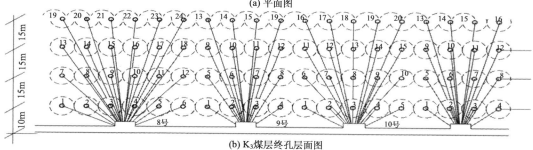

(b) K₃煤层终孔层面图

图 3-3 网格式穿层钻孔布置示意图

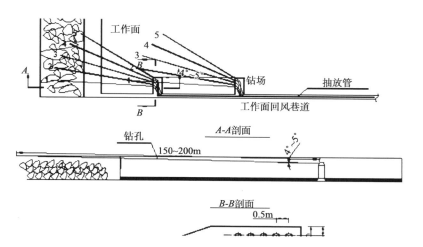

图 3-4 顶板水平长钻孔抽采邻近层瓦斯示意图

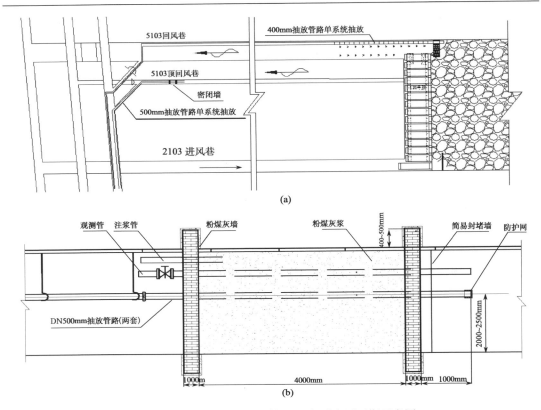

图 3-5　高位巷道密闭抽采邻近层与采空区瓦斯示意图

3.3　水力化卸压增透抽采瓦斯工艺

3.3.1　常规水力压裂

　　常规水力压裂[13]是用压裂泵将液体以高压大排量向煤岩层注入时,由于注入速率大于煤岩层吸收速率,而在煤岩层内部产生张应力,当这个力超过某一方向的轴应力时,煤岩层本身在这个方向上所受到的轴应力完全被液体传导下来的外来力所克服,随着外来力的增加,在克服了煤岩层本身破裂时所需要的力之后,煤岩层在最薄弱的地方开始破损,裂缝扩张延伸,使煤岩层的渗透率得到改善的水力强化工艺。其施工曲线如图 3-6 所示。

　　水力压裂过程中的裂隙形成是有次序的。首先发生在张开度较大的层理或切割裂缝等一级弱面中,其次是二级弱面,最后是原生微裂隙。煤层内水的运动具有渗流、毛细浸润和水分子扩散 3 种状态,且在渗流过程中伴随毛细浸润和水分子扩散现象。水力压裂作用导致的裂隙弱面发生扩展、延伸及相互贯通,是建立在原始各级弱面基础上,通过水在裂隙弱面内对壁面产生内压而产生的。水力压裂形成径向引张裂隙,是合力作用的结果,这种裂隙对储层渗透性的改变有重要贡献,水力强化平衡了应力场和压力场,使卸压范围增大,如图 3-7 所示。

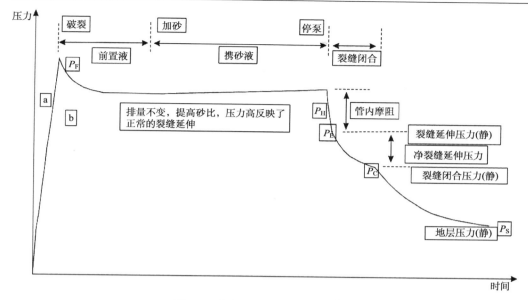

图 3-6 水力压裂典型施工曲线[153]

a-致密岩石；b-微裂缝高渗岩石；P_F-破裂压力；P_E-裂缝延伸压力；P_C-裂缝闭合压力；P_S-地层压力；P_H-停泵压力

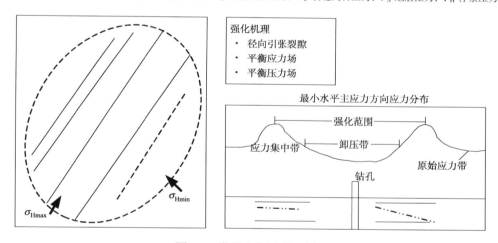

图 3-7 常规水力压裂示意图

常规水力压裂根据煤体结构不同，可以分为硬煤、顶底板和硬煤、顶底板和软煤 3 种情况。

当钻孔打在硬煤层中时，煤层内水的运动具有渗流、毛细浸润和水分子扩散 3 种状态，且在渗流过程中伴随毛细浸润和水分子扩散现象。压力分解作用导致的裂隙弱面发生扩展、延伸及相互贯通，是建立在原始各级弱面基础上，通过水在裂隙弱面内对壁面产生内压而产生的。水力压裂形成径向引张裂隙，是合力作用的结果，这种裂隙对储层渗透性的改变有重要贡献。

当在顶底板中施工钻孔，煤体结构为硬煤时，水力压裂形成的裂缝可以通过顶板继续在煤层内部延伸，瓦斯运移产出过程为"基质孔隙扩散—煤层内渗流—顶底板内渗流—钻孔产出"模式。煤体结构为软煤时，即使水力压裂裂缝到达煤层，但软煤力学残余强度低，水力压裂只能形成挤胀或穿刺，无法形成有效的裂隙增透，且瓦斯流态仍是两级扩散方式，速度缓慢。但水力压裂把煤层和顶底板强化层统一联系起来，采用水力压裂在顶底板内形成多级和多类型的复杂裂隙网络，促使裂隙增容，瓦斯以最短距离扩散至顶底板缝隙所形成的高速通道，然后以渗流形式快速产出。与原来以扩散为主的本煤层瓦斯抽采相比，常规水力压裂提高了瓦斯抽采覆盖面和抽采效率。瓦斯运移产出为"微孔扩散—大孔扩散—顶底板渗流—钻孔产出"模式（图 3-8）。

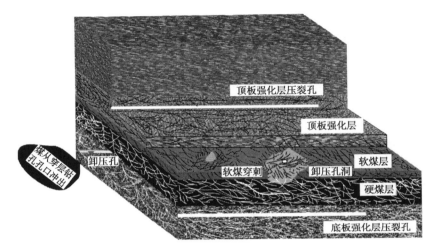

图 3-8　基于强化层的体积改造增透示意图[13]

3.3.2　吞吐压裂增透

吞吐压裂增透[13]是通过向钻孔内不断注入压裂液，并快速卸压排水排渣，经过反复压入、排出，开启、延伸煤层裂隙并形成一个裂隙网络体系，排出煤岩粉实现卸压增透，同时又会产生裂缝的自我支撑，增大煤岩层的透气性，提高瓦斯抽采效率的水力压裂工艺。吞吐压裂增透是水力强化中最佳的、能够实现体积改造的增透方式。吞吐压裂在硬煤中的增透机理如下所述。

1）洞穴增透

吞吐压裂进行反复的储层改造，使煤岩体力学性质发生改变，湿润煤体的弹性减小，塑性增大，弹性模数降低。返水排渣过程中，钻孔周围煤体被破坏排出，形成洞穴。洞穴的形成使煤层所受的应力场重新分布，垂直作用在洞穴上的应力也发生变化，并被部分转移到洞穴的壁面，在煤层中形成了指向钻孔的单向负荷，引起煤体因缺乏支撑而向钻孔中大幅度移动，这种影响在煤层内不断延续，可以扩展到洞穴周围一定范围内，引起钻孔压裂影响范围内地应力降低、煤层得到充分卸压，有效地开启、延伸、沟通了裂隙，形成较大范围内的体积改造，达到消除突出和增透的目的。

吞吐压裂形成的洞穴在煤层中形成卸压、排放瓦斯区，大幅度增加了煤层卸压带的范围；形成的较大洞穴同时为煤体位移提供了充分的空间，使钻孔不至于因后来的孔壁煤体垮落而发生堵塞，达到瓦斯快速、持续排放的效果。

2）裂隙增透

钻孔周边形成的洞穴对改善煤层渗透性贡献有限，只能使储层导流能力提高 5%。吞吐压裂增透的关键是洞穴周围形成的 4 种裂隙体系：径向引张裂隙、周缘引张裂隙、剪切裂隙和转向裂隙。

3）应力场扰动卸压增透

吞吐压裂能够有效改造煤岩层的裂隙体系，使其容积最大化，同时在压裂过程中，高压水的破、冲、切、割等作用，打破了已有地应力场、压力场的平衡，使地应力、瓦斯压力得到有效释放并且在强化范围内更加均一化，大大减少了应力集中的可能性，降低了煤与瓦斯突出的危险，提高了瓦斯抽采浓度和抽采量。对消除突除而言，这是水力强化最重要的一个方面。

钻孔完成吞吐压裂之后，最大和最小水平主应力沿钻孔两侧可划分为三带：卸压带、应力集中带、原始应力带。沿最小水平主应力方向在洞穴冒落带、剪切裂隙及周缘引张裂隙的作用下，形成钻孔沿最小水平应力方向的卸压带。沿最大水平主应力方向在洞穴冒落带、转向裂隙、径向引张裂隙、周缘引张裂隙的共同作用下，形成钻孔沿最大水平主应力方向的卸压带（图3-9、图3-10）。

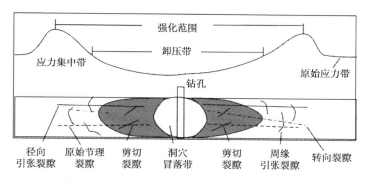

图 3-9　最小水平主应力方向三带状态分布情况

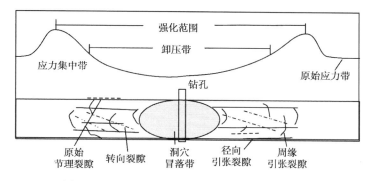

图 3-10　最大水平主应力方向三带状态分布情况

　　最小和最大水平主应力方向形成的卸压带交错、叠加，使煤岩体内形成最大体积的空洞和最大范围的裂缝，有效提高了煤层透气性系数。但由于压裂泵能力及煤岩体本身力学性质、地应力的限制，洞穴冒落带及裂隙体系不可能无限制的在最小和最大水平主应力方向展布，当逐渐远离钻孔，靠近洞穴冒落带及裂隙体系的边缘时，煤岩体在地应力，瓦斯压力，注入水压力冲击、堆实、挤压作用下，所受应力达到最大峰值。在最大峰值处，煤层透气性系数降低、抽采瓦斯困难。

　　沿最小和最大水平主应力方向形成的峰值之间为吞吐压裂的卸压带，峰值之外为原始应力带，应力值由峰值逐渐趋于煤、岩层正常应力值。可见采用吞吐压裂要消除应力集中，必须优化合理的压裂半径，把应力集中带逐渐向外推移，实现大范围释放地应力。

　　4）裂缝自支撑增透

　　吞吐压裂不仅产生了洞穴，相比井下常规水力压裂，吞吐压裂产生的 4 类裂缝自支撑机制如图 3-11 所示，主要有以下几个方面的原因。

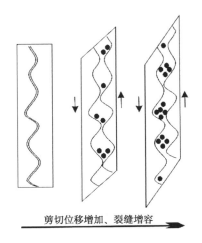

剪切位移增加、裂缝增容

图 3-11　吞吐压裂裂缝自支撑增透机理

　　（1）裂缝增容。在原压开的裂缝系统的裂缝壁面，由于多次高压水的冲刷、浸泡，煤层物性遭到改变，以及快速卸载诱导的剪切应力，人为制造速敏，超过煤体抗剪强度，裂隙被扰动，裂缝壁面坍塌，而吞吐卸压水力强化能对此进行有效清洗，煤粉快速返排，为裂隙预留了更大的空间，造成裂隙增容、导流能力增强。

　　（2）壁面位移支撑。快速卸载诱导的剪切应力，在钻孔附近地带造成裂隙扰动，当瞬时的或稳定的流体流动、运移产生的压力梯度足够大时，煤体沿裂隙发生剪切移动，产生偏轴效应，壁面因错位而相互支撑。

　　（3）颗粒支撑。为了增加水力压裂裂缝的导流能力，加支撑剂（如石英砂等）来阻止裂缝的闭合虽说在理论上有一定的可行性，但是在煤矿井下实践中很难在不伤害储层的情况下将支撑剂顺利注入。而煤矿井下吞吐卸压强化可较好地解决这一问题。

　　在吞吐压裂过程中，裂缝开启宽度同常规压裂一样，均受到地应力、瓦斯压力及煤岩层本身力学性质的影响，不能够无限制开启，尽管大量的煤、岩粉通过已有裂缝体系排出孔外，但一些脆性较大的颗粒由于自身体积及性质限制决定了其无法排出孔外，滞留在裂隙体系内。通常情况下，这种颗粒物具有流动效应，在缺少围限时不具承载力或承载力不强，不能用于支撑裂缝，但吞吐压裂下的煤岩颗粒此时不但可以承载，在蠕变趋于稳定之后，其承载能力相当可观。颗粒支撑作用延长了裂缝闭合的时间，保障了瓦斯流动的通道。

在顶底板岩层中施工钻孔，吞吐压裂可以在煤层顶底板开启径向引张裂隙、周缘引张裂隙、转向裂隙、剪切裂隙，有效沟通煤层与钻孔，形成较大范围的裂隙体系，显著增强煤岩体的透气性。

对于硬煤，采用吞吐压裂与在硬煤中直接实施吞吐水力压裂相似，既改造了顶底板岩层又改造了煤层，主要依靠吞吐压裂之后煤岩强化层裂缝进行煤层瓦斯的渗流，使瓦斯渗流至钻孔外。

对于软煤，煤层本身无法改造，要通过顶底板强化层裂缝体系沟通煤层与钻孔。软煤瓦斯以最短距离扩散至顶底板裂隙所形成的高速通道，以渗流方式快速产出，与原来以扩散为主的瓦斯抽采相比，提高了瓦斯抽采覆盖面和抽采效率。

3.3.3 水力喷射压裂增透

水力喷射压裂[13, 154]是水力喷射增压后的流体经毫米级直径的喷嘴后转化为高速射流，并迅速进入孔眼；由于孔眼体积有限和水的不可压缩性，孔内流体会挤压射流，其轴心速度迅速衰减，巨大动能重新转化为内能，孔内滞止压力迅速升高，形成增压效应，同时，环空中同样注入流体，并保持井底压力控制在裂缝延伸压力以下，当环空压力和孔内增压值叠加后超过地层起裂压力时，孔眼末端岩石就会立即起裂；由于喷嘴周围会形成低压区，环空流体会被卷吸入裂缝，驱使裂缝向前延伸的水力强化工艺。

3.3.3.1 水力喷射压裂作用机理

水力喷射压裂工艺可分别在硬煤、软煤、顶底板中应用，其作用机理如下。

1) 水力喷射压裂在硬煤中的作用原理

水力喷射压裂应用于硬煤主要有喷射和压裂两个作用。由压裂泵增压后的流体，经毫米级直径的喷嘴后转化为高速射流，并迅速进入煤层。由于钻孔孔口体积有限及水的不可压缩性，钻孔内流体会挤压射流，其轴心速度迅速衰减，巨大动能转化为内能，并在孔内衰减，高压水的巨大动能又重新转化为压能，孔内滞止压力迅速升高，形成增压效应。当孔内增压值超过地层起裂压力时，钻孔末端煤层就会立即起裂。由于喷嘴周围会形成低压区，环空流体会被卷吸进入裂缝，驱使裂缝向前延伸（图 3-12）。

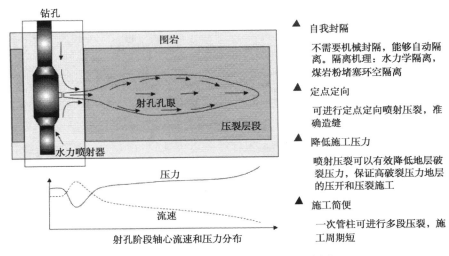

- ▲ 自我封隔

  不需要机械封隔，能够自动隔离。隔离机理：水力学隔离，煤岩粉堵塞环空隔离

- ▲ 定点定向

  可进行定点定向喷射压裂，准确造缝

- ▲ 降低施工压力

  喷射压裂可以有效降低地层破裂压力，保证高破裂压力地层的压开和压裂施工

- ▲ 施工简便

  一次管柱可进行多段压裂，施工周期短

图 3-12　水力喷射射孔阶段压力分布图

　　煤岩层巷道暴露之后，随着时间推移其卸压带深入煤岩帮以里，所以，在煤岩层比较稳定的地点，水力喷射器下入孔内的深度最好不小于 30m，地质构造较为复杂，破碎地带要适当地加大水力喷射器下入孔内的深度。

　　当水力喷射器下入孔内开始喷射时，其喷嘴轴心水射流速度较大，当射到煤岩层开孔时，喷嘴中心流速减小，压力增大，煤岩层破裂。之后，随着射流时间的延续，煤岩层孔眼逐渐增大，呈梨形。由于孔眼体积不能很快变大，而射入的水量在不断增加，射流压力也随之增大，但射流速度减小。在孔眼内外压差作用下，孔内高压水返至孔口，与进入孔口的水达到平衡，形成水环式封孔（图 3-13）。

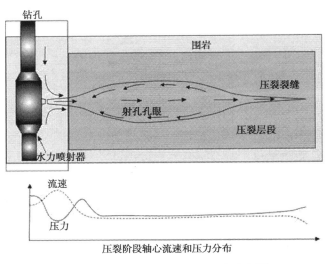

图 3-13　水力喷射压裂阶段压力分布图

当孔内射流压力增加至煤岩层破裂压力时，煤岩层开始起裂，孔内压力降低，流速有所增加，裂缝延伸，但水射流速度大于裂缝的延伸速度，因此，表现为裂缝延伸时压力增大、流速减小。水射流在均质煤岩层中压裂时，压力和流量呈类似余弦、正弦曲线，但往往由于煤岩层的非均质性及泵能力限制，类似正弦、余弦曲线周期较短，甚至不足一个周期，裂缝末端水压力有限，难以有效支持裂缝的延伸，从效率方面考虑应该停止注入。

水力喷射压裂由于钻孔体积小，喷射一方面使钻孔形成孔洞，起到卸压作用；另一方面喷射的高压水对煤层进行压裂，开启、延伸、沟通裂缝，压裂过程同常规压裂过程，在此不再赘述。

由于水力喷射压裂可实现水环式自动封孔，在钻孔施工较为平滑、笔直的前提下，可实现对煤层定向、定点、分段喷射压裂，使煤层增透更为均匀，有的放矢地对喷射压裂范围之内的煤层进行抽采，提高抽采效果。

2）水力喷射压裂在软煤中的作用原理

水力喷射压裂应用于井下软煤主要有喷射和冲孔两个作用。

（1）喷射对软煤的作用。在已施工的钻孔中，首先，利用水力喷射对钻孔煤层段的孔壁进行打击、破碎煤体，并在一定时间内冲出大量煤体，形成较大直径的孔洞，从而破坏煤体的原应力平衡状态，孔洞周围煤体向孔洞方向发生大幅度位移，促使应力状态重新分布，集中应力带前移，有效应力降低；其次，煤层中的应力降低打破了瓦斯吸附与解吸的动态平衡，使部分吸附态瓦斯转化成游离态瓦斯，而游离态瓦斯则通过裂隙运移得以排放，大幅度释放煤体及围岩中的弹性潜能和瓦斯膨胀能，煤层瓦斯透气性显著提高；最后，高压水润湿了煤体，可降低煤体中残存瓦斯的解吸速率，起到抑制瓦斯涌出的作用。从 RFPA 软件模拟图（图 3-14）可以看出，随着水压的增大，煤层中的软分层被逐渐冲出，在煤体中形成两个梨形的洞穴。

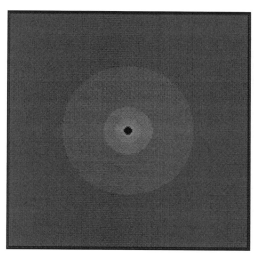 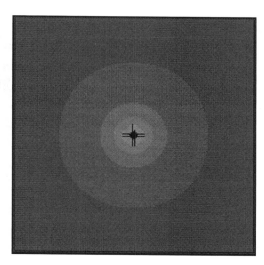

（a）   （b）

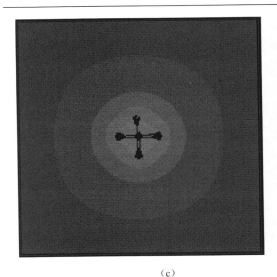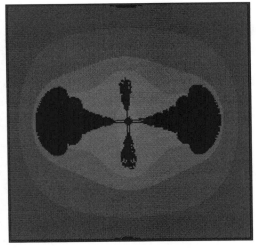

（c）　　　　　　　　　　　　　　　（d）

图 3-14　软煤水力喷射压裂过程模拟图

（2）水力冲孔对软煤的作用。水力喷射过程中，软煤部分冲击到钻孔与喷射管环空处，由于喷射速度大于软煤喷出速度，环空处的软煤不断地填充、压实，起到了封孔作用，钻孔只有微量出水，起到了封孔压裂煤层的作用，这是地面井水力喷射压裂所不具备的。但由于软煤本身受地应力、瓦斯压力、构造应力的作用，性质与硬煤具有明显差异，压裂在软煤中难以起到裂缝的开启、延伸和沟通作用，只能在冲出孔洞后发生挤胀和穿刺。因此，在软煤中使用水力喷射压裂工艺，最好是在水力喷射压裂孔周边施工排渣孔，以便在压裂中使煤和瓦斯大量排出，起到卸压和平衡应力的作用，可对水力喷射范围之内的煤层进行体积改造，大规模地提高抽采效率。

软煤煤体硬度小，抗张能力弱，因此，在对软煤进行水力喷射压裂时，难以保持喷射孔口煤体的完整性，将会有部分构造软煤被水力喷射至钻孔内随压裂液流向孔口，导致难以进行水环式封孔。在高压水的作用下软煤流向孔口，随着钻孔深度的加大，软煤粉流向孔口的阻力增加，孔内高压水流向孔口的压力逐渐减小，当软煤流向孔口的阻力与该处高压水流向孔口的压力相等时，软煤难以再向孔口流动，而是不断地堆积，可以起到一定的抗压作用，达到钻孔煤粉自我封堵的效果。封孔抗压能力的大小随钻孔深度的加大而增大。但为了保障水力喷射压裂在作业时的安全性，可在孔口设置锚固，以保障在压裂过程中孔内压裂管不至于被高压水顶出孔外。

在软煤中应用水力喷射压裂技术，可释放大量瓦斯和冲出一定数量的煤，在煤体中形成一定的卸压、排放瓦斯区域，而在这个安全区域内，破坏了突出发生的基础条件，起到了有效防治突出的作用。

对于煤矿进行裸眼水力喷射压裂而言，钻孔的一个最重要的自我封隔机理是煤岩粉将环空堵塞。在环空被煤岩粉堵塞、钻孔自我封闭后，施工压力将急剧上升，当超过顶底板破裂压力后，会把顶底板压开，形成顶底板岩层强化层，达到间接抽采瓦斯的目的。

3）水力喷射压裂在顶底板岩层中的作用原理

水力喷射压裂在顶底板岩层中的作用原理与其在硬煤中的相似。作用过程分两种情况：①对于顶底板和硬煤，在顶底板岩层中实施并进行水力喷射压裂，其喷射压裂过程为当岩石的顶底板裂缝开启、延伸后，喷射压裂水会通过顶底板裂缝对煤层进行压裂，最大程度上沟通裂缝，使煤层瓦斯以渗流方式迅速通过顶底板裂缝进入钻孔中，提高瓦斯抽采强度，减少衰减。②对于顶底板和软煤，当实施顶底板岩层钻孔压裂后，软煤中的瓦斯扩散到顶底板裂缝网络，然后以渗流形式产出。

3.3.3.2　水力喷射压裂的特点

水力喷射压裂技术与其他水力压裂技术相比有着突出的优势和特点。

（1）水力喷射压裂适用于任何地质条件：水力喷射压裂可对本煤层钻孔、穿层钻孔、顶底板岩层钻孔进行喷射压裂，在硬煤和顶底板岩层中的作用过程为喷射—压裂，而在软煤中为喷射—冲孔—压裂顶底板岩层，使用范围广，效果明显。

（2）水力喷射压裂可实现裂缝延伸最大化：水力喷射压裂技术是一项有效控制煤岩裂缝起裂的增透措施。水力喷射在钻孔末端产生较高的滞点压力，在该处煤岩产生多条微裂缝，降低了裂缝的起裂压力，有利于压裂过程生成大裂缝，使煤层增透范围最大化。

（3）水力喷射压裂可实现自我封隔：水力喷射压裂不需要机械封隔或化学材料封孔，减少了作业风险、缩短了作业时间、降低了强化成本。

（4）水力喷射压裂可实现定点、定向压裂：利用水力喷射定点、定向压裂，可以将喷射压裂工具准确下到设计造缝位置，能够在钻孔中准确造缝。裂缝基本是在射孔通道的顶端产生并延伸，有效控制了煤岩层裂缝的起裂方向和延伸方向。

3.3.4　水力压冲增透

水力压冲增透可分为两种形式：一种是吞吐式水力压冲。通过高压水冲刷孔壁扩孔，排出煤岩粉，改变钻孔周边应力分布，提高钻孔周边煤体的透气性。另一种是注入式水力压冲。高压水从中间孔注入，煤岩粉在高压水作用下从周边孔排出，从而改变钻孔周边的应力分布，提高煤体的透气性，其卸压影响范围更大。

3.3.4.1　吞吐式水力压冲

吞吐式水力压冲卸压过程是煤体破坏剥落排出，应力状态改变，瓦斯大量释放的过程。首先，利用高压水射流破碎煤体，在一定时间内由压裂孔冲出大量煤体，形成较大直径的孔洞，从而破坏煤体原应力平衡状态，孔洞周围煤体向孔洞方向发生大幅度位移，促使应力状态重新分布，集中应力带外移，有效应力降低；其次，煤层中新裂缝的产生和应力降低打破了瓦斯吸附与解吸的动态平衡，使部分吸附态瓦斯转化为游离态瓦斯，而游离态瓦斯则通过裂隙运移得以排放，大幅度释放了煤体及围岩中的弹性潜能和瓦斯膨胀能，煤层瓦斯透气性显著提高；最后，高压水润湿煤体，降低煤体中残存瓦斯的解吸速率。吞吐式水力压冲过程冲出了大量瓦斯和一定数量的煤，因此在煤体中形成一定的卸压、排放瓦斯区域，在这个安全区域内，破坏了突出发生的基础条件，起到了有效防治突出的作用。

1）硬煤吞吐式水力压冲

硬煤吞吐式水力压冲强化机理主要有 3 个方面：①由于在硬煤中进行水力扩孔后，孔径变大，应力集中带外移，卸压范围增大，同时水力压冲过程中吐出煤岩粉，周边煤体进一步卸压。②压冲钻孔周边的煤体沿钻孔坍塌形成冒落带，同时冒落带周边煤体产生的周缘引张裂隙和剪切裂隙进一步扩展，导致钻孔周边的应力集中带进一步向外推移，因而在钻孔周边一定范围内形成新的卸压带。③由于应力集中带向外移动，卸压范围扩大，在钻孔周边一定范围内应力分布变得均匀，消除了应力集中，同时煤体充分湿润，力学性质改变，弹性模数降低，增强了煤体的塑性，进一步了平衡应力场和压力场（图 3-15）。

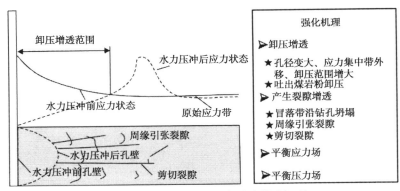

图 3-15　硬煤吞吐式水力压冲增透机理

2）软煤吞吐式水力压冲

软煤吞吐式水力压冲强化作用主要有两个方面：①在软煤中进行水力压冲过程中，大量煤岩粉被冲出，形成较大洞穴，由于钻孔周边的软煤强度较低，且具有一定的流变特性，在洞穴周边易形成冒落带，应力集中带向后移动，同时还可能在冒落带上方的硬煤分层和顶板形成剪切裂隙和周缘引张裂隙，因而在钻孔周边较大范围内形成卸压带。②应力集中带向外移动，卸压范围扩大，应力分布变得均匀，在钻孔周边一定范围内消除了应力集中，因而起到了一定的平衡应力场和压力场的作用（图 3-16）。

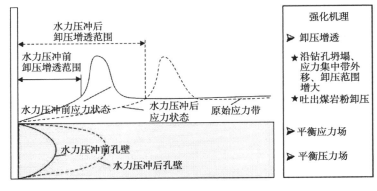

图 3-16　软煤吞吐式水力压冲增透机理

3.3.4.2 注入式水力压冲

1) 硬煤注入式水力压冲

（1）压裂及裂隙扩展。首先是利用高压水压裂钻孔周边的煤体，形成压裂裂隙，同时在周边形成径向引张裂隙，应力集中带向外移动，卸压范围扩大；其次是通过中间孔注入的高压水沿裂隙通道进行压冲，压冲煤粉后沿周边孔排出，增强裂隙导通能力。同时，压冲过程中冲出部分煤体后由于卸压形成一些剪切裂隙，煤体裂隙产生一定的膨胀，渗透性进一步增强。通过合理布置注水孔和卸压孔间隔及注水孔泵注参数，高压注水产生的裂隙扩展到卸压孔的抽采半径范围以内，在高压水挤压和抽采负压的共同作用下，抽采孔周围更大范围煤体内的瓦斯不断被抽出，增大了抽采的影响半径，达到了提高瓦斯抽采量的效果（图 3-17）。

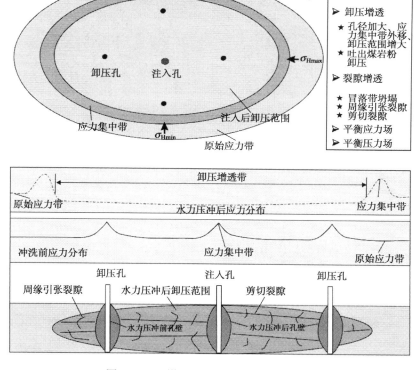

图 3-17　硬煤注入式水力压冲增透机理

（2）裂隙的自我支撑作用。

高压水在煤层中的割理、裂隙等各级弱面内扩展的同时，裂隙中的高压水在压力梯度的作用下在裂隙中流动，冲洗裂隙中的填充物，并携带冲洗后的细小填充物如煤粉或煤泥等物质在煤层裂隙中运动，最终顺着煤层的裂隙向钻孔排出，而剩下大颗粒填充物则起到支撑裂隙的作用，从而大大提高了裂隙的透气性。

　　使用 RFPA 软件模拟硬煤注入式水力压冲过程，如图 3-18 所示，其中，图 3-18（a）左孔为水力压冲钻孔（水压作用），右孔为排渣孔，随着水力压冲钻孔内水压的增大，水力压冲钻孔周边开始形成裂缝，如图 3-18（b）所示；随着压力增大，裂缝进一步扩展，如图 3-18（c）图所示；当压力增大到一定值时，裂缝扩展到排渣孔，压裂产生的渣体从排渣孔排出。

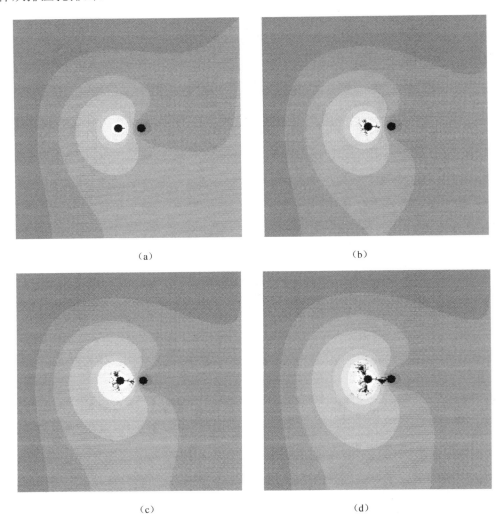

　　　　　　（a）　　　　　　　　　　　　　　　　（b）

　　　　　　（c）　　　　　　　　　　　　　　　　（d）

图 3-18　硬煤注入式水力压冲过程模拟图

　　（3）驱替瓦斯。

　　瓦斯作为成煤过程中的伴生气体，一部分以游离态存在于煤体的裂隙之间，并沿煤体中的裂隙运移；而另一部分则通过与煤分子间的作用力，吸附于煤体孔隙表面。煤作为一种多孔性的固体，其内部煤分子与具有明显极性的水分子之间的作用力，明显大于煤和甲烷分子之间的相互作用力。采取高压注水措施时，在高压水的作用下，煤体内部水分不断增加，形成煤—水—甲烷体系。当煤发生破坏后，煤吸水的牢固性超过甲烷，煤中游离态瓦斯排出，瓦斯含量降低；而渗透进入煤体微孔中的水，则不断挤出瓦斯，使煤体微孔闭合，并以多分子层的形式吸附于煤的内表面，从而封闭了吸附态瓦斯向游离态瓦斯的放散转化通道。注水期间高压水在煤体的裂隙间运动，驱赶出大量自由态的游离态瓦斯，并沿沟通裂隙涌入回采空间，煤体内部瓦斯压力随游离态瓦斯的排放而降低，压力梯度减小。

（4）平衡应力场与压力场。

向较硬煤体注入大于上覆岩层有效压力的高压水后，高压水压裂钻孔周边的煤体，形成压裂裂隙，同时在周边形成周缘引张裂隙，应力集中带向外移动，卸压范围扩大，同时煤体充分湿润，力学性质改变，弹性模数降低，煤体塑性增强，应力分布变得均匀。因此，向硬煤体注入高压水后能有效消除应力集中，平衡应力场和压力场，使煤在采掘过程中的弹性能缓慢释放。

2）软煤注入式水力压冲

当高压水大量快速注入软煤层时，能引起煤体应力的剧烈变化，高压水在通过软煤层时，能携带煤粉在煤层中运动，并使其从卸压孔排出，使得煤体疏松。因此，这种高压注水也可以称为水力疏松煤体，其不仅向煤层注水，造成煤体湿润，而且从煤层排出大量的煤粉，起到疏松煤体的卸压增透作用。

由于部分软煤在高压水作用下从周边卸压孔排出，在注水孔周边形成卸压带。同时，周边孔的孔壁在高压水冲刷作用下发生坍塌、排出煤粉，应力集中带外移，卸压范围增大。通过优化注水孔与卸压孔间距，可达到软煤整体卸压增透的目的（图 3-19）。

3.3.4.3 顶底板岩层中水力压冲

顶底板岩层水力压冲与穿层钻孔水力压冲原理基本一致，同样可分为两种形式：一种是吞吐式水力压冲，通过高压水冲刷孔壁扩孔，改变钻孔周边应力分布，提高钻孔周边煤岩体的渗透性。另一种是注入式水力压冲，高压水从中间孔注入，煤岩粉在高压水作用下，通过裂隙通道从周边岩孔或煤孔排出，从而改变压冲钻孔周边的应力分布，提高岩体和煤体的透气性。

对于硬煤，在煤层顶板或底板施工斜交但不穿过煤层的强化层钻孔依次进行吞吐式水力压冲和注入式水力压冲，达到增透目的。前者在水力扩孔作用下，使煤层顶板或底板强化层钻孔周边岩体及煤体产生引张裂隙和剪切裂隙，将分布在钻孔周边的应力集中带向外推移，在钻孔附近一定范围内形成新的卸压带，裂缝体系不断扩展。后者通过强化层钻孔注入，本煤层钻孔排出煤岩粉，使岩层和煤层孔径进一步扩大，在卸压促进裂缝扩宽连通的同时，在煤层中还将生成新的径向引张裂隙，形成一个强化层与煤层相互连通的大裂隙网络，为抽采瓦斯建立多条"高速通道"。硬煤强化层水力压冲增透机理如图 3-20 所示。

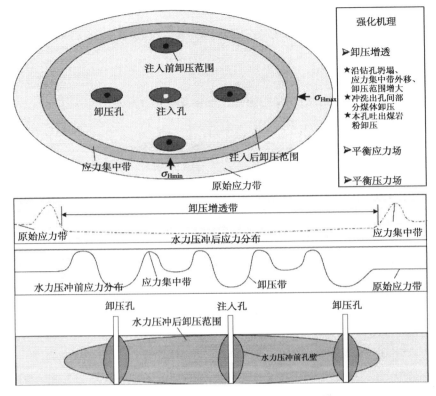

图 3-19　软煤注入式水力压冲压增透机理

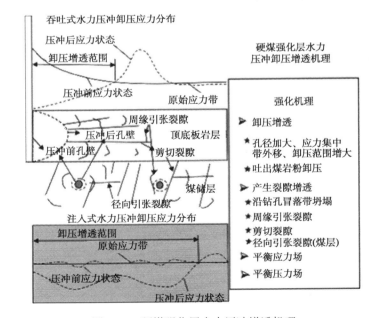

图 3-20　硬煤强化层水力压冲增透机理

对于软煤，同样可以在煤层顶板或底板施工斜交但不穿煤层的强化层钻孔，依次进行吞吐式水力压冲和注入式水力压冲，达到增透目的。前者在水力扩孔作用下，使煤层顶板或底板钻孔周边岩体产生周缘引张裂隙和剪切裂隙，将分布在钻孔周边的应力集中带向外推移，在钻孔附近一定范围内形成新的卸压带，顶底板岩层裂隙网扩展到煤层。后者通过强化层钻孔注入，将大量软煤从本煤层钻孔冲洗排出，煤层中应力集中带也将向远处推移，从而使煤体充分卸压增透，透气性成倍增大，瓦斯运移产出的速度也会成倍增加。软煤强化层钻孔水力压冲增透机理如图3-21所示。

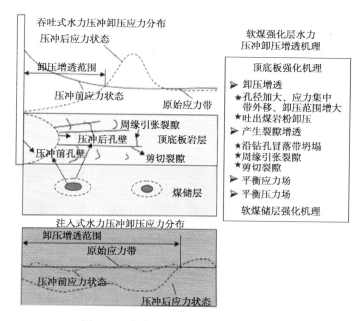

图 3-21　软煤强化层水力压冲增透机理

3.3.5　水力冲孔增透

水力冲孔[155]是在突出煤层中直接应用的一种防治突出措施，它是以岩柱或者煤柱作为安全屏障，钻冲时，随着钻孔的前进，煤、水、瓦斯经过孔道向孔外排出，孔道周围煤体剧烈向孔道方向移动，同时发生煤体的膨胀变形和顶底板的相向位移，引起钻冲影响范围内地应力降低，煤层卸压，裂隙增加，煤层透气性增强，促进瓦斯的解吸和排放，煤的强度增高、湿度增加，既消除了突出动力，又改变了突出煤层的性质，从而起到了在采掘作业时防止煤与瓦斯突出的作用，而且冲出一定量的煤体后在钻孔内形成一个孔径很大的孔洞，其对卸压范围的影响比常规抽放钻孔要大几倍，一方面有利于提高冲孔后的抽放效果，另一方面其有效影响半径相对较大，减少了钻孔施工量，同时也缩短了预抽时间，弥补了常规预抽煤层瓦斯方式的不足（图3-22）。具体作用如下所述。

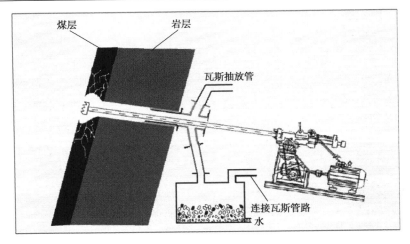

图 3-22　水力冲孔作业示意图

3.3.5.1　卸压增透作用

水力冲孔对煤层卸压增透的作用主用体现在以下几个方面：首先，水力冲孔利用高压水射流冲出大量煤与瓦斯，释放煤体的突出潜能和瓦斯的内能。其次，水力冲孔过程中，高压水进入并湿润煤体，增加了煤体的流变性，缓解了煤体内部的应力集中，进一步消除其突出的危险性。最后，高压水进入煤体裂隙，促进煤层裂隙的扩张和发育，增强了煤层的透气性，使得水力冲孔的瓦斯抽采半径要比一般钻孔大得多，从而增加了瓦斯抽采量和抽采效率，增大了煤层中卸压增透的范围。

3.3.5.2　排放瓦斯作用

水力冲孔卸压增透就是在冲孔钻孔周围煤体中重新构建不稳定平衡状态的过程，水力冲孔之后在卸压增透区域会经历应力升高、裂隙发育、应力快速释放和恢复平衡的过程，在钻孔周围由近及远依次形成瓦斯充分排放区、瓦斯排放区、瓦斯压力过渡区和原始瓦斯压力区。

首先，位于水力冲孔钻孔附近的煤体由于受到水力冲孔的直接影响，处于瓦斯充分排放区。煤层裂隙充分发育，绝大部分瓦斯在冲孔过程中被排出，剩余的瓦斯也在冲孔结束后被迅速排除，瓦斯压力下降很快。其次，位于瓦斯排放区和瓦斯压力过渡区的煤体，由于受到水力冲孔的影响，瓦斯压力都呈现出先升后降的趋势，但是各自的变化程度会有所不同。最后，距水力冲孔距离稍远的瓦斯压力过渡区，在水力冲孔后 30 天左右时瓦斯压力都会发生明显下降，而后瓦斯压力趋于稳定，这说明在水力冲孔之后煤层原始应力和瓦斯压力的不稳定平衡状态被打破后，煤层裂隙发育，透气性增强，瓦斯压力逐渐降低，30 天之后煤层处于新的不稳定平衡状态，因此瓦斯抽采的最佳时间为一个月左右。

3.3.5.3　防突作用

水力冲孔一般是在突出煤层中直接应用的一种防治突出措施，它是以岩柱或者煤柱作为安全屏障。水力冲孔防突措施的主要消突原理如下所述。

1）瓦斯压力的降低

煤层中的瓦斯压力是煤与瓦斯突出的重要动力，这个压力在煤与瓦斯突出过程中有3个作用：①激发突出、使突出不断发生并使破裂向煤体内部发展和搬运突出的碎煤。在实施水力冲孔措施期间，由于高压水对煤体的冲击作用，煤体在瓦斯压力和水射流冲击作用下发生小型突出，部分瓦斯由于水力冲孔的破煤和排煤作用而被释放。②在水力冲孔期间及之后，由于孔道周围煤体卸压发生径向移动而膨胀变形，钻孔的有效影响范围扩大，煤体的透气性增强，瓦斯在高瓦斯压力梯度作用下从煤体深处源源不断地涌向钻孔。③煤体处于湿润状态时占据了瓦斯吸附煤体的空间，有效减小了瓦斯放散初速度，进而减少了瓦斯形成较大压力梯度的机会。

2）地应力方面

煤层及围岩的弹性势能也是煤与瓦斯突出的重要动力，它在突出过程中的有3个作用：一是诱导突出；二是在突出过程中和瓦斯压力共同作用对煤体进行剥蚀、破坏及搬运；三是影响煤层内的裂隙发育程度、控制瓦斯运移状况和瓦斯状态的转化过程。高压水射流的射流冲击力，造成钻孔周围煤体破碎、掉落，逐渐在煤体中形成一个大尺寸的孔洞，孔洞周围的煤体在孔道方向发生大幅度的径向位移，造成钻孔周围煤体向钻孔方向移动，从而引起孔道影响范围内地应力释放、卸压范围变宽而且集中应力向较远的煤体内移动，降低了煤与瓦斯突出的危险性。

3）改变煤体的物理力学性质

在实施水力冲孔措施时水有两个作用，一是冲击煤体使煤体破碎诱发突出，形成冲孔卸压孔洞；二是使煤体湿润，并使破碎的煤渣或煤粉流出钻孔，保证冲孔的持续进行。高压水对煤体的湿润作用使煤体的脆性减弱，增强了煤体的可塑性，降低了煤体的弹性势能，也间接提高了其抵御突出的能力。

3.3.6　其他工艺

其他常见的强化增透技术主要还包括高压水射流扩孔、水力割缝、深孔控制预裂爆破和水力挤出等技术。

1）高压水射流扩孔

高压水射流扩孔技术是将一种可喷出高压水射流、自行旋转的扩孔射流器下到已施工的小钻孔中，对钻孔进行旋转切割，从而达到扩大钻孔直径，增加钻孔附近煤体的暴露面积，将钻孔卸压范围和影响半径扩大，提高钻孔瓦斯抽放效果的目的。

该技术先后在川煤集团芙蓉公司白皎煤矿、重庆松藻煤电有限公司渝阳煤矿、淮南矿业集团新庄孜煤矿等地进行了试验。虽然高压水射流扩孔技术取得了一定的效果，但扩孔直径较小，一般不超过1m，卸压范围有限，同时下行钻孔的排渣问题也很难得到有效解决。

2）水力割缝

水力割缝技术[156]是在已有的钻孔内，采用高压水射流对钻孔两侧的煤体进行切割，在煤体中形成一定深度的扁平缝槽，同时将切下来的煤块用水流带出孔外，扁平缝槽周围的煤体应力得到局部释放、卸压，从而达到改善瓦斯涌出通道，提高瓦斯抽采效率的目的。

　　常规水力割缝技术在一定程度上能使煤层局部应力重新分布，达到一定的增透效果。但由于切割的裂缝宽度有限，一般只有 30～50mm，裂缝延伸长度和卸压范围有限，一般不超过 4～10m，增透效果也有限。

　　近年来，有关学者[157, 158]提出超高压（100MPa）水力割缝技术，系统设备包括高压水泵、高压软管、密封钻杆、切割喷头等。该技术在川煤集团攀煤公司小宝鼎矿进行了地面及井下试验，相比传统密集钻孔法和常规水力割缝技术，超高压水力割缝技术瓦斯抽采量可增加 4 倍，抽采时间可缩短 2/3，具有抽采量大、抽采半径增加及测定所需的时间短等优势。

　　3）深孔控制预裂爆破

　　深孔控制预裂爆破技术是利用炸药爆炸的威力、瓦斯压力和控制钻孔的导向、补偿作用，使爆破钻孔和控制钻孔之间的原始径向裂隙先扩张，形成长裂缝，并形成大量的封闭贯通裂缝，同时产生新的裂隙，从而提高煤层的透气性，增加瓦斯排放量，缩短抽放时间。其主要特点是爆破钻孔和控制钻孔相间排列，在炸药爆炸后，由于爆破钻孔附近辅助自由面-控制钻孔的存在，压缩应力波传到该自由面时，会使介质从自由面向里偏落，使裂隙进一步扩展延伸，增加裂隙区的范围，提高煤层的透气性。多次试验表明深孔控制预裂爆破在提高煤层透气性，增加煤层瓦斯抽放效率方面取得了一定的成效。但该技术受地应力、瓦斯压力、煤体坚固性、钻孔孔径和孔间距等诸多因素的影响。地应力大不利于爆破裂隙的扩展、延伸；煤体坚固性对裂隙发展也有很大的影响；钻孔孔间距过大也不利于裂隙的延伸。综合以上因素，地应力、煤体坚固性、钻孔孔间距越小，瓦斯压力越大，越有利于裂隙扩展。但在瓦斯压力较大的软煤中进行爆破又容易诱发突出。所以，深孔控制预裂爆破技术的应用具很大的局限性。

　　4）水力挤出

　　水力挤出技术[159]目前多应用于有突出危险的煤层掘进作业之前，其基本机理是对掘进工作面前方的煤体进行注水，煤体在水流挤压作用下部分开裂，煤体整体向巷道产生少量位移，同时部分瓦斯得到释放，因而会在前方煤体中形成一定的卸压、瓦斯排放区域，在该区域可预防突出的发生。

　　我国于 20 世纪 70 年代由煤炭科学研究总院抚顺和重庆分院在湖南白沙矿区、贵州六盘水矿区等进行了试验研究，由于操作和安全管理较为复杂，该技术仅在回采工作面使用，而未能在掘进工作面得到推广，近年来先后在焦作煤业（集团）有限责任公司、鹤壁中泰矿业有限公司等矿区进行了掘进工作面试验，取得了一定的成果。但水力挤出技术有其明显的不足，由于其注水泵多选用额定压力较低的乳化液泵，其提供的注水压力过低，同时水力挤出施工的钻孔深度一般为 8～10m，封孔深度一般为 2.5～3m，其注水量一般也较低，在 0.2m³ 左右。所以注水形成的煤层裂隙有限，影响范围也较小，不能在很大程度上提高煤体的透气性，瓦斯释放的体积也有限。

　　各种水力化措施技术特征对比见表 3-8。

表 3-8　各种水力化措施技术特征对比

措施	原理	特点	适用条件
水力强化[①]	高压水通过钻孔以大于煤岩层滤失速率的排量注入，克服最小地应力和煤岩层的抗拉强度，使煤岩层破裂，形成裂隙网络，实现造缝增透；同时利用井下特有的工程条件，采用压冲一体化排出部分煤岩体，实现卸压增透。煤矿井下水力强化包括常规水力压裂、吞吐压裂、水力喷射压裂和水力压冲 4 种类型	①水力强化钻孔封孔器封孔或化学材料封孔，封孔要严实，抗压强度大；②水力强化注入设备复杂，一般需配套专用设备；③注入流量大、压力高；④水力强化钻孔工程量小，抽采钻孔间距大；⑤水力强化钻孔单孔影响范围大；⑥以开启裂缝和出煤卸压为增透手段，增透效果显著；⑦钻孔瓦斯流量衰减速度慢、有效抽采时间长、抽采效率高；⑧水力强化后抽采效果评价方法多	适用于区域或局部消突；I、II、III、IV、V 类煤体结构煤层
水力割缝	在煤体内部形成扁平缝槽，卸压，增强透气性，促进瓦斯解吸与流动；缝槽周围煤体向缝槽方向移动，扩大了卸压范围；使煤层地应力和瓦斯压力重新分布，趋于平衡	①无需封孔；②注入设备复杂；③注入流量小、压力高；④单孔增透范围有限，增透均匀；⑤作业时间长；⑥硬煤割不动、软煤成缝难；⑦割缝卸压有限，瓦斯超限频繁	多用于回采工作面；III、IV 类煤体结构煤层
水力冲孔	依靠高压水射流在煤体中形成孔洞卸压，促进瓦斯解吸和排放；释放煤层和围岩中的弹性潜能和瓦斯的膨胀能，煤的塑性增强，湿度增加，减少了突出的动力	①无需封孔；②注入设备较复杂；③注入流量大、压力高；④单孔卸压范围有限；⑤作业时间长；⑥硬煤冲不动；⑦瓦斯超限频繁	多用于穿煤层钻孔；III、IV、V 类煤体结构煤层
高压注水	深部煤体破坏卸压，弹性潜能释放，应力集中带内移；使煤体湿润、塑性增加，力学强度降低；封闭瓦斯流动和扩散通道，吸附态瓦斯转为游离态瓦斯更加困难，起到封闭瓦斯的作用	①封孔器封孔；②注入设备较复杂；③注入流量大、压力高；④抑制瓦斯解吸；⑤减少工作面回采粉尘	适用于瓦斯涌出量大、粉尘多的回采工作面
水力挤出	使工作面范围内煤体破裂，应力释放，集中应力带前移，增加了煤体抵抗突出的能力；煤的弹性潜能减小，塑性增强，煤与瓦斯突出的可能性降低	①封孔器封孔；②注入设备较复杂；③注入流量小、压力大；④钻孔工程量较小；⑤影响范围为煤体前方 10~20m；⑥抽采有效时间短；⑦可能诱发煤层倾出，已停止使用	适用于掘进工作面；III、IV、V 类煤体结构煤层
水力掏槽	高压水射流连续破碎前方煤体，形成面积约 1.0m[2]、深约 15m 的槽洞；释放大量瓦斯，煤体力学性质改变；应力集中带向深部和两侧转移	①无需封孔；②设备较复杂；③注入设备流量大、压力高；④瓦斯超限频繁；⑤用于掘进工作面，但已停止使用	适用于掘进工作面；III、IV、V 类煤体结构煤层

3.4　小　　结

本章总结了常规瓦斯抽采技术分类，分析了开采层、邻近层、围岩、采空区、综合瓦斯抽采技术的特点及其优缺点。查明了开采层常规水力压裂增透机理，高压水使裂隙弱面发生扩展、延伸及相互贯通，同时还可以平衡应力场和压力场，增大卸压范围。吞吐压裂在形成钻孔洞穴的同时形成 4 种裂隙：径向引张裂隙、周缘引张裂隙、剪切裂隙和转向裂隙，该工艺不但可以通过以上裂隙进行增透，还可以排出煤粉实现卸压增透，因此对硬煤层和软煤层均适用。水力喷射压裂适用于硬煤层和软煤层，而且还可以用于虚拟层强化，主要特点在于可以实现钻孔自我封隔、分段、定位和定向压裂，实现准确造缝的目标。水力压冲分吞吐式和注入式两种模式，按硬煤和软煤层两种情况，分别探讨了裂隙形成和卸压机理，主要特点在于压冲时可大量排出煤粉，实现卸压增透，消除应力集中带。而水力冲孔具有卸压增透、排放瓦斯、降低瓦斯压力、消除应力集中等几方面的作用。总结对比了各水力化措施技术原理、特点及适用条件。

4 煤岩体物性特征

4.1 煤岩体空隙性

4.1.1 煤层孔隙

煤层是一种多孔隙岩层，是由基质孔隙、微观裂隙和宏观裂隙组成的三重结构系统[17]。基质孔隙是吸附态瓦斯的主要储集场所，宏观裂隙是煤中瓦斯运移产出的主要通道，而微观裂隙则是沟通两者之间的桥梁[160]。

煤是一种空隙（孔隙和裂隙）介质，研究煤的孔隙、裂隙结构特征是研究煤体微观结构的主要方法，煤的孔隙结构取决于煤体吸附态瓦斯的性能，裂隙结构取决于煤体内瓦斯的流动性能，因此孔隙结构是研究含瓦斯煤体变形破坏和煤与瓦斯突出的基础性工作。

1）煤孔隙成因分类

煤在漫长的地质演变过程中经历了一系列的物理、化学变化，成气阶段和聚气过程中形成大小不一、形状各异的孔隙，以及地质构造破坏煤层形成一些孔隙，这些孔隙的大小、形状、连通性是瓦斯储集、流动性能好坏的直接反映。孔隙的分类和依据有许多种，按孔隙成因分类能较客观地解释孔隙的形成特征，张慧[63]以煤岩显微组分和煤体变形特征为基础，将煤中孔隙分为 4 类，见表 4-1。

表 4-1　煤孔隙类型及成因[63]

类型		成因
原生孔	组织孔	成煤植物本身所具有的组织孔
	屑间孔	碎屑镜质体、碎屑惰质体和碎屑壳质体等有机质碎屑之间的孔
后生孔	气孔	煤化作用过程中由生气和聚气作用而形成的孔
外生孔	角砾孔	煤受构造应力破坏而形成的角砾间的孔
	碎粒孔	煤受构造应力破坏而形成的碎粒间的孔
	摩擦孔	压应力作用下面与面之间摩擦而形成的孔
矿物质孔	铸模孔	煤中矿物质在有机质中因硬度差异而铸成的印坑
	晶间孔	矿物颗粒之间的孔
	溶蚀孔	可溶性矿物质在长期气、水作用下受溶蚀而形成的孔

2）煤孔隙大小分类及表征

煤中孔隙结构特征（单个孔隙大小、孔隙数量、形状及其连通性）直接影响瓦斯富集性和渗透性的好坏，国内外学者从瓦斯赋存、孔隙与气体作用特征和测试仪器精度方面对孔径大小划分做了大量研究工作。煤中孔隙形态各异，人们常把孔形简化为球形，用孔径（直径或半径）来表示孔的大小，国际纯粹与应用化学联合会（IUPAC）用孔宽来表示多孔物质内孔的大小，具有代表性的孔径划分方案见表 4-2。

表 4-2　煤孔隙结构分类方案比较[98, 99]　　　　　（单位：nm）

分类方案及年代	孔类别					
	大孔	中孔	小孔	过渡孔	微孔	超微孔
ХОДОТ，1961 年	>1000	100～1000	过渡孔 10～100		<10	
Dubinin，1966 年	>20	过渡孔 2～20			<2	
IUPAC，1966 年	>1000	过渡孔 2～20			<2	
Gan，1972 年	>1000	过渡孔 1.2～30			<1.2	
抚顺煤炭科学研究所，1985 年	>100	过渡孔 8～100			<8	
焦作矿业学院，1990 年	>100	10～100			1～1.5	<1
杨思敬等，1991 年	>750	50～750		10～50	<10	
吴俊，1991 年	1000～1500	100～1000		10～100	<10	
俞启香，1992 年	1000～100000	100～1000	10～100		<10	
王大曾，1992 年	>10000	1000～10000			200～1000	<200
秦勇，1994 年	>450	50～450		15～50	<15	
琚宜文，2004 年	5000～20000	100～5000		15～100	<15	

需要指出的是：由于对孔隙测量所采用的方法的差异，不同学者对大孔、中孔、小孔、过渡孔和微孔孔隙大小的规定范围不同，目前对于孔隙大小划分没有统一标准，研究者所提出的数据之间没有可比性。煤中孔隙的形状并非都是球形，采用"直径或半径""孔径"等表示孔隙大小不科学，而采用"孔宽"来表示则相对合理。我国煤炭界对孔隙的分类常用霍多特的十进制分类方案[161]，将煤中孔隙分为以下 4 类：

（1）大孔——具有强烈破坏煤的结构面，构成强烈的层流渗透空间；

（2）中孔——组成缓慢层流渗透空间；

（3）过渡孔——构成毛细管的凝结和扩散空间；

（4）微孔——构成煤中吸附空间。

孔宽大于 10^5nm 的可见孔和裂隙，构成煤体层流与紊流混合的渗透空间。一般把小孔至可见孔的孔隙体积之和称作孔隙容积；孔隙容积和吸附容积称作总孔隙容积。

煤孔隙的表征指标多采用孔容、比表面积、孔隙率和中孔孔宽等参数。

孔容是指单位质量煤中具有的总孔隙体积，单位为 mL·g^{-1}。比表面积是单位质量煤中孔隙所拥有的表面面积，单位为 m^2·g^{-1}。中孔孔宽是指 1/2 孔容或比表面积所对应的平均孔径大小，前者为孔容中孔径宽，后者称为比表面积中孔径宽。孔隙率（φ）是指煤中孔隙体积（V_p）与总体积（V_t）之比的百分数，即

$$\varphi = (V_p / V_t) \times 100\% \tag{4-1}$$

对于煤来讲，通常用密度法来测定煤的孔隙度，即在实验室测定煤的真密度（d）和视密度（r），并用此来计算煤的孔隙率：

$$\varphi = (d - r) / d \times 100\% \tag{4-2}$$

3）煤孔隙形态及连通性

煤是一种复杂的多孔性固体，煤中孔隙形态千变万化且十分复杂，多数为无定形孔，总体上可以分为圆柱形、圆锥形、平板形和细瓶颈形 4 种类型，如图 4-1 所示。煤的总孔隙由有效孔隙和封闭型孔隙组成，有效孔隙为开放型或半封闭型孔隙，孔隙发育部位及其连通性可以用孔隙串联模型和并联模型来描述，瓦斯等流体可以进入孔隙并发生传质运动，而封闭型孔隙则为"死孔"，因此，借助实验方法所测得的煤的孔隙是指煤体中的有效孔隙。

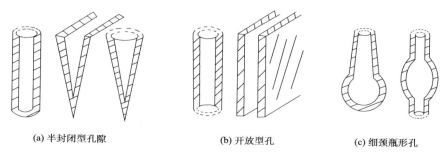

(a) 半封闭型孔隙   (b) 开放型孔   (c) 细颈瓶形孔

图 4-1 煤孔隙形态类型[89]

研究煤孔隙分布特征的方法有很多，其中压汞法、低温液氮吸附法、扫描电子显微镜法是目前最常用的几种方法。低温液氮吸附法能够测定孔径为 0.8～400nm 的孔隙，对研究小于 100nm 以下的微孔和过渡孔分布比较准确；而压汞法能够测定孔径大于 5.5nm 以上范围的孔隙，对研究孔径大于 100nm 以上的中孔、大孔分布比较准确[162]。

4）压汞法孔隙结构测定

本书采集中马村矿无烟煤、车集矿无烟煤、新义矿贫煤、鹤壁中泰矿业有限公司瘦煤煤样，采用霍多特十进制分类方法，利用压汞法求得煤样中大于 5.5nm 孔隙的孔径结构。

（1）孔容及分布特征。

本书对上述矿井中采取的 6 组不同类型硬煤和软煤煤样进行压汞实验，孔容分布实验结果见表 4-3。

表 4-3 压汞法孔容实验结果表

矿井	样品号	类型	孔容/（mL·g⁻¹）					孔容比/%			
			V_1	V_2	V_3	V_4	V_t	V_1/V_t	V_2/V_t	V_3/V_t	V_4/V_t
中马村矿	ZMWY-2	硬煤	0.0033	0.0005	0.0074	0.0086	0.0198	16.67	2.53	37.37	43.43
	ZMWY-4	软煤	0.0081	0.0034	0.0098	0.0083	0.0296	27.36	11.49	33.11	28.04

续表

矿井	样品号	类型	孔容/（mL·g⁻¹）					孔容比/%			
			V_1	V_2	V_3	V_4	V_t	V_1/V_t	V_2/V_t	V_3/V_t	V_4/V_t
车集矿	CJWY-2	硬煤	0.0048	0.0012	0.0085	0.0107	0.0252	19.05	4.76	33.73	42.46
新义矿	XYPM-4	软煤	0.0081	0.0034	0.0098	0.0083	0.0296	27.36	11.49	33.11	28.04
鹤壁中泰矿业有限公司	ZTSM-2	硬煤	0.0007	0.001	0.0084	0.0086	0.0187	3.74	5.35	44.92	45.99
	ZTSM-4	软煤	0.0032	0.0027	0.0116	0.0095	0.0270	11.85	10.00	42.96	35.19

注：V_1 为大孔孔容（孔径 $\Phi>1000$nm）；V_2 为中孔孔容（1000nm>Φ>100nm）；V_3 为过渡孔孔容（100nm>Φ>10nm）；V_4 为微孔孔容（10nm>Φ>5.5nm）；V_t 为总孔容。

由表 4-3 可以看出中马村矿无烟煤硬煤煤样孔容主要集中分布于过渡孔和微孔，各占 37.37%和 43.43%，其他依次为大孔和中孔；无烟煤软煤煤样孔容主要集中分布于过渡孔和微孔，各占 33.11%和 28.04%，其他依次为大孔和中孔，但软煤过渡孔所占比例大于其微孔所占比例，与硬煤相反。车集矿无烟煤硬煤煤样孔容主要集中分布于过渡孔和微孔，各占 33.73%和 42.46%，其他依次为大孔和中孔。新义矿贫煤软煤煤样孔容主要集中分布于过渡孔和微孔，各占 33.11%和 28.04%，其他依次为大孔和中孔，其过渡孔所占比例大于其微孔所占比例。鹤壁中泰矿业有限公司瘦煤硬煤煤样孔容主要集中分布于过渡孔和微孔，各占 44.92%和 45.99%，其他依次为中孔和大孔；软煤煤样孔容主要集中分布于过渡孔和微孔，各占 42.96%和 35.19%，其他依次为大孔和中孔，软煤过渡孔所占比例大于其微孔所占比例。

根据压汞实验数据，分别绘制了孔径与阶段孔容和累计孔容的关系图（图 4-2～图 4-7）。

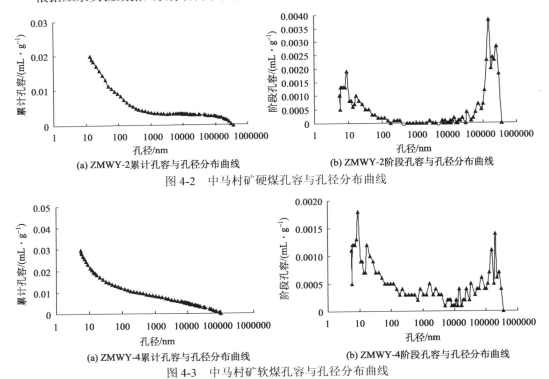

(a) ZMWY-2累计孔容与孔径分布曲线　　　　(b) ZMWY-2阶段孔容与孔径分布曲线

图 4-2　中马村矿硬煤孔容与孔径分布曲线

(a) ZMWY-4累计孔容与孔径分布曲线　　　　(b) ZMWY-4阶段孔容与孔径分布曲线

图 4-3　中马村矿软煤孔容与孔径分布曲线

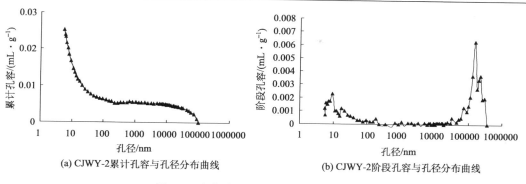

(a) CJWY-2累计孔容与孔径分布曲线　　　　　(b) CJWY-2阶段孔容与孔径分布曲线

图 4-4　车集矿硬煤孔容与孔径分布曲线

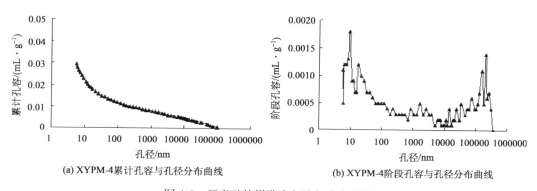

(a) XYPM-4累计孔容与孔径分布曲线　　　　　(b) XYPM-4阶段孔容与孔径分布曲线

图 4-5　新义矿软煤孔容与孔径分布曲线

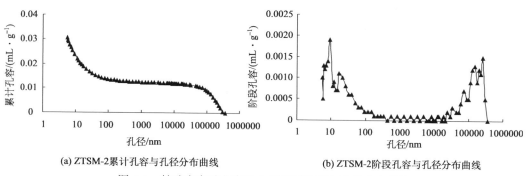

(a) ZTSM-2累计孔容与孔径分布曲线　　　　　(b) ZTSM-2阶段孔容与孔径分布曲线

图 4-6　鹤壁中泰矿业有限公司硬煤孔容与孔径分布曲线

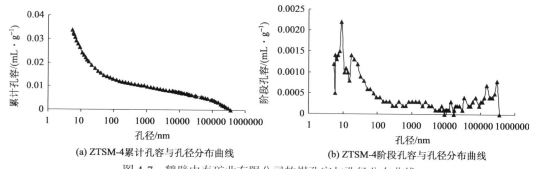

(a) ZTSM-4累计孔容与孔径分布曲线　　　　　(b) ZTSM-4阶段孔容与孔径分布曲线

图 4-7　鹤壁中泰矿业有限公司软煤孔容与孔径分布曲线

　　从图 4-2～图 4-7 可以看出，煤体的构造变形对煤的孔径结构产生了影响，软煤总孔容较硬煤显著增加，其中软煤孔径在 100nm 以下的微孔和过渡孔累计孔容明显增加，高煤级瘦煤-无烟煤总体上以中孔所占比例最小，以过渡孔和微孔为主，其所占比例超过了 60%，是高煤级煤孔隙分布所具有的显著特点。

　　（2）比表面积及分布特征。

　　煤的孔比表面积大小与孔容、孔径分布息息相关，一般情况下，孔容相同则孔比表面积与孔径大小呈负相关关系，即孔隙的孔径越小则煤的孔总比表面积越大，煤吸附瓦斯的能力就越强，反之煤吸附瓦斯的能力越弱。利用压汞法测试煤样各孔段的比表面积及其百分比实验结果，见表 4-4。

表 4-4　压汞法孔比表面积实验结果表

矿井	样品号	类型	孔比表面积/（m²·g⁻¹）					孔比表面积比/%			
			S_1	S_2	S_3	S_4	S_t	S_1/S_t	S_2/S_t	S_3/S_t	S_4/S_t
中马村矿	ZMWY-2	硬煤	0.001	0.01	1.474	4.679	6.164	0.02	0.16	23.91	75.91
	ZMWY-4	软煤	0.006	0.05	1.737	4.545	6.338	0.09	0.79	27.41	71.71
车集矿	CJWY-2	硬煤	0.001	0.017	1.701	5.812	7.531	0.01	0.23	22.59	77.17
新义矿	XYPM-4	软煤	0.006	0.05	1.737	4.545	6.338	0.09	0.79	27.41	71.71
鹤壁中泰矿业有限公司	ZTSM-2	硬煤	0.005	0.039	2.103	5.124	7.271	0.07	0.54	28.92	70.47
	ZTSM-4	软煤	0.006	0.05	1.737	4.545	6.338	0.09	0.79	27.41	71.71

　　注：S_1 为大孔比表面积（$\Phi>1000nm$）；S_2 为中孔比表面积（$1000nm>\Phi>100nm$）；S_3 为过渡孔比表面积（$100nm>\Phi>10nm$）；S_4 为微孔比表面积（$10nm>\Phi>5.5nm$）；S_t 为总孔比表面积。

　　从表 4-4 中可以看出中马村矿无烟煤硬煤煤样总孔比表面积平均为 6.164m²·g⁻¹，无烟煤软煤煤样总孔比表面积平均为 6.338m²·g⁻¹，无论硬煤煤样还是软煤煤样，其孔比表面积主要集中在过渡孔和微孔段，占 99% 以上，其中微孔段分别占 75.91% 和 71.71%，大孔和中孔的比表面积甚微。车集矿无烟煤硬煤煤样总孔比表面积平均为 7.531m²·g⁻¹，其比表面积主要集中在过渡孔和微孔段，占 99% 以上，其中微孔段占 77.17%，大孔和中孔的比表面积甚微。新义矿贫煤软煤煤样总孔比表面平均为 6.338m²·g⁻¹，其比表面积主要集中在过渡孔和微孔段，占 99% 以上，其中微孔段占 71.71%，大孔和中孔的比表面积甚微。鹤壁中泰矿业有限公司瘦煤煤样总孔比表面积变化为 6.338～7.271m²·g⁻¹，平均为 6.80m²·g⁻¹，其比表面积主要集中在过渡孔和微孔段，占 99% 以上，其中硬煤和软煤微孔段分别占 70.47% 和 71.71%，大孔和中孔的比表面积甚微。由此可见，各类煤样大孔和中孔对比表面积的贡献依然较小，均小于 1%，过渡孔和微孔比表面积的大小决定了煤吸附瓦斯性能的强弱。

　　根据压汞实验数据，分别绘制了孔径与阶段孔比表面积和累计孔比表面积关系图（图 4-8～图 4-13）。

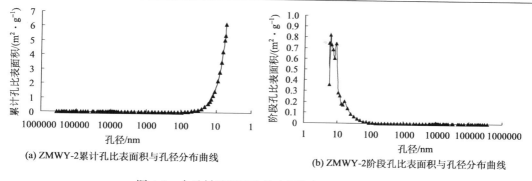

(a) ZMWY-2累计孔比表面积与孔径分布曲线　　　(b) ZMWY-2阶段孔比表面积与孔径分布曲线

图 4-8　中马村矿硬煤孔比表面积与孔径分布曲线

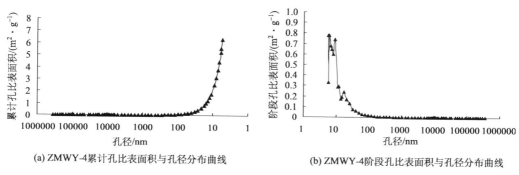

(a) ZMWY-4累计孔比表面积与孔径分布曲线　　　(b) ZMWY-4阶段孔比表面积与孔径分布曲线

图 4-9　中马村矿软煤孔比表面积与孔径分布曲线

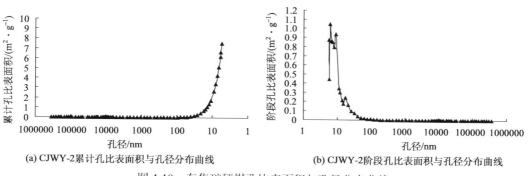

(a) CJWY-2累计孔比表面积与孔径分布曲线　　　(b) CJWY-2阶段孔比表面积与孔径分布曲线

图 4-10　车集矿硬煤孔比表面积与孔径分布曲线

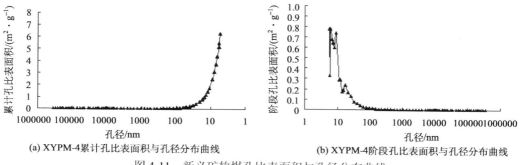

(a) XYPM-4累计孔比表面积与孔径分布曲线　　　(b) XYPM-4阶段孔比表面积与孔径分布曲线

图 4-11　新义矿软煤孔比表面积与孔径分布曲线

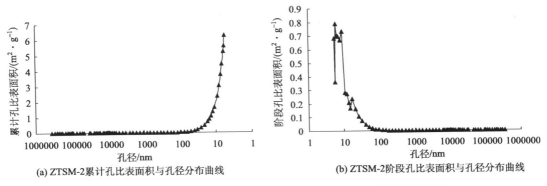

(a) ZTSM-2累计孔比表面积与孔径分布曲线　　　　(b) ZTSM-2阶段孔比表面积与孔径分布曲线

图 4-12　鹤壁中泰矿业有限公司硬煤孔比表面积与孔径分布曲线

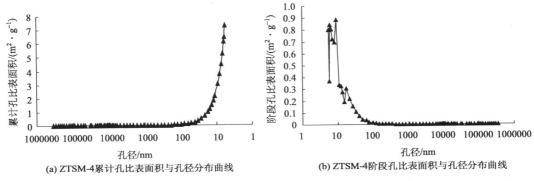

(a) ZTSM-4累计孔比表面积与孔径分布曲线　　　　(b) ZTSM-4阶段孔比表面积与孔径分布曲线

图 4-13　鹤壁中泰矿业有限公司软煤比表面积与孔径分布曲线

　　由图 4-8～图 4-13 可以看出各类煤的孔比表面积主要集中在过渡孔和微孔段,占 99%以上,其中微孔段占 70%以上,大孔和中孔的比表面积甚微。孔比表面积的大小与孔容和孔径的分布特征密切相关,当孔容相同时,较小孔径的孔容所占的比例越高,孔比表面积就越大。微孔孔比表面积和孔容分别表征煤吸附瓦斯能力的大小和储集瓦斯的空间大小,研究表明,孔比表面积越大则煤吸附瓦斯的能力越强,孔容越大则煤储集瓦斯的空间就越大,煤的瓦斯含量特性等受控于两者之间的配置比例,而煤的瓦斯扩散、渗透性能在一定程度上受控于各种类型孔隙的形状及连通性。

　　(3) 孔隙结构其他参数。

　　压汞法测定的孔隙结构其他参数包括孔隙度、喉道直径、排驱压力和退汞效率。由表 4-5 可以看出,中马村矿无烟煤硬煤的孔隙度平均值为 5.8891%,喉道直径平均值为 0.1810μm,排驱压力平均值为 4.0MPa,退汞效率平均值为 37.97%;中马村矿无烟煤软煤的孔隙度平均值为 4.6323%,喉道直径平均值为 0.0199μm,排驱压力平均值为 2.3MPa,退汞效率平均值为 59.23%,其软煤的孔隙度、喉道直径、排驱压力较硬煤低,退汞效率较硬煤高。车集矿无烟煤硬煤孔隙度平均值为 5.5212%,喉道直径平均值为 0.2112μm,排驱压力平均值为 4.2MPa,退汞效率平均值为 61.23%。新义矿贫煤软煤的孔隙度平均值为 4.5323%,喉道直径平均值为 0.0139μm,排驱压力平均值为 2.0MPa,退汞效率平均值为 57.97%。鹤壁中泰矿业有限公司瘦煤硬煤的孔隙度平均值为 5.6721%,喉道直径平均值为 0.1812μm,排驱压力平均值为 3.9MPa,退汞效率平均值为 48.27%;鹤壁中泰矿业有限公司瘦煤软煤的孔隙度平均值为 4.7143%,喉道直径平均值为 0.0379μm,排驱压力平均值为 2.1MPa,退汞效率平均值为 58.43%,其软煤的孔隙度、喉道直径、排驱压力较硬煤低,退汞效率较硬煤高。由此可见高煤级瘦煤-无烟煤比中、低煤级煤的喉道直径低2~3 个数量级,体现了高煤级煤孔隙系统以微孔-过渡孔为主的明显特征;而中、低煤级的退汞效率绝大多数在 80%以上,部分样品达到 90%以上,这表明高煤级储层由孔径结构的配置导致退汞效率明显降低,一般退汞效率较低。研究表明,通常情况下退汞效率越高,意味着其孔隙系统的连通性越好,排驱压力越小,大量存在的孔喉越粗,孔隙结构越有利。

表 4-5 压汞法孔隙结构参数

矿井	样品号	类型	孔隙度/%	喉道直径/μm	排驱压力/MPa	退汞效率/%
中马村矿	ZMWY-2	硬煤	5.8891	0.1810	4.0	37.97
	ZMWY-4	软煤	4.6323	0.0199	2.3	59.23
车集矿	CJWY-2	硬煤	5.5212	0.2112	4.2	61.23
新义矿	XYPM-4	软煤	4.5323	0.0139	2.0	57.97
鹤壁中泰矿业有限公司	ZTSM-2	硬煤	5.6721	0.1812	3.9	48.27
	ZTSM-4	软煤	4.7143	0.0379	2.1	58.43

(4)孔隙连通性分析。

根据压汞实验数据绘制了各类煤压汞回线图(图 4-14~图 4-17)。

中马村矿无烟煤软、硬煤进汞与退汞回线不同,表明其孔隙的连通性也不同,二者压汞回线都表现有下凹型滞后环,说明均以开放型孔隙发育为主,均包括一定数量的半封闭型孔隙。车集矿无烟煤硬煤压汞回线也表现有下凹型滞后环,说明均以开放型孔隙发育为主,包括一定数量的半封闭型孔隙。新义矿贫煤软煤压汞回线也表现有下凹型滞后环,说明以开放型孔隙发育为主,包括一定数量的半封闭型孔隙。鹤壁中泰矿业有限公司瘦煤软硬煤进汞与退汞曲线不同,二者压汞回线也表现有下凹型滞后环,说明均以

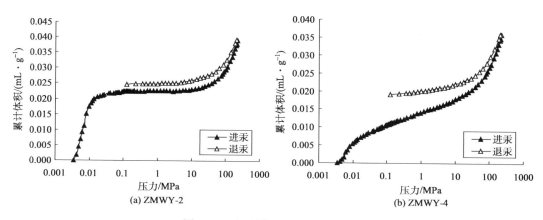

图 4-14 中马村矿无烟煤压汞回线

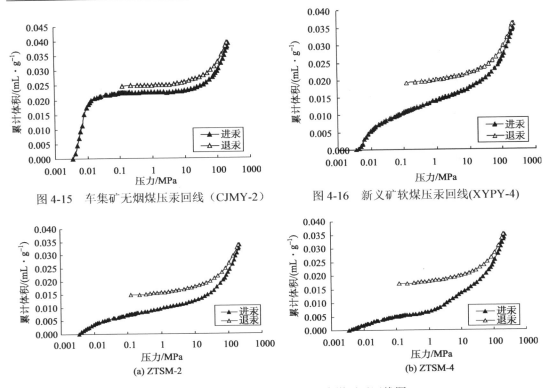

图 4-15　车集矿无烟煤压汞回线（CJMY-2）　　图 4-16　新义矿软煤压汞回线(XYPY-4)

(a) ZTSM-2　　　　　　　　　　(b) ZTSM-4

图 4-17　鹤壁中泰矿业有限公司瘦煤压汞回线图

开放型孔隙发育为主，均包括一定数量的半封闭型孔隙。由此可见，对于高煤级瘦煤-无烟煤，无论硬煤还是软煤，各类型煤体中均包含有一定数量的开放型孔隙和半封闭型孔隙，压汞回线反映出各类煤中孔隙形态的差异性，最终表现出不同的连通性，软煤较硬煤连通性较好些。

5）液氮吸附法孔隙结构测定

本书采集中马村矿无烟煤、车集矿无烟煤、新义矿贫煤、鹤壁中泰矿业有限公司瘦煤煤样，利用液氮吸附法求得煤样中孔径为 2.0～400nm 孔隙的孔径结构，采用霍多特十进制分类方法进行分类，包含有微孔、过渡孔和部分中孔。

（1）吸附回线对比分析。

硬煤和软煤的孔隙形态复杂多变，吸附回线是对煤中一定的孔隙形态的总体表征，依据低温液氮吸附的实验结果，分别对 6 组不同类型煤样绘制了液氮吸附回线，如图 4-18～图 4-21 所示。

通过分析无烟煤、贫煤、瘦煤不同类型煤的液氮吸附回线特征可知：① 纵观无烟煤、贫煤、瘦煤煤样的液氮吸附回线形态，可以发现所有煤样的回线形态均属于Ⅱ类型，表明煤中含有相当数量的微孔，同时也包含一定数量的过渡孔和中孔；对照图 4-18～图 4-21，各煤级硬煤和软煤的液氮吸附回线总体形态基本一致，在较低压和较高压下气体吸附量增加趋势基本一致，压力达到最高的情况下会因为发生毛细凝聚而导致气体吸附量急剧增加。② 由液氮吸附曲线纵轴可知，同一煤层软煤和硬煤吸附量差异较大，均呈

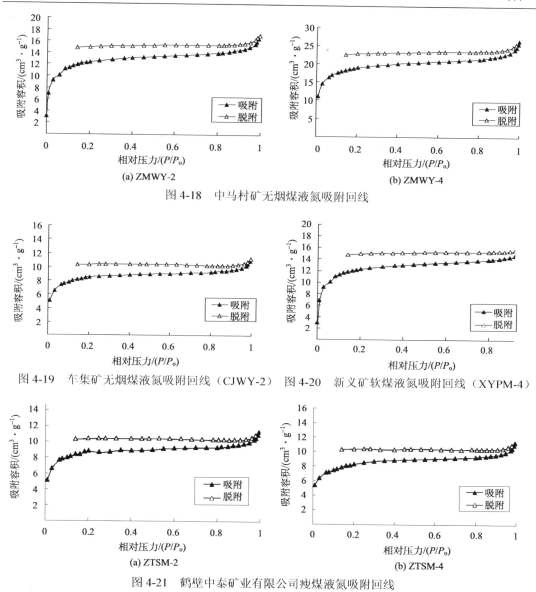

图 4-18　中马村矿无烟煤液氮吸附回线

图 4-19　车集矿无烟煤液氮吸附回线（CJWY-2）　图 4-20　新义矿软煤液氮吸附回线（XYPM-4）

图 4-21　鹤壁中泰矿业有限公司瘦煤液氮吸附回线

现软煤>硬煤；表明构造软煤（糜棱煤、碎粒煤）的吸附能力比硬煤（碎裂煤、原生结构煤）强得多，软煤的微孔隙比硬煤丰富得多，但是硬煤比软煤较容易达到饱和，气体吸附量和孔比表面积有关[163]。③ 当吸附过程完成后，开始发生脱附，相同煤级的软煤产生的"滞后环"较硬煤显著，说明软煤中开放型孔隙相对较多，同时各煤样"滞后环"均呈现下凹型，表明不同煤样孔隙中均存在一定量的半封闭型孔隙。并且高煤级无烟煤、贫煤和瘦煤的脱附曲线在相对更低压力下也不闭合，说明无烟煤、贫煤、瘦煤孔隙中残余吸附量要比低煤级煤多，微孔更发育，不易脱附。

（2）孔容与孔径分布特征。

通过实验测出煤的有效孔径范围为 2.0～400nm，按照霍多特十进制孔径分类方案对其进行分类，包含微孔、过渡孔和部分中孔，不同类型煤的孔容参数特征见表4-6。

表4-6　吸附法孔容实验成果表

矿井	样品号	类型	孔容/（mL·g⁻¹）				孔容比/%		
			V_2	V_3	V_4	V_t	V_2/V_t	V_3/V_t	V_4/V_t
中马村矿	ZMWY-2	硬煤	0.0019	0.0035	0.0067	0.0121	15.70	28.93	55.37
	ZMWY-4	软煤	0.0030	0.0057	0.0102	0.0189	15.87	30.16	53.97
车集矿	CJWY-2	硬煤	0.0013	0.0021	0.0037	0.0071	18.31	29.58	52.11
新义矿	XYPM-4	软煤	0.0017	0.0023	0.0033	0.0073	23.29	31.51	45.21
鹤壁中泰矿业公司	ZTSM-2	硬煤	0.0012	0.0025	0.0037	0.0074	16.22	33.78	50.00
	ZTSM-4	软煤	0.0016	0.0021	0.0031	0.0068	23.53	30.88	45.59

注：V_2为中孔孔容（1000nm>Φ>100nm）；V_3为过渡孔孔容（100nm>Φ>10nm）；V_4为微孔孔容（10nm>Φ>2nm）；V_t为总孔容。

　　如表4-6、图4-22～图4-27所示，中马村矿无烟煤硬煤总孔容为0.0121mL·g⁻¹，其中微孔孔容占总孔容的55.37%，其次为过渡孔和中孔，分别占28.93%和15.70%；软煤的总孔容为0.0189 mL·g⁻¹，其中微孔孔容占总孔容的53.97%，其次是过渡孔和中孔，各占30.16%和15.87%。车集矿无烟煤硬煤总孔容为0.0071mL·g⁻¹，其中微孔孔容占总孔容的52.11%，其次为过渡孔和中孔，分别占29.58%和18.31%。新义矿软煤的总孔容为0.0073mL·g⁻¹，其中微孔孔容占总孔容的45.21%，其次是过渡孔和中孔，各占31.51%和23.29%。鹤壁中泰矿业有限公司瘦煤硬煤总孔容为0.0074mL·g⁻¹，其中微孔孔容占

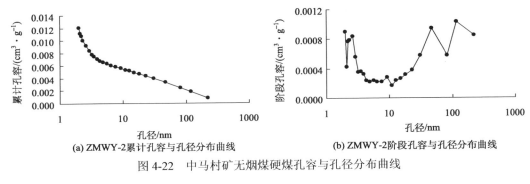

(a) ZMWY-2累计孔容与孔径分布曲线　　　　(b) ZMWY-2阶段孔容与孔径分布曲线

图4-22　中马村矿无烟煤硬煤孔容与孔径分布曲线

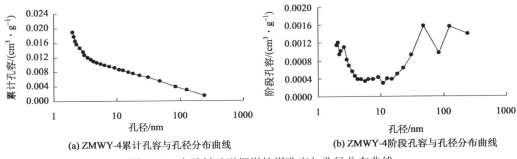

(a) ZMWY-4累计孔容与孔径分布曲线　　　　(b) ZMWY-4阶段孔容与孔径分布曲线

图4-23　中马村矿无烟煤软煤孔容与孔径分布曲线

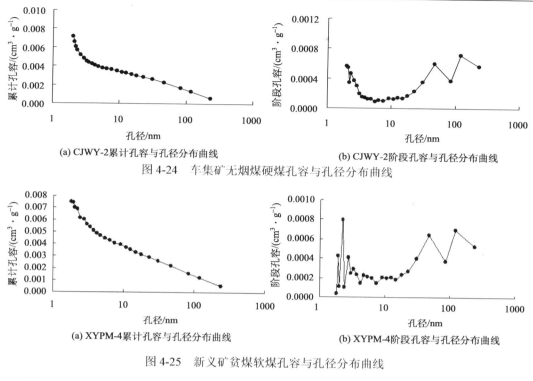

图 4-24 车集矿无烟煤硬煤孔容与孔径分布曲线

图 4-25 新义矿贫煤软煤孔容与孔径分布曲线

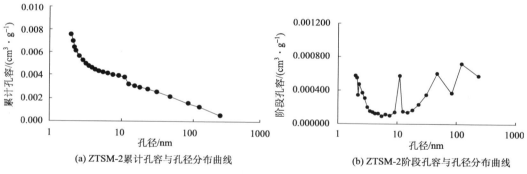

图 4-26 鹤壁中泰矿业有限公司瘦煤硬煤孔容与孔径分布曲线

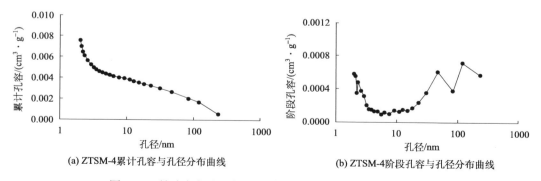

图 4-27 鹤壁中泰矿业有限公司瘦煤软煤孔容与孔径分布曲线

总孔容的 50.00%，其次为过渡孔和中孔，分别占 33.78% 和 16.22%；软煤总孔容为 0.0068 mL·g^{-1}，其中微孔孔容占总孔容的 45.59%，其次是过渡孔和中孔，各占 30.88% 和 23.53%。可见，对于高煤级无烟煤-瘦煤，其孔容主要集中在微孔和过渡孔，两者之和基本上超过了 80%，其中又以微孔贡献率最大。

（3）孔比表面积和孔径分布特征。

液氮吸附法孔比表面积测试结果见表 4-7。总体来看，各阶段孔比表面积均有分布，其中微孔占绝大多数，构成了孔比表面积的主要部分，但具体到各类煤，又有差别。

表 4-7　　液氮吸附法孔比表面积实验成果表

矿井	样品号	类型	孔比表面积/（m^2·g^{-1}）				孔比表面积比/%		
			S_2	S_3	S_4	S_t	S_2/S_t	S_3/S_t	S_4/S_t
中马村矿	ZMWY-2	硬煤	0.05	0.526	9.613	10.189	0.49	5.16	94.35
	ZMWY-4	软煤	0.072	0.852	14.472	15.396	0.47	5.53	94.00
车集矿	CJWY-2	硬煤	0.033	0.315	5.637	5.985	0.55	5.26	94.19
新义矿	XYPM-4	软煤	0.035	0.428	5.147	5.610	0.62	7.63	91.75
鹤壁中泰矿业有限公司	ZTSM-2	硬煤	0.037	0.421	5.123	5.581	0.66	7.54	91.79
	ZTSM-4	软煤	0.030	0.399	5.432	5.861	0.51	6.81	92.68

注：S_2 为中孔比表面积（1000nm>Φ>100nm）；S_3 为过渡孔比表面积（100nm>Φ>10nm）；S_4 为微孔比表面积（10nm>Φ>2nm）；S_t 为孔总比表面积。

从表 4-7 和图 4-28～图 4-33 可以看到，中马村矿无烟煤硬煤煤样孔总比表面积为 10.189m^2·g^{-1}，其中微孔比表面积占孔总比表面积的 94.35%，即硬煤孔比表面积主要集中在微孔，中孔比表面积比最小，仅占 0.49%，过渡孔比表面积比为 5.16%；中马村矿无烟煤软煤煤样孔总比表面积为 15.396m^2·g^{-1}，微孔比表面积比为 94.00%，所占比例最大，其次为过渡孔，比表面积比为 5.53%，中孔所占比表面积最小，为 0.47%。车集矿无烟煤硬煤煤样孔总比表面积为 5.985m^2·g^{-1}，比表面积主要集中分布于微孔，为 94.19%；其次为过渡孔，为 5.26%；中孔比表面积所占比例最小。新义矿贫煤软煤煤样孔总比表面积为 5.610m^2·g^{-1}，比表面积主要集中分布于微孔，占孔总比表面积的 91.75%；其次为过渡孔，占 7.63%；中孔比表面积所占比例最小。鹤壁中泰矿业有限公司瘦煤硬煤煤样孔总比表面积为 5.581m^2·g^{-1}，其中微孔比表面积占孔总比表面积的 91.79%，即

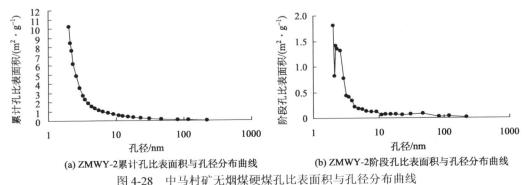

(a) ZMWY-2累计孔比表面积与孔径分布曲线　　　　(b) ZMWY-2阶段孔比表面积与孔径分布曲线

图 4-28　中马村矿无烟煤硬煤孔比表面积与孔径分布曲线

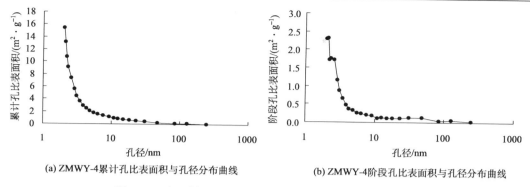

(a) ZMWY-4累计孔比表面积与孔径分布曲线

(b) ZMWY-4阶段孔比表面积与孔径分布曲线

图 4-29 中马村矿无烟煤软煤孔比表面积与孔径分布曲线

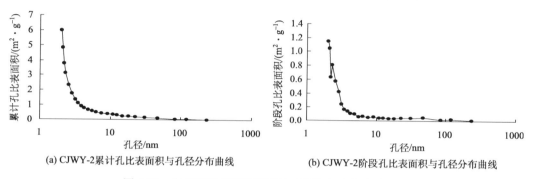

(a) CJWY-2累计孔比表面积与孔径分布曲线

(b) CJWY-2阶段孔比表面积与孔径分布曲线

图 4-30 车集矿无烟煤硬煤孔比表面积与孔径分布曲线

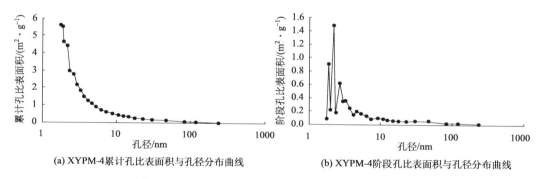

(a) XYPM-4累计孔比表面积与孔径分布曲线

(b) XYPM-4阶段孔比表面积与孔径分布曲线

图 4-31 新义矿贫煤软煤孔比表面积与孔径分布曲线

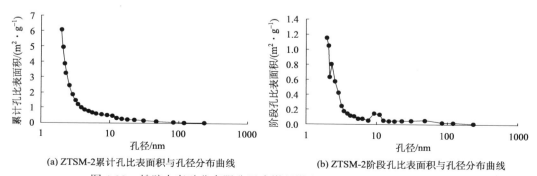

(a) ZTSM-2累计孔比表面积与孔径分布曲线

(b) ZTSM-2阶段孔比表面积与孔径分布曲线

图 4-32 鹤壁中泰矿业有限公司瘦煤硬煤孔比表面积与孔径分布曲线

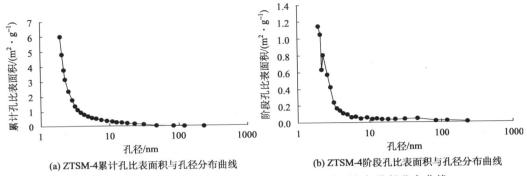

(a) ZTSM-4累计孔比表面积与孔径分布曲线　　　(b) ZTSM-4阶段孔比表面积与孔径分布曲线

图4-33　鹤壁中泰矿业有限公司瘦煤软煤孔比表面积与孔径分布曲线

硬煤孔比表面积主要集中在微孔,中孔比表面积所占比例最小,仅占 0.66%,过渡孔比表面积占 7.54%;鹤壁中泰矿业有限公司瘦煤软煤煤样孔总比表面积为 5.432m² · g⁻¹,微孔比表面积比为92.68%,所占比例最大,其次为过渡孔,比表面积比为6.81%,中孔比表面积比最小,为0.51%。

结果表明,高煤级无烟煤-贫煤-瘦煤明显以微孔比表面积占绝对优势,微孔比表面积占孔隙总比表面积的值超过90%。

6)小角X射线散射法孔隙结构测定

小角 X 射线散射法是一种应用于微观结构测试的先进手段,通过反演物质内部一定尺度内由不均匀相系结构引起的电子密度起伏,进而产生不同的散射强度来反映散射结构的形状、大小及分布等信息,广泛应用于多孔体系物质结构研究。在采用SAXS测定多孔煤体结构时,微观孔隙是引起散射的主体,X射线与流体侵入法不同,其具有穿透样品优势,因此采用SAXS测试煤的孔隙结构具有的优势是能够获取有效孔隙和封闭型孔隙的全部孔隙分布特征。

(1)小角 X 射线散射曲线分析。

煤基质中的孔隙和矿物质均可成为SAXS的非均质性散射体,而煤样经脱矿物处理后可视为由基质(固体相)和孔隙(空气相)构成的理想化两相散射体系,即可看作遵守 Porod 定律散射体系,6 组样品实验结果如图 4-34~图 4-37 所示。

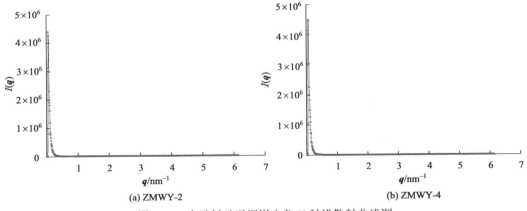

(a) ZMWY-2　　　　　　　　　　(b) ZMWY-4

图4-34　中马村矿无烟煤小角 X 射线散射曲线图

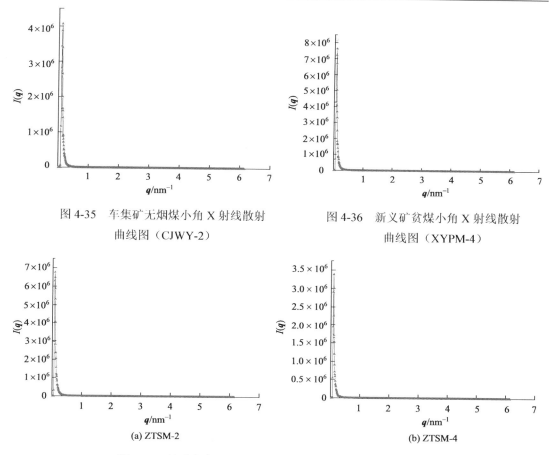

图 4-35　车集矿无烟煤小角 X 射线散射
曲线图（CJWY-2）

图 4-36　新义矿贫煤小角 X 射线散射
曲线图（XYPM-4）

(a) ZTSM-2

(b) ZTSM-4

图 4-37　鹤壁中泰矿业有限公司瘦煤小角 X 射线散射曲线图

散射强度 $I(q)$ 和矢量 q 是解读 SAXS 信息的两个重要参数，q 符合式（4-3）：

$$q = \frac{4\pi \sin 2\theta}{\lambda_{CuK\alpha}}$$（4-3）

式中，λ 为 X 射线波长，$\lambda_{CuK\alpha} = 0.15418nm$；$q$ 为散射矢量，单位为 nm^{-1}；θ 为散射角，（°）。

当 $q \cong 0$ 时，具有明锐界面的两相散射体的 q - $I(q)$ 散射曲线尾端走向遵守 Porod 定律：

$$\lim_{q \to \infty} q^4 I(q) = K$$（4-4）

式中，K 为 Porod 常数，用来计算孔比表面积。由此，孔比表面积可表示为

$$S_{SAXS} = \frac{\pi \varphi \lim_{q \to \infty} \left\{ q^4 I(q) \right\}}{\rho \int_0^\infty q^2 I(q) dq}$$（4-5）

式中，φ 为样品的孔隙率，%；ρ 为样品真密度，g・cm^{-3}。

研究认为，煤中孔隙变化符合麦克斯韦（Mawell）分布，可采用Shull-Roess方法计算出煤的孔径分布，其相关函数为

$$V(R_g) = V_0 \frac{2}{r_0^{n+1}\Gamma(\frac{n+1}{2})} R_g^n \exp(-\frac{R_g^2}{r_0^2}) \tag{4-6}$$

式中，R_g 为旋转半径（对于球形孔，$R_g = 0.77R$，R 为孔半径）；$V(R_g)$ 为旋转半径 R_g 的孔隙总体积；V_0 为样品的孔隙总体积；n 和 r_0 为函数的参数，由实验数据确定。运用式（4-6）可得到样品的孔径分布规律。

当煤基质（固相）内存在电子密度分布不均区，或者煤基质（固相）与孔隙（空气相）之间弥散界面层明显时，多孔散射体会出现偏离 Porod 定律的现象，即表现出在高矢量区斜率为负值和正值，分别称为负偏离和正偏离，进而会影响孔隙散射结果。因此，在解读煤样纯孔隙的散射结果时，需要对正偏离和负偏离进行校正。

（2）孔径、比表面积分析。

根据式（4-5）和式（4-6），依据 SAXS 实验数据，通过改变积分不变量的 $\int_0^\infty q^2 I(q)\mathrm{d}q$ 积分上下限求出不同孔径段的比表面积，采用 Shull-Roess 分析方法进行 SAXS 构造煤、原生结构煤孔径分布计算，计算结果见表4-8。为了与低温液氮吸附数据进行对比，计算孔径统一为 2～100nm。

表 4-8　SAXS 和低温液氮吸附比表面积测试结果

矿井	样品号	类型	低温液氮吸附孔比表面积/（m²·g⁻¹）		低温液氮吸附总孔比表面积/（m²·g⁻¹）	SAXS 孔比表面积/（m²·g⁻¹）		SAXS 总孔比表面积/（m²·g⁻¹）
			过渡孔	微孔		过渡孔	微孔	
中马村矿	ZMWY-2	硬煤	0.526	9.613	10.139	2.331	36.252	38.583
	ZMWY-4	软煤	0.852	14.472	15.324	7.624	127.363	134.987
车集矿	CJWY-2	硬煤	0.315	5.637	5.952	0.715	22.745	23.460
新义矿	XYPM-4	软煤	0.428	5.147	5.575	2.641	39.418	42.059
鹤壁中泰矿业有限公司	ZTSM-2	硬煤	0.421	5.123	5.544	0.952	17.279	18.231
	ZTSM-4	软煤	0.399	5.432	5.831	1.399	27.852	29.251

注：微孔孔径介于 2～10nm，过渡孔孔径介于 10～100nm。

由表 4-8 可知，相同孔径段（2～100nm）采用 SAXS 法和低温液氮吸附法两种方法进行测定，其中 SAXS 法测定结果显示：在不同类型煤中微孔比表面积最大，且随着破坏程度的增大，微孔比表面积和孔总比表面积均呈现增大趋势。在不同类型煤中过渡孔比表面积比较小。SAXS 孔比表面积明显大于低温液氮吸附实验结果，前者为后者的 3.2～8.8 倍，其中高变质程度无烟煤增幅最大。分析原因为：其一是低温液氮吸附法只能获取有效孔（开放型孔隙和半开放型孔隙）的孔比表面积，SAXS 法则能测得全部孔隙的孔比表面积，包含封闭型孔隙。Alexeev 等的研究表明，煤中封闭型孔隙的孔比

表面积比超过了 60%，封闭型孔隙的存在增加了总孔比表面积，并且在突出煤中封闭型孔隙含量更多。其二是液氮吸附时会产生分子筛效应，阻碍了微孔对氮气的吸附，而 SAXS 则不受分子筛效应影响。

4.1.2 煤层裂隙

煤中裂隙广泛发育，煤的层理、节理和裂隙组成复杂的裂隙系统，为瓦斯、液体等流体的储存、运移提供了空间和通道，按成因可将裂隙分为 3 类[161-164]。

内生裂隙：内生裂隙是煤在煤化作用过程中，因水分、烃类及其他气体逸失，产生收缩内应力而形成的，其延伸方向受区域构造应力场控制。内生裂隙是天然存在的裂隙，一般呈相互垂直的两组与煤层高角度斜交，将煤层切割成近似立方体或菱形的煤基质块。

外生裂隙：外生裂隙在煤层气领域称为割理，是构造应力作用的产物，根据其力学性质可将外生裂隙分为张性外生裂隙、剪切性外生裂隙和劈理，外生裂隙一般与煤层面呈任意角度斜交。

继承性裂隙：继承性裂隙实际上是先前形成的裂隙再改造，受采掘活动影响而形成的裂隙，此类裂隙的延伸方向受采动应力集中控制。

在此需要指出的是，裂隙和孔隙相对于煤的分子结构来讲，是宏观的概念。无论在井下煤壁还是地面煤块表面，可以用肉眼观测到大裂隙的存在，借助显微镜可以观测到更细小的裂隙。裂隙的几何形态及组合方式对煤体的渗透率大小和渗透方向性有重要影响，裂隙的发育特征受煤变质程度、煤岩类型、煤中矿物质含量、煤层结构、古地力场地等因素控制。

单裂隙一般用高度、长度、密度、切割性来表征描述其空间形态、类型。复合裂隙则用裂隙的排列、分布和密度来表征和描述其几何形态。近年来，分形几何学的发展能更好地描述煤体裂隙的发育规律，建立裂隙与煤体物理力学性质的关联特性，为煤体裂隙定量化表征提供了一种新的方法。

4.1.2.1 外生裂隙

外生裂隙是煤层形成后受到构造应力破坏而产生的裂隙。煤层的外生裂隙与褶皱和断裂有着密切关系，一般说来，在断层两侧、地层产状急剧变化部位煤的外生裂隙最为发育，煤层渗透性得以改善。外生裂隙的延伸长度和缝宽较外生裂隙大，使外生裂隙得以连通，煤层渗透性变好。

根据中马村矿井下揭露处煤层观察可知，外生裂隙发育数量较少，主要发育 NW 向和 NE 向两组裂隙，不同观察地点有所差异（图 4-38）。其中，27 采区下分层发育一组走向大致为 NE30° 的裂隙，部分裂隙有方解石填充；23 采区发育 3 组裂隙，走向大致为 0°、NW310°、NE60°，裂隙有方解石和黄铁矿充填；39 采区发育两组裂隙，走向大致为 NE30°、NW330°。根据车集矿井下揭露处煤层观察，外生裂隙发育数量较少，主要发育 NW 向和 NE 两组裂隙，不同观察地点有所差异（图 4-39）。根据新义矿井下揭露处煤层观察，外生裂隙发育数量中等，主要发育 NW 向和 NE 向两组裂隙，其中 NW 向裂隙发育尤为明显，不同观察地点有所差异（图 4-40）。而鹤壁中泰矿业有限公司区内张裂隙较为发育，主应力方向为 NE-SW 向，与裂隙走向优势方位基本一致（图 4-41），说明这一应力场对该区具有强烈影响，裂隙应属张性，因此有利于改善二₁煤的渗透性。

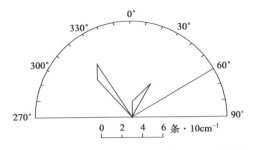

图 4-38　中马村矿宏观裂隙走向玫瑰花图

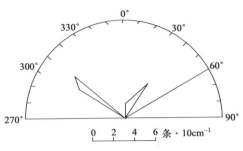

图 4-39　车集矿宏观裂隙走向玫瑰花图

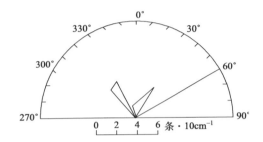

图 4-40　新义矿宏观裂隙走向玫瑰花图

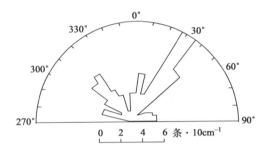

图 4-41　鹤壁中泰矿业有限公司宏观裂隙走向玫瑰花图

4.1.2.2　内生裂隙

内生裂隙是在煤化作用过程中，煤中凝胶化物质受温度和压力等因素的影响，体积均匀收缩产生内张力而形成的裂隙。内生裂隙主要发育有两组，面割理和端割理，这两组裂隙一般呈高角度斜交或正交，且大体垂直于层理面。另外割理与煤岩类型和煤岩成分有着密切关系，一般发育在镜煤和亮煤介质中，镜质组含量高，则割理数量较多；镜质组含量低，则割理数量少。不同煤岩类型割理数量亦不相同，一般光亮型、半亮型煤割理数量多，半暗型和暗淡型煤割理数量少。

经过井下观测，中马村矿硬煤内生裂隙较发育，密度介于 $6 \sim 18$ 条·$10cm^{-1}$（表 4-9）。裂隙大多无充填，少部分被黄铁矿、方解石等矿物质充填。

表 4-9　中马村矿二₁煤小裂隙发育特征

观测点位置	煤层	裂隙类型	走向/（°）	裂隙密度/（条·$10cm^{-1}$）
27 采区上分层	二₁	面割理	50	9
		端割理	130	8
27 采区下分层		面割理	64	12
		端割理	144	8

观测点位置	煤层	裂隙类型	走向/(°)	裂隙密度/（条·10cm⁻¹）
23 采区	二₁	面割理	63	16
		端割理	10	6
39 采区	二₁	面割理	56	18
		端割理	135	14

车集矿硬煤内生裂隙较发育，密度介于 8～12 条·10cm⁻¹（表 4-10）。裂隙大多无充填，少部分被黄铁矿、方解石等矿物质充填。

表 4-10 车集煤矿二₂煤小裂隙发育特征

观测点位置	煤层	裂隙类型	走向/(°)	裂隙密度/（条·10cm⁻¹）
29 采区	二₂	面割理	24	10
		端割理	115	7
27 采区	二₂	面割理	30	12
		端割理	128	8
23 采区	二₂	面割理	29	8
		端割理	123	9

鹤壁中泰矿业有限公司硬煤内生裂隙较发育，密度介于 9～15 条·10cm⁻¹（表 4-11）。裂隙大多无充填，少部分被黄铁矿、方解石等矿物质充填。

表 4-11 鹤壁中泰矿业有限公司二₁煤小裂隙发育特征

观测点位置	煤层	裂隙类型	走向/(°)	裂隙密度/（条·10cm⁻¹）
41011 工作面	二₁	面割理	74	14
		端割理	165	10
2604 工作面		面割理	78	15
		端割理	170	9

而新义矿软煤内生裂隙发育程度较低，密度介于 4～10 条·10cm⁻¹，方向紊乱不清。裂隙大多无充填，少部分被黄铁矿、方解石等矿物质充填。

4.1.3 顶底板裂隙

煤层顶底板多为碎屑岩和黏土岩，呈碎屑结构和泥状结构，水平层理和斜层理发育，因此具有相对较多的孔隙。同时，由于岩石经受过多种地质作用，还发育有各种成因的裂隙，如原生裂隙、风化裂隙及构造裂隙等，但多被方解石充填。煤层顶底板岩层中的裂隙对水力强化效果起着重要作用。

研究区煤系地层地表未见出露，因此在野外现场无法观测顶底板岩石宏观裂隙特征。

但是，地表出露有奥陶系地层，根据钻孔岩心和岩石节理的形成机制，考虑矿区大地构造单元和构造层，借鉴出露的奥陶系灰岩的野外观测和井下观测对煤层宏观裂隙情况进行综合分析。

研究区经历了印支期 SN 向挤压应力，燕山期（燕山早期）NW-SE 向应力，后转为 NWW-SEE 向主压应力，燕山晚期（四川期）NE 向主压应力，喜马拉雅早期（华北期）SE 向主压应力。根据华北地层区节理的分期配套和构造的成因联系分析，本区的节理方向可能有 NNW-SSE 向、NNE-SSW 向、NWW-SEE 向、NE-SW 向、NEE-SWW 向。

根据实测并结合煤层的宏观裂隙表明，中马村矿存在的裂隙发育优选方向为 NW 向、NE 向（图 4-42）；车集矿以 NNE 向最为发育（图 4-43）；新义矿存在的裂隙发育优选方向为 NW 向、NE 向（图 4-44）；鹤壁中泰矿业有限公司以 NW 向、NEE 向最为发育（图 4-45）。

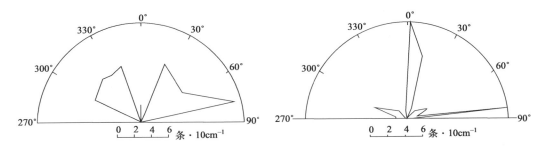

图 4-42　中马村矿太行山实测节理走向玫瑰花图　　图 4-43　车集矿永城邙山实测节理走向玫瑰花图

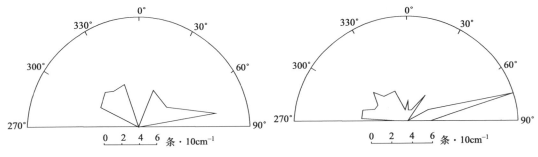

图 4-44　新义矿实测节理走向玫瑰花图　　　　图 4-45　鹤壁中泰矿业有限公司太行山实测节理
　　　　　　　　　　　　　　　　　　　　　　　　　　　　走向玫瑰花图

4.2　煤的吸附-解吸特性

煤层作为瓦斯的储集层，具有两方面的能力：第一，在压力作用下具有吸附瓦斯的能力；第二，由于孔隙-天然裂隙系统的存在而具有允许气体流动的能力。这些特性直接控制着煤的含气性，影响煤层的渗透性能和瓦斯的抽采措施。

4.2.1　煤层温度

地温又称地球的温度，是指地面和地面以下不同深度的温度。矿井热害是指矿井中影响人体健康、降低劳动效率和危及安全生产的热、湿环境。

《煤矿安全规程》（2011 版）规定，进风口以下的空气温度必须在 2℃ 以上；生产矿井的采掘工作面空气温度不超过 26℃，机电设备硐室的空气温度不超过 30℃，当空气温度超过该温度时，必须缩短超温地点工作人员的工作时间，并给予高温保健待遇；采掘工作面空气温度超过 30℃、机电硐室空气温度超过 34℃ 时，必须停止作业。随着煤矿开采深度的不断增加及其他地质因素影响，我国许多矿井已经出现不同程度的热害问题，如平顶山八矿，-430m 水平温度达到 35℃，个别矿井高达 44℃，井下高温环境直接影响工作人员的身体健康，导致事故频发。

4.2.1.1 地温带的划分

地球本身蕴藏着巨大的热量并由地球内部向外散发，在接近地表附近及不太深的地方主要受太阳辐射热影响，这种影响由地表向下逐渐减弱乃至消失。

地下不同深度的热量来源不同，温度变化规律也有区别。按不同的温度变化特征，分为 3 个温度带[165]。

（1）变温带——指在靠近地表附近，主要受太阳辐射热的影响，温度发生周期性变化的层带。变温带温度变化与地表温度变化不是同步的，而是滞后一段时间。

（2）恒温带——指在变温带之下，太阳辐射热和地球内热相互平衡，温度常年不变的层带。恒温带通常很薄，带内温度常年保持一定数值，接近当地的年平均地表温度而略高于当地年平均气温。

（3）增温带——增温带位于恒温带以下，受地球内热影响，温度随深度增加而增大的地带。在增温带内，不同地区温度随深度增大的幅度不同。常把深度每增加 100m 温度增加的度数称为地温梯度（℃·100m^{-1}），又称地势增温率。

4.2.1.2 影响地温异常因素

1）岩层的岩性

岩石的热物理性质决定了热传导率的高低。一般情况下，高热阻、热导性低的岩层具有较大的地温梯度。例如，沉积岩的岩性单一时，地温梯度基本保持常数，岩性变化时，各种岩性的热物理性质差异较大，地温梯度变化亦较大。

2）基底起伏与构造形态

在一定深度范围内，基底隆起区与相邻拗陷区相比，背斜部位比向斜部位的地温高、地温梯度大。即在基底隆起区，相邻拗陷区部分热流流向隆起区并聚集，造成隆起区地温高、地温梯度大；构造隆起区和背斜部位地温高、地温梯度大，构造拗陷区和向斜部位地温低、地温梯度小（图 4-46）。

3）断裂带（深大断裂）

在矿区断裂带，尤其是高角度的深大断裂带发育时，深部的热流沿断裂带上升使浅部的温度升高。例如，广西里兰煤矿断层带水温达 30～32℃，个别地段达 35℃，构成矿井热害。

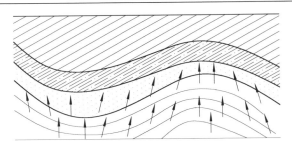

图 4-46　褶皱与热流分布关系

4）地下水

矿区地下水活动对地温场的影响很大。地下水补给、径流、排泄条件较好时，这类地下水的流动可以带走部分热量，对围岩起到降温作用，属于地温低梯度矿区。例如，焦作矿区、鹤壁矿区、峰峰矿区、北京西山矿区、开滦矿区等，其煤系地层下伏有巨厚层状灰岩含水层，地下水径流强烈，可起到降温作用，平均地温梯度为 1～2℃。地下水径流比较弱的区域，地温梯度基本和我国平均地温梯度一致。例如，淮南矿区、淮北矿区、兖州矿区等，深部开采时热害比较明显。

4.2.1.3　煤层温度预测

煤层温度是影响瓦斯（煤层气）富集条件的敏感因素，直接影响瓦斯（煤层气）的吸附能力和解吸能力。煤层温度是煤层在相应埋深下所具有的温度（℃）。依据各地区的恒温带深度、温度和地温梯度，采用线性回归方法，得出一定埋深范围内的煤层温度。

中马村矿恒温带深度约为 30m，温度为 16.92℃，地温梯度为 1.32℃·100m^{-1}，为地温低梯度，属地下水强烈活动型矿山地温类型。区内地面最高标高小于+150m，二$_1$煤底板最低标高为-680m，故推算区内最高地温约为 27.48℃，小于一级高温区下限温度（31℃）。分析计算埋深在 200～700m 范围内的煤层温度见表 4-12。

表 4-12　中马村矿不同埋深煤层温度推测值

埋深/m	200	300	400	500	600	700
温度/℃	19.15	20.47	21.79	23.11	24.43	25.75

车集矿恒温带深度为 23m，温度为 16.5℃。覆盖层平均地温梯度为 2.56℃·100m^{-1}，基岩段平均地温梯度为 2.04℃·100m^{-1}，全井田平均地温梯度为 2.25℃·100m^{-1}，属于地温正常区。通过回采工作面和掘进工作面的地温测量，井下-600m 水平的地温一般在28℃左右，-800m 水平的地温一般在 30℃左右，低于依据报告测算的地温，说明矿井的实际地温梯度比钻孔测算的小。分析计算埋深在 100～900m 范围内的煤层温度见表 4-13。

表 4-13　车集矿不同埋深煤层温度推测值

埋深/m	100	200	300	400	500	600	700	800	900
温度/℃	17.6	19.85	22.1	24.35	26.6	28.85	31.1	33.35	35.6

鹤壁中泰矿业有限公司地区地温梯度为 1.5～1.7℃·100m^{-1}，地下恒温带地温约 16℃，推定–450m 水平地温为 25.3～26.5℃，–650m 水平地温为 28.3～29.9℃。分析计算埋深在 400～1000m 范围内的煤层温度见表 4-14。

表 4-14 鹤壁中泰矿业有限公司不同埋深煤层温度推测值

埋深/m	400	500	600	700	800	900	1000
温度/℃	22.4	24	25.6	27.2	28.8	30.4	32

新义矿地区恒温带深度约为 30m，温度约为 17.42℃。新义矿生产地质报告中对矿井 21 个钻孔进行了简易测温，地温梯度为 1.46～2.37℃·100m^{-1}，平均地温梯度为 1.87℃·100m^{-1}，地温属正常增温地区，无地温异常现象。区内二$_1$煤底板标高为–620～–200m，埋深为 580～960m，区内二$_1$煤底板温度为 27.7～37.7℃，在二$_1$煤底板标高为–300m 水平以深，出现一、二级高温区。分析计算埋深在 500～1000m 范围内的煤层温度见表 4-15。

表 4-15 新义矿不同埋深煤层温度推测值

埋深/m	500	600	700	800	900	1000
温度/℃	26.20	28.07	29.94	31.81	33.68	35.55

4.2.2 煤层压力

煤层压力是指作用于煤孔隙空间上的流体压力，煤层中的气体压力是推动气体流动的动力。研究区煤层中含水量很少，因此可以采用瓦斯压力作为煤层压力。

车集矿直接测定的瓦斯压力数据见表 4-16，瓦斯压力介于 0.10～1.0MPa，平均压力为 0.532MPa。

中马村矿、鹤壁中泰矿业有限公司、新义矿采用瓦斯含量反演的方法对煤层瓦斯压力进行了计算，计算公式为

$$x = \frac{abp}{1+bp}\left(\frac{100 - A_{ad} - M_{ad}}{100}\right) \times \frac{1}{1+0.31M_{ad}} + \frac{10\varphi p}{\gamma'} \qquad (4\text{-}7)$$

式中，x 为煤层瓦斯含量，m^3·t^{-1}；a 为吸附常数，试验温度下的极限吸附量，m^3·t^{-1}，新义矿测试平均值为 39.75m^3·t^{-1}；b 为吸附常数，MPa^{-1}，新义矿测试平均值为 0.68MPa^{-1}；p 为煤层瓦斯压力，MPa；A_{ad} 为灰分，%；M_{ad} 为水分，%；φ 为孔隙率，m^3·m^{-3}；γ' 为容重（假比重），t·m^{-3}。

通过计算，中马村矿瓦斯压力介于 0.12～3.48MPa，平均压力为 1.48MPa（表 4-17）；车集矿瓦斯压力介于 0.10～1.00MPa，平均压力为 0.532MPa；鹤壁中泰矿业有限公司瓦斯压力介于 0.37～2.11MPa，平均压力为 1.10MPa（表 4-18）；新义矿瓦斯压力介于 0.58～1.25MPa，平均压力为 0.87MPa（表 4-19）。

表 4-16　车集矿瓦斯压力数据表

测点位置	钻孔号	见煤标高/m	绝对压力/MPa	有效值/MPa
2703 上巷车场	1#	−544.03	0.42	0.50
	2#	−544.12	0.50	
2703 下巷车场	1#	−577.74	0.48	0.48
	2#	−581.18	0.42	
2707 上巷车场	1#	−610.9	0.25	0.27
	2#	−612.62	0.27	
2707 下巷车场	1#	−645.21	0.35	0.35
	2#	−649.8	0.10	
2713 上巷车场	1#	−737.6	0.70	0.92
	2#	−740.07	0.92	
27 采区轨道水仓底部	1#	−777.44	0.70	0.70
	2#	−772.25	0.10	
26 采区轨道石门水泵房通道	1#	−794.21	0.90	1.00
	2#	−791.59	1.00	
26 采区轨道下山底部	1#	−793.82	0.30	0.30
	2#	−795.1	0.25	
26 采区轨道下山与回风交叉处	1#	−760.83	0.30	0.40
	2#	−762.76	0.40	
26 采区皮带下山底部	1#	−795.47	0.40	0.40
	2#	−795.47	0.10	

表 4-17　中马村矿瓦斯压力数据表

钻孔号	取样深度/m		瓦斯含量/(m³·t⁻¹)	瓦斯压力/MPa
	孔深	底板标高		
瓦 12	322.25	−174.65	4.90	0.40
中 12	477.00	−348.47	11.25	1.51
中 49	310.20	−162.15	16.47	2.80
中 52	370.00	−225.34	13.50	2.23
中 54	441.40	−301.45	19.90	2.83
中 56	274.80	−139.95	13.90	1.55
中 57	398.00	−251.60	15.20	2.75
中 59	550.60	−413.32	20.20	3.48
中 60	361.11	−227.97	8.70	0.76
中 67	387.90	−259.53	3.60	0.33
中 69	337.00	−202.14	15.40	3.25
中 72	454.80	−332.29	4.65	0.40

续表

钻孔号	取样深度/m		瓦斯含量/	瓦斯压力
	孔深	底板标高	(m³·t⁻¹)	/MPa
中73	418.88	−297.66	3.04	0.27
抽2（瓦2）	296.00	−149.72	7.80	0.75
抽4（瓦4）	230.31	−80.83	8.70	1.02
抽7（瓦7）	235.00	−85.97	11.70	1.63
0805	288.98	−151.42	4.22	0.46
中4	264.90	−126.63	10.28	1.06
1102	297.02	−153.34	10.02	0.89
0602	284.73	−149.29	15.38	1.79
0302	304.96	−159.91	6.27	0.92
0600	164.23	−16.60	1.84	0.12
马补2	203.30	−56.35	6.66	0.99
中63	377.60	−235.18	13.61	1.71
中67	474.55	−346.18	2.64	0.20
7-8	551.25	−435.16	12.81	2.71
3-6	532.16	−405.72	12.81	2.02
中93	473.00	−361.89	14.42	2.61

表 4-18 鹤壁中泰矿业有限公司瓦斯压力数据表

序号	取样深度/m		原煤瓦斯含量/（m³·t⁻¹）	瓦斯压力/MPa
	标高	埋深		
1	−350	567.0	12.58	1.08
2	−310	509.6	15.42	1.30
3	−330	529.6	11.66	0.96
4	−325	545.0	7.67	0.37
5	−286	506.0	12.06	0.94
6	−285	506.0	12.65	1.03
7	−260	460.0	10.12	1.16
8	−280	526.0	6.80	0.41
9	−378	604.0	19.58	1.85
10	−270	448.0	10.06	0.69
11	−378	580.0	14.15	0.74
12	−354	556.0	10.07	1.26
13	−256	502.0	11.90	0.90
14	−407	617.0	15.82	1.86
15	−375	585.0	19.10	2.11
16	−220	431.0	7.96	0.48
17	−239	459.0	11.79	0.91
18	−170	380.0	14.74	1.34
19	−310	530.0	16.57	1.48

表 4-19 新义矿瓦斯压力数据表

钻孔标号	取样深度/m		瓦斯含量/（m³·t⁻¹）	瓦斯压力/MPa
	底板标高	埋深		
0303	−323.54	671.70	11.15	0.58
1003	−350.90	723.35	12.42	0.88
0501	−232.71	626.00	11.39	0.69
0503	−337.94	742.60	12.31	1.07
7014	−390.36	752.80	13.09	1.09
0904	−376.97	761.15	13.22	1.12
1004	−404.33	787.95	12.57	1.11
11013	−349.73	721.80	12.86	0.98
1200	−238.43	646.50	11.58	0.71
1201	−268.00	658.24	11.24	0.68
1202	−304.58	702.85	12.21	0.76
1203	−356.09	735.45	13.02	1.02
1301	−263.96	660.91	11.20	0.73
1302	−299.77	687.45	12.14	0.90
1303	−349.46	731.75	12.62	0.92
1304	−383.22	747.50	11.94	0.87
1401	−241.42	615.07	11.14	0.71
1402	−279.61	645.72	11.19	0.80
1403	−317.39	692.19	11.14	0.82
1404	−359.34	737.55	11.60	0.77
15012	−258.15	637.60	11.50	0.74
1601	−263.72	635.25	10.80	0.65
1603	−340.00	687.00	12.28	0.88
1604	−377.71	727.59	12.78	0.89
1803	−333.49	718.75	12.77	0.83
11015	−406.88	780.80	13.49	1.08
0802	−264.10	640.51	11.51	0.70
0804	−373.97	719.50	12.60	0.76
0504	−399.86	820.05	14.03	1.14
003	−437.45	819.85	13.98	1.15
01013	−236.10	603.12	9.65	0.67
0301	−225.21	642.19	11.92	0.72
0602	−299.75	691.70	12.21	0.85
7016	−412.87	795.25	13.66	1.10
0906	−461.43	871.17	14.72	1.25
0803	−338.94	695.30	12.27	0.69
0903	−324.69	703.33	12.37	0.98
0502	−282.66	668.15	11.88	0.80
7013	−382.25	730.97	12.76	1.07
0902	−276.62	664.05	11.85	0.78

瓦斯压力梯度是单位垂深内（通常用 1m 或 100m）煤层瓦斯压力的平均增加值，单位为 MPa·100m^{-1}。在同一地质单元里，瓦斯风化带以下的近代矿井开采深度范围内，未受采动影响的煤层瓦斯压力与其埋深呈正相关关系。瓦斯压力梯度随地质条件而异。新义矿瓦斯压力总体上与埋深具有较好的线性相关性，随着煤层埋深的增加，新义矿煤层瓦斯压力梯度增加，但增幅不大。

煤层压力与埋深具有较好的线性相关性，随着煤层埋深的增加，中马村矿煤层瓦斯压力梯度增加，但增幅较小；鹤壁中泰矿业有限公司、车集矿和新义矿煤层瓦斯压力梯度及增幅均较小，计算结果见表 4-20。

表 4-20 研究区煤层瓦斯压力梯度分析表

研究区名称	煤层埋藏深度（标高）	煤层瓦斯压力梯度/（MPa·100m^{-1}）
中马村矿	300m（−150m）以浅	0.62
	300～400m（−150～−250m）	0.72
	400m（−250m）以深	0.89
鹤壁中泰矿业有限公司	500m 以浅	0.45
	500～600m	0.63
	600m 以深	0.82
车集矿	600m 以浅	0.27
	600～700m	0.37
	700m 以深	0.53
新义矿	600～700m	0.21
	700～800m	0.35
	800～900m	0.25

4.2.3 等温吸附特征

瓦斯的吸附是通过范德瓦耳斯力的作用完成的，是一种物理吸附。由于是表面作用，被吸附的甲烷分子容易从煤孔隙内表面脱离，变为游离态，这种现象通常称为解吸。吸附与解吸是可逆的。一般用等温吸附曲线来描述瓦斯的吸附或解吸过程，反映在一定温度、不同压力时煤层通过吸附而存储甲烷气体的能力，分析煤层含气量和储层压力之间的关系，预测瓦斯储层在连续生产过程中由于压力下降而解吸的甲烷含量。

瓦斯主要以吸附态赋存于煤层中，其吸附量的大小取决于煤对瓦斯的吸附能力，而吸附能力又取决于煤的孔隙率、变质程度及储层压力和温度[166]。煤的等温吸附曲线可用朗缪尔（Langmuir）方程来表达，其表达式[165]为

$$V = \frac{P}{P_L + P} \times V_L = \frac{abP}{1+bp} \qquad (4-8)$$

式中，V 为吸附量，mL·g^{-1}；P 为储层压力，MPa；V_L 为朗缪尔体积（Langmuir 体积），mL·g^{-1}；P_L 为朗缪尔压力（Langmuir 压力），MPa；a 为吸附常数，试验温度下的极限

吸附量，对煤体吸附瓦斯而言，该值一般为 $15 \sim 55 m^3 \cdot t^{-1}$；$b$ 为吸附常数；p 为煤层瓦斯压力，MPa。

朗缪尔体积 V_L 代表最大吸附能力，其物理意义是：在给定温度下，煤吸附甲烷达到饱和时的吸附量，又称"饱和吸附量"，是评价煤的吸附能力大小的指标，朗缪尔体积越大，煤的吸附能力越强。

朗缪尔压力 P_L 是指吸附量达到 1/2 朗缪尔体积时所对应的压力值，与吸附剂、吸附质的特征及温度有关，朗缪尔压力越大，煤层中吸附气就越容易解吸。

煤层中气体的吸附量与各种因素有关，目前使用最多的是等温吸附曲线。朗缪尔模型是根据汽化和凝聚的动力条件平衡原理建立的，广泛用于煤和其他吸附剂对气体的吸附，是研究煤层等温吸附的主要模型。

本书采集中马村矿无烟煤、车集矿无烟煤、新义矿贫煤、鹤壁中泰矿业有限公司瘦煤煤样，在30℃条件下进行了等温吸附试验，实验结果见表4-21。

表4-21　二₁₍₂₎煤不同煤体结构等温吸附试验结果表

矿井	样品号	类型	V_L/($m^3 \cdot t^{-1}$)	P_L/MPa
中马村矿	ZMWY-2	硬煤	34.48	4.63
	ZMWY-4	软煤	38.20	4.35
车集矿	CJWY-2	硬煤	36.10	4.41
	CJWY-2-2	硬煤	32.18	4.01
新义矿	XYPM-4	软煤	39.70	2.44
鹤壁中泰矿业有限公司	ZTSM-2	硬煤	33.99	2.89
	ZTSM-4	软煤	40.06	2.47

根据试验，绘制了中马村矿无烟煤硬煤和软煤煤样的等温吸附曲线（图 4-47），当温度为30℃时，无烟煤硬煤和软煤最大吸附量为 $34.48 \sim 38.20 m^3 \cdot t^{-1}$，平均吸附量为

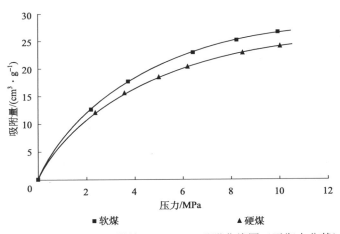

图4-47　中马村矿二₁煤等温（30℃）吸附曲线图（平衡水分基）

36.34m³·t⁻¹，具有较大的吸附能力，其中软煤具有最大的吸附量，分析其原因在于不同结构煤的孔隙率及孔隙结构不同，最终导致其在同一煤层的吸附能力产生差异。随着试验压力的增加，煤对甲烷的吸附量增大，当压力为 0.1～4.0MPa 时，二₁煤的吸附量增幅较大，而后增幅逐渐减小，当试验压力增至 6.5MPa 以上时，吸附量增幅趋于平缓，表明煤的吸附量已趋于饱和状态。无烟煤硬煤和软煤的朗缪尔压力值介于 4.35～4.63MPa，平均值为 4.49MPa，硬煤具有较高的朗缪尔压力，这表明硬煤易解吸。

根据试验结果，绘制了车集矿无烟煤硬煤煤样的等温吸附曲线（图 4-48），当温度为 30℃时，二₂煤无烟煤硬煤最大吸附量为 32.18～36.10m³·t⁻¹，平均吸附量为 34.14m³·t⁻¹，具有较强的瓦斯吸附能力。随着试验压力的增加，煤对甲烷的吸附量增大，当压力为 0.1～4.0MPa 时，二₂煤的吸附量增幅较大，而后增幅逐渐减小，当试验压力增至 6.5MPa 以上时，吸附量增幅趋于平缓，表明煤的吸附量已趋于饱和状态。

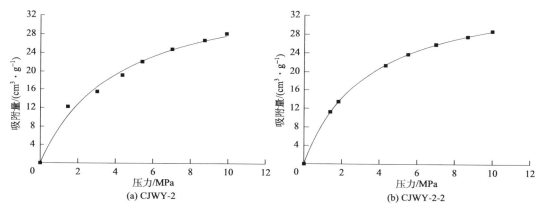

图 4-48　车集煤矿二₂硬煤等温（30℃）吸附曲线图（平衡水分基）

根据试验结果，绘制了新义矿贫煤软煤煤样的等温吸附曲线（图 4-49），当温度为 30℃时，二₁煤贫煤软煤最大吸附量为 39.70m³·t⁻¹，可见二₁煤具有较强的瓦斯吸附能力。

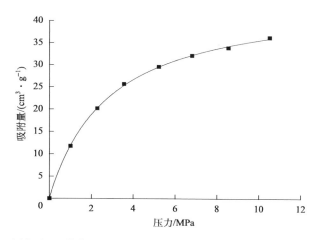

图 4-49　新义矿二₁煤等温（30℃）吸附曲线图（平衡水分基）（XYPM-4）

随着试验压力的增加，煤对甲烷的吸附量增大，当压力为 0.1～4.0MPa 时，二$_1$煤的吸附量增幅较大，而后增幅逐渐减小，当试验压力增至 6.1MPa 以上时，吸附量增幅趋于平缓，表明煤的吸附量已趋于饱和状态。

根据试验结果，绘制了鹤壁中泰矿业有限公司瘦煤硬煤和软煤煤样的等温吸附曲线（图 4-50），可见其最大吸附量为 33.99～40.06m^3·t^{-1}，平均吸附量为 37.03m^3·t^{-1}，具有较大的吸附容量，煤的吸附能力随压力增高而增高。当压力为 0.1～4MPa 时，吸附量增幅较大，随着压力的继续增高，增幅明显减小，当试验压力增至 6.3MPa 以上时，吸附量增幅很小，表明煤对甲烷的吸附量已趋于饱和状态。

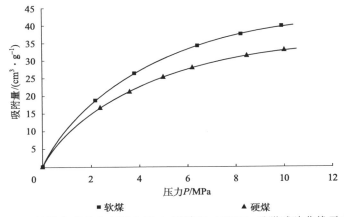

图 4-50　鹤壁中泰矿业有限公司二$_1$煤等温（30℃）吸附试验曲线示意图

4.2.4　含气饱和度

煤的含气饱和度[167]是控制瓦斯气体释放和流动的主要变量之一。如果煤层吸附的气体处于饱和状态，只要储层压力降低，就会有气体解吸出来。若吸附的气体不饱和，气体释放及之后形成的气流流动将会受到抑制，只有当储层压力降低至临界解吸压力以下时，才会有气体解吸出来。因此，煤的含气饱和度不仅影响瓦斯含量，而且影响抽采条件、抽采率等。

含气饱和度是实测含气量与实测储层压力投影到吸附等温线上所对应的理论含气量的比值。

含气饱和度可以通过式（4-9）进行计算：

$$S = V_{实}/V \tag{4-9}$$

式中，S 为含气饱和度，%；$V_{实}$为实测含气量，m^3·t^{-1}；V 为实测储层压力投影到吸附等温线上所对应的理论含气量，m^3·t^{-1}。

计算结果显示：中马村矿含气饱和度为 59.14%～97.66%，平均为 82.11%，各水平及采区（工作面）含气饱和度见表 4-22。车集矿二$_2$煤含气饱和度介于 29.61%～57.97%，平均为 42.97%，各水平及采区（工作面）含气饱和度见表 4-23。新义矿含气饱和度介于 51.82%～94.41%，平均为 72.21%，井田第一水平含气饱和度值整体较第二水平低（表 4-24）。鹤壁中泰矿业有限公司含气饱和度介于 56%～97%，平均为 79.61%，各水平及采区（工作面）含气饱和度见表4-25。

表 4-22　中马村矿吸附/解吸参数表

工作面或采区		瓦斯含量/ (m³·t⁻¹)	朗缪尔体积/ (m³·t⁻¹)	朗缪尔压力 /MPa	临界解吸压力 /MPa	含气饱和度 /%	理论采收率 /%
标高在 −150m 以浅	1	11.49	38.2	4.3515	1.87	97.22	54
	2	11.49	38.2	4.3515	1.87	86.58	54
	3	12	38.2	4.3515	1.99	59.57	56
	4	13.98	38.2	4.3515	2.51	85.96	62
标高在−250~ −150m	5	17.85	38.2	4.3515	3.82	96.32	70
	6	17.85	38.2	4.3515	3.82	87.84	70
	7	17.93	38.2	4.3515	3.85	59.14	70
	8	17.93	38.2	4.3515	3.85	87.31	70
标高在 −250m 以深	9	19.20	38.2	4.3515	4.40	97.66	72
	10	16.00	38.2	4.3515	3.14	78.88	67
	11	16.00	38.2	4.3515	3.14	78.88	67
	12	16.00	38.2	4.3515	3.14	78.88	67
	13	17.40	38.2	4.3515	3.64	75.67	70
	14	16.36	38.2	4.3515	3.26	62.58	68
23 采区	23061	17.93	38.2	4.3515	3.85	81.65	70
27 采区	2701	21.87	38.2	4.3515	5.83	84.66	76
	2702	21.87	38.2	4.3515	5.83	84.66	76
39 采区	3903	17.40	38.2	4.3515	3.64	80.36	70
	3904	17.40	38.2	4.3515	3.64	80.36	70
	3905	17.40	38.2	4.3515	3.64	80.36	70
	3906	17.40	38.2	4.3515	3.64	80.36	70
	3907	17.40	38.2	4.3515	3.64	80.36	70
	3908	17.40	38.2	4.3515	3.64	80.36	70
	3909	17.40	38.2	4.3515	3.64	80.36	70
	3910	17.40	38.2	4.3515	3.64	80.36	70
211 采区	21103	13.90	38.2	4.3515	2.49	81.65	62
	21104	13.90	38.2	4.3515	2.49	81.65	62
17 采区	1	9.40	38.2	4.3515	1.42	82.33	44
	2	11.30	38.2	4.3515	1.83	82.33	53
311 采区	31101	17.40	38.2	4.3515	3.64	85.49	70
	31102	17.40	38.2	4.3515	3.64	85.49	70
	31103	17.40	38.2	4.3515	3.64	85.49	70
	31104	17.40	38.2	4.3515	3.64	85.49	70
	31105	17.40	38.2	4.3515	3.64	85.49	70
	31106	17.40	38.2	4.3515	3.64	85.49	70
	31107	17.40	38.2	4.3515	3.64	85.49	70
	31108	17.40	38.2	4.3515	3.64	85.49	70

表 4-23   车集矿吸附/解吸参数表

工作面或采区		瓦斯含量 / (m³ · t⁻¹)	朗缪尔体积 / (m³ · t⁻¹)	朗缪尔压力 /MPa	临界解吸压力/MPa	含气饱和度 /%	理论采收率 /%
2703	1#	9.28	34.31	4.35		48.72	16.59
	2#	8.28	35.42	4.36	0.47	43.47	20.27
2703	1#	10.11	34.33	4.44		53.09	23.94
	2#	6.38	36.12	4.41	0.34	33.51	62.92
2707	1#	6.46	34.38	4.45		33.92	61.90
	2#	7.33	37.43	4.61		38.49	28.19
2707	1#	0.71	34.32	4.44	0.03		
	2#	0.23	35.67	4.63	0.01		
2713	1#	9.64	34.38	4.60	0.58	50.63	35.15
	2#	11.04	36.23	4.41	0.71	57.97	49.70
26 采区-1	1#	6.95	34.38	4.35	0.29	29.61	68.71
	2#	7.72	35.43	4.45	0.36	34.97	49.88
26 采区-2	1#	1.91	35.38	4.44	0.01		
	2#	0.83	36.38	4.60			
26 采区-3	1#	10.99	37.38	4.44		53.35	24.66
	2#	7.89	38.38	4.62	0.39	37.91	46.22

表 4-24   新义矿瓦斯吸附/解吸参数表

水平	钻孔标号	瓦斯含量 / (m³ · t⁻¹)	朗缪尔体积 / (m³ · t⁻¹)	朗缪尔压力 /MPa	临界解吸压力 /MPa	含气饱和度/%	理论采收率/%
一水平 (−400 ～ −200m)	0303	11.15	38.2	4.63	0.43	57.41	56
	1003	12.42	38.2	4.63	0.67	73.62	60
	0501	11.39	38.2	4.63	0.59	62.03	57
	0503	12.31	38.2	4.63	0.66	78.45	60
	7014	13.09	38.2	4.63	0.72	84.39	62
	0904	13.22	38.2	4.63	0.73	86.17	64
	11013	12.86	38.2	4.63	0.70	79.08	62
	1200	11.58	38.2	4.63	0.61	63.48	58
	1201	11.24	38.2	4.63	0.58	60.78	57
	1202	12.21	38.2	4.63	0.65	68.28	59
	1203	13.02	38.2	4.63	0.72	81.52	62
	1301	11.20	38.2	4.63	0.58	61.81	57
	1302	12.14	38.2	4.63	0.65	72.39	59
	1303	12.62	38.2	4.63	0.69	75.75	61
	1304	11.94	38.2	4.63	0.63	70.31	59
	1401	11.14	38.2	4.63	0.57	61.07	56
	1402	11.19	38.2	4.63	0.58	63.83	57

续表

水平	钻孔标号	瓦斯含量/（m³·t⁻¹）	朗缪尔体积/（m³·t⁻¹）	朗缪尔压力/MPa	临界解吸压力/MPa	含气饱和度/%	理论采收率/%
一水平（−400～−200m）	1403	11.14	38.2	4.63	0.57	63.98	56
	1404	11.60	38.2	4.63	0.61	65.31	58
	15012	11.50	38.2	4.63	0.60	63.88	57
	1601	10.80	38.2	4.63	0.55	57.60	54
	1603	12.28	38.2	4.63	0.65	72.79	60
	1604	12.78	38.2	4.63	0.70	75.75	61
	1803	12.77	38.2	4.63	0.69	73.81	61
	0802	11.51	38.2	4.63	0.60	62.69	57
	0804	12.60	38.2	4.63	0.68	70.46	61
	0504	14.03	38.2	4.63	0.80	92.00	65
	01013	9.65	38.2	4.63	0.47	51.82	49
	0301	11.92	38.2	4.63	0.62	65.35	58
	0602	12.21	38.2	4.63	0.65	71.03	60
	0803	12.27	38.2	4.63	0.66	66.36	60
	0903	12.37	38.2	4.63	0.67	76.07	61
	0502	11.88	38.2	4.63	0.65	67.76	58
	7013	12.76	38.2	4.63	0.70	81.32	61
	0902	11.85	38.2	4.63	0.63	67.17	58
二水平（−600～−400m）	1004	12.57	38.2	4.63	0.68	81.51	61
	003	13.98	38.2	4.63	0.80	92.21	65
	7016	13.66	38.2	4.63	0.77	88.07	63
	0906	14.72	38.2	4.63	0.87	94.41	69
	11015	13.49	38.2	4.63	0.76	86.81	62

表4-25　鹤壁中泰矿业有限公司二₁煤吸附/解吸参数表

工作面或采区	瓦斯含量/（m³·t⁻¹）	朗缪尔体积/（m³·t）	朗缪尔压力/MPa	临界解吸压力/MPa	含气饱和度/%	理论采收率/%
−240m	12.58	40.82	1.87	0.70	76	29.51
三水平1	15.42	40.65	1.84	0.94	83	41.79
三水平2	11.66	41.32	1.89	0.70	81	30.10
3303-1（1）	7.67	40.65	1.94	0.36	97	
3303-1（2）	12.06	40.13	2.23	0.68	80	28.22
3303-1（3）	12.65	40.23	1.93	0.73	80	31.69
25041	10.12	36.93	2.43	0.53	59	13.90
3105	6.8	41.93	1.91	0.32	82	
3104	19.58	40.33	2.43	1.49	90	55.73
25041	10.06	34.93	2.41	0.53	82	13.90

工作面或采区	瓦斯含量/ (m³·t⁻¹)	朗缪尔体积/ (m³·t)	朗缪尔压力/MPa	临界解吸压力/MPa	含气饱和度/%	理论采收率/%
3104	10.07	41.83	1.93	0.53	56	13.90
3105	11.9	40.93	1.76	0.67	82	27.46
3102 (1)	15.82	41.93	1.93	1.02	72	45.09
3102 (2)	19.1	40.93	2.10	1.42	83	54.59
2136	7.96	34.33	1.89	0.39	85	
25021	11.79	35.23	2.44	0.66	80	26.69
2126	14.74	36.63	2.38	0.91	80	41.01
3101	16.57	40.93	2.46	1.11	85	47.82

　　井田瓦斯含量值随着煤层埋深的加深而逐渐增大，含气饱和度也呈增大趋势。根据含气饱和度把煤层划分为 3 类：饱和储层，含气饱和度为 100%；欠饱和储层，含气饱和度低于 100%；过饱和储层，含气饱和度高于 100%。可见，研究区均属于欠饱和储层。

4.2.5　临界解吸压力

　　瓦斯临界解吸压力[167]是指解吸与吸附达到平衡时，压力降低使吸附在煤微孔隙表面上的气体开始解吸时的压力，即等温吸附曲线上煤样实测含气量所对应的压力。瓦斯临界解吸压力与煤层含气量和吸附-解吸特性关系密切，瓦斯临界解吸压力是估算瓦斯抽采率的重要参数，瓦斯临界解吸压力与储层压力之比（临/储）往往决定瓦斯抽采降压的难易程度。

　　计算公式为

$$P_{cd} = \frac{V_{实} P_L}{V_L - V_{实}}　　　　　(4-10)$$

式中，P_{cd} 为临界解吸压力，MPa；$V_{实}$ 为实测含气量，$m^3 \cdot t^{-1}$。

　　根据瓦斯实测含气量、等温吸附曲线，计算得出中马村矿临界解吸压力介于 1.83～5.83MPa，平均为 3.41MPa，中马村矿临/储比介于 0.29～0.67，平均为 0.34。车集矿临界解吸压力介于 0.01～0.71MPa，平均为 0.32MPa，车集矿临/储比介于 0.31～0.63，平均为 0.42。新义矿临界解吸压力介于 0.43～0.87MPa，平均为 0.65MPa，新义矿临/储比介于 0.61～0.95，平均为 0.77。鹤壁中泰矿业有限公司临界解吸压力介于 0.32～1.49MPa，平均为 0.76MPa，鹤壁中泰矿业矿业有限公司临/储比介于 0.27～0.71，平均为 0.36。一般临/储比的大小表征瓦斯抽采降压的难易程度，比值越大，储层中的气体越容易解吸。

4.2.6　吸附时间

　　吸附时间定义为实测解吸气体体积累计达到总解吸气量（STP：标准温度、压力）的 63.2%时所对应的时间[167]。吸附时间参数与逸散气体无关，它取决于煤的组成、煤基块大小、煤化程度及煤的天然裂隙间距等地质因素。吸附时间与瓦斯产能达到高峰期的时间有关。

吸附时间可通过扩散系数和煤基块扩散系数来计算，即

$$\tau = \frac{1}{D\sigma} \quad\quad (4\text{-}11)$$

式中，τ 为吸附时间；D 为扩散系数；σ 为形状因子。

但由于煤层中裂隙级别较多，裂隙间距和形状难以确定。因此，一般通过煤样解吸实验（USBM 实验）来确定解吸时间。

中马村矿二$_1$ 煤实测吸附时间介于 1.86～2.69 天，平均为 2.13 天；车集矿二$_2$ 煤实测吸附时间介于 5.67～11.23 天，平均为 8.24 天；新义矿二$_1$ 煤实测吸附时间介于 4.86～6.69 天，平均为 5.15 天；鹤壁中泰矿业有限公司二$_1$ 煤实测吸附时间介于 6.11～13.98 天，平均为 7.66 天。与其他地区（如晋城枣园区块 3# 煤层吸附时间为 8.66～19.66 天等）相比，研究区吸附时间相对较短。

4.2.7　理论采收率

理论采收率[167]不仅取决于煤的含气性、吸附-解吸特性、煤层所处的原始压力系统、煤层的发育和赋存特征，而且还在一定程度上受控于水力强化和瓦斯抽采工艺。据美国的经验，瓦斯（煤层气）勘探开发的最低储层压力为 100ppsi①（枯竭压力），理论采收率可由临界解吸压力和朗缪尔参数来计算，即

$$\eta = 1 - \frac{P_{ad}(P_L + P_{cd})}{P_{cd}(P_L + P_{ad})} \quad\quad (4\text{-}12)$$

式中，η 为理论采收率，%；P_{ad} 为枯竭压力，MPa。

经计算中马村矿二$_1$ 煤的理论采收率变化介于 44%～76%，平均为 67.03%；车集煤矿二$_2$ 煤的理论采收率变化介于 16.59%～68.71%，平均为 40.68%；新义矿二$_1$ 煤的理论采收率变化介于 49%～69%，平均为 59.53%；鹤壁中泰矿业有限公司二$_1$ 煤的理论采收率变化介于 13.90%～55.73%，平均为 33.43%（表 4-22～表 4-25）。

4.3　煤层扩散性与渗透性

4.3.1　扩散系数

煤层中甲烷产出需经过解吸—扩散—渗流 3 个阶段[168]，其中扩散不仅是衔接瓦斯解吸和渗流的纽带，而且是控制瓦斯最终产出速度的必要条件。瓦斯在煤层中的扩散，是在浓度梯度作用下由煤中气体分子的随机运动而形成的运移现象，描述的是气体从煤孔隙向显微裂隙的运移过程。衡量煤层瓦斯扩散能力的重要参数是扩散系数（D），若单位时间内通过单位面积的扩散速度与浓度梯度呈正比，扩散速度仅取决于距离，与时间无关，则称为（准）稳态扩散，遵循菲克第一定律。若煤层甲烷的扩散通量既随时间变化，

---

① 1ppsi=6.89476×10³Pa。

又随距离变化，则称为非稳态扩散，用菲克第二定律来描述[169]。围压条件下煤的扩散系数采用柱煤结合气相色谱扩散实验进行测定，其中甲烷气体扩散系数应采用菲克第二定律进行计算：

$$D = \frac{\ln(\Delta C_0 / \Delta C_i)}{B(t_i - t_0)} \qquad (4\text{-}13)$$

式中，$B = M(1/V_1 + 1/V_2)/L$，M 为煤样的截面积，cm^2；L 为煤样的长度，cm；V_1、V_2 分别为烃扩散室和氮扩散室的容积，cm^3；D 为烃类气体在煤样中的扩散系数，$cm^2 \cdot s^{-1}$；ΔC_0 为初始时刻烃类气体在两扩散室中的浓度差，%，ΔC_i 为 i 时刻烃类气体在两个扩散室中的浓度差，%，$\Delta C_i = C_{1i} - C_{2i}$，$C_{1i}$ 为 i 时刻烃类气体在烃扩散室中的浓度，%；C_{2i} 为 i 时刻烃类气体在氮扩散室中的浓度，%；t_i 为 i 时刻，s；t_0 为初始时刻，s。

在设定围压为 6.5MPa、气压为 0.75MPa、温度为 30℃实验条件下，甲烷扩散系数计算结果见表 4-26。

表 4-26　不同实验条件下甲烷扩散系数计算结果

矿井	样品号	类型	实验条件			甲烷扩散系数 $D/(cm^2 \cdot s^{-1})$
			围压/MPa	温度/℃	气压/MPa	
中马村矿	ZMWY-2	硬煤	6.5	30	0.75	5.10×10^{-8}
	ZMWY-4	软煤	6.5	30	0.75	3.49×10^{-8}
车集矿	CJWY-2	硬煤	6.5	30	0.75	5.67×10^{-8}
新义矿	XYPM-4	软煤	6.5	30	0.75	4.14×10^{-8}
鹤壁中泰矿业有限公司	ZTSM-2	硬煤	6.5	30	0.75	4.85×10^{-8}
	ZTSM-4	软煤	6.5	30	0.75	3.19×10^{-8}

可见采用柱煤结合气相色谱法所测围压条件下原煤的甲烷扩散系数基本处于 10^{-8} 数量级上，未卸压条件下扩散速率极其缓慢，在相同的围压、温度、气压条件下，相同煤级的煤硬煤的甲烷扩散速率大于软煤的甲烷扩散速率；相近破坏程度煤，甲烷扩散系数随变质程度（煤级）的加大出现先增大后减小的变化趋势。

4.3.2　渗透率

煤层的渗透性可以用渗透率来表示。渗透率[170]是指在一定压力下，允许流体通过其连通孔隙的性质。含气煤层的渗透率是衡量瓦斯抽采的重要指标，它对含气煤层的采收率及产量大小起决定性作用。含气煤层的渗透率越大，钻孔和气井的泄气范围就越宽阔，产量也就越高。

采用透气性系数换算的方法，对中马村矿的渗透率进行计算。计算公式为

$$\lambda = \frac{k}{2\mu_0 P_0} \qquad (4\text{-}14)$$

式中，λ 为煤层透气性系数，$m^2 \cdot (MPa^2 \cdot d)^{-1}$；$\mu_0$ 为瓦斯绝对黏度，取 0.01035Pa·s；P_0 为一个标准大气压，取 0.101325MPa；k 为渗透率。

中马村矿收集了 21 采区、211 采区、39 采区的透气性系数，基本介于 0.07～

$0.19m^2 \cdot (MPa^2 \cdot d)^{-1}$，换算成渗透率介于 $0.0170 \sim 0.0461mD$[①]。另外，中马村矿曾进行了地面钻孔预抽煤层瓦斯试验，测得二$_1$煤渗透率为 $0.001 \sim 0.08mD$。将《车集矿二$_2$煤瓦斯测定参数报告》实测的透气性系数换算成煤层渗透率，为 $0.0511 \sim 0.4882mD$（表4-27）。据《新义矿二$_1$煤瓦斯测定参数报告》实测的透气性系数，新义矿二$_1$煤透气性系数介于 $0.0061 \sim 0.0965m^2 \cdot (MPa^2 \cdot d)^{-1}$，平均为 $0.03612 m^2 \cdot (MPa^2 \cdot d)^{-1}$，换算成煤层渗透率为 $0.00153 \sim 0.02413mD$，平均值为 $0.00903mD$（表4-28）。根据《中泰矿业有限公司煤与瓦斯突出矿井鉴定报告》得到鹤壁中泰矿业有限公司煤层透气性系数为 $0.0212 \sim 0.2313m^2 \cdot (MPa^2 \cdot d)^{-1}$，换算成煤层渗透率为 $0.005145 \sim 0.056154mD$（表4-29）。

表4-27 车集矿二$_2$煤渗透率统计表

采区	测试地点	$\lambda/[m^2 \cdot (MPa^2 \cdot d)^{-1}]$	渗透率/mD
27	2703 下巷车场 1# 钻孔	0.2103	0.0511
	2703 下巷车场 2# 钻孔	0.6226	0.1511
	2707 上巷车场 2# 钻孔	1.0818	0.2626
	2707 下巷车场 1# 钻孔	1.2069	0.2930
	2713 上巷车场 1# 钻孔	2.0109	0.4882
26	26 皮带下山底部 1# 钻孔	0.2520	0.0612
	26 轨道下山与回风交叉处 2# 钻孔	0.5332	0.1294

表4-28 新义矿二$_1$煤渗透率统计表

测试地点	$\lambda/[m^2 \cdot (MPa^2 \cdot d)^{-1}]$	$\mu_0/(Pa \cdot s)$	P_0/MPa	渗透率/mD
0803	0.0062	0.01035	0.101325	0.00155
0804	0.0560	0.01035	0.101325	0.01400
1301	0.0965	0.01035	0.101325	0.02413
0303	0.0158	0.01035	0.101325	0.00395
0904	0.0061	0.01035	0.101325	0.00153

表4-29 中泰矿业二$_1$煤渗透率统计表

序号	测定地点	$\lambda/[m^2 \cdot (MPa^2 \cdot d)^{-1}]$	渗透率/mD
1	南翼-450m 轨道暗斜井 2# 钻场	0.1819	0.044199
2	改扩建区-450m 火药库进风通道处	0.0213	0.005169
3	北翼-50m 回风暗斜井 13# 钻场	0.0314	0.007622
4	三水平暗斜井联络巷	0.0523	0.012697
5	三水平轨道巷距联络巷 140m	0.2313	0.056154
6	25041 上顺槽距上切眼 470m	0.1713	0.041601
7	3105 下顺槽距开口处 50m	0.0212	0.005145
8	3104 边切眼距开口 110m	0.0301	0.007307
9	3102 上顺槽距开口 300m	0.0514	0.012477
10	2136 上顺槽距开口位置 60m	0.2106	0.051146

---

① 1D=$0.986923 \times 10^{-12}m^2$。

综上可知，研究区二₁煤透气性系数较低，反映了二₁煤对瓦斯流动的阻力较大，瓦斯沿煤层流动缓慢，不利于瓦斯抽采。影响煤层渗透率的主要因素为有效应力大小、煤中裂隙发育程度及开合状态、煤层埋深及煤体结构等。

4.4　水理与力学性质

在对强化层实施水力压裂时，煤岩层水理与力学性质是压裂成缝、裂缝扩展及发育的重要因素，因而查明煤岩水理与力学性质是水力强化工艺设计的基础。

4.4.1　顶底板岩石水理性质

岩石与水相互作用时所表现出来的性质称为岩石的水理性质。岩石的水理性质包括岩石的吸水性、软化性、水敏性和透水性等。

4.4.1.1　吸水性

岩石在一定条件下吸收水分的能力称为岩石的吸水性。岩石的吸水性的好坏取决于孔隙的数量、大小、开启程度和状况，常用吸水率、饱和吸水率和饱水系数来表示。

1）吸水率

岩石的吸水率（W_a）是指岩石试件在室温和常压（0.1MPa）下吸收水的质量（m_{w1}）与岩石试件干质量（m_s）之比的百分数，即

$$W_a = \frac{m_{w1}}{m_s} \times 100\% \tag{4-15}$$

测试时先将岩石试件烘干并称干质量，然后浸水饱和。岩石的吸水率大小主要取决于岩石中孔隙和裂隙的数量、大小及其开启程度，同时还受到岩石成因及岩性的影响。

煤层顶底板岩石为沉积岩，其吸水性较强，吸水率多为 0.2%～9.0%（表 4-30）。

表 4-30　岩石的水理性质指标值

岩石	空隙率/%	吸水率/%	饱和吸水率/%	饱水系数	软化系数
砂岩	1.6～28.0	0.2～9.0	11.99	0.60	0.55～0.97
泥岩、页岩	0.4～10.0	0.5～3.2			0.24～0.74

2）饱和吸水率

岩石的饱和吸水率（W_p）是指岩石试件在高压（15MPa）或真空条件下吸收水的质量（m_{w2}）与岩石试件干质量之比的百分数，即

$$W_p = \frac{m_{w2}}{m_s} \times 100\% \tag{4-16}$$

岩石的饱和吸水率是表示岩石水理性质的一个重要指标，它反映了岩石总开空隙的发育程度（表 4-30）。

3）饱水系数

岩石的饱水系数（K_w）是指岩石的吸水率与饱和吸水率的比值，即

$$K_w = \frac{W_a}{W_p} \tag{4-17}$$

饱水系数反映了岩石中大、小开空隙的相对比例关系。一般来说，饱水系数越大，岩石中的大开空隙相对越多，而小开空隙相对越少（表4-30）。

4.4.1.2　软化性

岩石的软化性是指岩石浸水后强度降低的性质，用软化系数（k_R）表示。软化系数为岩石饱水试件的极限抗压强度（σ_{cw}）与岩石干燥试件的极限抗压强度（σ_{cd}）的比值，即

$$k_R = \frac{\sigma_{cw}}{\sigma_{cd}} \tag{4-18}$$

显然，k_R越小则岩石软化性越强。研究表明：岩石的软化性取决于岩石的矿物组成与空隙性。当岩石中含有较多的亲水性和可溶性矿物，且含大开空隙较多时，岩石的软化性较强，软化系数较小。例如，黏土岩、泥质胶结的砂岩等岩石软化性较强，软化系数一般为0.4~0.6，甚至更低。常见岩石的软化系数列于表4-30中，岩石的软化系数都小于1.0，说明岩石均具有不同程度的软化性。一般认为，软化系数$k_R>0.75$时，岩石的软化性弱；而软化系数$k_R<0.75$时，岩石的软化性较强。

4.4.1.3　水敏性

在煤岩层中，黏土矿物通过阳离子交换作用可与任何天然储层流体达到平衡。但是，在水力压裂过程中，外来液体会改变孔隙流体的性质并破坏其平衡。当外来液体的矿化度低（注入清水）时，可膨胀的黏土会发生水化、膨胀，且进一步分散、脱离并运移，从而减小甚至堵塞喉道，使渗透率降低。煤岩层中常见的水敏性矿物有高岭石、蒙脱石、伊利石。煤岩层水敏性程度主要取决于储层内黏土矿物的类型及含量。

大部分黏土矿物具有不同程度的膨胀性。在常见黏土矿物中，蒙脱石的膨胀力最强，其次是伊利石/蒙脱石和绿泥石/蒙脱石混层矿物，而绿泥石膨胀力较弱，伊利石很弱，高岭石则无膨胀性。

中马村矿、车集矿、新义矿和鹤壁中泰矿业有限公司单个矿井的顶底板岩性矿物鉴定表明（表4-31~表4-34），4个矿井均未见水敏性强的矿物蒙脱石，水敏性弱的伊利石和绿泥石的含量分别为10%~40%和5%，可以认为4个矿井的煤层顶底板岩性水敏性较弱（图4-51~图4-54）。

表4-31　中马村矿煤层顶底板泥岩X射线衍射岩土分析结果表　（单位：%）

地点	伊利石	高岭石	石英粉砂	碳质	铁质	菱铁矿	石英砂屑	褐铁矿	斜长石	绿泥石
39041顶板	35~40	31	20~25	1		少量	5	2	2	
27102顶板	30~35	50	5	5~10	少量					5

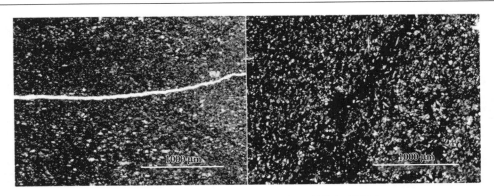

图 4-51　中马村矿煤层顶底板泥岩 X 射线衍射图片

表 4-32　车集矿煤层顶底板泥岩 X 射线衍射岩土分析结果表　　（单位：%）

地点	伊利石	高岭石	石英粉砂	碳质	铁质	菱铁矿	白云石	石英砂屑	锆石	斜长石	绿泥石	方解石
2614 顶板		85	15	少量	少量							
2609 上巷顶	15	65	15	少量	少量			5	微量			
26032 工作面	20~25	48	15~20			3		5		2		2
2614 底板	10~15	15~20	58~63	1	1	少量		5~10	微量			

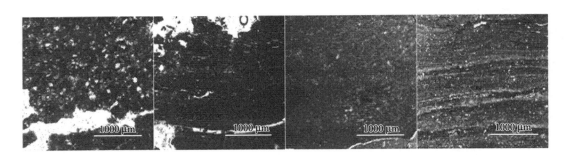

图 4-52　车集矿煤层顶底板泥岩 X 射线衍射图片

表 4-33　新义矿煤层顶底板泥岩 X 射线衍射岩土分析结果表　　（单位：%）

地点	伊利石	高岭石	石英粉砂	碳质	铁质	长石	菱铁矿	白云石	褐铁矿	黑云母	电气石	锆石
11090 顶板	27~32	40~48	15	3	少量							
直接顶	28~32	37	20	2	微量	3	5~10	5				
伪顶	32	22~28	5	微量	微量		35~40					
直接底	22	40~48	20~25	少量					3			
伪底	28	35~45	20~32	微量			少量		3	少量	微量	微量

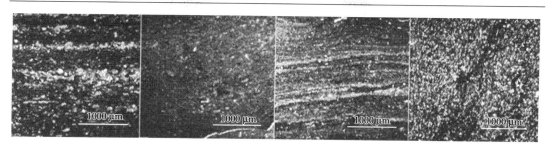

图 4-53 新义矿煤层顶底板泥岩 X 射线衍射图片

表 4-34 鹤壁中泰矿业有限公司煤层顶底板泥岩 X 射线衍射岩土分析结果表 （单位：%）

地点	伊利石	高岭石	石英粉砂	碳质	铁质	长石	菱铁矿	白云石	褐铁矿	黑云石	电气石	锆石
41011顶板	30～35	42～47	15	3	微量							
直接顶	25～30	35	20	2	微量	3	5～10	5				
伪顶	35	20～25	5	微量	微量		35～40					
直接底	25	42～47	20～25	少量					3			
伪底	25	37～42	25～30	少量			少量		3	少量	微量	微量

图 4-54 鹤壁中泰矿业有限公司煤层顶底板泥岩 X 射线衍射图片

4.4.1.4 透水性

在一定的水力梯度或压力差作用下，岩石能被水透过的性质称为透水性。一般认为，水在岩石中的流动如同水在土中流动一样，也服从于线性渗流规律——达西定律，即

$$U = KJ \tag{4-19}$$

式中，U 为渗透流速；J 为水力梯度；K 为渗透系数，数值上等于水力梯度为 1 时的渗流速度，单位为 cm·s^{-1} 或 m·d^{-1}。

渗透系数是表征岩石透水性的重要指标，其大小取决于岩石中空隙的数量、规模及连通情况等，并可在室内根据达西定律测定。某些岩石的渗透系数见表 4-35，由表可知：岩石的透水性一般都很差，远小于相应岩体的透水性，新鲜致密岩石的渗透系数一般均小于 10^{-7}cm·s^{-1}。同一种岩石，有裂隙发育时，渗透系数急剧增大，一般比新鲜岩石大 4～6 个数量级，甚至更大，说明空隙性对岩石透水性的影响是很大的。

表 4-35　岩石的渗透系数值

岩石	空隙情况	渗透系数（cm·s^{-1}）
砂岩	较致密	$10^{-13} \sim 2.5 \times 10^{-10}$
	空隙发育	5.5×10^{-6}
泥岩、页岩	微裂隙发育	$2 \times 10^{-10} \sim 8 \times 10^{-9}$

4.4.2　力学性质

4.4.2.1　岩石的力学性质

岩石的力学性质指岩石在外力作用下所表现出来的性质。岩石在外力作用下首先发生塑性变形，当外力达到或超过某一极限值时将产生破坏。因此，岩石的力学性质主要指岩石在外力作用下的强度特性和变形特性。

1）岩石的强度特性

岩石的强度特性参数包括抗压强度、抗剪强度、抗拉和抗弯强度。

（1）岩石的抗压强度（σ_c）。

岩石的抗压强度是指岩石在单向压力作用下抵抗压碎破坏的能力，在数值上等于岩石破坏时单位面积上的极限荷载，用 σ_c 表示，单位为 kPa 或 MPa。岩石抗压强度的大小取决于岩石的成因、矿物成分、胶结物成分、结构、构造、孔隙率、含水量和风化程度等。一般干燥岩石比含水岩石抗压强度高；新鲜岩石比风化岩石抗压强度高；无裂隙岩石比有裂隙岩石抗压强度高；密度大的岩石比密度小的岩石抗压强度高；垂直层理或片理的抗压强度比平行层理或片理的抗压强度高。

（2）岩石的抗剪强度（τ）。

岩石的抗剪强度是指岩石所能承受的最大剪应力，在数值上等于岩石剪切破坏时的极限应力值。岩石的抗剪强度用 τ 表示，由内摩擦力（$\sigma\tan\phi$）和内聚力（c）两部分组成。其计算公式为

$$\tau = \sigma \tan\phi + c \tag{4-20}$$

式中，σ 为垂直压应力；ϕ 为岩石的内摩擦角；$\tan\phi$ 为岩石的内摩擦系数。

（3）岩石的抗拉强度和抗弯强度。

岩石的抗拉强度是指岩石在单向拉应力作用下抵抗拉断破坏的能力。岩石的抗弯强度是指岩石在弯曲应力作用下抵抗弯曲折断的能力。

由于坚硬或半坚硬岩石为脆性体，在压缩状态下，颗粒间的分子引力随荷载的增大而增大；在拉伸状态下，颗粒间的分子引力随荷载的增大而减小。因此，岩石的抗压强度远远大于其他应力状态下的强度。几种常见岩石的强度见表 4-36。

2）岩石的变形特性

根据弹性理论，岩石的变形特性可用变形模量和泊松比来表示。

表 4-36 常见岩石的强度

岩石名称	抗压强度 σ_c/MPa	抗拉强度 σ_t/MPa	内摩擦角 ϕ/(°)	内聚力 c/MPa	岩石名称	抗压强度 σ_c/MPa	抗拉强度 σ_t/MPa	内摩擦角 ϕ/(°)	内聚力 c/MPa
花岗岩	100~250	7~25	45~60	14~50	板岩	60~200	7~15	45~60	2~20
玄武岩	150~300	10~30	48~55	20~60	页岩	10~100	2~10	15~30	3~20
石英岩	150~350	10~30	50~60	20~60	砂岩	20~200	4~25	35~50	8~40
大理岩	100~250	7~20	35~50	15~30	砾岩	10~150	2~15	35~50	8~50
片麻岩	50~200	5~20	30~50	3~5	石灰岩	50~200	5~20	35~50	10~50
片岩	10~100	1~10	26~65	1~20	白云岩	80~250	15~25	35~50	20~50

（1）变形模量。

岩石的变形模量是岩石在单向受压时轴向应力（σ）与轴向应变（ε）之比。当应力-应变呈直线关系时，变形模量为常数，数值上等于直线的斜率[图 4-45（a）]。由于其变形为弹性变形，岩石的变形模量又称弹性模量，用 E 表示：

$$E = \frac{\sigma}{\varepsilon} \tag{4-21}$$

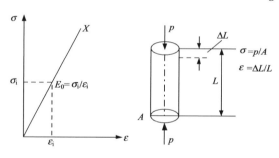

(a) 应力与应变为直线关系　　　　(b) 应力与应变为曲线关系

图 4-55 应力与应变关系图

σ_i-轴向应力；ε_i-轴向应变；p-轴向压力；A-横截面积；L-岩样长度；E_t-切线变形模量；E_s-割线变形模量；E_i-初始变形模量；σ_1、σ_2 和 ε_1、ε_2-切线变形模量对应的轴向应力和轴向应变；σ_{s0}、ε_{s0}-割线变形模量对应的轴向应力、轴向应变

当应力-应变呈曲线关系时，变形模量为变量，即不同应力段的变形模量不同。此时，常用初始变形模量（E_i）、切线变形模量（E_t）和割线变形模量（E_s）3 个参数表示[图 4-45（b）]。

（2）泊松比（μ）。

泊松比指岩石在单向受压时，横向应变（ε_h）与轴向应变（ε_v）之比，即

$$\mu = \frac{\varepsilon_h}{\varepsilon_v} \tag{4-22}$$

在工程实践中，常采用抗压强度达 50%时应变点的横向应变与轴向应变计算泊松比。

4.4.2.2　岩石力学性质测定

实施水力强化工艺时，煤岩层的力学性质与现代地应力、裂隙分布共同决定压裂裂缝的形态、方位、长度、高度和宽度，因而煤岩层的力学性质是进行水力强化工艺设计的基础。

研究区煤层顶底板主要岩性为砂岩、粉砂岩、砂质泥岩、泥岩。我们采取了中马村矿、车集矿、新义矿和鹤壁中泰矿业有限公司的煤岩样，委托河南理工大学能源科学与工程学院岩体力学研究实验室，严格按照煤炭行业煤岩物理力学参数的加工和试验标准《煤与岩石物理力学性质测定方法》（GB/T 23561）的规定，进行了煤岩物理力学参数测试，测试结果见表 4-37~表 4-40。

表 4-37　中马村矿煤岩力学性质（部分）一览表

力学性质	中粒砂岩	粉砂岩	砂质泥岩	泥岩	煤
密度 ρ/ (g·cm^{-3})	2.61~2.94 2.78	2.61~2.94 2.78	2.62~2.72 2.67	2.63~3.50 3.07	1.30~1.49 1.46
抗压强度 σ_c/ (MPa)	57.48~101.23 88.53	15.26~20.14 18.25	63.29~88.03 73.30	7.33~21.72 11.06	1.25~3.20 1.45
抗拉强度 σ_t/ (MPa)	4.38~5.12 4.83	3.76~3.90 3.83	2.43~3.68 3.40	2.19~3.21 2.55	0.09~0.55 0.091
内聚力 c/ MPa	4.0~4.5 4.25	4.0~4.5 4.25	0.39	0.25	0.04~4.13 0.21
内摩擦角 ϕ/ (°)	50.4	44.0	40.5	39.5	25.81
弹性模量 E/ 10^{3}MPa	19.81~25.17 22.10	20.31~22.57 21.40	11.70~13.60 12.70	1.10~1.50 1.40	0.07~0.14 0.089
泊松比 μ	0.22~0.23 0.22	0.22~0.23 0.22	0.29~0.31 0.30	0.31~0.32 0.31	0.11~0.38 0.33
坚固性系数	13.80	12.70	6.90	1.70	
波速 V_p/ (m·s^{-1})	3888~5714 4836	3600~4800 4200	1300~5700 3500	1696~3072 2478	2374~2944 2564

表 4-38　车集矿煤岩力学性质一览表

力学性质	中粒砂岩	粉砂岩	砂质泥岩	泥岩	二$_2$煤
密度 ρ/ (g·cm^{-3})	2.44~2.81 2.58	2.54~2.81 2.72	2.61~2.75 2.68	2.59~3.60 3.17	1.32~1.51 1.47
抗压强度 σ_c/ MPa	57.28~102.23 87.53	15.16~20.34 18.35	63.19~88.23 72.30	7.33~21.75 11.02	1.22~3.23 1.44
抗拉强度 σ_t/ MPa	4.39~5.17 4.84	3.73~3.91 3.80	2.41~3.64 3.35	2.17~3.24 2.57	0.09~0.57 0.098

力学性质	中粒砂岩	粉砂岩	砂质泥岩	泥岩	二₂煤
内聚力 c/ MPa	$\underline{4.0\sim4.5}$ 4.25	$\underline{4.0\sim4.5}$ 4.25	0.39	0.25	$\underline{0.04\sim4.13}$ 0.21
内摩擦角 ϕ/(°)	50.4	44.0	40.5	39.5	25.81
弹性模量 E/ 10^3MPa	$\underline{19.81\sim25.17}$ 23.10	$\underline{20.31\sim22.57}$ 21.42	$\underline{11.70\sim13.60}$ 12.70	$\underline{1.10\sim1.50}$ 1.40	$\underline{0.07\sim0.14}$ 0.089
泊松比 μ	$\underline{0.22\sim0.23}$ 0.22	$\underline{0.22\sim0.23}$ 0.23	$\underline{0.29\sim0.31}$ 0.31	$\underline{0.31\sim0.32}$ 0.31	$\underline{0.11\sim0.38}$ 0.33
坚固性系数	13.80	12.70	6.90	1.70	
波速 V_p/ (m·s⁻¹)	$\underline{3888\sim5714}$ 4836	$\underline{3600\sim4800}$ 4200	$\underline{1300\sim5700}$ 3500	$\underline{1696\sim3072}$ 2478	$\underline{2374\sim2944}$ 2564

表 4-39 新义矿煤岩力学性质（部分）一览表

力学性质	中粒砂岩	粉砂岩	砂质泥岩	泥岩	煤
密度 ρ/(g·cm⁻³)	$\underline{2.68\sim2.79}$ 2.72	$\underline{2.67\sim2.95}$ 2.70	$\underline{2.62\sim2.72}$ 2.68	$\underline{2.63\sim3.50}$ 3.01	$\underline{1.30\sim1.49}$ 1.46
抗压强度 σ_c/MPa	$\underline{148.5\sim194.5}$ 169.45	$\underline{46.56\sim184.3}$ 135.75	$\underline{131.1\sim159.6}$ 141.9	74.80	13.90
抗拉强度 σ_t/MPa	$\underline{5.22\sim6.63}$ 6.02	$\underline{4.96\sim6.74}$ 6.23	$\underline{3.50\sim5.22}$ 4.36	$\underline{1.05\sim2.82}$ 2.61	$\underline{0.09\sim0.55}$ 0.091
内聚力 c/MPa	56.9	29.0		0.20	$\underline{0.04\sim4.13}$ 0.21
内摩擦角 ϕ/(°)	29.1	27	25	22	21
弹性模量 E/10^3MPa	$\underline{30.6\sim40.2}$ 35.25	$\underline{16.2\sim40.6}$ 33.5	$\underline{31.2\sim34.9}$ 32.3	$\underline{1.10\sim1.50}$ 1.40	$\underline{0.07\sim0.14}$ 0.089
泊松比 μ	$\underline{0.22\sim0.33}$ 0.26	$\underline{0.22\sim0.23}$ 0.23	$\underline{0.20\sim0.31}$ 0.23	$\underline{0.21\sim0.32}$ 0.22	$\underline{0.11\sim0.38}$ 0.30
坚固性系数	17.15	13.65	13.75	1.70	
波速 V_p/(m·s⁻¹)	$\underline{3422\sim4493}$ 4119	$\underline{3313\sim4648}$ 4025	$\underline{2833\sim4030}$ 3687	$\underline{1696\sim3072}$ 2478	$\underline{2374\sim2944}$ 2564

表 4-40 鹤壁中泰矿业有限公司煤岩力学性质（部分）一览表

力学性质	中粒砂岩	细粒砂岩	砂质泥岩	泥岩	煤
密度 ρ/ (g·cm⁻²)	$\underline{2.57\sim2.79}$ 2.68	$\underline{2.50\sim2.60}$ 2.56	$\underline{2.66\sim2.70}$ 2.69	$\underline{2.57\sim2.68}$ 2.63	$\underline{1.30\sim1.40}$ 1.35
抗压强度 σ_c/ MPa	$\underline{74.10\sim125.70}$ 107.10	$\underline{69.50\sim114.50}$ 97.70	$\underline{61.20\sim105.20}$ 87.70	$\underline{6.30\sim24.60}$ 14.20	$\underline{5.12\sim9.24}$ 6.30
抗拉强度 σ_t/ MPa	$\underline{5.84\sim8.93}$ 7.88	$\underline{3.49\sim6.52}$ 4.96	$\underline{5.44\sim7.48}$ 6.23	$\underline{3.18\sim3.75}$ 3.69	$\underline{0.93\sim1.25}$ 1.10

续表

力学性质	中粒砂岩	细粒砂岩	砂质泥岩	泥岩	煤
内聚力 c/ MPa	13.40	11.20	17.10	12.30	7.40
内摩擦角 ϕ/（°）	50.30	43.10	32.10	39.20	22.10
弹性模量 E/ 10^3MPa	22.50～30.60 27.80	18.30～31.20 25.50	17.10～29.00 23.50	1.70～13.90 7.30	0.86～1.52 1.12
泊松比 μ	0.17～0.30 0.24	0.24～0.26 0.25	0.15～0.26 0.20	0.27～0.46 0.34	0.32～0.41 0.36
波速 V_p/ （m·s^{-1}）	4306～4568 4450	3303～3459 3379	4308～4556 4428	3119～3560 3281	1476～1693 1583

泥岩、砂岩抗压强度明显高于煤层，而煤层的抗压强度低、弹性模量较低、破裂压力梯度较小、易于压裂破坏。泥岩的弹性模量比砂岩低，但泊松比较大，泥岩表现出塑性大、易变形的特性，因此煤层顶底板泥岩层段压裂易发生塑性变形破坏。

4.5 小 结

本章选取中马村矿无烟煤、车集矿无烟煤、新义矿贫煤和鹤壁中泰矿业有限公司瘦煤不同类型硬煤和软煤，采用压汞法、液氮吸附法、小角X射线散射、扩散系数测定仪等分析了不同类型硬煤和软煤的主要物性特征，其主要结论如下所述。

（1）压汞法测得大于5.5nm孔径结构显示，中马村矿无烟煤硬煤煤样孔容主要集中分布于过渡孔和微孔，各占37.37%和43.43%；软煤煤样孔容主要集中分布于过渡孔和微孔，各占33.11%和28.04%。车集矿无烟煤硬煤煤样孔容主要集中分布于过渡孔和微孔，各占33.73%和42.46%。新义矿贫煤软煤煤样孔容主要集中分布于过渡孔和微孔，各占33.11%和28.04%。鹤壁中泰矿业有限公司瘦煤硬煤煤样孔容主要集中分布于过渡孔和微孔，各占44.92%和45.99%；软煤煤样孔容主要集中分布于过渡孔和微孔，各占42.96%和35.19%。各类型煤样软煤过渡孔所占比例大于其微孔所占比例，与硬煤相反。煤体的构造变形对煤的孔径结构产生了影响，软煤总孔容较硬煤显著增加，其中软煤孔径在100nm以下的微孔和过渡孔累计孔容明显增加，高煤级瘦煤-无烟煤总体上以中孔所占比例最小，以过渡孔和微孔为主，所占比例超过了60%，是高煤级煤孔隙分布所具有的显著特点。

（2）利用压汞法测得中马村矿无烟煤硬煤煤样总孔比表面积平均为6.164m^2·g^{-1}，软煤煤样总孔比表面积平均为6.338m^2·g^{-1}。车集矿无烟煤硬煤煤样总孔比表面积平均为7.531m^2·g^{-1}。新义矿贫煤软煤煤样总孔比表面平均为6.338m^2·g^{-1}。鹤壁中泰矿业有限公司瘦煤煤样总孔比表面积变化为6.338～7.271m^2·g^{-1}，平均为6.80m^2·g^{-1}。无论硬煤还是软煤，其比表面积主要集中在过渡孔和微孔段，占99%以上，过渡孔和微孔比表面积的大小决定了煤吸附瓦斯性能的强弱。

（3）压汞法测定的孔隙度、喉道直径、排驱压力和退汞效率结果显示，中马村矿无烟煤硬煤的孔隙度平均值为5.8891%，喉道直径平均值为0.1810μm，排驱压力平均值为4.0MPa，退汞效率平均值为37.97%；软煤的孔隙度平均值为4.6323%，喉道直径平均值为0.0199μm，排驱压力平均值为2.3MPa，退汞效率平均值为59.23%。车集矿无烟煤硬煤孔隙度平均值为5.5212%，喉道直径平均值为0.2112μm，排驱压力平均值为4.2MPa，退汞效率平均值为61.23%。新义矿贫煤软煤的孔隙度平均值为4.5323%，喉道直径平均值为0.0139μm，排驱压力平均值为2.0MPa，退汞效率平均值为57.97%。鹤壁中泰矿业有限公司瘦煤硬煤的孔隙度平均值为5.6721%，喉道直径平均值为0.1812μm，排驱压力平均值为3.9MPa，退汞效率平均值为48.27%；瘦煤软煤的孔隙度平均值为4.7143%，喉道直径平均值为0.0379μm，排驱压力平均值为2.1MPa，退汞效率平均值为58.43%，其软煤的孔隙度、喉道直径、排驱压力较硬煤低，退汞效率较硬煤高。研究表明，通常情况下退汞效率越高，意味着其孔隙系统的连通性越好，排驱压力越小，大量存在的孔喉越粗，孔隙结构越有利。

（4）高煤级瘦煤-无烟煤，无论硬煤还是软煤，各类型煤体压汞回线都表现有下凹型滞后环，均包含有一定数量的开放型孔隙和半封闭型孔隙，压汞回线反映出各类煤中孔隙形态的差异性，最终表现出不同的连通性，软煤较硬煤连通性较好些。

（5）利用液氮吸附法求得的2.0～400nm孔隙的孔径结构显示，通过分析无烟煤、贫煤、瘦煤不同类型煤的液氮等温吸附回线形态，可以发现所有煤样的回线形态均属于Ⅱ类型，表明煤中含有相当数量的微孔，同时也包含一定数量的过渡孔和中孔；各煤级硬煤和软煤的液氮吸附回线总体形态基本一致。同一煤层软煤和硬煤吸附量差异较大，均呈现软煤>硬煤。相同煤级的软煤产生的"滞后环"较硬煤显著，说明软煤中开放型孔隙相对较多，同时各煤样"滞后环"均呈现下凹型，表明不同煤样孔隙中均存在一定量的半封闭型孔隙，并且高煤级无烟煤、贫煤和瘦煤的脱附曲线在相对更低压力下也不闭合，说明无烟煤、贫煤、瘦煤孔隙中残余吸附量要比低煤级煤多，微孔更发育，不易脱附。

（6）利用液氮吸附法测得的2.0～400nm孔隙的孔容显示，中马村矿无烟煤硬煤总孔容为0.0121mL·g^{-1}，其中微孔孔容占总孔容的55.37%，其次为过渡孔和中孔，分别占28.93%和15.70%；软煤的总孔容为0.0189mL·g^{-1}，其中微孔孔容占总孔容的53.97%，其次是过渡孔和中孔，各占30.16%和15.87%。车集矿无烟煤硬煤总孔容为0.0071mL·g^{-1}，其中微孔孔容占总孔容的52.11%，其次为过渡孔和中孔，分别占29.58%和18.31%。新义矿软煤的总孔容为0.0073mL·g^{-1}，其中微孔孔容占总孔容的45.21%，其次是过渡孔和中孔，各占31.51%和23.29%。鹤壁中泰矿业有限公司瘦煤硬煤总孔容为0.0074mL·g^{-1}，其中微孔孔容占总孔容的50.00%，其次为过渡孔和中孔，分别占33.78%和16.22%；软煤总孔容为0.0068mL·g^{-1}，其中微孔孔容占总孔容的45.59%，其次是过渡孔和中孔，各占30.88%和23.53%。可见，对于高煤级无烟煤-瘦煤，其孔容主要集中在微孔和过渡孔，两者之和基本上超过了80%，其中又以微孔贡献率最大。

（7）利用液氮吸附法测得的2.0～400nm孔隙的孔比表面积显示，中马村矿无烟煤硬煤煤样孔总比表面积为10.189m²·g^{-1}，其中微孔比表面积占孔总比表面积的94.35%；软煤煤样孔总比表面积为15.396m²·g^{-1}，微孔比表面积比为94.00%，所占比例最大。

车集矿无烟煤硬煤煤样孔总比表面积为 5.985m²·g⁻¹，比表面积主要集中分布于微孔，为 94.19%。新义矿贫煤软煤煤样孔总比表面积为 5.610m²·g⁻¹，比表面积主要集中分布于微孔，占孔总比表面积的 91.75%。鹤壁中泰矿业有限公司瘦煤硬煤煤样孔总比表面积为 5.581m²·g⁻¹，其中微孔比表面积占孔总比表面积的 91.79%；软煤煤样孔总比表面积为 5.432m²·g⁻¹，微孔比表面积比为 92.68%，所占比例最大。结果表明，高煤级无烟煤-贫煤-瘦煤明显以微孔比表面积占绝对优势，微孔比表面积占孔隙总比表面积的值超过 90%。

（8）采用 SAXS 法测试煤的孔隙结构具有获取有效孔隙和封闭型孔隙全部孔隙分布特征的优势。测定结果显示：在不同类型煤中微孔比表面积最大，且随着破坏程度的增大，微孔比表面积和孔总比表面积均呈现增大趋势。在不同类型煤中过渡孔比表面积比较小。相同孔径段（2～100nm），采用 SAXS 法测定的孔比表面积明显大于低温液氮吸附实验结果，前者为后者的 3.2～8.8 倍，其中以高变质程度无烟煤增幅最大，分析认为可能由封闭型孔隙增多导致。

（9）经井下观测，中马村矿硬煤内生裂隙发育密度介于 6～18 条·10cm⁻¹。车集矿硬煤内生裂隙发育密度介于 8～12 条·10cm⁻¹。鹤壁中泰矿业有限公司硬煤内生裂隙发育密度介于 9～15 条·10cm⁻¹。而新义矿软煤内生裂隙发育密度介于 4～10 条·10cm⁻¹。裂隙大多无充填，少部分被黄铁矿、方解石等矿物质充填。

（10）实测宏观裂隙表明，中马村矿宏观裂隙发育优选方向为 NW 向、NE 向；车集矿以 NNE 向最为发育；新义矿存在的裂隙发育优选方向为 NW 向、NE 向；鹤壁中泰矿业有限公司以 NW 向、NEE 向最为发育。

（11）中马村矿埋深 200～700m 范围煤层温度介于 19.15～25.75℃。车集矿埋深 100～900m 范围煤层温度介于 17.6～35.6℃。鹤壁中泰矿业有限公司埋深 400～1000m 范围煤层温度介于 22.4～32℃。新义矿埋深 500～1000m 范围煤层温度介于 26.20～35.55℃。

（12）中马村矿瓦斯压力介于 0.12～3.48MPa，平均压力为 1.48MPa；车集矿瓦斯压力介于 0.10～1.00MPa，平均压力为 0.532MPa；鹤壁中泰矿业有限公司瓦斯压力介于 0.37～2.11MPa，平均压力为 1.10MPa；新义矿瓦斯压力介于 0.58～1.25MPa，平均压力为 0.87 MPa。

（13）当温度为 30℃ 时，中马村矿无烟煤硬煤和软煤最大吸附量为 34.48～38.20m³·t⁻¹，平均吸附量为 36.34m³·t⁻¹。车集矿无烟煤硬煤最大吸附量为 32.18～36.10m³·t⁻¹，平均吸附量为 34.14m³·t⁻¹；新义矿贫煤软煤最大吸附量为 39.70m³·t⁻¹；鹤壁中泰矿业有限公司瘦煤硬煤和软煤最大吸附量为 33.99～40.06m³·t⁻¹，平均吸附量为 35.39m³·t⁻¹，软煤具有较大的吸附能力，而硬煤具有较高的朗缪尔压力，易解吸。

（14）计算结果显示：中马村矿含气饱和度介于 59.14%～97.66%，平均为 82.11%。车集矿含气饱和度介于 29.61%～57.97%，平均为 42.97%。新义矿含气饱和度介于 51.82%～94.41%，平均为 72.21%。鹤壁中泰矿业有限公司含气饱和度介于 56%～97%，平均为 79.61%，均属于欠饱和储层。

（15）中马村矿临界解吸压力介于 1.83～5.83MPa，平均为 3.41MPa，中马村矿临/储比介于 0.29～0.67，平均为 0.34。车集矿临界解吸压力介于 0.01～0.71MPa，平均为 0.32MPa，车集矿临/储比介于 0.31~0.63，平均为 0.42。新义矿临界解吸压力介于 0.43~0.87MPa，平均为 0.65MPa，新义矿临/储比介于 0.61~0.95，平均为 0.77。鹤壁中泰矿业有限公司临界解吸压力介于 0.32~1.49MPa，平均为 0.76MPa，鹤壁中泰矿业有限公司临/储比介于 0.27~0.71，平均为 0.36。一般临/储比比值越大，储层中的气体越容易解吸。

（16）中马村矿二$_1$煤实测吸附时间介于 1.86~2.69 天，平均为 2.13 天。车集矿二$_2$煤实测吸附时间介于 5.67~11.23 天，平均为 8.24 天。新义矿二$_1$煤实测吸附时间介于 4.86~6.69 天，平均为 5.15 天。鹤壁中泰矿业有限公司二$_1$煤实测吸附时间介于 6.11~13.98 天，平均为 7.66 天。吸附时间相对较短。

（17）中马村矿二$_1$煤的理论采收率变化介于 44%~76%，平均为 67.03%；车集矿二$_2$煤的理论采收率变化介于 16.59%~68.71%，平均为 40.68%；新义矿二$_1$煤的理论采收率变化介于 49%~69%，平均为 59.53%；鹤壁中泰矿业有限公司二$_1$煤的理论采收率变化介于 13.90%~55.53%，平均为 33.43%。

（18）采用柱煤结合气相色谱法所测围压条件下原煤的瓦斯扩散系数基本处于 10^{-8} 数量级上，未卸压条件下扩散速率极其缓慢，在相同的围压、温度、气压条件下，相同煤级的煤硬煤的甲烷扩散速率大于软煤的甲烷扩散速率；相近破坏程度煤，甲烷扩散系数随变质程度（煤级）的加大出现先增大后减小的变化趋势。

（19）研究区中马村矿煤层渗透率介于 0.0170~0.0461mD。车集矿煤层渗透率介于 0.0511~0.4882mD。鹤壁中泰矿业有限公司煤层渗透率为 0.005145~0.056154mD。新义矿煤层渗透率介于 0.00153~0.02413mD。研究区二$_1$煤透气性系数较低，瓦斯流动的阻力较大，瓦斯沿煤层流动缓慢，不利于瓦斯抽采。

（20）研究区内矿井的顶底板岩性矿物鉴定表明，中马村矿、车集矿、鹤壁中泰矿业有限公司、新义矿 4 个矿井均未见水敏性强的矿物蒙脱石，水敏性弱的伊利石和绿泥石的含量分别为 10%~40%和 5%，4 个矿井的煤层顶底板岩性水敏性较弱。

（21）本章实测了 4 个矿井顶底板各项岩石力学参数，其中泥岩、砂岩抗压强度明显高于煤层，而煤层的抗压强度低、弹性模量较低、破裂压力梯度较小、易于压裂破坏。泥岩的弹性模量比砂岩低，但泊松比较大，泥岩表现出塑性大、易变形的特性，因此煤层顶底板泥岩层段压裂易发生塑性变形破坏。

5 瓦斯抽采地质单元与强化层体系

瓦斯抽采不仅是为煤矿安全生产服务，也是在开发利用清洁能源。由于煤系地层受多期构造运动影响，表现为煤体结构组合多样化、矿井构造复杂化、顶底板岩层非均质化、水文地质条件差异化。本章根据井下瓦斯抽采实施强化工艺的需要，依据矿井构造、水文地质条件和煤体结构组合等地质因素，结合采掘布置等生产因素科学划分瓦斯抽采地质单元。

5.1 瓦斯抽采地质单元划分

5.1.1 划分原则及目的

影响瓦斯抽采地质单元划分的因素有很多，有生产因素，如采掘部署、强化工艺；有地质因素，如地质构造、水文地质条件、煤体结构、煤岩体物性等。在进行瓦斯抽采地质单元划分时，地质因素仍然是第一因素，因此，采用以地质因素为主，结合生产因素作用划分原则。地质因素依次考虑构造应力作用、瓦斯分布规律、顶底板富水特征和煤体结构展布规律等因素，另外还要考虑生产因素，如煤矿采掘部署的合理性。瓦斯抽采地质单元划分依据如图 5-1 所示。

1）一级单元

（1）依托矿井部署的规划区、准备区和生产区，依据煤层瓦斯含量 $6m^3 \cdot t^{-1}$ 和瓦斯压力 0.6MPa（《河南省煤矿防治煤与瓦斯突出十项措施》进行一级瓦斯抽采单元划分，确定抽采区和非抽采区。

（2）对于抽采区，依据地质和开采条件，优选地面井、井下抽采、井地联合抽采工艺；对于非抽采区可直接组织实施采掘生产。

2）二级单元

（1）在一级瓦斯抽采地质单元划分的基础上，在抽采区开展二级瓦斯抽采地质单元划分。

（2）二级瓦斯抽采地质单元依据煤层透气性系数（渗透率）等关键指标划分可抽性好和可抽性差两个区域。

（3）结合矿井采掘部署，原则上在可抽性好的区域优选常规抽采工艺，在可抽性差的区域优选强化抽采工艺。

3）三级单元

（1）在二级瓦斯抽采地质单元划分的基础上，在可抽性差的区域开展三级瓦斯抽采地质单元划分。

（2）三级瓦斯抽采地质单元依据断煤厚断层、断层留设煤柱和采区或工作面采掘工程部署等关键指标确定扰动可部署区，不易实施扰动工艺区域采取延长抽采时间、增加钻孔工程量等常规强化抽采措施。

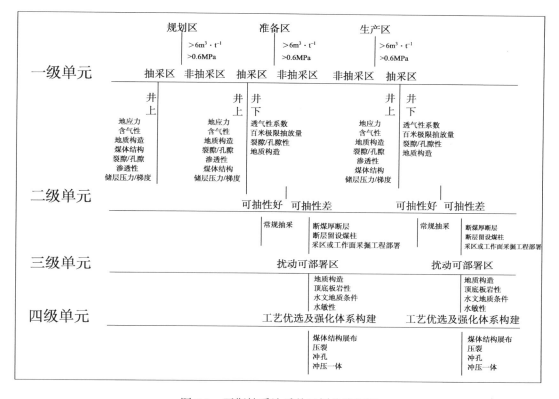

图 5-1 瓦斯抽采地质单元划分流程图

4）四级单元

（1）在三级瓦斯抽采地质单元划分的基础上，在扰动可部署区开展四级瓦斯抽采地质单元划分。

（2）四级瓦斯抽采地质单元依据地质构造、煤体结构、瓦斯赋存、顶底板岩性、富水性、水文地质条件、水敏性等关键因素优选扰动工艺进行划分。

5.1.2 抽采地质单元划分

1）一级瓦斯抽采地质单元

依据上述划分原则，在规划区、准备区和生产区，以瓦斯含量 $6m^3 \cdot t^{-1}$ 和可抽采煤厚 1.3m 为界划分一级瓦斯抽采地质单元，即抽采区和非抽采区。以中马村矿和新义矿为例进行一级瓦斯抽采地质单元划分。

由 2.2 节和 2.4 节可知，中马矿区瓦斯含量均在 $8m^3 \cdot t^{-1}$ 以上（图 2-55），二$_1$煤煤层厚度介于 0.65～13.53m，平均煤层厚度为 5.45m，绝大部均可采，辅助指标可采煤层厚度均大于 0.8m，所以中马村矿全矿井只有一个抽采区，全矿井即为一级瓦斯抽采地质单元。根据其构造形态和力学机制，构造应力区从上到下依次为挤压区、过渡区和引张区。

新义矿区二$_1$煤瓦斯含量介于 9.65～14.72m^3·t^{-1}，平均含量为 12.21m^3·t^{-1}，均大于 6 m^3·t^{-1}（图 2-52），二$_1$煤煤层厚度介于 0～15.47m，平均为 4.81m，绝大部分均可采，辅助指标可采煤层厚度均大于 0.8m，因此，全矿井一级瓦斯抽采地质单元均为抽采区。

2）二级瓦斯抽采地质单元

本书仅对井下抽采区进行二级瓦斯抽采地质单元划分，依据评价指标——透气性系数、百米极限抽放量、裂隙/孔隙、地质构造等划分二级瓦斯抽采地质单元，由 4.3.2 节可知，中马村矿二$_1$煤透气性系数基本介于 0.07～0.19 m^2·（MPa^2·d）$^{-1}$，绝大部分采区二$_1$煤透气性系数小于 0.1 m^2·（MPa^2·d）$^{-1}$，均属于可抽性差区域，因此一级瓦斯抽采地质单元与二级瓦斯抽采地质单元重叠，均为可抽性差的区域。

新义矿二$_1$煤透气性系数基本介于 0.0061～0.0965m^2·（MPa^2·d）$^{-1}$，平均为 0.03612m^2·（MPa^2·d）$^{-1}$，绝大部分采区二$_1$煤的透气性系数小于 0.1 m^2·（MPa^2·d）$^{-1}$，均属于可抽性差的区域，因此其一级瓦斯抽采地质单元与二级瓦斯抽采地质单元重叠，均为可抽性差的区域。

根据其构造形态和力学机制，新义矿总体上可以划分为 3 个应力区：一水平（−300m）以浅埋深较浅属于引张区；一水平至二水平（−500～−300m）为应力过渡区；二水平（−500m）以深为挤压区。

3）三级瓦斯抽采地质单元

依据划分原则，在分析构造条件、煤层稳定性、可抽性和应力分区的基础上，在二级瓦斯抽采地质单元可抽性差的区域内划分三级瓦斯抽采地质单元，以断煤厚断层、断层留设煤柱和采区或工作面采掘工程部署为依据进行划分。以中马村矿、新义矿为例。

依照上述划分原则，将中马村矿划分了 10 个三级瓦斯抽采地质单元。

（1）III$_1$ 单元位于井田的西北部，以边界导水断层九里山断层、凤凰岭断层、李河断层，羽状分支导水断层为边界，区内派生断层发育，小构造较为发育，区内断层均为导水断层，现在为未采区。

（2）III$_2$ 单元位于 III$_1$ 单元的东部，紧邻 III$_1$ 单元。东部以南中四断层为边界，南北以边界断层为边界，断层导水性好，区内未布置采掘工作面。

（3）III$_3$ 单元包含 1702、2702 两个工作面，位于李庄断层、李庄分支断层的上升盘，距离李庄断层和李庄分支断层有一定距离；抽采单元位于矿井一水平的应力挤压区。

（4）III$_4$ 单元紧邻 III$_3$ 单元，位于 III$_3$ 单元的东北部。该抽采地质单元包含 1701、2701 两个工作面，位于李庄断层、李庄分支断层的上升盘，距离李庄断层和李庄分支断层有一定距离；抽采单元亦位于矿井一水平的应力挤压区。

（5）III$_5$ 单元西南部、东北部以采空区为边界，西北部、东北部以井田边界为边界，区内包含 211041、211031 两个工作面。区内小断层发育程度差，位于矿井一水平的应力挤压区，水文地质条件与 III$_3$ 单元、III$_4$ 单元类似。

（6）III$_6$ 单元西部以中四断层为界，西北部以采空区为边界，东南部以张性的羽状断层东马村断层为边界，东南部以张性的九里山断层为边界。该区位于矿井三水平的应力引张区，边界断层均为张性导水断层。区内未布置采煤工作面。

（7）III$_7$单元位于III$_6$单元的东部，北部紧邻III$_9$单元，区内分布39041、39061、39081、39101四个工作面，南部紧邻的九里山断层为张性导水断层。影响该单元瓦斯抽采的最主要因素之一应为南部的九里山断层。

（8）III$_8$单元与III$_7$单元以九里山断层的转折处为界将39采区一分为二，区内分布39031、39051、39071、39091四个工作面，西部为III$_7$单元，东部即为III$_8$单元，该单元相比III$_7$单元，九里山断层对其影响相对较小。

（9）III$_9$单元位于III$_8$单元的东部，区内分布311021、311041、311061、311081四个工作面，张性的羽状断层东马村断层尖灭于该单元的东北角，该单元亦位于矿井的三水平，为应力引张区，其南部的九里山断层对区内的瓦斯抽采影响较大。

（10）III$_{10}$单元位于III$_9$单元的东部，东北部以张性的羽状断层东马村断层为边界，东北部以九里山断层为边界，区内分布311011、311031、311051、311071四个工作面。

新义矿三维地震勘探工程和瞬变电磁勘探工程范围有限，因此，考虑实际地质资料的掌握程度，在划分三级瓦斯抽采地质单元时，对照物探工程覆盖区和物探工程未覆盖区按照不同的标准进行划分。物探工程未覆盖区根据地质构造、顶底板岩性特征划分为III$_1$、III$_2$、III$_3$共3个三级瓦斯抽采地质单元。物探工程覆盖区煤层为单斜构造，发育延伸长度较小的张性断裂，构造应力基本为拉张性质，根据采区或工作面采掘工程部署及煤柱留设情况划分为III$_4$、III$_5$、III$_6$、III$_7$、III$_8$共5个三级瓦斯抽采地质单元。

4）四级瓦斯抽采地质单元

依据划分原则，在三级瓦斯抽采地质单元的基础上，根据构造条件、顶底板岩性、顶底板富水性区域边界，并考虑其水敏性特性划分四级瓦斯抽采地质单元，即扰动工艺优选区。以中马村矿、新义矿为例。

中马村矿二$_1$煤顶板砂岩含水层裂隙不发育，且泥岩、砂质泥岩与砂岩相间发育，补给条件差，加上矿井长期疏排，富水性比较弱，比较适宜作为强化层。二$_1$煤底板发育有L$_8$、L$_2$灰岩承压含水层，而且富水性强，一般不考虑作为强化层。因此，二级瓦斯抽采地质单元划分仅考虑煤层顶板。

根据二$_1$煤顶板岩性，在一级、二级瓦斯抽采地质单元划分的基础上，把三级瓦斯抽采地质单元划分为4类：IV$_1$是具有较强富水性的岩层；IV$_2$是基本不含水的岩层；IV$_3$是具有弱富水性的岩层；IV$_4$是发育导水断层的岩层。在今后实施水力强化工艺之前，建议对顶板富水性开展超前探测，以准确掌握强化层的富水特征。

III$_1$-IV$_1$顶板为砂岩类岩石，III$_1$-IV$_2$顶板为泥质岩类岩石，III$_1$-IV$_3$顶板为粉砂岩类岩石，III$_1$-IV$_4$为断层保护煤柱。

III$_2$-IV$_3$顶板为粉砂岩类岩石，III$_2$-IV$_2$顶板为泥质岩类岩石。

III$_3$-IV$_1$顶板为砂岩类岩石，III$_3$-IV$_2$顶板为泥质岩类岩石，III$_3$-IV$_3$顶板为粉砂岩类岩石。

III$_4$-IV$_2$顶板均为泥质岩类岩石。

III$_5$-IV$_1$顶板为砂岩类岩石，III$_5$-IV$_2$顶板为泥质岩类岩石，III$_5$-IV$_3$顶板为粉砂岩类岩石。

III$_6$-IV$_2$顶板为泥质岩类岩石，III$_6$-IV$_3$顶板为粉砂岩类岩石，III$_6$-IV$_4$为断层保护煤柱。

III_7-IV_2顶板为泥质岩类岩石，III_7-IV_3顶板为粉砂岩类岩石，III_7-IV_4为断层保护煤柱。

III_8-IV_2顶板为泥质岩类岩石，III_8-IV_3顶板为粉砂岩类岩石，III_8-IV_4为断层保护煤柱。

III_9-IV_1顶板为砂岩类岩石，III_9-IV_2顶板为泥质岩类岩石，III_9-IV_3顶板为粉砂岩类岩石，III_9-IV_4顶板为断层保护煤柱。

III_{10}-IV_1顶板为砂岩类岩石，III_{10}-IV_2顶板为泥质岩类岩石，III_{10}-IV_3顶板为粉砂岩类岩石，III_9-IV_4顶板为断层保护煤柱。

新义矿二$_1$煤虽然变化较大，规律性不明显，但不可采面积较小，属大部可采煤层，结构较简单，其稳定程度属较稳定型全井田大部可采煤层。煤层底板以泥质岩为主，仅局部发育砂岩底板。因此，主要考虑顶板岩性、富水性和构造复杂程度 3 个条件，理论上可以划分出 8 种四级瓦斯抽采地质单元类型（表 5-1）。

表 5-1　四级瓦斯抽采地质单元划分表

顶板岩性		富水性		构造复杂程度		单元代码	单元类型
砂岩	泥岩	强	弱	复杂	简单		
√		√		√		111	IV_1
√		√			√	112	IV_2
√			√	√		121	IV_3
√			√		√	122	IV_4
	√	√		√		211	IV_5
	√	√			√	212	IV_6
	√		√	√		221	IV_7
	√		√		√	222	IV_8

注：单元代码编号原则为顶板岩性（砂岩为 1，泥岩为 2）、富水性（富水性强为 1，富水性弱为 2）、构造复杂程度（构造复杂为 1，构造简单为 2）各占一位数，共三位代码。

根据四级瓦斯抽采地质单元划分标准，新义矿实际发育了 5 种类型的四级瓦斯抽采地质单元（表 5-2）。

表 5-2　新义矿四级瓦斯抽采地质单元发育情况表

顶板岩性		富水性		构造复杂程度		单元代码	单元类型	单元编号
砂岩	泥岩	强	弱	复杂	简单			
	√	√			√	212	IV_6	III_4-IV_6
	√		√		√	222	IV_8	III_4-IV_8
	√		√		√	222	IV_8	III_6-IV_8
√		√		√		111	IV_1	III_6-IV_1
√			√		√	122	IV_4	III_6-IV_4
√			√		√	122	IV_4	III_7-IV_4
√		√		√		111	IV_1	III_7-IV_1
	√	√			√	212	IV_6	III_8-IV_6
√			√	√		121	IV_3	III_8-IV_3

5.2 强化层构建技术与标准

瓦斯是伴随煤一起形成的,主要以吸附态形式赋存在煤层中的微孔隙中,与煤体、围岩、构造和地下水共同构成一个煤气同体系统。生产实践证明,矿井普遍具有煤层松软、渗透率低的特点,采用传统的瓦斯抽采工艺抽采效果不佳,需要采用水力强化工艺提高煤层渗透性。由于煤体结构组合多样,水力强化工艺具有选层性,根据煤体结构组合特征,并结合顶底板岩性特征,构建并优选强化层体系是提高水力强化效果的关键。

5.2.1 煤体结构组合

煤矿安全生产中将煤体结构分为原生结构、碎裂结构、碎粒结构和糜棱结构,也有将其简单分为硬煤(原生结构和碎裂结构)和软煤(碎粒结构和糜棱结构),这些分类简单实用,但是对于指导水力强化工艺还不够科学准确。本书依据煤体结构定量化表征的两个相关参数——地质强度指标 GSI 值和煤的坚固性系数 f 值,将 GSI 值≥45 或 f 值≥0.50 的称为硬煤,GSI 值<45 或 f 值<0.50 的称为软煤。根据构造煤形成机制的地质分析和井下实际观测结果可知,研究区煤体结构组合大致分为 5 种:全层硬煤、全层软煤、上部硬煤、中部硬煤和下部硬煤。

1)全层硬煤

全层硬煤是指顶底板间全部煤层的 GSI 值≥45 或 f 值≥0.50,或者煤层顶部、中部或底部存在 GSI 值<45 或 f 值<0.50 的煤体,但厚度<0.2m。

2)全层软煤

全层软煤是指顶底板间全部煤层的 GSI 值<45 或 f 值<0.50,或者煤层局部存在 GSI 值≥45 或 f 值≥0.50 的煤体,但厚度小于 2m。

3)上部硬煤

上部硬煤是指 GSI 值≥45 或 f 值≥0.50 的煤体位于煤层上部,且厚度大于 2m,其下部为 GSI 值<45 或 f 值<0.50 的煤体。

4)中部硬煤

中部硬煤是指 GSI 值≥45 或 f 值≥0.50 的煤体位于煤层中部,且厚度大于 2m,其上下均为 GSI 值<45 或 f 值<0.50 的煤体。

5)下部硬煤

下部硬煤是指 GSI 值≥45 或 f 值≥0.50 的煤体位于煤层下部,且厚度大于 2m,其上部为 GSI 值<45 或 f 值<0.50 的煤体。

5.2.2 顶底板富水性

根据水力强化工艺对煤层顶底板水文地质条件的要求,以及煤层顶底板含水层与隔水层特征、煤层顶底板泥质岩类的水敏性等,划分不同的顶底板水文地质类型。

(1)根据煤层顶底板岩性特征和单位涌水量,煤层顶底板可划分为富水性和弱富水性两种类型:①富水性。富水性指煤层顶底板岩性主要为砂岩类岩石,孔隙、裂隙发育,单位涌水量在 1.0L·（s·m）$^{-1}$ 以上。富水性顶底板水量大，不利于实施水力强化工艺。②弱富水性。弱富水性指煤层顶底板岩性为粉砂岩、泥质砂岩、泥岩类岩石，孔隙、裂隙不发育，单位涌水量在 0.1L·（s·m）$^{-1}$ 以下。弱富水性顶底板水量小或无水，有利于实施水力强化工艺。

（2）根据煤层顶底板泥质岩类的水敏性，煤层顶底板又进一步划分为水敏性强和水敏性弱两种类型。①水敏性强。水敏性强指煤层顶底板泥质类岩石的矿物组成多为蒙脱石、绿泥石等遇水膨胀的矿物，会阻挡压裂液的渗透与延伸。②水敏性弱。水敏性弱指煤层顶底板泥质类岩石的矿物组成极少有或没有蒙脱石、绿泥石等遇水膨胀的矿物，不影响压裂液的渗透与延伸。

（3）研究区煤层底板灰岩承压水水头压力高、水量大，对煤层开采和实施水力压裂工艺可能产生较大危害，因此，考虑煤层底板灰岩含水层与煤层之间的安全有效厚度划分为：①压裂安全区。安全有效厚度＞15m。②压裂不安全区。安全有效厚度≤15m。

5.2.3　强化层体系构建

影响水力强化工艺的因素主要有煤体结构、煤层顶底板岩体特征、煤岩水理与力学性质、水文地质条件等。研究区煤层作为含煤岩系的有机组成部分，与其他共生的顶底板岩石类型构成特定的沉积序列，沉积时期、沉积环境类似，煤层顶底板岩石普遍为砂岩、粉砂岩、砂质泥岩、泥岩等，煤岩水理与力学性质差异不大，因此仅考虑煤体结构组合变化和顶底板水理性质及水文地质条件对强化层体系进行构建和分类。按煤体结构组合和顶底板富水性、水敏性，结合底板安全厚度构建强化层体系 35 类，优选出强化层体系 5 类（表 5-3、图 5-2）。

表 5-3　强化层体系构建

煤体结构	顶板（D）			底板（d）				强化层优选
	富水	弱富水		富水	弱富水			
		水敏性强	水敏性弱		水敏性强	水敏性弱		
						不安全	安全	
全层硬煤（Ⅰ）	Ⅰ	Ⅰ	ⅠD	Ⅰ	Ⅰ	Ⅰ	Ⅰd	Ⅰ
全层软煤（Ⅱ）	Ⅱ	Ⅱ	ⅡD	Ⅱ	Ⅱ	Ⅱ	Ⅱd	ⅡD
上部硬煤（Ⅲ）	Ⅲ	Ⅲ	ⅢD	Ⅲ	Ⅲ	Ⅲ	Ⅲd	ⅢD
中部硬煤（Ⅳ）	Ⅳ	Ⅳ	ⅣD	Ⅳ	Ⅳ	Ⅳ	Ⅳd	ⅣD-d
下部硬煤（Ⅴ）	Ⅴ	Ⅴ	ⅤD	Ⅴ	Ⅴ	Ⅴ	Ⅴd	Ⅴd

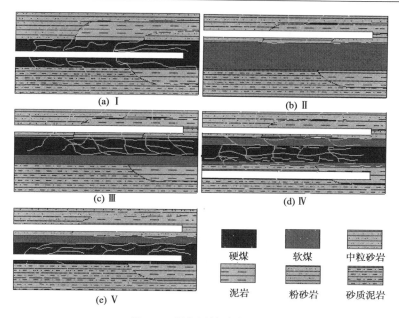

图 5-2 强化层体系类型图

5.2.4 强化层体系优选

1）中马村矿

中马村矿煤层厚度为 0.65～13.53m，厚度变化较大，从上至下煤体结构大体依次发育糜棱煤、碎裂煤、碎粒煤、碎裂煤。一般靠近顶板有 0.3～0.5m 厚的糜棱煤分布；糜棱煤下部分布近 0.20～0.5m 厚的碎裂煤；碎裂煤下部为 1.5～2.5m 的碎粒煤，再往下均为碎裂煤分布，厚 2.2～4.0cm，局部有大约 0.8m 厚的夹矸，整体属于下部硬煤组合，其 GSI 值介于 17～73，f 值介于 0.22～0.75。

煤层顶板岩性以泥岩、砂质泥岩为主，主要矿物组成为高岭石、石英、云母，不含蒙脱石，水敏性弱，水文地质条件简单。

煤层底板岩性为粉砂岩和泥岩，底板岩性水敏性弱。下部发育有 L_8 灰岩和 L_2 灰岩含水层，通过计算，二₁煤距 L_8 灰岩含水层的强化层安全厚度为 9～11m，小于 15m 隔水层安全有效厚度要求，不易实施底板水力强化工艺。

通过对煤体结构组合、顶底板岩性、水敏性和水文地质条件的综合分析，中马村矿强化层体系优选 VD（煤层+顶板），其次再考虑底板强化，但隔水层安全厚度要大于 15m（图 5-3）。

2）车集矿

车集矿煤层厚度多为 2～4m，煤体结构局部在底部发育有 20cm 的糜棱煤，其余都为碎裂煤，GIS 值介于 23～65，f 值介于 0.24～0.61，整体属于全层硬煤组合。

煤层顶板岩性以泥岩、砂质泥岩为主，局部为砂岩，主要矿物组成为高岭石、伊利石、石英，不含蒙脱石，水敏性弱，水文地质条件简单。

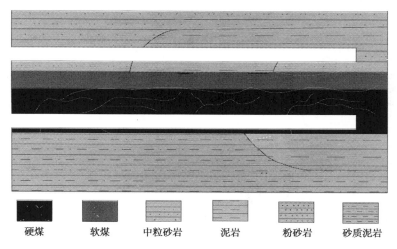

硬煤　　　软煤　　　中粒砂岩　　　泥岩　　　粉砂岩　　　砂质泥岩

图 5-3　中马村矿强化层体系优选示意图

煤层底板岩性多为砂质泥岩及细粒砂岩，水敏性弱。下部发育有 L_9 灰岩、L_{10} 灰岩和 L_2 灰岩含水层，通过计算，$二_1$ 煤距 L_8 灰岩含水层的强化层安全有效厚度为 12.5～18.0m。

根据煤体结构组合、顶底板岩性、水敏性和水文地质条件综合分析，车集矿强化层体系优选 I（煤层），其次再考虑 I D（煤层+顶板）（图 5-4）。

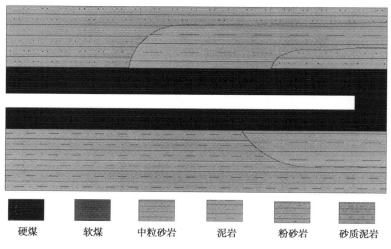

硬煤　　　软煤　　　中粒砂岩　　　泥岩　　　粉砂岩　　　砂质泥岩

图 5-4　车集矿强化层体系优选示意图

3）新义矿

新义矿平均煤层厚度为 5m，构造软煤全层发育，煤体破坏程度大于等于Ⅲ，煤的坚固性系数 f 值基本小于 0.5，强化层体系构建总体属于 II 型全层软煤组合。

新义矿 $二_1$ 煤顶板岩性以中-细粒砂岩为主，厚度为 5.90～21.68m。底板岩性以黑色泥岩和砂质泥岩为主，有时相变为粉砂岩或细粒砂岩，厚度为 1.60～11.95m。顶底板岩性矿物鉴定均未见水敏性强的矿物蒙脱石，水敏性弱的伊利石和绿泥石的含量分别为 15%～35%和 5%，其水敏性弱。下部发育有 L_7 灰岩、L_8 灰岩和 O_2 灰岩含水层，通过计算，二$_1$ 煤距 L_7 炭岩、L_8 灰岩含水层的强化层安全有效厚度为 16.3～17.4m，与 15m 隔水层安全有效厚度要求相近，因此可以实施底板水力强化工艺。

根据对煤体结构组合、顶底板岩性、水敏性和水文地质条件综合分析，新义矿强化层体系优选ⅡD（煤层+顶板）或者Ⅱd（煤层+底板）型（隔水层安全有效厚度＞15m）（图5-5）。

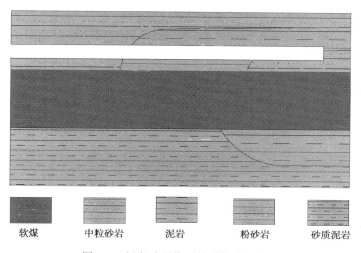

软煤　　　中粒砂岩　　　泥岩　　　粉砂岩　　　砂质泥岩

图 5-5　新义矿强化层体系优选示意图

4）鹤壁中泰矿业有限公司

鹤壁中泰矿业有限公司煤层厚度多为 5～18m，煤层厚度变化较大，煤体结构主要为碎粒煤和碎裂煤，上部碎粒煤 GIS 值为 24～44，下部碎裂煤 GIS 值为 44～50，属于软硬煤过渡，硬煤在下部组合。

煤层顶板岩性以砂质泥岩、泥岩为主，主要矿物组成为高岭石、伊利石、石英，不含蒙脱石，水敏性弱，水文地质条件简单。

煤层直接底为灰黑色砂质泥岩或泥岩，厚度为 1～7m，平均厚度为 4.7m；老底为深灰及浅灰色厚层状中细粒石英砂岩，层理较发育，层面含碳质及大量白云母碎片，中下部发育有黑色泥质包裹体，厚度为 5～21m，平均厚度为 7m，底板岩性水敏性弱。下部发育有 L_8 灰岩和 L_2 灰岩含水层，L_8 灰岩含水层距煤层底板 14.8～65.2m，通过计算，二$_1$ 煤距 L_8 灰岩含水层的强化层安全有效厚度为 16.4～19.8m，与 15m 隔水层安全有效厚度要求相近，因此在隔水层安全性较可靠的条件下，可以实施底板水力强化工艺。

根据煤体结构组合、顶底板岩性、水敏性和水文地质条件综合分析，该矿煤层属厚煤层，煤体处于软硬煤过渡，硬煤在下部，考虑底板安全有效厚度较小，强化层体系优选为Ⅰ（煤层）、Ⅴd（煤层+底板），或ⅡD-d（煤层+顶底板）（图5-6）。

以上仅根据矿井瓦斯抽采地质条件，优选了各矿井强化层体系。对各个瓦斯抽采地质单元强化层体系进行优选，要根据其具体瓦斯抽采地质条件确定。

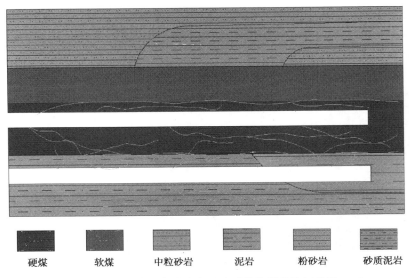

硬煤　　　软煤　　　中粒砂岩　　　泥岩　　　粉砂岩　　　砂质泥岩

图 5-6　鹤壁中泰矿业有限公司强化层优选示意图

5.3　强化层瓦斯运移产出机理

瓦斯主要以吸附态形式赋存在煤层的微孔隙中，其运移产出一般需经历解吸—扩散—渗流 3 个阶段。但煤体结构不同，使得不同构造单元的储层渗透率差别达到几个数量级，因此瓦斯运移产出的流态也各不相同。煤层中瓦斯运移产出的流态呈现多样性，造成许多瓦斯参数测试结果与实际相差较大。因此，查明瓦斯运移产出流态将为不同煤体结构的瓦斯运移产出过程的描述奠定基础，对井下钻孔水力强化工艺选择和效果检验有重要的指导意义。

5.3.1　瓦斯流态的判别

瓦斯有生物成因和热成因两种生成模式，前者是古代成煤植物由各类微生物的一系列复杂作用过程导致有机质发生降解而形成；后者是指随着煤化作用的进行，伴随温度升高，由煤分子结构与成分的变化而形成。煤层对瓦斯的容纳能力远远超过自身基质孔隙和裂隙体积，所以瓦斯的赋存状态与常规天然气不同，目前人们普遍接受的观点是瓦斯以溶解态、游离态和吸附态 3 种形式储集在煤层中，且以吸附态为主。

5.3.1.1　雷诺数法

1883 年，英国人雷诺使用不同直径的圆管及不同黏性流体，通过大量实验数据，发现流体的流态主要取决于一个无量纲参数——雷诺数：

$$R_e = \frac{\rho v d}{\mu} \tag{5-1}$$

式中，ρ 为流体密度；v 为管内流体的平均速度；d 为圆管的直径；μ 为流体黏度。

在渗流理论中，20 世纪 20 年代，巴甫洛夫斯基提出用雷诺数作为达西定律应用的判断准则。Fancher 和 Lewis 通过实验得到了 Fanning 摩擦系数（f）与雷诺数（R_e）的关系曲线，并归纳出一张双对数模式图，但其局限性在于只给出了达西定律适用段，也就是线性渗流与高速渗流区的 f 与 R_e 图。

近年来，随着低渗油气藏的开发，部分学者也发现其中的流体渗流并不遵循达西定律，而是带有启动压力梯度的非线性渗流。目前煤层气井产能预测的主要依据是达西渗流理论，没有考虑带有启动压力梯度的非线性渗流，造成产能预测不准确。气体在多孔介质中低速渗流时出现非达西流，遵循非线性渗流规律是对渗流力学的重要补充，流态划分如图 5-7 所示。由图可知流体在多孔介质中的流态以达西流为中心可划分为 4 种，分别是扩散区、低速非线性渗流区、线性渗流区和高速非线性渗流区。

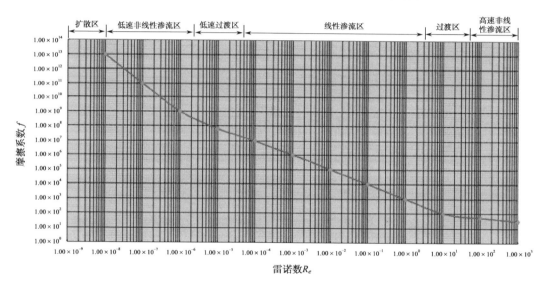

图 5-7　流态划分

依据式（5-1）所测试的雷诺数来判定瓦斯流态在理论上是可行的（表 5-4），但是不论在室内或者在现场都必须测试管内流体的平均速度 v，特别是低流速的测试比较困难，测量精度难以保证，从而严重限制了雷诺数对气体流态划分的应用。

表 5-4　雷诺数与流态类型的对应关系

流态	雷诺数 R_e
扩散	$R_e \leqslant 10^{-8}$
低速非线性渗流	$10^{-8} < R_e < 10^{-6}$
线性渗流	$10^{-6} \leqslant R_e \leqslant 10$
高速非线性渗流	$R_e \geqslant 10$

5.3.1.2　启动压力梯度法

最早提出启动压力梯度概念的是 1951 年苏联的 B.A.费劳林，他认为只有当实际压力梯度大于某一临界值时，流动才能发生，此临界值称为启动压力梯度。常见的确定低渗油气藏非达西流启动压力梯度的方法主要有室内测试法、数值实验法、理论计算法、生产分析法、稳定试井和不稳定试井，注水见效时间预测法等，其中室内测试法又可分为气泡法、毛细管平衡法、稳压法、压差-流量法等[168-170]。

1）启动压力梯度测定原理

不考虑启动压力梯度时的气体渗流方程[171]为

$$v = \frac{k(p_1^2 - p_2^2)}{2p_0 \mu L} \tag{5-2}$$

式中，v 为气体流速，$m \cdot s^{-1}$；k 为渗透率，m^2；p_1 为入口压力，Pa；p_2 为出口压力，Pa；p_0 为大气压力，101325 Pa；μ 为气体黏度，$Pa \cdot s$；L 为气体流经煤样长度，m。可以看出，v 与 $p_1^2 - p_2^2$ 呈通过原点的线性关系。当存在启动压力梯度时应该为

$$v = a(p_1^2 - p_2^2) - b \tag{5-3}$$

式（5-3）中 a、b 为常数，令 $v=0$，则 p_1 与 p_2 的关系为

$$p_1 = \left(\frac{b}{a} + p_2^2 \right)^{1/2} \tag{5-4}$$

所以启动压力梯度 λ 为

$$\lambda = \frac{\left(\dfrac{b}{a} + p_2^2 \right)^{1/2} - p_2}{L} \tag{5-5}$$

因此，只要通过回归 v 与 $p_1^2 - p_2^2$ 之间的关系，求出常数 a 和 b，代入式（5-5）中就可计算启动压力梯度。

2）启动压力梯度计算

RMT-150B 伺服试验机加载的轴向力为 4kN，围压为 2MPa，为了保证测试过程封闭良好，所加气压不超过围压 2MPa。试验采用"倒退法"，即先将气压调到较高值，然后关闭稳压阀门，在流速稳定时读取一系列压力梯度对应的流量。以煤样 11 为例，出口端直通大气，因此式（5-2）中的 $p_2=p_0=101325$ Pa，部分测试数据见表 5-5，计算的渗透率为 0.2×10^{-3} μm^2，流速与压力平方差的关系如图 5-8 所示。将图 5-8 中的回归系数 $a=3.1928 \times 10^{-16}$，$b=6.1823 \times 10^{-7}$ 代入式（5-5）即可得到启动压力梯度[171]：

$$\lambda = \frac{\left(\dfrac{b}{a} + p_2^2 \right)^{1/2} - p_2}{L} = 0.17 \text{MPa} \cdot \text{m}^{-1}$$

表 5-5 煤样 11 的部分测试数据

进口压力 p_1/Pa	流量/（$m^3 \cdot s^{-1}$）	流速/（$m \cdot s^{-1}$）	$p_1^2 - p_2^2$ / Pa^2
169125	4.21×10^{-8}	5.36352×10^{-6}	1.83×10^{10}
165025	3.71×10^{-8}	4.72213×10^{-6}	1.70×10^{10}
162925	3.58×10^{-8}	4.55183×10^{-6}	1.63×10^{10}
160925	3.46×10^{-8}	4.40859×10^{-6}	1.56×10^{10}
154725	3.03×10^{-8}	3.85155×10^{-6}	1.37×10^{10}
156825	2.90×10^{-8}	3.69239×10^{-6}	1.43×10^{10}
152725	2.81×10^{-8}	3.58099×10^{-6}	1.31×10^{10}
148525	2.50×10^{-8}	3.1831×10^{-6}	1.18×10^{10}
146525	2.35×10^{-8}	2.99211×10^{-6}	1.12×10^{10}

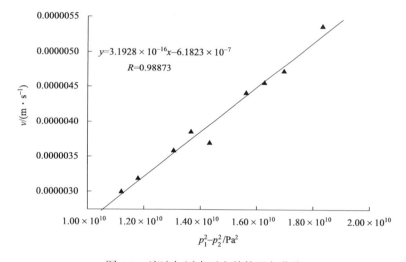

图 5-8 流速与压力平方差的回归曲线

3）渗透率与启动压力梯度的关系

依上述测试手段和启动压力梯度计算方法,对同一煤样钻取的其余 10 个煤心进行测试和计算,测试结果见表 5-6。

表 5-6 启动压力梯度测试结果

煤样编号	自然干燥质量/g	长度/cm	直径/cm	孔隙度/%	渗透率/10^{-3} μm^2	启动压力梯度/（10^6 Pa $\cdot$ m^{-1}）
1	138.16	5.01	5.00	3.02	2.38×10^{-3}	0.7900
2	137.4	4.98	5.00	3.12	3.04×10^{-2}	0.3710
3	140.35	5.02	5.00	2.98.	9.12×10^{-3}	0.5480
4	140.05	5.00	5.00	2.87	0.253	0.1170
5	140.08	5.01	5.00	3.23	0.963	0.0673

续表

煤样编号	自然干燥质量/g	长度/cm	直径/cm	孔隙度/%	渗透率/$10^{-3}\ \mu m^2$	启动压力梯度/（$10^6\ Pa \cdot m^{-1}$）
6	142.18	5.00	5.00	3.16	2.620	0.0539
7	139.87	5.01	5.00	3.05	4.45×10^{-2}	0.4710
8	143.55	5.04	5.00	3.21	5.50×10^{-2}	0.2450
9	139.92	4.98	5.00	2.94	2.17×10^{-2}	0.3760
10	142.59	5.00	5.00	3.07	2.240	0.0468

从表 5-6 可以看出，同一煤样在同一个方向和相同测试条件下其渗透率及启动压力梯度相差较大，这种离散的结果主要是因为不同测试煤样的裂隙发育程度不同。依据渗透率和启动压力梯度的对应关系作图 5-9，可以看出启动压力梯度与渗透率呈负指数关系，$\lambda = 0.11108k^{-0.33034}$，相关系数达 0.933，随着渗透率的降低启动压力梯度逐步增大，这种现象在低渗阶段更加显著。

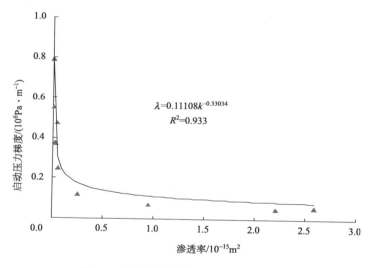

图 5-9　启动压力梯度与渗透率关系曲线

4）流态类型

从图 5-9 可以看出，随着煤层渗透率的提高，启动压力梯度逐渐减小，因此在低渗煤层中存在带有启动压力梯度的非线性渗流，只有在高渗储层（原生结构煤、碎裂煤）的裂隙中才形成线性渗流。一旦储层的启动压力梯度大于瓦斯压力梯度，瓦斯的渗流速度基本为零，只能以扩散的形式进行流动。线性渗流、低速非线性渗流和扩散的数理方程如下所述。

（1）线性渗流。

当启动压力梯度 $\lambda = 0$ 为线性渗流时，瓦斯流动符合达西定律，其渗流方程为

$$v = \frac{k(p_1^2 - p_2^2)}{2p_0 \mu L} \qquad (5\text{-}6)$$

式中，v 为气体流速，$\mathrm{m \cdot s^{-1}}$；k 为渗透率，$\mathrm{m^2}$；p_1 为入口压力，Pa；p_2 为出口压力，Pa；p_0 为大气压力，$101325\mathrm{Pa}$；μ 为气体黏度，$\mathrm{Pa \cdot s}$；L 为气体流经煤样长度，m。

（2）低速非线性渗流。

当启动压力梯度 $\lambda \neq 0$，且瓦斯压力梯度大于启动压力梯度时，瓦斯流动属于非线性渗流。假设煤层仅存在瓦斯单相流时，可以把启动压力梯度引入式（5-3）中，此时瓦斯的流动方程为

$$v = \frac{k}{2\mu}\left[\frac{(p_1^2 - p_2^2)}{p_0 L} - \lambda\right] \qquad (5\text{-}7)$$

式中，λ 为启动压力梯度，$\mathrm{MPa \cdot m^{-1}}$。

（3）扩散。

不论在何种煤体结构或裂隙系统，只要满足 $\mathrm{d}p/\mathrm{d}x < \lambda$，瓦斯流态就不会达到线性渗流或非线性渗流，只能以浓度差为驱使动力进行扩散。

稳态扩散，即 $\mathrm{d}C/\mathrm{d}x$ 不随时间变化，扩散通量仅取决于 x，与时间无关。

$$Q = -DA\frac{\mathrm{d}C}{\mathrm{d}x} \qquad (5\text{-}8)$$

式中，Q 为扩散通量；A 为面积；C 为浓度；x 为距离；D 为扩散系数。

非稳态扩散的扩散通量既随时间变化，又随距离变化：

$$\frac{\partial C}{\partial t} = D\frac{\partial^2 C}{\partial x^2} \qquad (5\text{-}9)$$

式中，C 为浓度；t 为时间；x 为距离；D 为扩散系数。

5.3.1.3　地质强度指标法

水力强化也是破坏煤体结构的一种手段，通过高压水在煤层形成裂隙，达到加速瓦斯产出的目的。通过分析煤体地质强度指标（coal geological strength index）变化对瓦斯运移产出的影响，联系雷诺数法，建立基于煤体 GSI 法的瓦斯流态判别[172]，进而分析水力强化增透的机理。

达西定律表达式为

$$v = \frac{k}{\mu}\frac{\Delta p}{L} \qquad (5\text{-}10)$$

式中，v 为渗流速度；k 为渗透率；Δp 为压差；μ 为流体黏度；L 为气体流经煤样长度。

对于多孔介质，单根毛管渗流定律为

$$R_e = \frac{\rho v \sqrt{k}}{\mu \varphi^{3/2}} \qquad (5\text{-}11)$$

式中，v 为渗流速度；k 为渗透率；μ 为流体黏度；ρ 为流体密度；φ 为孔隙率。

由图 5-10 渗透率与 GSI 值的拟合关系可知：

$$k = 0.00837 + 3.48 \mathrm{e}^{-0.0148(\mathrm{GSI} - \mathrm{GSI_c})^2} \tag{5-12}$$

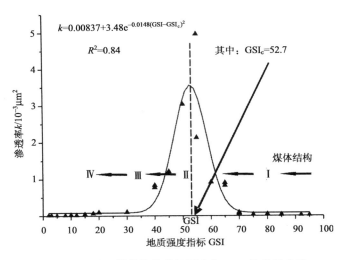

图 5-10　不同煤体结构的渗透率与 GSI 的关系曲线

由式（5-10）～式（5-12）得到 GSI 与 R_e 的关系表达式为

$$0.00837 + 3.48 \mathrm{e}^{-0.0148(\mathrm{GSI} - \mathrm{GSI_c})^2} = \left(\frac{R_e \mu^2 \varphi^{3/2} L}{\rho \Delta p} \right)^{2/3} \tag{5-13}$$

解方程（5-13）得

$$\begin{cases} \mathrm{GSI_1} = \mathrm{GSI_c} - \sqrt{45.05 \ln(\dfrac{\rho \Delta p}{\mu^2 R_e L}) - 67.57 \ln \varphi - 1600.47} \\[3mm] \mathrm{GSI_2} = \mathrm{GSI_c} + \sqrt{45.05 \ln(\dfrac{\rho \Delta p}{\mu^2 R_e L}) - 67.57 \ln \varphi - 1600.47} \end{cases} \tag{5-14}$$

式中，$\mathrm{GSI_c}$ 为常数，52.7；ρ 为流体密度，$\mathrm{kg \cdot m^{-3}}$；Δp 为瓦斯压力，MPa；μ 为动力黏度，$\mathrm{Pa \cdot s}$；R_e 为雷诺数，无量纲；φ 为孔隙率，无量纲；L 为气体流经煤样长度，m。

对照图 5-7 和表 5-7，取低速过渡区与低速非线性渗流区（$\lambda \neq 0$）的雷诺数分界点 $R_e = 1.00 \times 10^{-6}$ 代入式（5-14），得到 $\mathrm{GSI_1} = 41$、$\mathrm{GSI_2} = 64$；取低速非线性渗流区（$\lambda \neq 0$）与扩散区的雷诺数分界点 $R_e = 1.00 \times 10^{-8}$ 代入式（5-14），得到 $\mathrm{GSI_1} = 40.95$、$\mathrm{GSI_2} = 71.29$，因此 GSI 与流态分布关系如图 5-11 所示。

表 5-7　参数取值

参数	甲烷动力黏度 μ / （Pa·s）	甲烷密度 ρ / （kg·m^{-3}）	孔隙率 φ	瓦斯压力 Δp /MPa	气体流经煤样长度 L /m
取值	1.08×10^{-5}	0.717	0.04	1.5	20

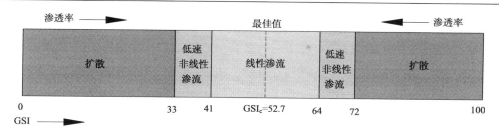

图 5-11 瓦斯运移流态分布与 GSI 的关系

从以上分析可知，水力强化增透的机理在于改变煤体结构孔渗性，进而改变瓦斯流态。从图 5-11 也可以看出，煤体地质强度指标大于 52.7 的部分碎裂煤和原生结构煤可以通过水力强化增加渗透率，实现扩散→低速非线性渗流→线性渗流的改造，构造软煤（碎粒煤和糜棱煤）无法通过常规水力压裂增透。

5.3.2 瓦斯运移产出机理

5.3.2.1 硬煤瓦斯运移产出机理

1）煤层的几何模型

（1）孔隙分布特征。

不同煤体结构宏观裂隙和割理系统显著不同，在肉眼或显微镜下即可观测，但煤基质块内部的孔隙分布特征对瓦斯的运移产出也有较大影响。

从图 5-12 可以看出，压汞实验所测原生结构煤与糜棱煤的孔径分布差异性明显，原生结构煤仅存在单峰，即大孔孔隙体积的优势明显，而糜棱煤中孔和微孔两个级别所占比例较大，表现出明显的双峰现象。

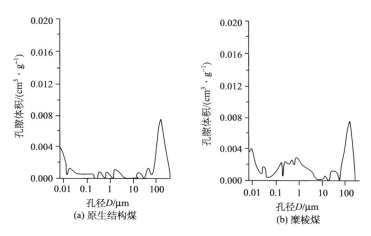

图 5-12 煤孔径分布曲线

（2）瓦斯解吸试验。

煤层的裂隙和孔隙分布决定了瓦斯运移产出流态，也对瓦斯解吸过程有重要影响。根据煤层气井取心煤样的瓦斯解吸曲线，即可反演不同煤体结构的孔隙特征。选取煤体结构差异较大的煤样，分别为碎粒煤和原生结构煤，见表 5-8 和图 5-13，依据累计解吸时间和相应的解吸量作图 5-14。

表 5-8　煤层气井取心煤样信息

样品编号	煤层气井位置	煤层	储层温度/℃	提钻时间/min	装样时间/min	质量/g
1#	焦作恩村	二₁	22	9.55	6.10	2001
2#	焦作恩村	二₁	23	8.83	2.92	1703

（a）1#煤样（原生结构煤）　　　　（b）2#煤样（碎粒煤）

图 5-13　煤层气井取心煤样

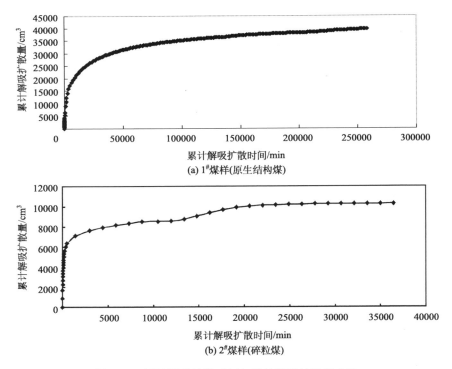

(a) 1#煤样(原生结构煤)

(b) 2#煤样(碎粒煤)

图 5-14　累计解吸扩散时间与累计解吸扩散量曲线

从图5-14可以看出,原生结构煤(1#煤样)在整个解吸过程中累计解吸扩散量一直呈上升趋势,曲线平滑,而碎粒煤(2#煤样)在解吸一段时间后,累计解吸扩散量上升但是增加得极为缓慢,出现所谓的"双峰"现象。"双峰"现象的主要原因在于糜棱煤特有的孔隙结构,在瓦斯解吸扩散的开始阶段,煤颗粒之间所谓的大孔和中孔吸附瓦斯迅速向外扩散,达到一个解吸高峰,然而煤颗粒内部的过渡孔和微孔扩散速度相对大孔和中孔要慢得多,解吸扩散量出现一个急剧下降的低谷,当颗粒内部的过渡孔和微孔瓦斯扩散至煤颗粒之间时,充分卸压后,便会出现又一次解吸高峰值,因此糜棱煤的瓦斯解吸扩散实质上存在一个两级扩散过程。

2)硬煤煤层几何储层

煤储层几何模型表达的是各类裂隙的组合关系及这些裂隙切割出的煤体基质块单元的形态和空间组合特征,同时还可表达基质孔隙与裂隙的关系。几何模型是瓦斯运移产出数值模拟的基础,是在长期对煤层观测研究的基础上建立起来的一种概念性模型。

硬煤储层几何模型[13](图5-15)的具体内容是,煤储层被两组与层面垂直或高角度斜交的外生裂隙切割成一系列立方体。对于暗淡煤分层而言,这些立方体即为基质块,由煤和基质孔隙组成。对光亮煤分层而言,这些立方体又被割理切割为一系列更小的立方体,这些立方体为基质块,由基质孔隙和煤体组成。由于基质孔隙的分布为单峰偏正态,所以把其理想化为单直径球形孔隙。对于光亮煤分层,瓦斯由基质微孔隙表面解吸扩散到割理内,直接运移到井筒或先运移到外生裂隙再由外生裂隙运移到井筒;对于暗淡煤分层,瓦斯由基质孔隙表面解吸,直接扩散到外生裂隙,然后运移到井筒产出。瓦斯由基质孔隙表面解吸后向割理或外生裂隙的迁移是扩散,遵从菲克定律;瓦斯在割理或裂隙内的迁移可以是扩散、低速非线性渗流、线性渗流或高速非线性渗流,取决于瓦斯压力梯度和煤层启动压力梯度。该模型是瓦斯运移产出数理模型建立的前提和基础。

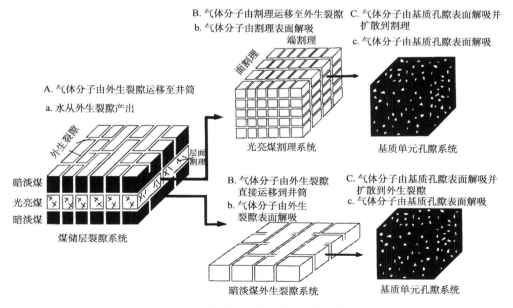

图5-15　硬煤储层的基质孔-裂隙模型

3）基于基质孔-裂隙解吸-扩散-渗流过程

（1）煤储层基质孔隙内气体扩散控制方程。

随着瓦斯抽采的进行、压力的降低，气体先从基质孔隙表面解吸，然后扩散至裂隙内，如果扩散为非稳态，则遵从菲克第二定律：

$$\frac{D_i}{r_i^2}\frac{\partial}{\partial r_i}\left(r_i^2\frac{\partial C_i}{\partial r_i}\right)=\frac{\partial C_i}{\partial t} \tag{5-15}$$

$$q_i=-\frac{A_i\varphi_i D_i}{V_i}\frac{\partial C_i}{\partial r_i}\Big|_{r_i=r_k} \tag{5-16}$$

式中，C_i 为气体浓度，%；r_i 为孔隙半径，m；q_i 为基质扩散进入割理气体量，m³；V_i 为孔隙体积，m³；A_i 为孔隙表面积，m²；φ_i 为煤孔隙率；r_k 为扩散距离，m。

（2）煤储层裂隙中气、水两相渗流方程。

考虑低渗透煤储层中启动压力梯度的存在，建立三维气、水两相渗流方程。在煤储

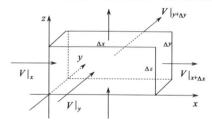

图 5-16　煤储层微元控制体

层中，气体从基质块中解吸后进入微孔系统，再由微孔系统扩散至裂隙系统，在煤储层的裂隙系统中的流体运移具有多种流态，如果为渗流，在笛卡尔坐标系中，建立煤储层中的任意微元控制体（图 5-16），微元控制体包括基质块体和裂隙系统。假定甲烷可压缩，水近似不可压缩，二相之间没有质量交换。

根据流体连续性方程的物质平衡原理，在任意时间 Δt 内，有

$$Q_d=Q_r \tag{5-17}$$

式中，Q_d 为流入、流出控制体的甲烷质量差，kg；Q_r 为控制体裂隙系统中游离甲烷质量变化量，kg。

在 Δt 时间内 x 轴方向上流入控制体的甲烷质量为

$$\rho_g V_{gx}\Delta x\Delta y\Delta t \tag{5-18}$$

式中，ρ_g 为气体密度，kg·m⁻³；V_{gx} 为气体在 x 方向上的速度分量，m·s⁻¹。

在 Δt 时间内 x 轴方向上流出控制体的甲烷质量为

$$\rho_g V_{gx}\Delta x\Delta y\Delta t+\frac{\partial(\rho_g V_{gx})}{\partial x}\Delta x\Delta y\Delta z\Delta t \tag{5-19}$$

可得 Δt 时间内 x 轴方向上流入、流出控制体的煤层甲烷质量差为

$$-\frac{\partial(\rho_g V_{gx})}{\partial x}\Delta x\Delta y\Delta z\Delta t \tag{5-20}$$

同理，在 Δt 时间内，沿 y 轴和 z 轴方向流入、流出控制体的质量差分别为

$$-\frac{\partial(\rho_g V_{gy})}{\partial y}\Delta x\Delta y\Delta z\Delta t\text{和}-\frac{\partial(\rho_g V_{gz})}{\partial z}\Delta x\Delta y\Delta z\Delta t \tag{5-21}$$

式中，V_{gy} 为气体在 y 方向上的速度分量，m·s⁻¹；V_{gz} 为气体在 z 方向上的速度分量，m·s⁻¹。

控制体裂隙系统煤层甲烷质量为

$$\rho_g S_g \varphi_i \Delta x \Delta y \Delta z \tag{5-22}$$

式中，S_g 为煤层气的饱和度，%；φ_i 为煤孔隙率，无量纲。

所以，在 Δt 时间内，裂隙系统中煤层甲烷质量变化率为

$$-\frac{\partial \left(\rho_g S_g \varphi_i \right)}{\partial t} \Delta x \Delta y \Delta z \Delta t \tag{5-23}$$

综上所述，可得气体的渗流连续方程

$$-\frac{\partial \left(\rho_g V_{gx} \right)}{\partial x} \Delta x \Delta y \Delta z \Delta t - \frac{\partial \left(\rho_g V_{gy} \right)}{\partial y} \Delta x \Delta y \Delta z \Delta t - \frac{\partial \left(\rho_g V_{gz} \right)}{\partial z} \Delta x \Delta y \Delta z \Delta t$$
$$= \frac{\partial \left(\rho_g S_g \varphi_i \right)}{\partial t} \Delta x \Delta y \Delta z \Delta t \tag{5-24}$$

由于单元控制体的任意性，有

$$-\frac{\partial \left(\rho_g V_{gx} \right)}{\partial x} - \frac{\partial \left(\rho_g V_{gy} \right)}{\partial y} - \frac{\partial \left(\rho_g V_{gz} \right)}{\partial z} = -\frac{\partial \left(\rho_g S_g \varphi_i \right)}{\partial t} \tag{5-25}$$

同理可得水的渗流连续方程：

$$-\frac{\partial \left(\rho_g V_{wx} \right)}{\partial x} - \frac{\partial \left(\rho_g V_{wy} \right)}{\partial y} - \frac{\partial \left(\rho_g V_{wz} \right)}{\partial z} = -\frac{\partial \left(\rho_g S_w \varphi_i \right)}{\partial t} \tag{5-26}$$

式中，V_{wx} 为水在 x 方向上的速度分量，$m \cdot s^{-1}$；V_{wy} 为水在 y 方向上的速度分量，$m \cdot s^{-1}$；V_{wz} 为水在 z 方向上的速度分量，$m \cdot s^{-1}$；ρ_w 为水的密度，$kg \cdot m^{-3}$；S_w 为裂隙系统中的水饱和度，%。

利用哈密尔顿算子 ∇ 代替对 x、y、z 的求偏[92]，同时加入源、汇项，有

$$\begin{cases} -\nabla \cdot (\rho_g V_g) + q_m - q_g = \dfrac{\partial}{\partial t} (\rho_g S_g \varphi_i) \\ -\nabla \cdot (\rho_w V_w) - q_w = \dfrac{\partial}{\partial t} (\rho_w S_w \varphi_i) \end{cases} \tag{5-27}$$

流体在在低渗透煤储层中的渗流受启动压力梯度影响，基于启动压力梯度的气、水渗流流动速度可表示为

$$\begin{cases} V_g = -\dfrac{k k_{rg}}{\mu_g} \left(\nabla p_g - \rho_g g \nabla h - \lambda_g \nabla L \right) \\ V_w = -\dfrac{k k_{rw}}{\mu_w} \left(\nabla p_w - \rho_w g \nabla h - \lambda_w \nabla L \right) \end{cases} \tag{5-28}$$

式中，V_g、V_w 为流体在煤储层裂隙系统中的渗流速度（w 和 g 分别代表水和气），$m \cdot s^{-1}$；k 为煤储层的绝对渗透率，m^2；ρ_g、ρ_w 为流体的密度，$kg \cdot m^{-3}$；k_{rg}、k_{rw} 为流体的相对渗透率，无量纲；μ_g、μ_w 为流体黏度，$Pa \cdot s$；p_g、p_w 为流体的压力，Pa；g 为重力加速度，$m \cdot s^{-2}$；h 为相对标高，m；∇L 为流体运移距离，m；λ_g、λ_w 为流体的启动压力梯度，$Pa \cdot m^{-1}$。

将式（5-28）代入式（5-27）中，有

$$\begin{cases} \nabla \cdot [\dfrac{\rho_{\mathrm{w}} k k_{\mathrm{rw}}}{\mu_{\mathrm{w}}}(\nabla p_{\mathrm{w}} - \rho_{\mathrm{w}} g \nabla h - \lambda_{\mathrm{w}} \nabla L)] - q_{\mathrm{w}} = \dfrac{\partial}{\partial t}(\varphi_i \rho_{\mathrm{w}} S_{\mathrm{w}}) \\ \nabla \cdot [\dfrac{\rho_{\mathrm{g}} k k_{\mathrm{rg}}}{\mu_{\mathrm{g}}}(\nabla p_{\mathrm{g}} - \rho_{\mathrm{g}} g \nabla h - \lambda_{\mathrm{g}} \nabla L)] + q_m - q_{\mathrm{g}} = \dfrac{\partial}{\partial t}(\varphi_i \rho_{\mathrm{g}} S_{\mathrm{g}}) \end{cases} \quad (5\text{-}29)$$

上述式（5-29）中，p_{w}、p_{g}、S_{w}、S_{g} 分别满足下面两个附加方程：

$$\begin{cases} p_{\mathrm{c}} = p_{\mathrm{g}} - p_{\mathrm{w}} \\ S_{\mathrm{w}} + S_{\mathrm{g}} = 1 \end{cases} \quad (5\text{-}30)$$

式中，p_{c} 为毛细管压力，由实验测定；S_{w} 为水的饱和度。

　　将式（5-29）和式（5-30）联立起来，这样方程中就只含有 p_{w}、p_{g}、S_{w}、S_{g} 四个未知数，与方程个数相同。结合初边值条件即构成煤储层裂隙中气、水两相渗流方程。气、水两相渗流方程中渗透率可以用 GSI 进行表征[见式（5-12）]。

　　式（5-29）明确告诉我们，瓦斯在裂隙中的运移存在扩散、低速非线性和线性渗流，取决于启动压力梯度与瓦斯压力梯度的关系。但式（5-29）无法表达高速非线性渗流，鉴于煤储层的特性，高速非线性渗流出现的可能性微乎其微，本书暂不进行探索。

5.3.2.2　软煤瓦斯运移产出机理

　　针对碎粒煤和糜棱煤（GSI 值＜45 或 f 值＜0.50）软煤孔隙特征，建立了双直径球形孔隙模型，其中基质微孔隙为小直径球形孔隙，基质块之间的大孔隙为大直径球形孔隙，煤层中瓦斯从基质微孔隙表面解吸—扩散至基质块之间的大孔隙，然后由基质块之间的大直径球形孔隙扩散至钻孔或顶底板产出，模型示意如图 5-17 所示。

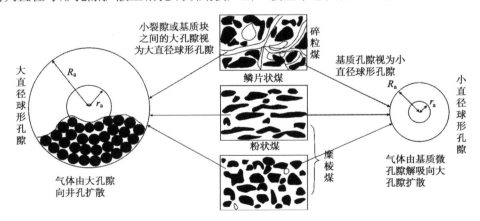

图 5-17　软煤煤层的双直径球形孔隙模型

R_i-大直径球形孔隙半径；r_i-小直径球形孔隙半径

　　软煤的孔隙结构虽然也有两个级别，但煤颗粒之间的孔隙切割严重，瓦斯无法通过渗流产出，只能通过颗粒之间的相互扩散来进行，而煤颗粒内部的孔隙与硬煤的基质块类似，瓦斯流态也仅有扩散，因此瓦斯运移产出模式为两级扩散。

基于双直径球形孔隙解吸—两级扩散运移产出过程如下所述。

基于瞬时流动相与扩散流动相的质量守恒方程和菲克第二定律分别得出大直径球形孔隙和小直径球形孔隙的扩散模型。

在小直径球形孔隙中不考虑游离态气体，其扩散模型表示小直径球形孔隙边界的扩散量与小直径球形孔隙内气体变化量相等[95]，小直径球形孔隙中瓦斯扩散控制方程为

$$\frac{\partial C}{\partial t} = \frac{D_\mathrm{i}}{r^2}\frac{\partial}{\partial r}\left(\frac{\partial C}{\partial r}\right) \tag{5-31}$$

大直径球形孔隙扩散模型表示大直径球形孔隙边界的扩散量等于大直径球形孔隙内气体变化量与微孔隙向大孔隙的扩散量之和[96]，大直径球形孔隙中瓦斯扩散控制方程为

$$\frac{\partial C}{\partial t} = \frac{D_\mathrm{a}}{R}\frac{\partial}{\partial R}\left(R^2\frac{\partial C}{\partial R}\right) - \frac{3(1-\varphi_\mathrm{a})D_\mathrm{i}}{r_0}\left(\frac{\partial c}{\partial r}\Big|_{r=r_0}\right) \tag{5-32}$$

式中，D_a 为大直径球形孔隙扩散系数，$\mathrm{m}^2\cdot\mathrm{s}^{-1}$；$D_\mathrm{i}$ 为小直径球形孔隙扩散系数，$\mathrm{m}^2\cdot\mathrm{s}^{-1}$；$R$ 为大直径球形孔隙半径，m；C 为大直径球形孔隙中吸附气体浓度，$\mathrm{mol}\cdot\mathrm{m}^{-3}$；$c$ 为小直径球形孔隙中吸附气体浓度，$\mathrm{mol}\cdot\mathrm{m}^{-3}$；$\varphi_\mathrm{a}$ 为大直径球形孔隙率；r 为小直径球形孔隙半径，m；r_0 为微孔隙半径，m。

两级扩散理论为突出煤体（碎粒煤和糜棱煤）的瓦斯运移产出奠定了理论基础，充分说明此类煤体瓦斯抽采困难。抽采初期的大量喷孔现象是由于钻孔周围卸压圈内瓦斯涌出，之后抽采量急剧降低表明卸压圈瓦斯被大部分抽出，进入了扩散阶段，衰减系数极大。

5.3.2.3　强化层瓦斯运移产出机理

邻近煤层的顶底板岩层，可通过人工改造形成裂隙网络与煤层沟通，能转化为瓦斯的高渗储层。对顶底板进行水力强化改造后，形成了一个裂隙网络，该裂隙网络与煤层的沟通范围远远大于钻孔与煤层的沟通范围。瓦斯由煤层扩散、渗流到顶底板强化层后被快速抽出。采用顶板或底板水力强化工艺，对软煤来说，避开了抽采钻孔成孔、维护的困难，解决了无法直接采用水力强化措施改变其渗透性的问题；对硬煤而言，可以同时在顶底板和煤层中形成立体裂隙网络，通过顶底板和煤层实现高效抽采煤层瓦斯。

水力强化工艺多布置顶（底）板顺层钻孔，该工艺通过在距煤层5m以内的顶（底）板位置实施平行于煤层的钻孔进行直接强化煤层顶（底）板以达到间接获得煤层中瓦斯的目的。

1）硬煤+顶底板岩层的瓦斯运移过程

在顶底板实施水力强化工艺过程中，硬煤中瓦斯的运移可以总结为"解吸—扩散—两级渗流"（图5-18）。

在顶底板岩层被强化后，随着抽采的进行，煤层中压力降低，当硬煤中储层压力降低到瓦斯临界解吸压力时，瓦斯首先从煤层基质表面解吸出来，其次由微孔隙扩散到裂隙，由煤中裂隙渗流至顶底板强化层中裂隙，最后再由强化层裂隙以气、水两相渗流形

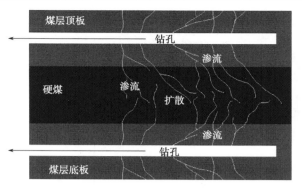

图 5-18　硬煤+顶底板水力强化瓦斯运移产出示意图[13]

式运移至钻孔后产出。硬煤中瓦斯运移方式符合煤层中基质孔-裂隙模型；顶底板岩层强化层中渗透率较大，不考虑启动压力梯度的影响，为渗流，瓦斯流动符合达西定律。

　　2）软煤+顶底板煤岩层的瓦斯运移过程

　　在顶底板岩层强化工艺中，软煤中瓦斯的运移可以总结为"解吸—两级扩散—渗流"（图 5-19）。随着抽采解吸，煤层中压力降低，当软煤中储层压力降低到瓦斯临界解吸压力时，瓦斯开始解吸，然后瓦斯由小直径球形孔隙扩散至大直径球形孔隙，再由大直径球形孔隙扩散至顶底板强化层，以气、水两相渗流形式运移至钻孔。

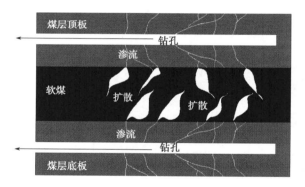

图 5-19　软煤+顶底板水力强化瓦斯运移产出示意图[13]

5.4　小　结

　　本章在研究区域构造演化的基础上，分析构造形成力学机制，对矿井进行构造应力分区；研究构造等地质因素对瓦斯的控制作用，结合瓦斯含量测试，圈出瓦斯抽采区；进一步查明煤层及煤体结构空间横向展布规律，依据断层、煤层厚度变化、煤体结构变化等在一个采区/工作面划分不同类别瓦斯抽采地质单元，制定划分依据与标准；进一步探明煤岩结构与煤体结构纵向组合特征、顶底板富水性及水理性质等，构建、优化扰动层体系。

（1）本章在研究区域构造演化的基础上，分析了矿井构造特征、水文地质条件和煤岩体结构及分布规律，提出了瓦斯抽采地质单元划分依据与标准。依托矿井部署的规划区、准备区和生产区，依据煤层瓦斯含量 $6m^3 \cdot t^{-1}$ 和瓦斯压力 0.6MPa 进行一级瓦斯抽采地质单元划分，确定抽采区和非抽采区：对于抽采区，依据地质和开采条件，优选地面井、井下抽采、井地联合抽采工艺；对于非抽采区可直接组织实施采掘生产。在一级瓦斯抽采地质单元划分的基础上，在抽采区开展二级瓦斯抽采地质单元划分。二级瓦斯抽采地质单元依据煤层透气性系数（渗透率）等关键指标划分可抽性好和可抽性差两个区域。结合矿井采掘部署，原则上在可抽性好的区域优选常规抽采工艺，在可抽性差的区域优选强化抽采工艺。在二级瓦斯抽采地质单元划分的基础上，在可抽性差的区域开展三级瓦斯抽采地质单元划分。三级瓦斯抽采地质单元依据断煤厚断层、断层留设煤柱和采区或工作面采掘工程部署等关键指标确定扰动可部署区，不易实施扰动工艺区域采取延长抽采时间、增加钻孔工程量等常规强化抽采措施。在三级瓦斯抽采地质单元划分的基础上，在扰动可部署区开展四级瓦斯抽采地质单元划分。四级瓦斯抽采地质单元依据地质构造、煤体结构、瓦斯赋存、顶底板岩性、富水性、水文地质条件、水敏性等关键因素优选扰动工艺。

（2）在研究影响水力强化工艺因素的基础上，依据煤体结构组合变化和顶底板水理性质及水文地质条件对强化层体系进行构建和分类。按煤体结构可分为五大类，再按顶底板富水性、水敏性和底板安全厚度分为煤层可强化、顶底板可强化、顶底板和煤层可强化 35 小类。

（3）瓦斯主要以吸附态形式赋存在煤层的微孔隙中，其运移产出都经历了"解吸—扩散—渗流" 3 个阶段，但由于煤体结构不同，运移产出的过程有差异。本章建立了雷诺数法、启动压力梯度法和地质强度指标法 3 种流态判识方法。

（4）初步揭示了基于煤体结构的瓦斯运移产出机理。硬煤储层瓦斯运移产出为解吸—扩散—低速非线性或线性渗流，软煤储层为解吸—微孔扩散—大孔扩散。当在顶底板实施水力强化工艺，硬煤中瓦斯的运移过程为解吸—扩散—两级渗流，软煤中瓦斯的运移过程为解吸—两级扩散—渗流。

6 瓦斯抽采地质评价

建立瓦斯抽采地质评价指标体系是煤矿井下水力强化工艺实施的重要基础。在查清煤层形成条件、构造运动演化与构造形成机制、瓦斯赋存规律的基础上，对煤层及顶底板的地质背景条件和物性特征进行评价研究，科学划分瓦斯抽采地质单元，查明基于强化工艺的瓦斯抽采地质特征与参数，为强化工艺的设计、优化提供地质依据。

6.1 瓦斯抽采地质指标体系

6.1.1 建立的依据

《煤矿瓦斯抽采基本指标》（AQ 1026—2006）规定的瓦斯抽放应该达到的指标如下所述。

（1）在突出煤层工作面采掘作业前必须将控制范围内煤层的瓦斯含量降到煤层始突深度的瓦斯含量以下或将瓦斯压力降到煤层始突深度的瓦斯压力以下。若没有考察出煤层始突深度的瓦斯含量或压力，必须将煤层瓦斯含量降到 $8m^3 \cdot t^{-1}$ 以下，或将煤层瓦斯压力降到 0.74MPa（表压）以下。控制范围如下：①石门（井筒）揭煤工作面控制范围应根据煤层的实际突出危险程度确定，但必须控制到巷道轮廓线外 8m 以上（煤层倾角＞8°时，底部或下帮 5m）。钻孔必须穿透煤层的顶（底）板 0.5m 以上。若不能穿透煤层全厚，必须控制到工作面前方 15m 以上。②煤巷掘进工作面控制范围为巷道轮廓线外 8m 以上（煤层倾角＞8°时，底部或下帮 5m）及工作面前方 10m 以上。③采煤工作面控制范围为工作面前方 20m 以上。

控制范围的概念指与最外轮廓线平行的平面上的投影距离（图 6-1）。倾角大于 8°时，由于自重作用，安全性提高，底部和下帮的控制范围可减少为 5m。

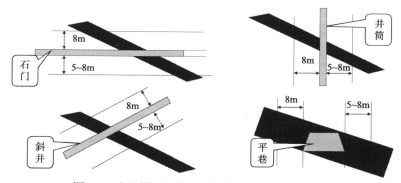

图 6-1 突出煤层工作面采掘作业控制范围示意图

（2）瓦斯涌出量主要来自邻近层或围岩的采煤工作面的瓦斯抽采率应满足表 6-1 中的规定，瓦斯涌出量主要来自开采层采煤工作面前方 20m 以上范围内煤的可解吸瓦斯量应满足表 6-2 中的规定。

（3）采掘工作面风速不得超过 4m·s^{-1}，风流中瓦斯浓度不得超过 1%。

（4）矿井瓦斯抽采率应满足表 6-3 中的规定。

表 6-1　采煤工作面的瓦斯抽采率应达到的指标

工作面绝对瓦斯涌出量 Q/（m^3·min^{-1}）	工作面抽采率/%	备注
5≤Q<10	≥20	风排瓦斯 4%~8%
10≤Q<20	≥30	风排瓦斯 7%~14%
20≤Q<40	≥40	风排瓦斯 12%~24%
40≤Q<70	≥50	风排瓦斯 20%~35%
70≤Q<100	≥60	风排瓦斯 28%~40%
Q≥100	≥70	风排瓦斯≥30%

表 6-2　采煤工作面前方 20m 以上范围内煤的可解吸瓦斯量应达到的指标

工作面日产量/t	可解吸瓦斯量 W_j/（m^3·t^{-1}）	对应的最大瓦斯涌出量/（m^3·min^{-1}）
≤1000	≤8	5.6
1001~2500	≤7	4.9~12.3
2501~4000	≤6	10.4~16.7
4001~6000	≤5.5	15.3~22.9
6001~8000	≤5	20.8~27.8
8001~10000	≤4.5	25.0~31.3
>10000	≤4	>27.8

表 6-3　矿井瓦斯抽采率应达到的指标

矿井绝对瓦斯涌出量 Q/（m^3·min^{-1}）	矿井抽采率/%	备注
Q<20	≥25	风排瓦斯量≤15%
20≤Q<40	≥35	14%~26%
40≤Q<80	≥40	24%~48%
80≤Q<160	≥45	44%~88%
160≤Q<300	≥50	80%~150%
300≤Q<500	≥55	135%~225%
Q≥500	≥60	≥200%

6.1.2　指标体系构建

瓦斯的生成、运移、富集，煤层的沉积、改造、定型是特定地质时空内各种地质事件和地质环境相互依存、相互作用、相互联系的复杂统一体。该统一体内保存的地质信息可以反映煤系和瓦斯的地质特征[173]。这些信息既有确定性的一面，也有模糊性的一面，即具有一定的独立性，能够表述煤层或瓦斯（煤层气）的一种特征，又具有一定的相关性，可以从某个参数说明另一个参数的变化规律[174]。因此，可采用系统科学的观点、定性和定量相结合的技术思想构建瓦斯抽采地质评价指标体系。

6.1.2.1　指标体系构建的原则

瓦斯抽采地质评价指标体系是建立在一定原则基础上的综合性指标的有机集合体。为保证所构建的指标体系能够准确表征研究区瓦斯抽采地质特征，在指标体系构建中要遵循以下几个原则[175]。

1）系统性

煤与瓦斯是一个煤气共存的地质体系统。从对一个系统描述的角度遴选出能够代表系统内部结构、构造和反映系统功能条件的部分作为评价系统的指标。

2）层次性

从宏观到微观，从地质体到内部结构，分不同层次对瓦斯抽采地质条件进行表征。

3）科学性

单项指标的内涵明晰，相互关系明确，能够反映瓦斯抽采强化层的主要地质特征和强化工艺需要的关键技术参数。

4）实用性

指标体系建立后，要在研究区煤矿推广应用，必须兼顾生产企业的实际情况和瓦斯抽采的需要，在实际操作中要考虑指标数据的可获得性和评价的可操作性。

6.1.2.2　指标体系构建的思路

在对瓦斯抽采工程地质综合分析的基础上，以四级瓦斯抽采地质单元为评价区块，以水力强化层（煤层及顶底板组合）为评价层，以表述瓦斯抽采工程地质特征及煤岩层物性参数为基础普查指标，先对普查指标进行全面测定和获取，然后提取能够指导井下水力强化设计和瓦斯抽采的煤岩储层改造程度评价地质指标，形成一套瓦斯抽采地质评价指标体系，并利用模糊数学综合评价理论和层次分析法，对各抽采单元进行综合定量评价和优选。所建立的指标体系力求具有系统性、层次性、科学性、实用性和可操作性。

1）目标层

目标层反映的是矿井瓦斯抽采工程地质背景下强化层体系所表现的地质规律和物性特征及强化工艺施工后对强化效果的评价。其中，瓦斯抽采工程地质基础指标体系的目标层有 2 个：瓦斯抽采地质背景和强化层物性。煤岩层扰动工艺优选指标体系的目标层有 2 个：扰动工艺优选地质指标和扰动工艺优选抽采指标。扰动工艺抽采效果评价指标体系的目标层有 1 个，即扰动抽采效果。

2）准则层

准则层是瓦斯抽采工程地质指标体系全面分析和测试的内容，包括含气性、煤层结构、煤层稳定性、构造条件、水文地质；空隙性、渗透性、压力、煤体结构、地应力、顶底板、渗透性、水理性；增透效果、扰动效果、区域消突指标、局部消突指标等。

3）指标层

指标层是能够反映瓦斯抽采地质特征的具体指标或参数，每个指标都用一定的数量来表征。

4）评价层

评价层是用具体的数据来反映瓦斯抽采地质评价指标的优劣，也是指导强化工艺和瓦斯抽采的定量标准，根据瓦斯抽采地质单元需采取强化工艺的急迫性、物性特征和强化改造效果的优劣性，评价标准分为 1 级、2 级、3 级。

根据上述原则和思路，构建瓦斯抽采工程地质评价指标体系，包括 3 个子指标体系，分别为瓦斯抽采工程地质基础指标体系、煤岩层扰动工艺优选指标体系、扰动工艺抽采效果评价指标体系（表 6-4～表 6-7）。

表 6-4 瓦斯抽采工程地质基础指标体系

目标层	准则层	指标层	评价层		
			1 级	2 级	3 级
瓦斯抽采地质背景	含气性	瓦斯含量/（m³·t⁻¹）	≤6	6～12	≥12
		含气饱和度/%	≥80	40～80	≤40
	煤层结构	硬煤厚度/m	≥4	2～4	≤2
		软煤厚度/m	≤0.2	0.2～1	≥1
		煤层夹矸厚度/m	≤0.1	0.1～0.3	≥0.3
	煤层稳定性	煤层厚度变异系数	≤0.2	0.2～0.4	≥0.4
		煤层可采性指数	≥0.95	0.8～0.95	≤0.8
	构造条件	综合构造指数	≤1.5	1.5～2.5	≥2.5
		断层密度/（条·km⁻²）	≤10	10～20	≥20
		构造应力分区	引张带	过渡带	挤压带
	水文地质	单位涌水量/[L·（s·m）⁻¹]	≤0.1	0.1～1.0	≥1.0
		贮水系数	≤10⁻⁵	10⁻⁵～10⁻⁴	≥10⁻⁴
		富水性/（Ω·m）	≤40	40～120	≥120
		隔水层安全有效厚度/m	≥30	15～30	≤15
强化层物性	空隙性	岩体孔隙率/%	≥15	10～15	≤10
		煤体扩散孔/渗流孔比表面积比	≤5	5～6	≥6
		煤体割理密度/（条·5cm⁻¹）	≥5	3～5	≤3
	渗透性	煤体透气性系数/[m²·（MPa²·d）⁻¹]	≥10	0.1～10	≤0.1
		岩体透气性系数/[m²·（MPa²·d）⁻¹]	≥40	0.4～40	≤0.4
		百米钻孔瓦斯流量/[m³·（min·100m）⁻¹]	≥0.030	0.017～0.030	≤0.017
		钻孔流量衰减系数/d⁻¹	≤0.003	0.003～0.05	≥0.05
		抽采强度/[m³·（d·t）⁻¹]	≥0.16	0.04～0.16	≤0.04
	压力	储层压力梯度/（MPa·100m⁻¹）	≥1	0.5～1	≤0.5
		临储比	≥0.6	0.3～0.6	≤0.3
		顶底板流体压力/MPa	≤0.8	0.8～1.7	≥1.7
	煤体结构	GSI 值	65～100	45～65	0～45
		f 值	≥1	0.5～1	≤0.5
		硬煤/岩体泊松比	≥1	0.8～1	≤0.8
		硬煤/岩体弹性模量	≥0.1	0.05～0.1	≤0.05
	地应力	地应力/MPa	≤12	12～22	≥22
	水理性	岩体水敏性/%	弱	中	强
		岩体软化系数	≥0.5	0.3～0.5	≤0.3
		煤体滤失系数/（m·min⁰·⁵）	≤0.0025	0.0025～0.0035	≥0.0035

　　表 6-4 为瓦斯抽采工程地质基础指标体系，指标体系包含项目多，较为全面，普查指标体系的设置目的在于对地面抽采井和井下抽采四级瓦斯抽采地质单元进行抽采设计之前，按照该指标体系对该设计区（单元）的瓦斯抽采工程地质特征进行全面精细勘查，详细了解和掌握关于瓦斯抽采工程设计和抽采效果的每项参数特征，做到工程技术人员心中有数，有目标的对具有不同瓦斯抽采工程地质参数特征的煤岩储层优选不同的抽采技术和方案。

　　根据水力强化扰动工艺选择可对煤岩储层进行增透改造，但改造程度受到具体的地质构造、煤层瓦斯、煤岩储层物性等因素的影响，因此必须对改造程度进行优化设计，不盲目减少或者增加增透工作量，有的放矢地对四级瓦斯抽采地质单元内具有不同煤层瓦斯赋存参数的煤岩储层进行不同程度的改造。

　　根据表 6-4，筛选出煤岩层扰动工艺优选指标体系，见表 6-5，将煤岩层评价指标划分为 1 级、2 级、3 级，其中 1 级煤层赋存条件稳定，瓦斯含量少，抽采瓦斯容易，只采用常规打钻工艺即可进行抽采；2 级煤层赋存条件则必须采用水力扰动工艺进行增透，如常规水力压裂、水力冲孔；3 级煤层赋存条件则必须采用强化水力扰动工艺进行增透，如重复水力压裂、分段水力压裂、水力压冲等。

表 6-5　煤岩层扰动工艺优选指标体系

目标层	准则层	指标层	评价层		
			1 级	2 级	3 级
扰动工艺优选地质指标	构造条件	综合构造指数	≤1.5	1.5~2.5	≥2.5
		地应力/MPa	≤12	12~22	≥22
		构造应力分区	引张带	过渡带	挤压带
	煤层稳定性	煤层厚度/m	≤2	2~4	≥4
		煤层厚度变异系数	≤0.2	0.2~0.4	≥0.4
	水文地质	单位涌水量/[L·(s·m)$^{-1}$]	≤0.1	0.1~1.0	≥1.0
		富水性/(Ω·m)	≤40	40~120	≥120
		隔水层安全有效厚度/m	≥30	15~30	≤15
	水理性	岩体水敏性/%	弱	中	强
		煤体滤失系数/(10^{-3}m·min$^{0.5}$)	≤2.5	2.5~3.5	≥3.5
	煤体结构	四类煤分布	原生结构、碎裂煤	碎裂煤、碎粒煤	碎粒煤、糜棱煤
		GSI 值	65~100	45~65	0~45
		f 值	≥1	0.5~1	≤0.5
	顶底板	顶板完整性	松散	块裂	完整
		煤岩脆性指数/%	≥50	30~50	≤30
扰动工艺优选抽采指标	含气性	瓦斯含量/(m³·t^{-1})	≤6	6~12	≥12
		瓦斯压力/MPa	≤0.6	0.6~1.2	≥1.2
	渗透性	煤体透气性系数/[m²·(MPa²·d)$^{-1}$]	≥10	0.1~10	≤0.1
		岩体透气性系数/[m²·(MPa²·d^{-1})]	≥40	0.4~40	≤0.4
		百米钻孔瓦斯流量/[m³·(min·100m)$^{-1}$]	≥0.030	0.017~0.030	≤0.017
		瓦斯放散初速度/mmHg	≤8	8~20	≥20
		抽采强度/[m³·(d·t)$^{-1}$]	≥0.16	0.04~0.16	≤0.04

根据表 6-5，最终筛选出煤岩层扰动工艺关键指标体系，见表 6-6。

表 6-6 煤岩层扰动工艺优选关键指标体系

目标层	准则层	指标层	评价层		
			1 级	2 级	3 级
扰动工艺优选地质指标	构造条件	地应力/MPa	≤12	12～22	≥22
	煤层稳定性	煤层厚度*/m	≤2	2～4	≥4
	水文地质	富水性/（Ω·m）	≤40	40～120	≥120
		隔水层安全有效厚度/m*	≥30	15～30	≤15
	水理性	岩体水敏性/%	弱	中	强
	煤体结构	四类煤分布	原生结构煤、碎裂煤	碎裂煤、碎粒煤	碎粒煤、糜棱煤
		f 值*	≥1	0.5～1	≤0.5
扰动工艺优选抽采指标	含气性	瓦斯含量/（m³·t⁻¹）*	≤6	6～12	≥12
		瓦斯压力/MPa	≤0.6	0.6～1.2	≥1.2
	渗透性	煤体透气性系数/[m²·（MPa²·d）⁻¹]*	≥10	0.1～10	≤0.1
		百米钻孔瓦斯流量/[m³·（min·100m）⁻¹]	≥0.030	0.017～0.030	≤0.017
		抽采强度/[m³·（d·t）⁻¹]	≥1.0	0.05～1.0	≤0.05

*表示该指标层中的关键指标。

表 6-7 为扰动工艺抽采效果评价指标体系，该指标是指在瓦斯抽采地质单元采取强化扰动工艺措施后，对强化扰动工艺效果进行评价，考察其改造和增透效果。

表 6-7 扰动工艺抽采效果评价指标体系

目标层	准则层	指标层	评价层		
			优	中	差
扰动工艺抽采效果	增透效果	百米钻孔瓦斯流量/[m³·（min·100m）⁻¹]	≥0.030	0.017～0.030	≤0.017
		煤体透气性系数/[m²·（MPa²·d）⁻¹]	≥10	0.1～10	≤0.1
		钻孔流量衰减系数/d⁻¹	≤0.003	0.003～0.05	≥0.05
		抽采率/%	≥30	20～30	≤10
		抽采强度/[m³·（d·t）⁻¹]	≥0.16	0.04～0.16	≤0.04
	扰动效果	强化面积比/%	>100	50～100	<50
		强化半径比/%	>100	50～100	<50
	区域消突指标	残余瓦斯含量/m³	≤4	4～6	≥6
		残余瓦斯压力/MPa	≤0.30	0.3～0.6	≥0.6
	局部消突指标	钻孔瓦斯涌出初速度 q /（L·min⁻¹）	≤3	3～5	≥5
		钻屑量 S/（kg·m⁻¹）	≤5	5～6	≥6

6.1.3　指标体系说明

6.1.3.1　瓦斯抽采工程地质基础指标

瓦斯抽采工程地质基础指标是对划分的地面抽采区和四级瓦斯抽采地质单元参数进行评价，按照该指标体系对该设计区（单元）的瓦斯抽采工程地质特征进行全面精细勘查，详细了解和掌握关于瓦斯抽采工程设计和抽采效果的每项参数特征，目标层包括瓦斯抽采地质背景和强化层物性两个方面。

瓦斯抽采地质背景包括 5 个准则层，分别为含气性、煤层结构、煤层稳定性、构造条件和水文地质。

1）含气性

瓦斯资源量为煤的储量与含气性之积。煤的储量为剔除甲烷小于 6m³ 的低含气量煤层后，含气面积与煤层厚度之积。瓦斯资源量的大小、分布是瓦斯抽采的基础数据，也是瓦斯开发前进行经济预算的主要依据。瓦斯资源量计算单元以一级瓦斯抽采地质单元或以采区、工作面为最小评价单元。

二级指标资源量含有两个指标层，分别为含气量、含气饱和度。

（1）瓦斯含量。

瓦斯含量指单位质量煤中所含的气体体积量（标准状态下）。准确的含气量数据是瓦斯抽采估算资源量必不可少的参数之一，它关系到瓦斯抽采能力的预测、抽采工艺及参数的确定，决定着瓦斯资源技术经济开发的前景。一般来说，瓦斯含量高，则煤体中的气体富集程度高，有利于进行地面瓦斯抽采，但对井下瓦斯抽采威胁较大，根据研究区瓦斯含量统计，结合《防治煤与瓦斯突出规定》，将瓦斯含量划分为：1 级（$\leqslant 6 \ \mathrm{m^3 \cdot t^{-1}}$），2 级（$6 \sim 12 \ \mathrm{m^3 \cdot t^{-1}}$），3 级（$\geqslant 12 \ \mathrm{m^3 \cdot t^{-1}}$）。

（2）含气饱和度。

含气饱和度指瓦斯在储层条件下所达到的吸附饱和程度。煤层含气饱和度是实测含气量与实测储层压力投影到吸附等温线上所对应的理论含气量的比值，可由瓦斯含量、储层压力和等温吸附常数计算出来。参考《煤层气地质学》[17]对煤储层含气饱和度的划分，将含气饱和度≥80%定为 1 级、40%～80%定为 2 级、≤40%定为 3 级。

2）煤层结构

煤层结构是指煤层中硬煤、软煤及其夹矸的厚度与分布情况。煤层结构的展布规律是水力强化工艺选择的关键因素之一。硬煤对应煤体结构划分中的原生结构煤和碎裂煤（GSI≥45 或 $f \geqslant 0.5$），软煤对应煤体结构划分中的碎粒煤和糜棱煤（GSI＜45 或 $f <$ 0.5）。煤层结构中硬煤是适于常规水力压裂改造的目的层，软煤则是需要通过特殊水力压裂工艺进行改造的目的层。

（1）硬煤厚度。

硬煤厚度指煤层中原生结构煤与碎裂煤的连续厚度之和。研究区煤层平均厚度为4～8m，一般采用两分层或四分层开采，因此，可以以 2m 为单位将硬煤厚度划分为：1 级（≥4m）、2 级（2～4m）、3 级（≤2m）。

（2）软煤厚度。

软煤厚度指煤层中碎粒煤与糜棱煤的连续厚度之和。软煤厚度越大，水力强化工艺改造的难度越大，根据研究区实际水力强化实践和软煤厚度统计，软煤厚度可以划分为：1 级（≤0.2m）、2 级（0.2～1m）、3 级（≥1m）。

（3）煤层夹矸厚度。

煤层夹矸厚度指煤层中含有的矸石厚度。矸石厚度及分布影响水力强化工艺裂缝的形成及瓦斯的扩散-渗流过程，研究区矸石分布范围相对较小。根据矸石厚度统计情况，煤层夹矸厚度可以划分为：1 级（≤0.1m）、2 级（0.1～0.3m）、3 级（≥0.3m）。

3）煤层稳定性

煤层稳定性指煤层厚度变化程度和可采程度的总和。常用煤层可采性指数和煤层厚度变异系数两个指标来表示。对于薄煤层，以煤层可采性指数为主要指标，煤层厚度变异系数为辅助指标，中厚及厚煤层以煤层厚度变异系数为主要指标，煤层可采性指数为辅助指标。指标的等级参考《矿井地质规程》划分。

（1）煤层厚度变异系数。

煤层厚度变异系数是反映煤层厚度变化的离散性特征数，是评定区煤层厚度偏离平均煤层厚度程度的重要参数，是表征空间变异性的良好指标，能比较准确地反映煤层厚度的变化幅度和稳定程度。以≤0.2 为 1 级、0.2～0.4 为 2 级、≥0.4 为 3 级。

（2）煤层可采性指数。

煤层可采性指数是表示评定区可采煤层厚度所占比例的参数。为评定区见煤点总数中煤层厚度大于或等于可采厚度的见煤点数与评定区见煤点总数的比值。以≥0.95 为 1 级、0.8～0.95 为 2 级、≤0.8 为 3 级。

4）构造条件

（1）综合构造指数。

构造条件是用地质分析与数理统计的方法对断层、褶曲、岩浆岩体、陷落柱在瓦斯抽采地质单元内的发育规模、密度的评价。地质构造是影响煤层厚度变化、瓦斯赋存与分布、水力强化工艺和瓦斯抽采等众多地质因素中的主控因素。构造条件包括断层密度、断层落差、煤层底板倾角变异系数、构造曲率、岩浆岩体、陷落柱等，采用灰色关联度理论评价上述参数的关联度，最后建立综合构造指数。依据研究区的综合构造指数分析，运用黄金分割法将构造条件复杂程度分为 3 个等级：≤1.5 为 1 级、1.5～2.5 为 2 级、≥2.5 为 3 级。

（2）断层密度。

断层密度是指划分的瓦斯抽采地质单元内单位面积内大于断煤厚断层的条数，单位为条·km^{-2}。断层密度是构造条件综合评价指数的重要组成部分和构造煤形成的关键影响因素。根据《矿井地质规程》中关于构造复杂性的评价标准，结合对研究区断层密度的实际统计结果，将断层密度划分为：1 级（≤10 条·km^{-2}）、2 级（10～20 条·km^{-2}）、3 级（≥20 条·km^{-2}）。

（3）构造应力分区。

构造应力分区是指根据矿井构造组合形态形成的力学机制划分的引张带、挤压带和过渡带。构造应力分区可以定性反映煤层渗透性。引张带形成的应力机制为拉张环境，煤层裂隙张开度好，渗透性相对较好；反之，挤压带中应力集中，煤层裂隙闭合，渗透性相对较差；过渡带居于二者之间。

　　5）水文地质

　　水文地质不仅与瓦斯的富集和保存关系密切，而且直接影响瓦斯的压力高低和分布。水文地质对水力强化工艺的影响主要表现为主要含水层与煤层的水力联系情况，体现在矿井单位涌水量、贮水性及水力强化沟通含水层的程度等。指标等级划分参考《煤矿防治水规定》中关于矿井单位涌水量、贮水系数、富水性、隔水层安全有效厚度的规定。

　　（1）单位涌水量。

　　单位涌水量是指单位时间内流入矿井的水量，它是矿井富水（充水）程度的指标之一。依据《煤矿防治水规定》可将其划分为：$\leq 0.1 L \cdot (s \cdot m)^{-1}$ 为 1 级、$0.1 \sim 1.0 L \cdot (s \cdot m)^{-1}$ 为 2 级、$\geq 1.0 L \cdot (s \cdot m)^{-1}$ 为 3 级。

　　（2）贮水系数。

　　贮水系数是衡量强化层贮水性大小的参数，表示由于水头降低引起的含水层弹性贮水能力。贮水率乘以含水层（煤层）厚度，即为贮水系数，无量纲。贮水性强弱受强化层的孔隙度的影响，强化层的裂隙越发育，表明贮水性越强，储存的水量越多。研究表明，大部分承压含水层的贮水系数在 $10^{-3} \sim 10^{-5}$。参考煤层气开发的水文地质条件评价标准，将贮水系数划分为 3 个等级：$\leq 10^{-5}$ 为 1 级、$10^{-5} \sim 10^{-4}$ 为 2 级、$\geq 10^{-4}$ 为 3 级。

　　（3）富水性。

　　富水性在水文地质学中指含水层的出水能力。一般用规定某一口径井孔的最大涌水量表示。但实际中缺少有针对性的定量水文资料，采用较容易获取的视电阻率进行富水性评价，单位为 $\Omega \cdot m$。依据视电阻率将富水性评价参照值划分为：1 级（$\leq 40\Omega \cdot m$）、2 级（$40 \sim 120\Omega \cdot m$）、3 级（$\geq 120\Omega \cdot m$）。

　　（4）隔水层安全有效厚度。

　　隔水层安全有效厚度是指强化层至含水层顶面或底面之间隔水层的完整岩层的厚度减去顶底板压裂厚度。隔水层安全有效厚度越大，水力压裂裂缝导水的可能性越小。根据《煤矿防治水规定》及水力强化施工实践，将隔水层安全有效厚度划分为：$\geq 30m$ 为 1 级、$15 \sim 30m$ 为 2 级、$\leq 15m$ 为 3 级。

　　强化层物性评价指标是对强化层中煤岩体物理、力学性质的客观评价，是判断强化层可改造性和目标性的关键参数，包括 6 个准则层，分别为空隙性、渗透性、压力、煤体结构、地应力及水理性。

　　1）空隙性

　　（1）孔隙率。

　　岩体孔隙率是指煤岩中孔-裂隙体积与煤岩体总体积之比，用百分数来表示。它是衡量强化层储集性的一个重要参数，也是影响瓦斯吸附能力的一个重要参数。包括煤体孔隙率和岩体孔隙率。研究表明，煤体孔隙率与煤变质程度有关，煤体孔隙率多介于 1.5%～12.2%，一般在 5% 以下，因此将煤体孔隙率划分为：$\geq 5\%$ 为 1 级、$3\% \sim 5\%$ 为 2 级、$\leq 3\%$ 为 3 级。岩体孔隙率的划分参照石油工程领域致密砂岩的划分标准，将≥15%划分为 1 级、10%～15%划分为 2 级、≤10%划分为 3 级。

（2）煤体扩散孔/渗流孔比表面积比。

煤体扩散孔/渗流孔比表面积比是指煤体中扩散孔（<65nm）的比表面积与渗流孔的比表面积的比值。扩散孔主要包括微孔和小孔，渗流孔主要包括中孔和大孔。研究表明，煤的孔隙特征在煤化过程中，与煤化作用阶跃的显现位置一致，表明煤的孔隙特征与煤的大分子结构之间存在成因联系。煤的孔隙性与煤岩成分有关。丝炭的孔隙度比镜煤大 3～4 倍，且以中孔、大孔为主，镜煤则以微孔和小孔为主。煤中的大孔和中孔有利于瓦斯运移；而小孔和微孔则与瓦斯的吸附能力有关。比表面积是影响煤体吸附和解吸瓦斯的主要因素，参照大量关于煤的孔隙性与甲烷吸附-解吸特征耦合关系的研究结果，并结合研究区实际实验结果将其划分为：1 级（≤5）、2 级（5～6）、3 级（≥6）。

（3）煤体割理密度。

煤体割理密度指煤岩单位长度发育割理的条数，主要指面割理，单位为条·$5cm^{-1}$，面割理一般较端割理发育。割理是气体扩散、运移的主要通道，它关系到煤层的渗透性，决定抽采钻孔（井）产能的高低。割理主要受煤级和煤岩成分的控制，硬煤中割理较为发育，软煤中割理一般不发育。根据研究区井下观察割理密度统计分析，可将割理密度划分为：≥5 为 1 级、3～5 为 2 级、≤3 或不发育为 3 级。

2）渗透性

（1）煤岩体透气性系数。

强化层的渗透性可以用煤岩体的渗透率或者透气性系数[$1m^2 \cdot (MPa^2 \cdot d)^{-1} \approx 0.025mD$]来表示其优劣，是指在一定压力下，允许流体通过其连通孔隙的性质。强化层渗透率是衡量瓦斯抽采的重要指标，它对含气煤层的抽采率及产量大小起决定性作用。煤体渗透率越大，钻孔和气井的泄气范围就越大，产量也就越高。岩体透气性系数（渗透率）参考石油工程领域致密砂岩的划分标准：≥$40m^2 \cdot (MPa^2 \cdot d)^{-1}$ 为 1 级、$0.4～40m^2 \cdot (MPa^2 \cdot d)^{-1}$ 为 2 级、≤$0.4m^2 \cdot (MPa^2 \cdot d)^{-1}$ 为 3 级。煤体透气性系数表征煤层对瓦斯流动的阻力，反映瓦斯沿煤层流动难易程度的系数。结合《煤矿瓦斯抽放规范》（AQ 1027—2006）中关于煤层瓦斯抽放难易程度的划分，将煤体透气性系数划分为：≥$10m^2 \cdot (MPa^2 \cdot d)^{-1}$ 为 1 级、$0.1～10m^2 \cdot (MPa^2 \cdot d)^{-1}$ 为 2 级、≤$0.1m^2 \cdot (MPa^2 \cdot d)^{-1}$ 为 3 级。

（2）百米钻孔瓦斯流量。

百米钻孔瓦斯流量是指在特定抽放条件下，每 100m 钻孔每分钟能够抽出的混合瓦斯量，单位为 $m^3 \cdot (min \cdot 100m)^{-1}$。通过对研究区煤层百米钻孔瓦斯流量的考察，将百米钻孔瓦斯流量划分为：1 级[≥$0.030m^3 \cdot (min \cdot 100m)^{-1}$]、2 级[$0.017～0.030m^3 \cdot (min \cdot 100m)^{-1}$]、3 级[≤$0.017 m^3 \cdot (min \cdot 100m)^{-1}$]。

（3）钻孔流量衰减系数。

钻孔流量衰减系数是衡量煤层预抽瓦斯难易程度的一种指标，它表示钻孔瓦斯流量随时间延长衰减变化的系数，单位为 d^{-1}。根据《煤矿瓦斯抽放规范》（AQ 1027—2006），将钻孔流量衰减系数划分为：1 级（≤$0.003d^{-1}$）、2 级（$0.003～0.05d^{-1}$）、3 级（≥$0.05d^{-1}$）。

（4）抽采强度。

抽采强度是衡量单位时间内每吨煤层预抽瓦斯量的一种指标，它表示钻孔控制面积内抽采瓦斯量与抽采时间和煤体总量的比值，单位为$[m^3 \cdot (d \cdot t)^{-1}]$。根据《煤矿瓦斯抽放规范》，（AQ 1027—2006）将抽采强度划分为：1 级（$\geq 0.16[m^3 \cdot (d \cdot t)^{-1}]$）、2 级（$0.04 \sim 0.16 [m^3 \cdot (d \cdot t)^{-1}]$）、3 级（$\leq 0.04[m^3 \cdot (d \cdot t)^{-1}]$）。

3）压力

（1）储层压力梯度。

压力梯度是指单位垂深内的煤层压力增量，常用井底压力除以从地表到测试井段中点深度得出，单位用 $MPa \cdot 100m^{-1}$ 或 $kPa \cdot m^{-1}$ 表示。研究区储层压力梯度变化范围为 $0.478 \sim 1.108 MPa \cdot 100m^{-1}$，多数在 $1.0 MPa \cdot 100m^{-1}$ 以下，压力状态以欠压-正常为主。因此将储层压力梯度 $1.0 MPa \cdot 100m^{-1}$ 作为高值的底界；当储层压力梯度低于 $0.5 MPa \cdot 100m^{-1}$ 时，表明煤层已受到卸压作用的强烈影响，瓦斯抽采不可能具有高的抽采率。因此将储层压力梯度划分为：$\geq 1 MPa \cdot 100m^{-1}$ 为 1 级、$0.5 \sim 1 MPa \cdot 100m^{-1}$ 为 2 级、$\leq 0.5 MPa \cdot 100m^{-1}$ 为 3 级。

（2）临储比。

临储比指临界解吸压力与储层压力之比，决定了瓦斯开采中排水降压或瓦斯抽采负压的程度。比值越接近 1，短时间内降压即能达到临界解吸压力，煤层中的吸附瓦斯气体就能释放出来。比值越小，则需要长时间降压才能达到解吸压力。当瓦斯临界解吸压力接近衰竭压力时，就会失去抽采价值。国内成功的煤层气井的临储比都在 0.5 以上，参考华北地区地面煤层气井开发评价指标划分，研究区的临储比一般介于 $0.3 \sim 0.85$。因此将临储比 ≥ 0.6 划分为 1 级、介于 $0.3 \sim 0.6$ 划分为 2 级、≤ 0.3 划分为 3 级。

（3）顶底板流体压力。

顶底板流体压力指顶底板岩石孔隙中液体和气体存在而传递的压力。顶底板流体压力越低，以顶底板和煤层作为储层强化改造体系时，瓦斯抽采越容易。研究区顶底板流体压力介于 $0.1 \sim 3.9 MPa$，平均为 $1.7 MPa$。结合煤层瓦斯压力，将顶底板流体压力划分为：$\leq 0.8 MPa$ 为 1 级、$0.8 \sim 1.7 MPa$ 为 2 级、$\geq 1.7 MPa$ 为 3 级。

4）煤体结构

（1）GSI 值。

煤体结构是对煤层形成后受构造应力作用发生变形的程度的分类，煤体结构不同实质上是煤体强度发生了变化。地质强度指标（GSI）由煤的基质单元和煤中的裂隙、宽度对应而成，是煤体结构的定量化表征指标。与传统的煤体结构分类对比，每种煤体结构类型对应一个相应的 GSI 区间，分别为糜棱煤（0~20）、碎粒煤（20~45）、碎裂煤（45~65）和原生结构煤（65~100）。根据不同煤体结构压裂的适应性，划分为：1 级（65~100）、2 级（45~65）、3 级（0~45）。

（2）f 值。

f 值是反映煤体坚固性的一个相对指标，其值越大，表明该煤体越稳定，在相同的瓦斯压力和地应力作用下，越不容易发生突出。根据《防治煤与瓦斯突出规定》，将 f 值划分为：1 级（≥ 1）、2 级（$0.5 \sim 1$）、3 级（≤ 0.5）。

（3）硬煤/岩体泊松比。

泊松比（μ）是指岩石在受轴向压缩时（单轴或三轴实验），在弹性变形阶段，横向应变与纵向应变的比值，是影响压裂裂缝的重要参数。硬煤/岩体泊松比是指硬煤泊松比与顶底板岩体泊松比的比值，两者越接近，当压裂煤层顶底板时，裂缝越容易与煤层贯穿。煤的泊松比一般比围岩大，大多在 0.25～0.40，围岩的泊松比通常小于 0.3。将硬煤/岩体泊松比划分为：1 级（≥1）、2 级（0.8～1）、3 级（≤0.8）。

（4）硬煤/岩体弹性模量。

弹性模量是材料在弹性范围内应力与应变的比值，在力学上反映材料的坚固性。煤岩弹性模量（E）对煤层裂缝发育影响甚大，由力学分析可知，裂缝的宽度基本上与弹性模量成反比关系，由此其成为计算裂缝尺寸的直接参数之一，如果煤层与上、下围岩的弹性模量相差较小，就能在将煤层与顶底板作为一个强化层体系时，有效沟通煤层与顶底板。煤的弹性模量位于 $n\times10^3$MPa 数量级，一般比围岩低一个数量级。因此将硬煤/岩体弹性模量的值划分为：1 级（≥0.1）、2 级（0.05～0.1）、3 级（≤0.05）。

5）地应力

现今地应力是目前存在的或正在活动的地应力。研究表明，煤层埋藏较深的区域，地应力较高，煤层渗透性较差。反之，埋藏较浅的区域，煤层渗透性较好。根据研究区地应力大小分布情况，将现今地应力指标划分为：1 级（≤12 MPa）、2 级（12～22 MPa）、3 级（≥22 MPa）。

6）水理性

岩石和煤一样，也是由固体、液体和气体三相组成的。岩石在水溶液作用下表现出来的性质称为水理性，主要包括吸水性、软化性、水敏性等。

（1）水敏性。

根据水敏性矿物的含量可将强化层的水敏性划分为：1 级（弱，不含蒙脱石且绿泥石含量≤10%）、2 级（中，不含蒙脱石且 10%<绿泥石含量<20%）、3 级（强，含有蒙脱石或绿泥石含量≥20%）。

（2）软化系数。

岩石浸水饱和后强度降低的性质称为软化性，用软化系数（k_R）表示。k_R 定义为岩石饱水试件的极限抗压强度（σ_{cw}）与岩石干燥试样的极限抗压强度（σ_{cd}）的比值，显然，k_R 越小则岩石软化性越强。岩石的软化系数都小于 1.0，工程地质中一般认为，软化系数 $k_R>0.75$ 时，岩石的软化性弱，软化系数 $k_R<0.75$ 时，岩石软化性较强。据此，将岩体软化系数划分为：1 级（≥0.5）、2 级（0.3～0.5）、3 级（≤0.3）。

（3）煤体滤失系数。

压裂液通过裂缝向地层滤失是压裂中的基本现象。滤失系数是煤岩压裂计算中的一个重要参数，单位为 m·min$^{0.5}$。煤体滤失系数主要受 3 种机理的控制，即滤液黏度、地层流体的压缩性及压裂液的造壁性。煤体滤失系数介于 0.001～0.01，滤失系数越小，裂缝形成得越好。因此将煤体滤失系数划分为：1 级（≤0.0025）、2 级（0.0025～0.0035）、3 级（≥0.0035）。

6.1.3.2　煤岩层扰动工艺优选指标

根据表 6-4，筛选出煤岩层扰动工艺优选指标体系，见表 6-5，将煤岩层评价指标划分为 1 级、2 级、3 级，其中 1 级煤层赋存条件稳定，瓦斯含量小，抽采瓦斯容易，只采用常规打钻工艺即可进行抽采；2 级煤层赋存条件则必须采用水力扰动工艺进行增透，如常规水力压裂、水力冲孔；3 级煤层赋存条件则必须采用强化水力扰动工艺进行增透，如重复水力压裂、分段水力压裂、水力压冲等。优选指标中与瓦斯抽采工程地质基础指标相同的指标在此不再赘述。仅对瓦斯压力、瓦斯放散初速度和煤岩脆性指数进行说明。

1）瓦斯压力

煤层压力是指作用于煤孔隙和裂隙空间上的流体压力（包括水压和气压），故又称为孔隙流体压力。煤层瓦斯压力是指煤体孔隙中瓦斯气体分子热运动碰撞煤壁的作用力，属于煤层压力的气压。煤层瓦斯压力是煤矿瓦斯研究和治理最基础的参数之一。煤层瓦斯压力是决定煤层瓦斯含量、瓦斯流动及瓦斯动力潜能的基本参数，也是研究与评价瓦斯储量、瓦斯涌出、瓦斯抽采与瓦斯突出的基本参数，一般来说，瓦斯压力越高，其含气量高，煤体中的气体富集程度越高，对井下抽采威胁较大，根据研究区含气量统计，结合《防治煤与瓦斯突出规定》，将瓦斯压力划分为：1 级（≤0.6MPa）、2 级（0.6～1.2MPa）、3 级（≥1.2MPa）。

2）瓦斯放散初速度

煤的瓦斯放散初速度是指 3.5g 规定粒度的煤样在 0.1MPa 压力下吸附瓦斯后向固定真空空间释放时，用压差 ΔP（mmHg）表示的 10～60s 时间内释放出瓦斯量的指标，表征含瓦斯煤层暴露时放散瓦斯的快慢（即从吸附态转化为游离态）。根据《煤与瓦斯突出矿井鉴定规范》（AQ 1024—2006）和《煤的瓦斯放散初速度指标 ΔP 测定方法》（AQ 1080—2009）规定，将瓦斯放散初速度划分为：1 级（≤8mmHg）、2 级（8～20mmHg）、3 级（≥20mmHg）。

3）煤岩脆性指数

煤岩储层具有显著的脆性特征是实现体积改造的物质基础。脆性特征采用脆性指数表征，脆性指数越高，可压性越好，越容易形成缝网。当岩石中黏土矿物质所占比重大时，岩石塑性特征显著，不利于产生复杂缝网体积；当碳酸盐岩、石英等矿物在岩石中所占比重大时，说明脆性矿物质量比重高，岩石脆性特征显著，有利于形成裂缝网络。根据研究区煤岩脆性特征，将煤岩脆性指数划分为：1 级（≥50%）、2 级（30%～50%）、3 级（≤30%）。

6.1.3.3　扰动工艺抽采效果评价指标

扰动工艺抽采效果评价指标是对瓦斯抽采地质单元采取强化工艺措施后，对扰动工艺效果的评价指标，主要包含 4 个准则层，分别为增透效果、区域消突指标、局部消突指标和扰动效果。其中增透效果与物性评价指标相同。区域消突指标与局部消突指标是参照《防治煤与瓦斯突出规定》所划分的。此处对扰动工艺抽采效果指标层进行说明。

强化面积比：指瓦斯抽采地质单元采取强化工艺后，实测强化面积与设计强化面积的比值，评判强化工艺施工质量。可将其划分为 3 个等级：优（达到 100%）、中（达到 80%）、差（达到 50%）。

强化半径比：指瓦斯抽采地质单元采取强化工艺后，实测强化长轴半径与设计强化长轴半径的比值，评判强化工艺施工质量。可将其划分为 3 个等级：优（达到 100%）、中（达到 80%）、差（达到 50%）。

6.2 瓦斯抽采地质评价

6.2.1 基础指标评价

基础指标评价即把煤矿地面抽采区或四级瓦斯抽采地质单元内普查获取的各项抽采地质参数进行系统对比、评级，优选出矿区内各类抽采区（单元），并对其进行瓦斯抽采的难易程度分析，为地面煤层气抽采井部署和四级瓦斯抽采地质单元部署预抽工程提供参数依据。

运用瓦斯抽采工程地质基础指标对中马村矿、车集矿、鹤壁中泰矿业有限公司和新义矿全矿区普查指标进行评价（表 6-8～表 6-11），评价结果是：总体上中马村矿、鹤壁中泰矿业有限公司、新义矿的各项普查指标中瓦斯抽采地质背景指标较好，强化层物性特征指标较差，车集矿的各项普查指标均较差。

表 6-8　中马村矿瓦斯抽采工程地质基础指标评价

目标层	准则层	指标层	评价层		
			1 级	2 级	3 级
瓦斯抽采地质背景	含气性	瓦斯含量/（$m^3 \cdot t^{-1}$）	≥12/16.99	8～12	≤8
		含气饱和度/%	≥80/80.76	40～80	≤40
	煤层结构	硬煤厚度/m	≥4	2～4/2.2	≤2
		软煤厚度/m	≤0.2	0.2～1/0.8	≥1
		煤层夹矸厚度/m	≤0.1	0.1～0.3/0.25	≥0.3
	煤层稳定性	煤层厚度变异系数	≤0.2	0.2～0.4	≥0.4/0.42
		煤层可采性指数	≥0.95/0.99	0.8～0.95	≤0.8
	构造条件	综合构造指数	≤1.5	1.5～2.5	≥2.5/5.6
		构造应力分区	引张带/三水平	过渡带/二水平	挤压带/一水平
	水文地质	单位涌水量/[L·(s·m)⁻¹]	≤0.1	0.1～1.0	≥1.0/1.6
		煤层含水性（贮水系数）	≤10^{-5}	10^{-5}～10^{-4}	≥10^{-4}/8.9×10^{-4}
		隔水层安全有效厚度/m	≥30	15～30	≤15/9.6
强化层物性	空隙性	岩体孔隙率/%	≥15	10～15/12	≤10
		煤体孔隙率/%	≥5	3～5/4.88	≤3
		煤体割理密度/（条·5cm⁻¹）	≥5/6	3～5	≤3
	渗透性	煤体渗透率/mD	≥1	0.1～1	≤0.1/0.04
		岩体渗透率/mD	≥1	0.01～1	≤0.01/0.03

续表

目标层	准则层	指标层	评价层		
			1 级	2 级	3 级
强化层物性	压力	储层压力梯度/（MPa·100m^{-1}）	≥1	0.5～1/0.74	≤0.5
		临储比	≥0.6	0.3～0.6/0.34	≤0.3
		顶底板流体压力/MPa	≤0.8	0.8～1.7	≥1.7/2.04
	煤体结构	f 值	≥1	0.5～1/0.22～0.75	≤0.5
	地应力	地应力/MPa	≤12/6.6	12～22	≥22
	水理性	水敏性	弱/弱	中	强

表 6-9　车集矿瓦斯抽采工程地质基础指标评价

目标层	准则层	指标层	评价层		
			1 级	2 级	3 级
瓦斯抽采地质背景	含气性	瓦斯含量/（m³·t^{-1}）	≥12	8～12	≤8/3.83
		含气饱和度/%	≥80	40～80	≤40/32.28
	煤层结构	硬煤厚度/m	≥4	2～4/2.3	≤2
		软煤厚度/m	≤0.2/0.2	0.2～1	≥1
		煤层夹矸厚度/m	≤0.1	0.1～0.3/0.2	≥0.3
	煤层稳定性	煤层厚度变异系数	≤0.2	0.2～0.4	≥0.4/0.49
		煤层可采性指数	≥0.95/0.99	0.8～0.95	≤0.8
	构造条件	综合构造指数	≤1.5	1.5～2.5	≥2.5/17.2
		构造应力分区	引张带/浅部	过渡带/中部	挤压带/深部
	水文地质	单位涌水量/[L·(s·m)$^{-1}$]	≤0.1	0.1～1.0/0.35	≥1.0
		煤层含水性（贮水系数）	≤10^{-5}	10^{-5}～10^{-4}	≥10^{-4}/4.9×10^{-4}
		隔水层安全有效厚度/m	≥30	15～30/17.1	≤15
强化层物性	空隙性	岩体孔隙率/%	≥15	10～15	≤10/8.6
		煤体孔隙率/%	≥5	3～5/4.9	≤3
		煤体割理密度/（条·5cm^{-1}）	≥5	3～5/4	≤3
	渗透性	煤体渗透率/mD	≥1	0.1～1/0.26	≤0.1
		岩体渗透率/mD	≥1	0.01～1/0.4	≤0.01
	压力	储层压力梯度/（MPa·100m^{-1}）	≥1	0.5～1	≤0.5/0.39
		临储比	≥0.6	0.3～0.6/0.42	≤0.3
		顶底板流体压力/MPa	≤0.8	0.8～1.7	≥1.7/4.2
	煤体结构	f 值	≥1	0.5～1/0.50～0.61	≤0.5
	地应力	地应力/MPa	≤12	12～22/17.8	≥22
	水理性	水敏性	弱/弱	中	强

表 6-10　鹤壁中泰矿业有限公司瓦斯抽采工程地质基础指标评价

目标层	准则层	指标层	评价层		
			1 级	2 级	3 级
瓦斯抽采地质背景	含气性	瓦斯含量/（m³·t⁻¹）	≥12/12.32	8~12	≤8
		含气饱和度/%	≥80/80.21	40~80	≤40
	煤层结构	硬煤厚度/m	≥4	2~4	≤2/1.3
		软煤厚度/m	≤0.2	0.2~1/0.8	≥1
		煤层夹矸厚度/m	≤0.1	0.1~0.3/0.26	≥0.3
	煤层稳定性	煤层厚度变异系数	≤0.2/0.15	0.2~0.4	≥0.4
		煤层可采性指数	≥0.95/0.97	0.8~0.95	≤0.8
	构造条件	综合构造指数	≤1.5	1.5~2.5/2.2	≥2.5
		构造应力分区	引张带	过渡带	挤压带/挤压带
	水文地质	单位涌水量/[L·（s·m）⁻¹]	≤0.1/0.018	0.1~1.0	≥1.0
		煤层含水性（贮水系数）	≤10⁻⁵	10⁻⁵~10⁻⁴	≥10⁻⁴/13×10⁻⁴
		隔水层安全有效厚度/m	≥30	15~30/18	≤15
强化层物性	空隙性	岩体孔隙率/%	≥15	10~15/13	≤10
		煤体孔隙率/%	≥5	3~5/4.3	≤3
		煤体割理密度/（条·5cm⁻¹）	≥5/6	3~5	≤3
	渗透性	煤体渗透率/mD	≥1	1~0.1	≤0.1/0.03
		岩体渗透率/mD	≥1	1~0.01	≤0.01/0.06
	压力	储层压力梯度/（MPa·100m⁻¹）	≥1	0.5~1/0.63	≤0.5
		临储比	≥0.6	0.3~0.6/0.36	≤0.3
		顶底板流体压力/MPa	≤0.8	0.8~1.7/1.3	≥1.7
	煤体结构	f 值	≥1	0.5~1/0.23~0.57	≤0.5
	地应力	地应力/MPa	≤12	12~22/16	≥22
	水理性	水敏性	弱/弱	中	强

表 6-11　新义矿瓦斯抽采工程地质基础指标评价

目标层	准则层	指标层	评价层		
			1 级	2 级	3 级
瓦斯抽采地质背景	含气性	瓦斯含量/（m³·t⁻¹）	≥12	8~12/10.88	≤8
		含气饱和度/%	≥80/80.76	40~80	≤40
	煤层结构	硬煤厚度/m	≥4	2~4	≤2/0.2
		软煤厚度/m	≤0.2	0.2~1	≥1/3.4
		煤层夹矸厚度/m	≤0.1	0.1~0.3/0.2	≥0.3
	煤层稳定性	煤层厚度变异系数	≤0.2	0.2~0.4	≥0.4/0.70
		煤层可采性指数	≥0.95	0.8~0.95/0.84	≤0.8

续表

目标层	准则层	指标层	评价层		
			1 级	2 级	3 级
瓦斯抽采地质背景	构造条件	综合构造指数	≤1.5	1.5～2.5	≥2.5/5.6
		构造应力分区	引张带/一水平	过渡带/一、二水平之间	挤压带/二水平
	水文地质	单位涌水量/[L·(s·m)$^{-1}$]	≤0.1	0.1～1.0	≥1.0/2.0
		煤层含水性（贮水系数）	≤10^{-5}	10^{-5}～10^{-4}	≥10^{-4}/8.9×10^{-4}
		隔水层安全有效厚度/m	≥30	15～30	≤15/16
强化层物性	空隙性	岩体孔隙率/%	≥15	10～15/12	≤10
		煤体孔隙率/%	≥5	3～5/4.9	≤3
		煤体割理密度/(条·5cm^{-1})	≥5	3～5/4	≤3
	渗透性	煤体渗透率/mD	≥1	0.1～1	≤0.1/0.01
		岩体渗透率/mD	≥1	0.01～1	≤0.01/0.03
	压力	储层压力梯度/(MPa·100m^{-1})	≥1	0.5～1	≤0.5/0.30
		临储比	≥0.6	0.3～0.6/0.54	≤0.3
		顶底板流体压力/MPa	≤0.8	0.8～1.7	≥1.7/2.04
	煤体结构	f 值	≥1	0.5～1	≤0.5/0.22～0.27
	地应力	地应力/MPa	≤12	12～22/17	≥22
	水理性	水敏性	弱/弱	中	强

　　而对于具体到每个矿井的各类地面抽采区（单元），可采取一定的数学方法进行综合评价，用于综合评价工作的数学方法有很多，如加权求和法、模糊数学方法、灰色系统方法、层次分析方法等。由于瓦斯可采性参数的复杂性，用绝对的"非此即彼"有时不能准确地描述地质环境中的客观事实，如对于构造应力分区条件的"引张带、过渡带、挤压带"等。基于模糊理论对不确定性评价因素体系特点有着良好的处理能力，因此选择模糊数学中的模糊综合评价法对瓦斯可采性进行评价[175]。

　　由抽采地质单元内瓦斯抽采地质背景参数和强化层物性参数，构成块段评价地质因素集合 U，其中 U_1 和 U_2 由次一级地质因素构成，U_1 代表瓦斯抽采地质背景参数集合，U_2 代表强化层物性参数集合。将参数评价标准划分 1 级、2 级、3 级，构成评价集合 V。

$$U = (U_1 · U_2)$$
$$V = (V_1 · V_2 · V_3)$$

式中，V_1～V_3 为各项参数的评价分数，本书规定，3 个级别中 1 级、2 级、3 级的分数分别为 3、2、1。

　　又考虑到每项地质因素在评价过程中的地位不同，即重要性不同，需要确定各项参数指标在评价过程的权重。合理选取和正确确定指标权重，将直接影响评价过程和评价的有效性，因此赋予它们不同的权重值，形成权重集合 A：

$$A = (A1 \cdot A2)$$

式中，A_1 为瓦斯抽采地质背景参数权重子集；A_2 为强化层物性参数权重子集。

A_1、A_2 两个子集分别表示为

瓦斯抽采地质背景参数权重子集 $A_1 = (a_{11}, a_{12}, a_{13}, a_{14}, a_{15})$；

强化层物性参数权重子集 $A_2 = (a_{21}, a_{22}, a_{23}, a_{24}, a_{25}, a_{26})$。

这里要求：$\sum_{j}^{5} a_{ij} = 1$，（$i=1$）　　$\sum_{j}^{6} a_{ij} = 1$，（$i=2$）

权重的确定（确定各评价参数在瓦斯抽采等级划分中所起作用的大小或重要程度）有多种方法，如专家直接经验法、调查统计法、数理统计法、层次分析法等。由于地质环境的复杂性、不可逆性、模糊性，用精确的数学模型来求取评价因素的权重难度很大，有时对地质环境分析不够时，过分相信定权重的数学模型，反而使权重不合理，这时如根据专家的经验评判，有时能得到较为满意的结果。本书在前人研究成果的基础上，采用多位专家的评判经验[173]，结合河南省瓦斯资源特征及煤储层特征，赋予各参数不同的权重值，见表 6-12。

表 6-12　各参数不同的权重值

综合评价系数	权重	目标层(二级指标)	权重	准则层(三级指标)	权重
综合评价系数	1	瓦斯抽采地质背景参数	0.4	含气性	0.15
				煤层结构	0.25
				煤层稳定性	0.15
				构造条件	0.30
				水文地质	0.15
		强化层物性参数	0.6	空隙性	0.20
				渗透性	0.20
				压力	0.20
				煤体结构	0.20
				地应力	0.10
				水理性	0.10

地质因素集合 U 与评价集合 V 之间的关系，是通过建立单因素评判矩阵 $\boldsymbol{R}_K$ 来实现的：

$$\boldsymbol{R}_K = \begin{bmatrix} R_{k11} & R_{k12} & R_{k13} \\ R_{k21} & R_{k22} & R_{k23} \\ \vdots & & \vdots \\ R_{k111} & R_{k112} & R_{k113} \end{bmatrix}$$

式中，$R_{kij} = P_{kij} / \sum_{j}^{3} P_{kij}$，（$i=1, \cdots, 11$）；$i$ 为第 k 个目标区块下的地质因素数；j 为评价集合中的第 j 个评语；P_{kij} 为专家对第 k 个目标区块的第 i 个地质因素评级为 j 的频数；

R_{kij} 为在第 i 个地质因素下，k 目标区块分属评判集合 V_j 的隶属度，该隶属度表示该区块用于评价集合中 3 个级别的频度，它由每个区块上随机取一定数量的点，然后统计分属评价集合 V_j 的频数，再用该频数除以总点数得到。由于所研究的目标区块都是经过详细的储层评价后筛选出来的，面积较小，每个地质因素可视为定值。因此，可将隶属度简化为 0 和 1，即先对各地质因素的参数等级予以评价，确定为某个级别后视其隶属度为 1，其他为 0。

　　将模糊评判矩阵与权重集合 A 相乘即得到 k 目标区煤层气可采性模糊评价系数 B：

$$B_{sk}=A_s \times R_{sk}（s=1,\ 2,\ \cdots,\ n;\ k=1,\ 2,\ \cdots,\ n）$$

式中，R_{sk} 为模糊评判矩阵；下标 s 为层次；下标 k 为目标区块编号。计算时应先从最低层次开始，即先对目标区块的瓦斯抽采地质背景参数和强化层物性参数分别进行综合评判，将计算结果代入下一层次中，再对各地质单元瓦斯抽采可采性进行综合评判。

　　对一个目标区块的最终评价 D_k 可按下式计算：

$$D_k = B_k \cdot C^{\mathrm{T}}$$

式中，B_k 为第 k 个目标区块的综合评价；C^{T} 为评级分值矩阵的转置矩阵，由各级评分值与最高分值的商表示，即 $(1/3,\ 2/3,\ 3/3)^{\mathrm{T}}$。计算结果 D_k 就是第 k 个目标区的模糊综合评价系数，利用参数评价标准和模糊数学评价方法，以中马村矿为例（表 6-13、表 6-14），将各自区块储层相应参数进行等级评价，打分输入计算机，即可得出各区块的模糊评价系数。该系数的大小表征目标区块的综合评价结果，系数越大，区块开发的有利程度越高；反之，区块开发的有利程度越低。模糊评价流程如图 6-2 所示。

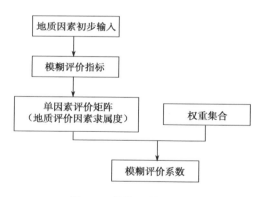

图 6-2　模糊评价流程图

　　从评价指标来看，总体上是顶板为泥岩、煤层厚度稳定、资源量丰富、构造条件简单的抽采地质单元适宜采取水力压裂进行瓦斯抽采开发；断层保护煤柱内的抽采单元排序靠后，不适宜用水力压裂进行瓦斯抽采开发。

表6-13　中马村矿二₁煤瓦斯抽采地质单元参数等级

地质单元	综合系数	含气性	煤层结构	煤层稳定性	构造条件	水文地质	空隙性	渗透性	煤体结构	压力	地应力	水理性
III₁-IV₁	2.00	1级	2级	2级	3级	3级	2级	2级	2级	2级	3级	1级
III₁-IV₂	2.06	2级	2级	2级	3级	1级	2级	2级	2级	2级	3级	1级
III₁-IV₃	1.94	2级	2级	2级	3级	2级	2级	2级	2级	2级	3级	1级
III₁-IV₄	1.78	3级	3级	2级	3级	3级	2级	1级	2级	2级	3级	1级
III₂-IV₂	2.30	1级	2级	1级	1级	1级	2级	2级	2级	2级	3级	1级
III₂-IV₃	1.94	2级	2级	2级	3级	1级	2级	2级	2级	2级	3级	1级
III₃-IV₁	1.88	2级	2级	2级	1级	2级	2级	3级	2级	2级	3级	1级
III₃-IV₂	2.00	2级	2级	2级	1级	2级	2级	3级	2级	2级	3级	1级
III₃-IV₃	1.94	2级	2级	2级	1级	2级	2级	3级	2级	2级	3级	1级
III₄-IV₂	2.00	2级	2级	2级	2级	2级	2级	3级	2级	2级	3级	1级
III₅-IV₁	2.00	1级	2级	2级	1级	3级	2级	3级	2级	2级	3级	1级
III₅-IV₂	2.12	1级	2级	2级	1级	1级	2级	3级	2级	2级	3级	1级
III₅-IV₃	1.82	3级	2级	2级	1级	2级	2级	3级	2级	2级	3级	1级
III₆-IV₂	2.24	1级	2级	2级	1级	1级	2级	2级	2级	2级	3级	1级
III₆-IV₃	1.94	2级	2级	2级	1级	2级	2级	2级	2级	2级	3级	1级
III₆-IV₄	1.66	3级	2级	2级	1级	3级	2级	1级	2级	2级	3级	1级
III₇-IV₂	2.00	2级	2级	2级	1级	1级	2级	2级	2级	2级	3级	1级
III₇-IV₃	2.00	2级	2级	2级	2级	2级	2级	2级	2级	2级	3级	1级
III₇-IV₄	1.66	3级	2级	2级	2级	3级	2级	1级	2级	2级	3级	1级
III₈-IV₂	2.12	2级	2级	2级	1级	1级	2级	1级	2级	2级	3级	1级
III₈-IV₃	2.00	2级	2级	2级	1级	2级	2级	2级	2级	2级	3级	1级
III₈-IV₄	1.66	3级	2级	2级	1级	3级	2级	1级	2级	2级	3级	1级
III₉-IV₁	1.88	1级	2级	2级	1级	3级	2级	3级	2级	2级	3级	1级
III₉-IV₂	2.12	2级	2级	2级	1级	1级	2级	2级	2级	2级	3级	1级
III₉-IV₃	1.88	2级	2级	2级	2级	2级	2级	2级	2级	2级	3级	1级
III₉-IV₄	1.88	1级	2级	2级	1级	3级	2级	2级	2级	2级	3级	1级
III₁₀-IV₁	1.94	2级	2级	2级	1级	2级	2级	2级	2级	2级	3级	1级
III₁₀-IV₂	1.82	2级	2级	2级	3级	2级	2级	2级	2级	2级	3级	1级
III₁₀-IV₃	1.66	3级	2级	2级	3级	3级	2级	1级	2级	2级	3级	1级
III₁₀-IV₄	1.88	1级	2级	2级	3级	3级	2级	2级	2级	2级	3级	1级

表6-14　中马村矿瓦斯抽采地质单元评价排序表

抽采单元	III₂-IV₂	III₆-IV₂	III₅-IV₂	III₈-IV₂	III₉-IV₂	III₁-IV₂	III₁-IV₁	III₃-IV₂	III₄-IV₂	III₅-IV₁
评价系数	2.30	2.24	2.12	2.12	2.12	2.06	2.00	2.00	2.00	2.00
排序	1	2	3	4	5	6	7	8	9	10

续表

抽采单元	III$_7$-IV$_2$	III$_7$-IV$_3$	III$_8$-IV$_3$	III$_1$-IV$_3$	III$_2$-IV$_3$	III$_3$-IV$_3$	III$_6$-IV$_3$	III$_{10}$-IV$_1$	III$_3$-IV$_1$	III$_9$-IV$_1$
评价系数	2.00	2.00	2.00	1.94	1.94	1.94	1.94	1.94	1.88	1.88
排序	11	12	13	14	15	16	17	18	19	20
抽采单元	I$_9$-IV$_3$	I$_9$-IV$_4$	I$_{10}$-IV$_4$	I$_5$-IV$_3$	I$_{10}$-IV$_2$	I$_1$-IV$_4$	I$_6$-IV$_4$	I$_7$-IV$_4$	I$_8$-IV$_4$	I$_{10}$-IV$_3$
评价系数	1.88	1.88	1.88	1.82	1.82	1.78	1.66	1.66	1.66	1.66
排序	21	22	23	24	25	26	27	28	29.00	30.00

6.2.2　强化工艺优选

6.2.2.1　优选数学方法

对水力扰动分为两大类进行选取，分别为煤层直接水力压裂或水力冲孔、煤层顶底板改造。对于一般情况而言，煤体结构是判断采用水力压裂或水力冲孔的关键指标。煤体结构特征明显时，往往采用煤体结构作为单一关键指标即可进行较为准确的优选。但在煤层赋存特征复杂的前提下有必要依据煤岩层扰动工艺优选指标，通过层次分析法对水力扰动工艺进行优选[176]。

层次分析法的特点是对复杂的决策问题的本质、影响因素及其内在关系等进行深层次分析，利用较少的定量信息使决策过程数学化，从而为多目标、多准则、无结构特性的复杂决策问题提供简便的决策方法，尤其适合于难以准确计量决策结果的场合。

层次分析法首先将决策问题顺序分解为不同的层次结构，依次为总目标、各层子目标、评价准则、具体的备择方案；其次用求解判断矩阵特征向量的办法，求得每一层次各元素对上一层次某元素的优先权重；最后再用加权和的方法递阶归并各备择方案对总目标的最终权重，此最终权重最大者即为最优方案。这里所谓"优先权重"是一种相对的量度，它表明各备择方案在某一特点的评价准则或子目标下优越程度的相对量度，以及各子目标对上一层目标而言重要程度的相对量度。层次分析法比较适用于具有分层交错评价指标且目标值难以定量描述的决策问题。其通过构造判断矩阵，求取最大特征值及对应的特征向量 W，将其进行归一化，得出层次指标对于上一层次相关指标的相对重要性权值。

运用层次分析法解决问题，大体可以分为 4 个步骤。

1）建立层次结构模型

结构图包括目标层（A）、准则层（B、C）、方案层（D）。

2）构成对比判断矩阵

从层次结构模型第 2 层开始，对于影响上一层的每个因素的同一层各因素，用成对比较法和 1～9 比较尺度构成判断矩阵，依次到最下层。

设某层有 n 个因素，$X = \{x_1, x_2, \cdots, x_n\}$，要判断其对上一层某一准则的影响程度，确定其在该层中相对于某一准则所占的比重。各个因素之间进行比较，比较时取 1～9 尺度，用 a_{ij} 表示第 i 个因素相对于第 j 个因素的比较结果，则 $a_{ij} = 1/a_{ji}$。

$$A = \left(a_{ij}\right)_{n\times n} = \begin{pmatrix} a_{11} & a_{12} & \cdots & a_{1n} \\ a_{21} & a_{22} & \cdots & a_{2n} \\ \vdots & \vdots & & \vdots \\ a_{n1} & a_{n2} & \cdots & a_{nn} \end{pmatrix}$$

式中，A 为成对比较矩阵。

3）单排序权向量的计算及一致性检验

对每个成对比较矩阵计算最大特征向量值及其对应的特征向量，进行一致性指标检验。若检验通过，则特征向量为权向量；否则，需要重新构造成对比较矩阵。

4）计算总排序权向量并做一致性检验

计算最下层对最上层总排序的权向量。

设 B 层（$B_1, B_2, \cdots, B_n$）对上层（A 层）中因素 $A_j (j = 1, 2, \cdots, m)$ 的层次单排序一致性指标为 CI_j，随机一致性指标为 RI_j，则层次总排序的一致性比率 CR 为

$$\mathrm{CR} = \frac{a_1 \mathrm{CI}_1 + a_2 \mathrm{CI}_2 + \cdots + a_m \mathrm{CI}_m}{a_1 \mathrm{RI}_1 + a_2 \mathrm{RI}_2 + \cdots + a_m \mathrm{RI}_m} \tag{6-1}$$

当 CR＜0.1 时，认为层次总序列通过一致性检验。到此，根据最下层（决策层）的层次总排序做出最后的决策。

建立水力扰动工艺优选层次结构如图 6-3 所示。

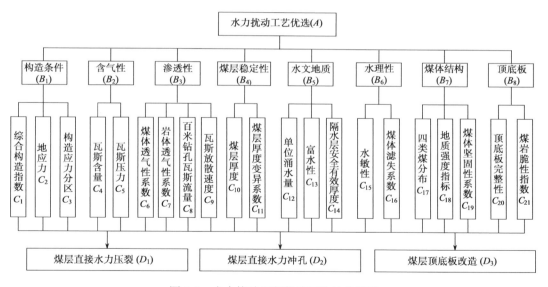

图 6-3　水力扰动工艺优选层次结构模型

建立水力扰动工艺优选层次结构模型后，可结合矿井的具体情况构造成对比较判断矩阵、计算单排序权向量并做一致性检验、计算总排序权向量并做一致性检验，从而选取合适的水力扰动工艺方案。对于部分矿井，准则层 C 中的某个因素或某些因素在矿井水力扰动工艺选择中作用较弱或对不同工艺区别不大，则可以在准则层中不予考虑该因素，只考虑关键指标的影响，从而减少了准则层的因素个数，提高了计算速度，使目

标层的实现更为直接。

6.2.2.2　强化工艺类型优选

不同的煤体结构必须采用不同的水力强化措施进行增透。对于硬煤层可通过本煤层常规水力压裂、水力喷射压裂实现增透；而对于软煤层，则可以选择围岩水力压冲和水力冲孔实现卸压增透两种途径，且后两种方法效果较前者更好。

3.3 节所述的 5 种强化措施在硬煤、软煤和围岩抽采层的适用性见表 6-15。

表 6-15　水力强化类型技术特点及适用条件[13]

强化类型	技术特点	适用条件
常规水力压裂	形成单一张性裂缝	硬煤、围岩抽采层
吞吐压裂增透	形成洞穴，使煤体卸压增透，同时在洞穴煤体形成裂缝	硬煤、围岩抽采层
水力喷射压裂	形成洞穴，并在洞穴顶部起裂形成裂缝，定位、定向准确，无需机械封孔，节省时间	硬煤和围岩抽采层
水力压冲	采用吞吐或注入式压冲，排除煤体卸压增透	硬煤、软煤改造，通过围岩抽采层对硬煤、软煤改造
水力冲孔	形成孔洞	软煤

目前常见的钻孔类型有强化层穿层孔、强化层顺层孔，按水力强化需求强化层优选类型主要可分为全层硬煤（Ⅰ）、全层软煤（ⅡD-d）、上部硬煤（ⅢD）、中部硬煤（ⅤD-d）、下部硬煤（Ⅵd），强化工艺类型主要有常规水力压裂、吞吐压裂增透、水力喷射压裂、水力压冲和水力冲孔 5 种。煤矿井下水力强化方式根据强化层钻孔类型、强化层优选类型和强化方式可以进行优化组合，满足多样化地质条件和不同的煤体结构类型都能进行强化抽采瓦斯的要求。

以中马村矿和车集矿为例，针对中马村矿不同构造单元的煤体结构、强化层特点和矿井生产巷道布置方式，认为效果最优的强化方式及强化方式组合为常规水力压裂、水力喷射压裂和水力压冲（图 6-4）。针对新义矿不同构造单元的煤体结构、强化层特点和矿井生产巷道布置方式，认为效果最优的强化方式及强化方式组合为水力冲孔和水力压冲（图 6-5）。

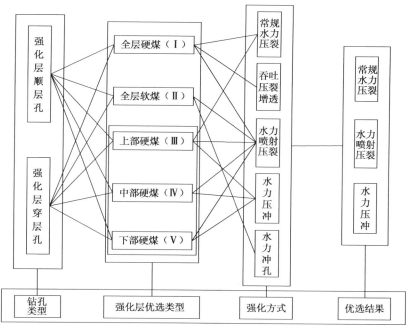

图6-4 中马村矿井下水力强化类型选择

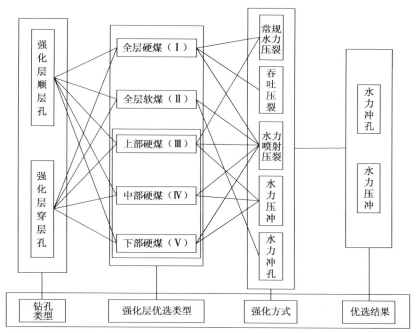

图6-5 新义矿井下水力强化类型选择

6.3 强化与瓦斯抽采效果评价

水力强化作业实施后，要对水力强化效果进行评价，以确定水力强化的作用和范围大小。煤矿井下水力强化效果评价采用水力强化影响范围和增透效果指标两项指标综合评价水力强化效果。

6.3.1　水力强化影响范围确定

1）依据水力强化孔两侧巷道形貌改变判定水力强化影响范围

在水力强化前观测描述强化孔两侧巷道的形貌，尤其是较为发育的构造附近及煤体裂缝发育地带，巷道描述范围原则上应距离强化孔 50m 以上，可依据水力强化规模适当调整。水力强化后观察煤壁是否出水、巷道是否变形等，以此确定水力强化影响范围。

2）依据测试煤体水分含量变化判断水力强化影响范围

在水力强化前测试强化孔两侧煤体的含水量，孔间距为 2m。在水力强化后，在钻孔两侧相同间距处打钻，且钻孔深度大于强化孔的封孔深度，取钻屑测试含水量，以超过强化前的含水量为标准判断水力强化影响范围。

3）依据水力强化添加的示踪剂确定水力强化影响范围

在水力强化的压裂液中添加示踪剂（如 SF_6），要求检测方便且无毒无害。在水力强化后在强化孔两侧打钻，要求钻孔深度大于强化孔的封孔深度，通过取钻屑检测示踪剂判断水力强化影响范围。

4）依据大地电场岩性探测（CYT）判断水力强化影响范围

CYT 技术属于大地电磁法类。它以天然交变电磁场为场源，根据交变电磁场在地层中传播时的趋肤效应作用，利用不同周期的电磁波具有不同的穿透能力的特性，在地面采集数据，然后经过一定的计算来反映电性垂向变化，以此推测地下岩层及其属性变化状况。

CYT 技术是近年从石油系统引入煤炭系统的，岩层注水会改变岩层的导电性，因此利用 CYT 技术对水的反应较为灵敏的特长，根据水力强化前后岩层含水量的变化，按照岩层含水性进行解释，结合大地电磁探测资料可以得到水力强化的影响范围。

5）按传统的方法确定抽采半径，具体方法如下所述。

（1）在无限流场条件下，按瓦斯压力确定钻孔排放瓦斯有效半径。

先在石门断面上打一个测压孔，准确测出煤层的瓦斯压力。然后距测压孔由远而近打排放瓦斯钻孔，观察瓦斯压力的变化，如果某一钻孔在规定的排放时间内，能把测压孔的瓦斯压力降低到容许限值，则该钻孔距测压孔的最小距离即为有效半径，如图 6-6（a）所示。也可以由石门向煤层打几个测压孔，待测出准确瓦斯压力值后，再打一个排放瓦斯钻孔，观察各测压孔瓦斯压力的变化，在规定时间内，瓦斯压力降到安全限值的测压孔距排放钻孔的距离就是有效半径。

（2）在有限流场条件下，按瓦斯压力确定钻孔排放瓦斯有效半径。

在多排钻孔或网格式密集钻孔排放瓦斯条件下，排放瓦斯区内的瓦斯流动场属于有限流场，这时测定钻孔排放瓦斯的有效半径如图 6-6（b）所示。在石门断面向煤层打一个穿层测压孔或在煤巷打一个沿层测压孔，测出准确瓦斯压力值后，再在测压孔周围由远而近打数排钻孔，即在距测压孔较远处先打一排排放钻孔（至少 4 个），它们位于同一半径上，然后观察瓦斯压力变化，若影响甚小，则在距测压孔较近的半径上再打一排排放钻孔（至少 4 个）再观察瓦斯压力变化。在规定排放瓦斯期限内，能将测压孔的瓦斯压力降低到容许限值的那排钻孔距测压孔的距离就是排放瓦斯有效半径。

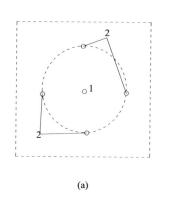
(a)

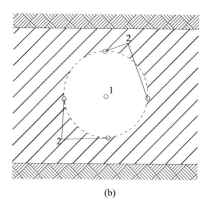
(b)

图 6-6　按瓦斯压力确定钻孔排放瓦斯有效半径[13]

（3）根据瓦斯流量确定排放瓦斯有效半径的方法。

a）沿煤层软分层打 3～5 个相互平行的测流量钻孔，孔径 42mm，长 5～7m，间距 0.3～0.5m。

b）对各钻孔进行封孔，封孔长度不得小于 2m，测量室长度为 1m。

c）钻孔密封后，立即测定钻孔瓦斯流量，并每隔 10min 测定一次，每一测量孔测定次数不得少于 5 次。

d）在距最近的测量孔边缘 0.5m 处，打一个平行于上述钻孔的排放钻孔（其直径等于待考察排放钻孔的直径），在打钻过程中，记录孔长、时间和各次测量钻孔瓦斯流量的变化。

e）打完排放钻孔后，每隔 10min 测定一次各流量孔的流量。

f）打完排放钻孔后的 2 小时内，测定并绘出各测量孔的瓦斯流量变化曲线。

g）如果连续 3 次测定流量孔的瓦斯流量都比打排放钻孔前提高 10%，即表明该测量孔处于排放钻孔的有效半径内。符合上述测量孔距排放钻孔的最远距离即为排放钻孔的有效半径。

该法的优点是测定流量比测定瓦斯压力容易，其缺点是不如测瓦斯压力法可靠。

6.3.2　增透效果指标

（1）钻孔瓦斯自然流量。对钻孔封孔后，采用流量计记录瓦斯自然流量，然后在水力强化前后分别测试，对比瓦斯自然流量的变化。可与百米钻孔瓦斯流量对比。

（2）钻孔瓦斯抽采浓度与纯量。对钻孔封孔后，在相同的负压条件下，采用流量计在水力强化前后分别测试瓦斯总流量和瓦斯浓度，对比瓦斯抽采浓度与纯量的变化。

（3）煤体透气性系数。

（4）钻孔流量衰减系数。

（5）抽采强度。

水力强化影响范围内单位时间、单位煤体的抽采效果可用抽采强度直观表达，抽采强度由以下 3 个指标描述[13]。

（1）强度抽采量。

强度抽采量是指钻孔控制面积内抽采瓦斯量与抽采时间和煤体总量的比值，即

$$q_{抽} = Q_{抽} / (T \cdot M) \tag{6-2}$$

式中，$q_{抽}$ 为强度抽采量，$m^3 \cdot (t \cdot d)^{-1}$；$Q_{抽}$ 为钻孔已抽采瓦斯总量，m^3；T 为抽采瓦斯量为 $Q_{抽}$ 时所用时间，d；M 为钻孔控制面积内煤体总质量，t。

（2）强度抽采率。

强度抽采率是指钻孔单位时间内抽采瓦斯量占钻孔控制范围内煤层瓦斯赋存量的百分比，即

$$d = Q_{抽} / (Q \cdot T) \cdot 100\% \tag{6-3}$$

式中，d 为钻孔瓦斯抽采率，%；$Q_{抽}$ 为钻孔已抽采瓦斯总量，m^3；Q 为钻孔控制范围内煤层瓦斯赋存量，m^3；T 为抽采瓦斯量为 $Q_{抽}$ 时所用时间，d。

水力强化过程中进入风流排放的瓦斯增加量应计算在水力强化抽出的瓦斯量内。

（3）煤层残余瓦斯量。

对预抽煤层瓦斯区域防突措施进行检验时，应当根据试验考察（应符合《防突规定》第四十二条要求的程序）确定的临界值进行评判。在确定前可以按照如下指标进行评判：可采用残余瓦斯压力指标进行检验，如果没有或者缺少残余瓦斯压力资料，也可根据残余瓦斯含量进行检验，并且煤层残余瓦斯压力小于 0.6MPa 或残余瓦斯含量小于 $6m^3 \cdot t^{-1}$ 的预抽区域为无突出危险区，否则，即为突出危险区，预抽防突效果无效。

但若检验期间在煤层中进行钻孔等作业时发现了喷孔、顶钻及其他明显突出预兆时，发生明显突出预兆的位置周围半径 100m 内的预抽区域判定为措施无效，所在区域煤层仍属突出危险区。

当采用煤层残余瓦斯压力或残余瓦斯含量的直接测定值进行检验时，若任何一个检验测试点的指标测定值达到或超过了有突出危险的临界值而被判定为预抽防突效果无效时，则此检验测试点周围半径 100m 内的预抽区域均判定为预抽防突效果无效，即为突出危险区。

6.4　小　　结

本章开展了煤岩层物性参数科学分类研究，根据影响瓦斯抽采地质单元划分、扰动层构建、扰动工艺优选的地质参数，构建了一套基于扰动工艺技术的瓦斯抽采工程地质评价指标体系，并建立了指标的数学模型评价和优选方法。

1）构建了瓦斯抽采工程地质指标体系

根据地面和井下瓦斯抽采工艺设计需要，构建了瓦斯抽采工程地质指标体系，包括 3 个子指标体系，分别为瓦斯抽采工程地质基础指标体系、煤岩层扰动工艺优选指标体

系、扰动工艺抽采效果评价指标体系。

（1）瓦斯抽采工程地质基础指标体系包含项目多，较为全面，基础指标体系的设置目的在于对地面抽采井和井下抽采四级瓦斯抽采地质单元进行抽采设计之前，按照该指标体系对该设计区（单元）的瓦斯抽采工程地质特征进行全面精细勘查，详细了解和掌握关于瓦斯抽采工程设计和抽采效果的每项参数特征，有目标的对具有不同瓦斯抽采工程地质参数特征的煤岩层优选不同的抽采技术和方案。依据地质和开采条件，优选地面井、井下抽采、井地联合抽采工艺。其中包含 2 个目标层、11 个准则层、33 个指标层。并对 33 个指标层提出了 1 级、2 级、3 级评价标准。

（2）煤岩层扰动工艺优选指标体系从瓦斯抽采工程地质基础指标体系中筛出影响煤岩层扰动工艺优选指标，包含 2 个目标层、8 个准则层、22 个指标层，其中指标层关键指标 12 个。将煤岩层评价指标划分为 1 级、2 级、3 级，其中 1 级煤层赋存条件稳定，瓦斯含量小，抽采瓦斯容易，只采用常规打钻工艺即可进行抽采；2 级煤层则必须采用水力扰动工艺进行增透，如常规水力压裂、水力冲孔；3 级煤层则必须采用强化水力扰动工艺进行增透，如重复水力压裂、分段水力压裂、水力压冲等。

（3）扰动工艺抽采效果评价指标体系包括 1 个目标层、4 个准则层、11 个指标层。并对 11 个指标层提出了优、中、差的评价标准。

2）指标体系的数学模型评价和优选方法

（1）对于瓦斯抽采工程地质基础指标体系，在研究前人成果的基础上，采用多位专家的评判经验，结合河南省瓦斯资源特征及煤储层特征，赋予各指标参数不同的权重，用模糊数学方法对抽采区开展了综合评价。

（2）对于煤岩层扰动工艺优选指标体系，引进层次分析法，形成了水力扰动工艺优选评价方法，建立了以构造条件、含气性、渗透性、顶底板、煤体结构等为准则层 B，地应力、瓦斯压力等 21 个关键指标为准则层 C 的水力扰动工艺优选层次结构模型，将煤岩储层评价指标分为 I 级、II 级、III 级，对应不同水力扰动增透工艺。

3）提出水力强化工艺优选类型与效果评价方法建议

根据强化层体系及物性特征、煤岩水理与力学性质、现代地应力场，提出常规水力压裂、吞吐压裂增透、水力喷射压裂、水力压冲等水力强化工艺选择与优化建议。建立了水力强化与瓦斯抽采效果评价方法。

7 瓦斯抽采地质图和工程部署图编制及应用

7.1 瓦斯抽采地质图编制方法

7.1.1 资料收集与整理

1）地质资料收集

收集的地质资料应包括：

（1）矿井区域地质资料；

（2）矿井地质勘探精查或详查报告，矿井生产修编地质报告；

（3）矿井设计说明书；

（4）矿井采掘工程平面图、煤层底板等高线图、井上下对照图、地层综合柱状图、地质剖面图；

（5）各采、掘工作面地质说明书和相关图件；

（6）煤巷地质编录的煤层厚度变化、断层、褶皱、顶板与底板岩性变化和构造煤厚度，测井曲线解释、地球物理方法探测的断层、构造煤厚度等；

（7）钻孔柱状图和勘探线剖面图；

（8）断层、褶皱、陷落柱、岩浆岩等；

（9）含水层、隔水层、富水性、水敏性、水位线等水文地质资料；

（10）地震勘探等物探资料；

（11）矿井地质各类资料台账。

2）地质资料整理

应按照《煤矿矿井瓦斯地质图编制方法》（AQ/T 1086—2011）附录 A 中表 A.1～表 A.13 的要求，整理矿井地质资料。

3）瓦斯抽采地质资料收集

收集的瓦斯资料应包括[177]：

（1）地质勘探钻孔测定的煤层瓦斯含量和生产阶段测定的煤层瓦斯含量；

（2）地面和井下瓦斯抽采设计方案（包括强化工艺抽采技术）、瓦斯抽采台账（包括瓦斯抽采钻孔地点、负压、流量、浓度）等；

（3）煤层瓦斯压力、煤层瓦斯吸附常数、煤层透气性系数、百米钻孔瓦斯流量、抽采强度；

（4）采掘工作面煤与瓦斯突出危险性预测指标，见《煤矿矿井瓦斯地质图编制方法》（AQ/T 1086—2011）中 3.2 所列项等；

（5）建矿以来煤与瓦斯突出动力现象资料，包括突出发生过程、突出位置地质资料、突出强度及作业工序资料等；

（6）煤岩层物性参数，包括煤岩体力学参数、煤岩体结构、地应力、储层压力、孔隙裂隙结构、吸附/解吸参数、扩散/渗流参数、顶底板水理性参数等。

4）瓦斯抽采地质资料整理

应按照《煤矿矿井瓦斯地质图编制方法》（AQ/T 1086—2011）附录 A 中表 A.14～表 A.24 的要求，整理矿井瓦斯及抽采资料。

7.1.2 煤层瓦斯含量、压力预测

在厘清矿井瓦斯地质规律的基础上，结合本矿井及邻近矿井揭露的瓦斯地质资料，分析影响瓦斯赋存的主控因素，建立煤层瓦斯含量和煤层瓦斯压力预测模型，预测新水平、新采区、新采面或新建矿井的煤层瓦斯含量和瓦斯压力。

7.1.3 地理底图及其内容取舍

应以矿井采掘工程平面图和煤层底板等高线图作为地理底图，比例尺宜选取 1∶2000、1∶5000 或 1∶10000；地理底图应能反映最新的地质信息、测量信息和采掘信息。矿井瓦斯抽采工程地质图以地质和煤岩层中瓦斯可抽性内容为主体，突出表现影响瓦斯抽采地质因素和煤岩层关键物性参数等主体内容，应对地理底图的地质、采掘工程内容进行取舍，见表 7-1。

表 7-1 地理底图编绘主要内容[177]

序号	编绘内容	序号	编绘内容
1	钻孔	9	岩浆岩
2	井筒	10	构造煤厚度
3	煤层露头	11	断层
4	井田边界	12	等水位线
5	煤层底板等高线	13	陷落柱
6	向斜轴	14	工作面名称
7	背斜轴	15	煤种分界线、煤层分叉合并线
8	巷道	16	重要的地名、建筑物

在内容取舍后的地理底图上进行分层数字化。按照《煤矿矿井瓦斯地质图编制方法》（AQ/T 1086—2011）附录 B 进行底图编绘，可对煤层底板等高线图、采掘工程平面图的内容进行简化，删除联络巷，回采巷道用单线条表示，采空区不宜表示在图上。

7.1.4 瓦斯信息编绘

1）瓦斯参数点绘制

瓦斯参数点应按照《煤矿矿井瓦斯地质图编制方法》（AQ/T 1086—2011）附录 B 的要求编绘到地理底图上，绘制瓦斯参数点时应按照以下规则：

（1）按照实际测定位置绘制煤层瓦斯含量点和煤层瓦斯压力点；

（2）根据矿井实际突出位置绘制煤与瓦斯突出动力现象点；

（3）根据实际测定位置绘制《煤矿矿井瓦斯地质图编制方法》（AQ/T 1086—2011）3.2 所列项点；

（4）在块段的合理位置绘制块段瓦斯（煤层气）资源量点。

2）瓦斯等值线绘制

瓦斯等值线应按照《煤矿矿井瓦斯地质图编制方法》（AQ/T 1086—2011）附录 B 的要求编绘到地理底图上，绘制瓦斯等值线时应按照以下规则[177]：

（1）瓦斯含量等值线分实测线和预测线，按瓦斯含量等值距 $2m^3 \cdot t^{-1}$ 绘制为宜。矿井煤层瓦斯含量超过 $8m^3 \cdot t^{-1}$ 时，应绘制 $8m^3 \cdot t^{-1}$ 煤层瓦斯含量等值线。

（2）瓦斯压力等值线分实测线和预测线，按瓦斯压力等值距 0.2MPa 绘制。矿井煤层瓦斯压力超过 0.74MPa 时，应绘制 0.74MPa 煤层瓦斯压力等值线。

（3）按照煤与瓦斯突出预测结果，绘制煤与瓦斯突出危险区界线。

（4）根据瓦斯评价资源量，划分不同级别区块，绘制瓦斯资源块段界线。

7.1.5　地面井抽采瓦斯评价

通过瓦斯资源量块段划分，按照《煤层气资源/储量规范》（DZ/T 0216—2002）资源量计算公式，计算矿井瓦斯资源量。根据勘探程度、构造复杂程度、煤层顶底板岩性、水文地质、瓦斯资源丰度、煤层裂隙、渗透率、构造煤的发育程度、采掘工程部署等因素，评价地面井抽采瓦斯技术条件。

7.1.6　瓦斯抽采地质单元编绘

影响瓦斯抽采地质单元划分的因素有很多，有生产因素，如采掘部署、强化工艺；有地质因素，如地质构造、水文地质条件、煤体结构、煤岩体物性等。在进行瓦斯抽采地质单元划分时，地质因素仍然是第一因素，因此，采用以地质因素为主，结合生产因素作为划分原则。地质因素依次考虑构造应力作用、瓦斯分布规律、顶底板富水特征和煤体结构展布规律等因素，另外还要考虑煤矿采掘部署的合理性。瓦斯抽采地质单元划分依据如下所述。

1）一级单元

（1）依托矿井部署的规划区、准备区和生产区，依据煤层瓦斯含量 $6m^3 \cdot t^{-1}$ 和瓦斯压力 0.6MPa 进行一级瓦斯抽采单元划分，确定抽采区和非抽采区。

（2）对于抽采区，依据地质和开采条件，优选地面井、井下抽采、井地联合抽采工艺；对于非抽采区可直接组织实施采掘生产。

2）二级单元

（1）在一级瓦斯抽采地质单元划分的基础上，在抽采区开展二级瓦斯抽采地质单元划分。

（2）二级瓦斯抽采地质单元依据煤层透气性系数（渗透率）等关键指标划分可抽性好和可抽性差两个区域。

（3）结合矿井采掘部署，原则上在可抽性好的区域优选常规抽采工艺，在可抽性差的区域优选强化抽采工艺。

3）三级单元

（1）在二级瓦斯抽采地质单元划分的基础上，在可抽性差的区域开展三级瓦斯抽采地质单元划分。

（2）三级瓦斯抽采地质单元依据断煤厚断层、断层留设煤柱边界和采区边界等关键指标确定扰动工艺部署区，不易实施扰动工艺区采取延长抽采时间、增加钻孔工程量等常规强化抽采措施。

4）四级单元

（1）在三级瓦斯抽采地质单元划分的基础上，在扰动工艺部署区开展四级瓦斯抽采地质单元划分。

（2）四级瓦斯抽采地质单元依据构造条件、煤体结构、瓦斯赋存、顶底板岩性、富水性、水敏性等关键因素优选强化层体系与扰动工艺。

一级、二级、三级、四级瓦斯抽采地质单元划分区名称使用罗马数字序号（Ⅰ，Ⅱ，Ⅲ，…）表示；每一级第一个、第二个、…、第 n 个抽采区使用阿拉伯数字（1,2,3,…）进行编号，为罗马数字序号右下标，如第一个一级抽采区表示为 $Ⅰ_1$，二级抽采区表示为 $Ⅱ_1$，三级抽采区表示为 $Ⅲ_1$，四级抽采区表示为 $Ⅳ_1$，以此类推，并进行组合。

7.1.7 强化层体系编绘

1）煤体结构组合

煤矿安全生产中将煤体结构分为原生结构、碎裂结构、碎粒结构和糜棱结构，也有将其简单分为硬煤（原生结构和碎裂结构）和软煤（碎粒结构和糜棱结构），这些分类简单实用，但是对于指导水力强化工艺则还不够科学准确。本书依据煤体结构定量化表征的两个相关参数——GSI 值和 f 值，将 GSI 值≥45 或 f 值≥0.50 的煤体结构称为硬煤，GSI 值<45 或 f 值<0.50 的煤体结构称为软煤。根据构造煤形成机制的地质分析和井下实际观测结果，研究区煤体结构组合大致分为 5 种：全层硬煤、全层软煤、上部硬煤、中部硬煤和下部硬煤，具体见 5.2 节。

2）顶底板富水性

根据水力强化工艺对煤层顶底板水文地质条件的要求，以及煤层顶底板含水层与隔水层特征、煤层顶底板泥质岩类的水敏性质，划分不同的顶底板水文地质类型。具体见5.2 节。

3）强化层体系构建

影响水力强化工艺的因素主要有煤体结构、煤层顶底板岩体特征、煤岩水理性与力学性质、水文地质等，研究区煤层作为含煤岩系的有机组成部分，与其他共生的顶底板岩石构成特定的沉积序列，沉积时期、沉积环境类似，煤层顶底板岩石普遍为砂岩、粉砂岩、砂质泥岩、泥岩等，煤岩水理性与力学性质差异不大，因此仅考虑煤体结构组合变化和顶底板水理性及水文地质条件对强化层体系进行构建和分类。按煤体结构组合和顶底板富水性、水敏性，结合底板安全厚度构建强化层体系 35 类，优选出强化层体系 5类，具体见 5.2 节。

7.1.8　瓦斯抽采地质指标编绘

根据水力强化扰动工艺选择可对煤岩储层进行增透改造，但改造程度受到具体的地质构造、煤层瓦斯、煤岩储层物性等因素的影响，因此必须对改造程度进行优化设计，不盲目去减少或者增加增透工作量，有的放矢地对四级瓦斯抽采地质单元内具有不同煤层瓦斯赋存参数的煤岩储层进行不同程度的改造。煤岩层扰动工艺优选关键指标见表 6-5，将煤岩层评价指标划分为 1 级、2 级、3 级，其中 1 级煤层赋存条件稳定，瓦斯含量小，抽采瓦斯容易，只采用常规打钻工艺即可进行抽采；2 级煤层则必须采用水力扰动工艺进行增透，如常规水力压裂、水力冲孔；3 级煤层则必须采用强化水力扰动工艺进行增透，如重复水力压裂、分段水力压裂、水力压冲等。根据表 6-6 筛选关键指标信息标于图上相应抽采地质单元旁（图 7-1），具体见 6.2 节。

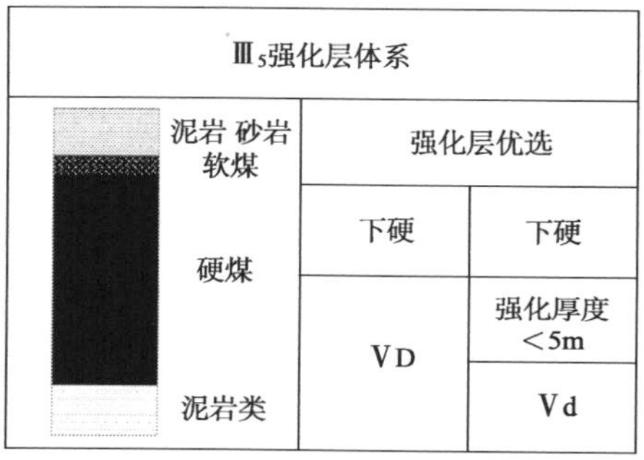

Ⅲs强化层体系		
泥岩 砂岩 软煤	强化层优选	
硬煤	下硬	下硬
	VD	强化厚度<5m
泥岩类		Vd

Ⅲs关键指标评价		
硬煤厚度	f值	瓦斯含量
2～4/2.9	0.22～0.75	>6
构造指数	应力分区	σ_H方向
6.40	过渡—引张	131°
透气性系数	单位涌水量	水敏性
0.07～0.13	1.6	弱

(a)　　　　　　　　　　　　　(b)

图 7-1　强化层体系优选和关键指标评价

7.1.9　瓦斯抽采地质图案例

7.1.9.1　引言

瓦斯抽采地质分析技术是一门专门为瓦斯抽采工程服务的地质分析技术，其目的是查明与瓦斯抽采相关的地质条件，建立基于煤层地质条件的抽采工艺优选体系，形成一区一策、一面一法的抽采方案，实现煤层瓦斯高效抽采，并构建一套完全服务于瓦斯抽采工程的地质学研究技术与方法，科学指导瓦斯抽采设计、扰动工艺优选和抽采工程部署，对提高瓦斯抽采效果、实现煤气共采的瓦斯综合治理目标具有重大意义。因此，制定符合实际情况的矿井瓦斯抽采地质图编制方法，旨在规范瓦斯抽采地质图内容、图例和要求，提高瓦斯抽采工艺设计的规范性和科学性。

7.1.9.2 瓦斯抽采地质图的用途与功能

矿井瓦斯抽采地质图是煤矿瓦斯防治和瓦斯抽采利用的基础图件，主要功能与用途如下所述。

（1）汇集瓦斯抽采地质信息，揭示矿井构造、煤层与顶底板、水文地质、瓦斯地质及地应力等分布规律；

（2）根据矿井地质条件的差异性和煤体结构的非均质性与可改造性、可抽性特点，科学划分瓦斯抽采地质单元、构建强化层体系、进行瓦斯抽采地质指标评价和优选。

7.1.9.3 依据的标准规范

依据的标准规范为《煤矿矿井瓦斯地质图编制方法》（AQ/T 1086—2011）。

7.1.9.4 瓦斯抽采地质图制图流程

瓦斯抽采地质图制图流程如图 7-2 所示。

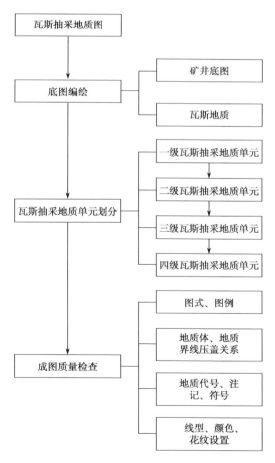

图 7-2 瓦斯抽采地质图制图流程

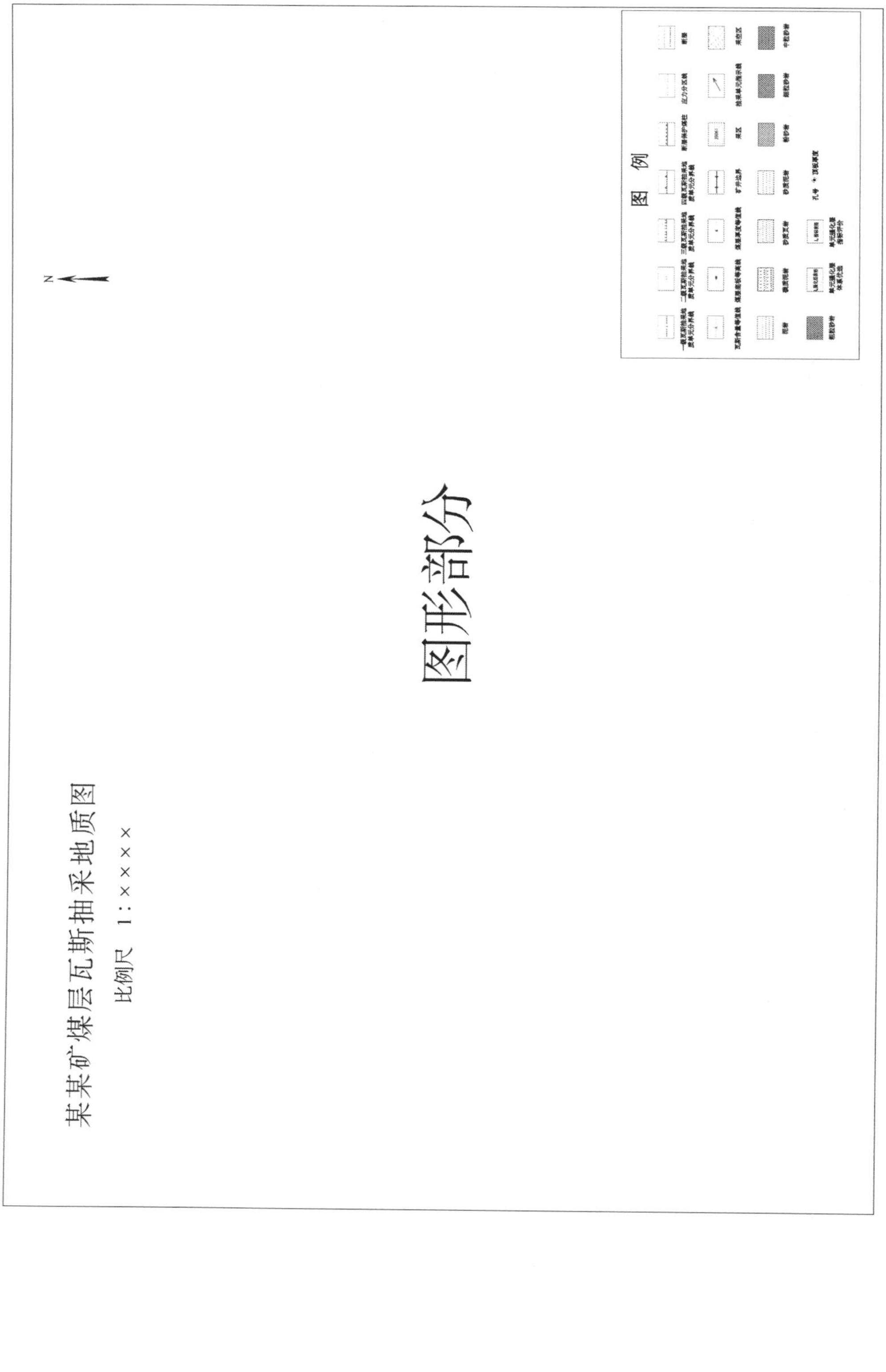

图形部分

某某矿煤层瓦斯抽采地质图

比例尺 1：××××

图　例

图 7-3　中马村矿瓦斯抽采地质图图式

7.1.9.5 瓦斯抽采地质图制图应用案例

本书所用案例选择的是焦作煤业(集团)有限责任公司中马村矿,该矿井始建于 1955 年 9 月,1970 年 7 月投产,2006 年核定生产能力 90 万 t·年$^{-1}$,2014 年改扩建为 115 万 t·年$^{-1}$。中马村矿二$_1$煤瓦斯抽采工程地质图底图依据矿井采掘工程部署图和底板等高线图绘制,具体制图过程如下所述。

1)底图编制

(1)矿井底图。

以中马村矿采掘工程平面图和煤层底板等高线图作为地理底图,比例尺为 1∶10000,底图内容应反映最新的地质信息、测量信息和采掘信息,地质图图式内容包括图名、比例尺、图例(图 7-3)。

矿井地质内容主要包含断层、煤层底板等高线、煤层厚度等值线、矿井边界、工作面、钻孔和主要标志性建筑物等(图 7-4)。

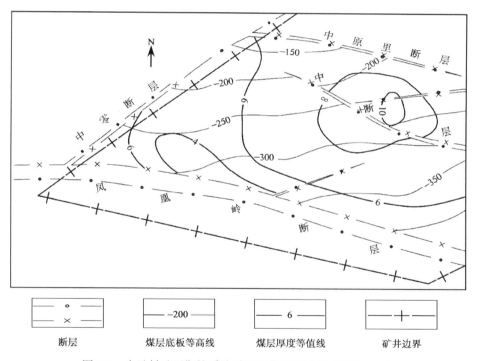

图 7-4　中马村矿瓦斯抽采地质图矿井底图示意(单位:m)

(2)瓦斯地质。

矿井瓦斯抽采地质图以地质和煤岩层中瓦斯可抽性内容为主体,突出表现影响瓦斯抽采地质因素和煤岩层关键物性参数等主体内容,应对地理底图的地质、采掘工程内容进行取舍。瓦斯地质要素有瓦斯含量等值线、顶板岩性、应力分区线等(图 7-5)。

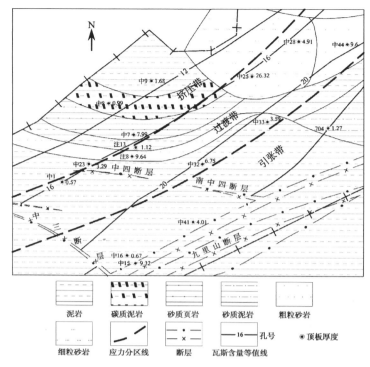

图 7-5　中马村矿瓦斯抽采地质图（单位：m）

（3）地质内容和表示方法。

a）采掘工作区标注工作面名称，保留所有采空区。

b）依据应力分区线，将抽采区划分为挤压带、过渡带，引张带。

c）标煤层顶板岩性分界线，煤层顶板岩性分布。

d）标矿井边界线、煤层勘探钻孔（并标注钻孔号）和顶板厚度值、揭露的断层、断层保护煤柱边界、褶皱轴线、陷落柱等。

e）瓦斯含量等值线：根据地面实测的瓦斯含量（经实际生产情况进行修正）、井下实测的瓦斯含量（测压计算）、推算的瓦斯含量赋存规律、瓦斯涌出特征及煤层地质特征，综合绘制瓦斯含量等值线。其中，已采区有实际的回采数据支撑，瓦斯含量的正确性可判断，因此已采区的瓦斯含量等值线为实线，未采区的瓦斯含量等值线为虚线。

2）瓦斯抽采地质单元划分

影响瓦斯抽采单元划分的因素有很多，有生产因素，如采掘部署、强化工艺；有地质因素，如地质构造、水文地质条件、煤体结构、煤岩体物性等。在进行瓦斯抽采地质单元划分时，地质因素仍然是第一因素，因此，采用以地质因素为主，结合生产因素作为划分原则。地质因素依次考虑构造应力作用、瓦斯分布规律、顶底板富水特征和煤体结构展布规律等因素，另外还要考虑煤矿采掘部署的合理性。结合瓦斯抽采地质单元划分依据，中马村矿瓦斯抽采地质单元划分过程如下所述。

（1）一级瓦斯抽采地质单元。

a）依托矿井部署的规划区、准备区和生产区，依据煤层瓦斯含量 $6m^3 \cdot t^{-1}$ 和瓦斯压力 0.6MPa 进行一级瓦斯抽采地质单元划分，确定抽采区和非抽采区。

b）对于抽采区，依据地质和开采条件，优选地面井、井下抽采、井地联合抽采工艺；对于非抽采区可直接组织实施采掘生产。

基于以上原则本书共搜集到中马村矿可利用钻孔瓦斯含量 31 个。据统计，本区二₁煤含气量介于 $7.80 \sim 23.70m^3 \cdot t^{-1}$，平均含气量为 $15.63m^3 \cdot t^{-1}$，大于 $6m^3 \cdot t^{-1}$，因此在整个矿井边界内，划分一级瓦斯抽采地质单元（图 7-6）。

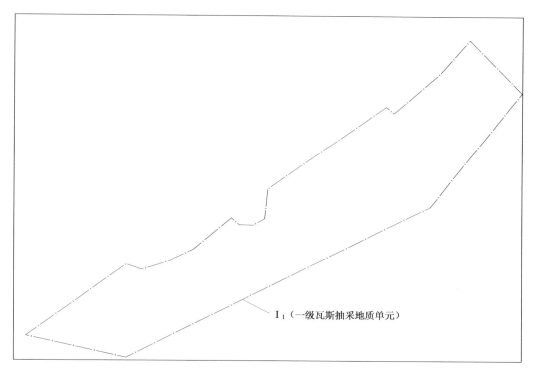

图 7-6　中马村矿瓦斯抽采地质图一级瓦斯抽采地质单元划分示意图

（2）二级瓦斯抽采地质单元。

a）在一级瓦斯抽采地质单元划分的基础上，在抽采区开展二级瓦斯抽采地质单元划分。

b）二级瓦斯抽采地质单元依据煤层透气性系数（渗透率）等关键指标划分可抽性好和可抽性差的区域。

c）结合矿井采掘部署，原则上在可抽性好的区域优选常规抽采工艺，在可抽性差的区域优选强化抽采工艺。

基于以上原则，中马村矿煤层透气性系数为 $0.18 \sim 0.19 \, m^2 \cdot (MPa^2 \cdot d)^{-1}$，依据表 7-2 可知在一级瓦斯抽采地质单元全区范围内划分二级瓦斯抽采地质单元，如图 7-7 所示。

表 7-2 抽放瓦斯难易程度分类

煤层抽放瓦斯难易程度	钻孔流量衰减系数/d⁻¹	煤层透气性系数/[m²·（MPa²·d）⁻¹]
容易抽放	<0.003	>10
可以抽放	0.003～0.05	10～0.1
较难抽放	>0.05	<0.1

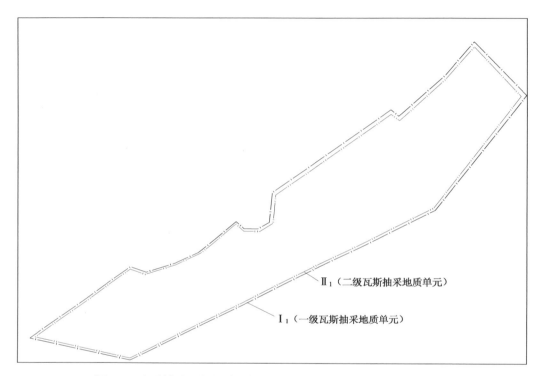

图 7-7 中马村矿瓦斯抽采地质图二级瓦斯抽采地质单元划分示意图

（3）三级瓦斯抽采地质单元。

a）在二级瓦斯抽采地质单元划分的基础上，在可抽性差的区域开展三级瓦斯抽采地质单元划分。

b）三级瓦斯抽采地质单元依据断煤厚断层、断层留设煤柱边界和采区边界等关键指标确定扰动工艺部署区，不易实施扰动工艺区域采取延长抽采时间、增加钻孔工程量等常规强化抽采措施。

以 27011 采区为例，全区平均煤层厚度约 4m，其瓦斯抽采关键指标如图 7-8。

因此，三级瓦斯抽采地质单元边界划分依据断煤厚断层、断层留设煤柱边界和采区边界等关键指标确定，如图 7-9 所示。

Ⅲ₄关键指标评价		
硬煤厚度/m	f值	瓦斯含量/$(m^3 \cdot t^{-1})$
2~4/2.6	0.22~0.75	>6
构造指数	应力分区	σ_H方向
4.50	挤压—过渡	128°
透气性系数/$[m^2 \cdot (MPa^2 \cdot d)^{-1}]$	单位涌水量/$[L \cdot (s \cdot m)^{-1}]$	水敏性
0.07~0.12	1.6	弱

图 7-8　27011 采区部分关键指标

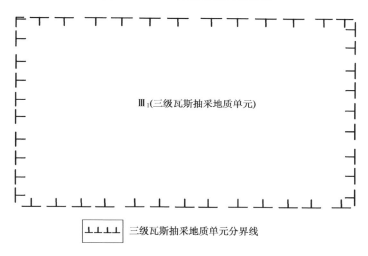

图 7-9　三级瓦斯抽采地质单元划分示意图

（4）四级瓦斯抽采地质单元。

a）在三级瓦斯抽采地质单元划分的基础上，在扰动工艺部署区开展四级瓦斯抽采地质单元划分（图 7-10）。

b）四级瓦斯抽采地质单元依据构造条件、煤体结构、瓦斯赋存、顶底板岩性、富水性、水敏性等关键因素优选强化层体系与扰动工艺（图 7-11）。

一级、二级、三级、四级瓦斯抽采地质单元划分区名称使用罗马数字序号（Ⅰ，Ⅱ，Ⅲ，…）表示；每一级第一个、第二个、…、第 n 个抽采区使用阿拉伯数字（1,2,3,…）进行编号，为罗马数字序号右下标，如第一个一级抽采区表示为Ⅰ₁，二级抽采区表示为Ⅱ₁，三级抽采区表示为Ⅲ₁，四级抽采区表示为Ⅳ₁，以此类推，并进行组合。

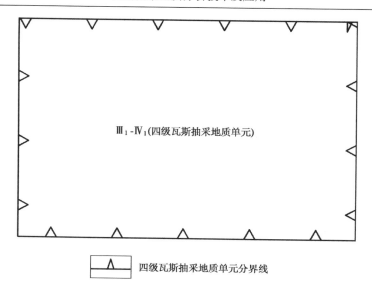

四级瓦斯抽采地质单元分界线

图 7-10　四级瓦斯抽采地质单元划分示意图

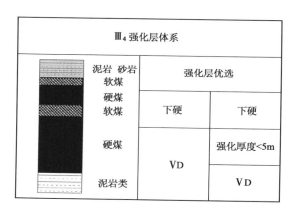

图 7-11　强化层示意

（5）成图质量检查。

a）地质图中各地质体间新老关系处理是否得当，有无错漏地质体；

b）地质界线压盖合理及处理正确与否，地质界线有无错、漏画现象；

c）地质图的地质代号、相关注记准确、正确、规范与否；

d）地质体、线型、图示、图例、各种花纹、代号、符号及着色等是否符合地质图编图、制图相关标准和技术要求；

e）地质图是否有其他遗漏现象。

7.2　瓦斯抽采工程部署图编制方法

7.2.1　水力强化工程设计

7.2.1.1　钻孔类型

为示意方便采用单一孔进行，为了扩大钻孔覆盖面和抽采效果，实际中的钻孔可以是多分支孔。

1）回采工作面本煤层顺层钻孔

回采工作面本煤层顺层钻孔如图 7-12 所示。

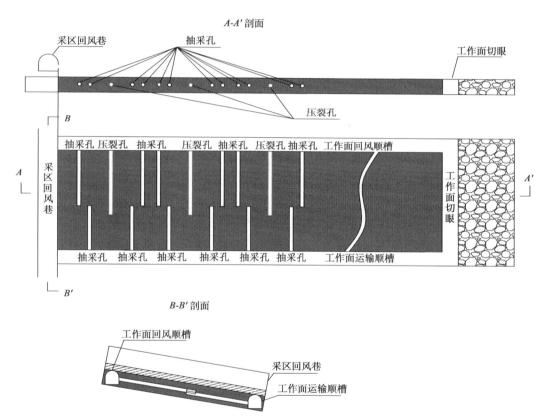

图 7-12　回采工作面本煤层顺层钻孔[13]

2）掘进头本煤层顺层钻孔（图 7-13）

掘进头本煤层顺层钻孔如图 7-13 所示。

3）穿层钻孔

从煤层底板或顶板钻穿煤层的钻孔类型都称之为穿层钻孔，图 7-14 表示的是从煤层顶板施工的穿层钻孔示意图。

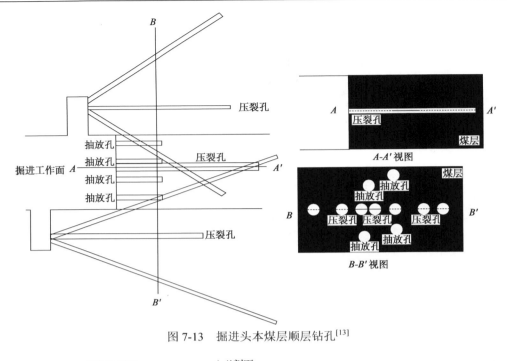

图 7-13　掘进头本煤层顺层钻孔[13]

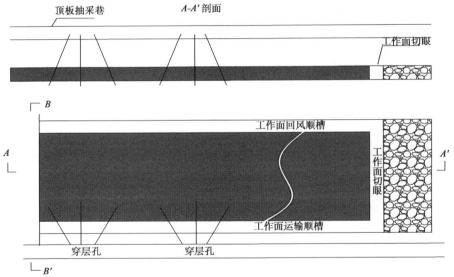

图 7-14　穿层钻孔[13]

4）顶底板虚拟储层顺层钻孔

顶底板虚拟储层顺层钻孔示意图如图 7-15、图 7-16 所示。

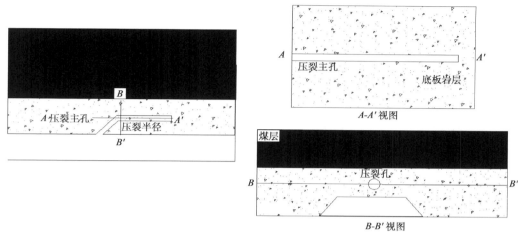

图 7-15　底板虚拟储层顺层钻孔[13]

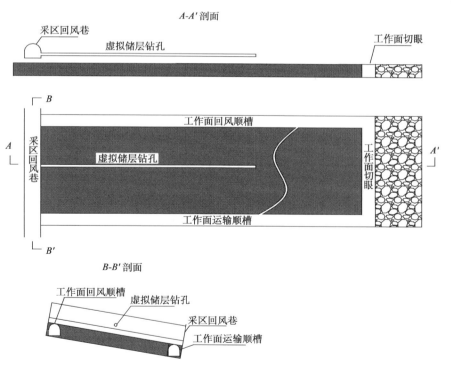

图 7-16　顶板虚拟储层顺层钻孔[13]

5）顶底板虚拟储层+煤层羽状钻孔

顶底板虚拟储层+煤层羽状钻孔如图 7- 17 和图 7-18 所示。

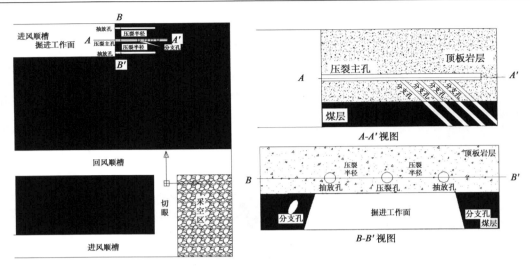

图 7-17　顶板虚拟储层+煤层羽状钻孔[13]

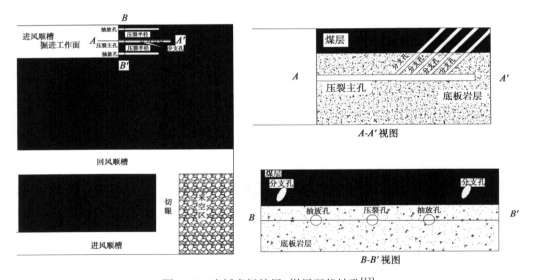

图 7-18　底板虚拟储层+煤层羽状钻孔[13]

7.2.1.2　水力强化方式选择

1）硬煤层

依据煤矿井下条件，钻孔布置选择图 7-12～图 7-18 中的一种类型，也可以选择常规水力压裂和吞吐压裂增透两种水力强化方式中的一种。

2）软煤层

针对软煤层，图 7-12 和图 7-13 本煤层钻孔只能采用水力压冲的方式：工作面采用一侧高压注水，另一侧排煤粉；掘进头采用高压注水，两侧钻孔排煤粉，如图 7-19 所示。图 7-14～图 7-18 中的强化方式可以实施常规水力压裂和水力压冲两种方式。

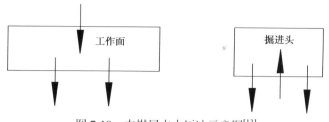

图 7-19 本煤层水力压冲示意图[13]

7.2.1.3 水力强化钻孔施工原则

钻孔方位的确定需综合考虑裂隙方向、应力场方向、巷道方向、地层产状等因素，最佳钻孔方位平行于最大主应力方向，尽量施工仰角孔。钻孔直径的选择需综合考虑钻机能力和选择的封孔方式来确定，钻孔长度的主要影响因素在于钻机的钻进能力和压裂的影响范围，尽量施工长钻孔，施工钻孔尽量使钻孔直且规则。

7.2.1.4 水力强化钻孔编号原则

水力强化钻孔编号采用矿名+工作面+钻孔类型+钻孔序号，其中钻孔类型约定：本煤层顺层钻孔代号 B，穿层钻孔代号 C，顶底板虚拟储层顺层钻孔代号 X。例如，中马村矿 27011 工作面进行了本煤层钻孔水力强化 1#孔，编号为 ZM27011B-01。

7.2.2 施工压力计算

1）最小地应力

通过测试获取水力压裂钻孔所处位置地层的最小主应力，记为 σ_h 或 σ_1。

2）煤储层抗拉强度

$$\sigma_t = -\frac{\sigma_{ci}}{2}\left[m_i\exp\left(\frac{GSI-100}{28}\right) - \sqrt{\left[m_i\exp\left(\frac{GSI-100}{28}\right)\right]^2 + 4\exp\left(\frac{GSI-100}{9}\right)}\right] \quad (7\text{-}1)$$

式中，σ_t 为抗拉强度，MPa；σ_{ci} 为完整岩块单轴抗压强度，MPa；m_i 为岩体的 Hoek-Bromn 常数。

对于式中的 m_i 和 σ_{ci} 的值，可以通过室内三轴实验统计确定。

3）储层破裂压力计算

引入定量表征煤体结构的 GSI 值后，仅需估计出煤体的 GSI 值，即可得到其抗拉强度，进而求取具有不同 GSI 值的煤体破裂压力。

$$p_f = \left(\frac{2\mu}{1-\mu}-\xi_1+3\xi_2\right)(\sigma_z-\alpha P_s)+\alpha P_s - \frac{\sigma_{ci}}{2}\left[m_i\exp\left(\frac{GSI-100}{28}\right)\right.$$
$$\left. - \sqrt{\left[m_i\exp\left(\frac{GSI-100}{28}\right)\right]^2 + 4\exp\left(\frac{GSI-100}{9}\right)}\right] \quad (7\text{-}2)$$

式中，p_f 为破裂压力，MPa；σ_z 为垂向主应力，MPa；ξ_1、ξ_2 为水平应力构造系数；P_s

为储层压力，MPa；α 为 biot 常数；μ 为岩石的泊松比。

4）管路摩阻

依据流体力学可以得到管流中压裂液摩阻的通用公式：

$$\Delta p_f = \lambda \frac{LV^2}{2Dg} \times 10^{-2} \tag{7-3}$$

式中，Δp_f 为管路摩阻，MPa；λ 为摩擦阻力系数，无量纲，可根据阻力系数与雷诺数关系曲线查得（图 7-20）；L 为高压管路长度，m；V 为高压水在高压管路中的流速，$m \cdot s^{-1}$，可根据压裂时排量与流速的关系公式 $V=Q/15\pi D^2$ 求得，其中 Q 为压裂施工排量 $m^3 \cdot min^{-1}$；D 为管路内径，m；g 为重力加速度，$m \cdot s^{-2}$。

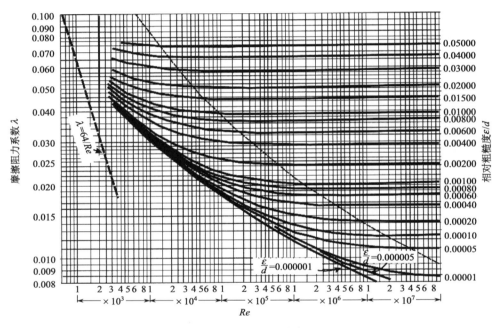

图 7-20　莫迪图[13]

5）重力阻力

$$p_z = \rho g(h_2 - h_1) \tag{7-4}$$

式中，p_z 为重力阻力，Pa；ρ 为水的密度，$kg \cdot m^{-3}$；g 为重力加速度，$m \cdot s^{-2}$；h_1 为出水口标高，m；h_2 为钻孔内最高点标高，m。

6）施工压力

$$p = p_f + \Delta p_f + p_z \tag{7-5}$$

式中，p 为压裂时施工压力，MPa；p_f 为破裂压力，MPa；Δp_f 为管路摩阻，MPa；p_z 为重力阻力，MPa。

7）裂缝延伸压力

裂缝延伸压力 P_E 指的是压裂裂缝在长、宽、高 3 个方向扩展所需的缝内流体压力。

当裂缝形成，压裂液侵入，井眼附近的应力集中（即被释放），延伸裂缝所需的压力要超过垂直于裂缝壁面的原有应力才得以使裂缝扩展。基于此，可以把裂缝的重张压力作为裂缝的延伸压力，其计算公式为

$$P_E = 3\sigma_h - \sigma_H - \alpha p_s \tag{7-6}$$

式中，P_E 为裂缝延伸压力，MPa；σ_H 为水平最大主应力，MPa；σ_h 为水平最小主应力，MPa。

8）滤失系数

（1）压裂液黏度引起的滤失系数 C_1：

$$C_1 = 0.17 \left(\frac{\left(0.00837 + 3.48 e^{-0.0148(GSI-GSI_c)} \right) \Delta p \varphi}{\mu_a} \right)^{1/2} \tag{7-7}$$

则滤失速度 v_1 为

$$v_1 = \frac{C_1}{\sqrt{t}} = 0.17 \left(\frac{\left(0.00837 + 3.48 e^{-0.0148(GSI-GSI_c)} \right) \Delta p \varphi}{\mu_a t} \right)^{1/2} \tag{7-8}$$

式中，C_1 为滤失系数，$m \cdot min^{-1/2}$；Δp 为缝内外压差，MPa；φ 为地层孔隙率；μ_a 为压裂液视黏度，$mPa \cdot s$；t 为滤失时间，min。

（2）地层流体及地层体积压缩性引起的滤失系数 C_2：

$$C_2 = 0.136 \Delta p \left(\frac{\left(0.00837 + 3.48 e^{-0.0148(GSI-GSI_c)} \right) C_t \varphi}{\mu_f} \right)^{1/2} \tag{7-9}$$

则滤失速度 v_2 为

$$v_2 = \frac{C_2}{\sqrt{t}} = 0.136 \Delta p \left(\frac{\left(0.00837 + 3.48 e^{-0.0148(GSI-GSI_c)} \right) C_t \varphi}{\mu_f t} \right)^{1/2} \tag{7-10}$$

式中，C_2 为地层流体及地层体积压缩性引起的滤失系数，$m \cdot min^{-1/2}$；C_t 为地层综合压缩系数，MPa^{-1}；μ_f 为地层中可流动流体黏度，$mPa \cdot s$；其他符号同上。

（3）具有造壁性的压裂液造成的滤失系数 C_3：

$$C_3 = \frac{0.005m}{A} \tag{7-11}$$

式中，C_3 为具有造壁性的压裂液造成的滤失系数，$m \cdot min^{-1/2}$；m 为斜率，$mL \cdot min^{1/2}$；A 为滤纸或岩心薄片面积，cm^2。

（4）综合滤失系数 C：

$$C = \frac{2C_1 C_2}{C_1 + \sqrt{C_1^2 + 4C_2^2}} \tag{7-12}$$

9）压裂液总量

压裂液总量估算公式为

$$Q = \frac{16\pi H_f LC(\mathrm{GSI})^2}{\left[\pi W(0,t_p)+8V_{sp}\right]\times\left(\dfrac{2\alpha_L}{\sqrt{\pi}}-1+\mathrm{e}^{\alpha_L^2}\mathrm{erfc}\alpha_L\right)} \tag{7-13}$$

式中，Q 为排量，$\mathrm{m}^3\cdot\mathrm{min}^{-1}$；$H_f$ 为裂缝高度，m；L 为裂缝长度，m；C 为综合滤失系数，$\mathrm{m}\cdot\mathrm{min}^{-1/2}$；$W(0,t_p)$ 为停泵时缝口宽度，m；t_p 为停泵时间，min；V_{sp} 为初滤失量，m^3；$\alpha_L=\dfrac{8C(\mathrm{GSI})\sqrt{\pi t}}{4W(0,\ t_p)+15V_{sp}}$；erfc 为函数。

7.2.3　资料录取

在水力压裂设计和试验过程中，将记录钻孔的施工参数——泵注压力、流量、巷道瓦斯浓度、钻孔瓦斯流量、抽采参数等，对比分析水力压裂效果并进行优化。在试验过程中，需专人负责现场记录。

7.2.4　瓦斯抽采工程部署图案例

7.2.4.1　引言

瓦斯抽采工程部署图是在矿井瓦斯抽采地质图的基础上，涵盖矿井构造、煤层与顶底板、水文地质、瓦斯地质及地应力等分布规律，依据瓦斯抽采地质单元和强化层体系，进行瓦斯抽采工程地质指标评价，建立基于煤层地质条件的抽采工艺优选体系，形成一区一策、一面多法的抽采方案，汇集瓦斯抽采地质信息和瓦斯抽采工程部署信息的综合性图件。本章以中马村矿为例编绘瓦斯抽采工程部署图。

7.2.4.2　底图编绘

以瓦斯抽采工程地质图为底图，以 27011 工作面为例进行瓦斯抽采水力强化工程部署，工程部署图比例尺一般选用 1∶500。底图图式（图 7-21）要求如下所示。

瓦斯抽采工程部署图主要包含以下内容。

（1）采掘工作区并标注工作面名称，保留所有采空区。

（2）依据应力分区线，将抽采区划分为挤压区、过渡区、引张区。

（3）煤层顶板岩性分界线，煤层顶板岩性分布。

（4）矿井边界线、煤层勘探钻孔并标注钻孔号和顶板厚度值、揭露的断层、断层保护煤柱边界、褶皱轴线、陷落柱等。

（5）瓦斯含量线：根据地面实测瓦斯含量（经实际生产情况进行修正）、井下实测瓦斯含量（测压计算）、推算的瓦斯含量赋存规律、瓦斯涌出特征及煤层地质特征，综合绘制瓦斯含量等值线。其中，已采区有实际的回采数据支持，瓦斯含量的正确性可判断，因此已采区的瓦斯含量线为实线，未采区的瓦斯含量等值线为虚线。

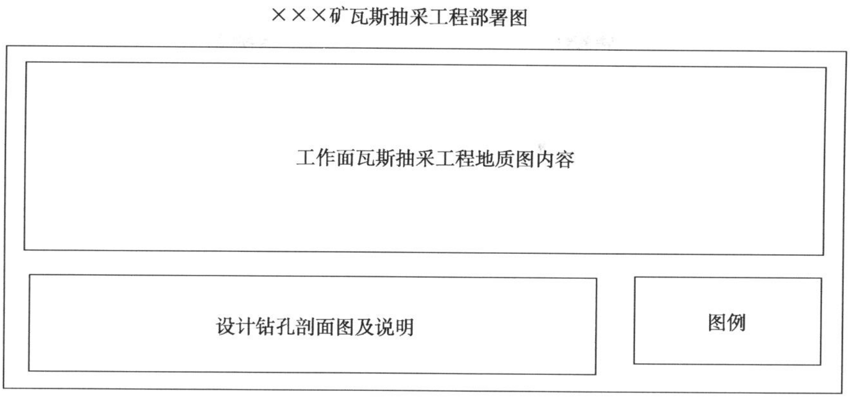

××× 矿瓦斯抽采工程部署图

图 7-21　瓦斯抽采工程部署图图式

7.2.4.3　水力强化工程设计

水力强化工程设计钻孔采用矿名+工作面+钻孔类型+钻孔序号，其中钻孔类型约定：本煤层钻孔代号 B，穿层钻孔代号 C，顶底板虚拟储层钻孔代号 X。例如，中马村矿 27011 工作面进行了本煤层钻孔水力强化 1# 孔，编号为 ZM27011C01。钻孔方位的确定需综合考虑裂隙方向、应力场方向、巷道方向、地层产状等因素，最佳钻孔方位平行于最大主应力方向，尽量施工仰角孔。钻孔直径的选择需综合考虑钻机能力和选择的封孔方式来确定，钻孔长度主要影响因素在于钻机的钻进能力和压裂的影响范围，尽量施工长钻孔，施工钻孔尽量使钻孔直且规则。

7.3　中马村矿瓦斯抽采地质分析技术应用

7.3.1　中马村矿抽采地质概况

7.3.1.1　矿井简介

焦作煤业（集团）有限责任公司中马村矿是焦作煤业（集团）下属的重点煤矿之一。该矿井始建于 1955 年 9 月，1970 年 7 月投产，2006 年核定生产能力 90 万 $t \cdot a^{-1}$，2014 年改扩建为 115 万 $t \cdot a^{-1}$。

7.3.1.2　开采煤层及顶底板围岩

1）开采煤层

中马村矿地处焦作煤田中部，矿区呈 NE-SW 方向展布，NE-SW 长约 10 km，NW-SE 宽 1.15～2.40 km，面积为 16.949 km^2，开采二₁煤。

二₁煤属下二叠统山西组（P_1sh），为全区发育，普遍可采煤层，但在区内中东部常分岔为（二$_1^1$、二$_1^2$）两层煤，上分层二$_1^1$煤全区可采，煤层厚度为 0.10～13.53m，平均厚度为 4.90 m；下分层二$_1^1$煤仅局部可采，煤层厚度为 0～6.40m，平均厚度为 0.46m。本段厚度为 13.41～22.60 m，平均厚度为 16.85 m。煤层倾角为 8°～14°，均小于 15°。

其中二₁煤煤层厚度等值线如图 7-22 所示。

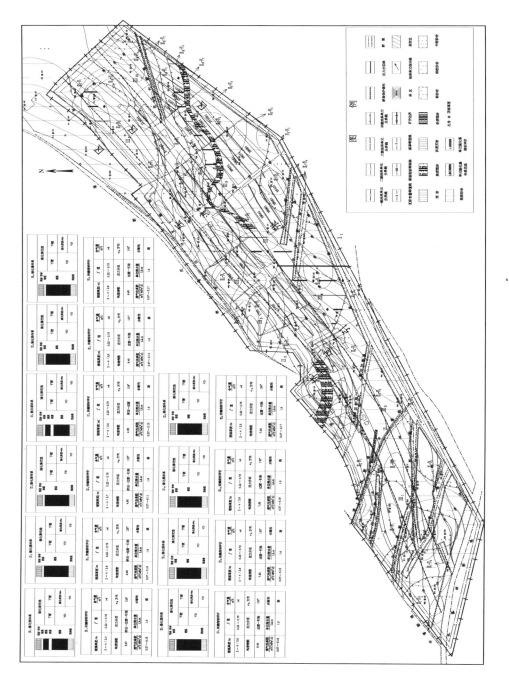

图 7-22 中马村矿二₁煤瓦斯抽采工程地质图

2）顶底板及煤层分岔情况

二₁煤顶板主要由砂质泥岩、泥岩、粉砂岩和砂岩组成，局部具碳质泥岩伪顶，最厚可达 1.58 m，顶板较平整，裂隙不发育。

二₁煤底板主要由泥岩、粉砂岩组成，局部具碳质泥岩伪底，最厚可达 3.00m，岩性松软。

在二₁煤分岔范围内，上分层（二$_1^1$煤）的底界面和下分层（二$_1^2$煤）的顶界面间距为 0.80～20.31m，岩性与其间距大小有密切关系。间距在 1.50m 以下者，其岩性多为碳质泥岩或含碳质较高的黑色泥岩；间距在 1.50～4.00m 者，岩性多为黑色泥岩；间距在 4.00～9.00m 者，岩性多为灰色粉砂岩及灰黑色泥岩；间距在 9.00m 以上者，其岩性多为灰白色细粒砂岩及浅灰色粉砂岩。

其中二₁煤顶底板岩性分布如图 7-22 所示。

7.3.1.3　煤的物理性质和煤岩特征

1）煤的物理性质

二₁煤为黑色-灰黑色，条痕为黑色，层状构造，以条带状结构为主，鳞片状结构次之，上下部为局部呈粉粒状，似金属光泽，贝壳状、参差状断口。煤的真密度为 1.67 t·m^{-3}，视密度为 1.50 t·m^{-3}。

2）煤岩特征

二₁煤煤岩组分以亮煤为主，间夹少量镜煤和微量丝炭条带。宏观煤岩类型为半亮-光亮型煤，间夹少量光亮型煤和半暗型煤。

7.3.1.4　瓦斯治理现状

中马村矿属煤与瓦斯突出矿井，瓦斯涌出量大，经抽采后，瓦斯相对涌出量为 15.50～38.06m^3·t^{-1}，绝对涌出量为 23.85～38.26m^3·min^{-1}，矿井历年瓦斯涌出量结果见表 7-3。

表 7-3　矿井历年瓦斯涌出量统计表

时间	不含抽放量		含抽放量		鉴定等级
	相对涌出量 /（m^3·t^{-1}）	绝对涌出量 /（m^3·min^{-1}）	相对涌出量 /（m^3·t^{-1}）	绝对涌出量 /（m^3·min^{-1}）	
1995 年	31.24	30.36	37.36	35.95	突出
1996 年	28.58	28.68	35.20	34.70	突出
1997 年	30.07	31.42	36.16	37.15	突出
1998 年	38.06	38.26	48.94	44.22	突出
1999 年	28.80	33.33	34.56	39.77	突出
2000 年	23.99	30.53	27.27	35.02	突出
2001 年	19.51	26.90	23.79	32.32	突出
2002 年	15.50	23.85	19.88	29.46	突出
2003 年	18.20	30.64	23.14	37.25	突出
2004 年	18.48	28.43	29.65	39.01	突出

表 7-4 列举了生产中曾多次发生过的煤与瓦斯突出，始突深度为 202.00m（煤层底板标高−46.00m），最大突出煤量为 900t，最大突出瓦斯量为 128507m³。

表 7-4 矿井煤与瓦斯突出情况统计表

时间	二₁煤底板标高/m	突出煤量/t	突出瓦斯量/m³	时间	二₁煤底板标高/m	突出煤量/t	突出瓦斯量/m³
1968-09-11	−91.59	73	4621.5	1982-09-02	−76.00	47	4325
1972-08-26	−86.00	127	18605	1983-02-08	−65.00	33	1954
1972-12-24	−85.00	103	4284	1983-10-23	−63.00	24	1939
1973-01-12	−85.00	46	6772	1984-05-15	−186.00	70	13527
1977-12-18	−46.00	34	2140	1984-09-08	−114.50	91	24242
1978-05-27	−57.00	297	15000	1984-11-22	−120.00	106	8600
1978-07-10	−101.00	864	110000	1985-11-05	−60.00	30	4944
1979-09-24	−164.00	27	2237	1989-04-23	−57.00	511	128507
1979-10-19	−166.00	29	1924	1992-05-08	−157.00	141	19272
1981-01-07	−150.00	8	2700	1992-09-24	−158.00	36	5520
1982-01-22	−144.00	23	1100	1999-12-02	−131.00	68	10180
1982-05-17	−95.00	8	1950	2001-05-16	−152.00	900	92797
1982-07-22	−76.00	21	3500	2004-02-14	−165.00	70	6665

其中二₁煤瓦斯含量等值线如图 7-22 所示。

7.3.1.5 瓦斯抽采工程地质图其他内容

中马村矿瓦斯抽采工程地质图还主要包含地质构造特征、应力分区线、瓦斯抽采地质单元划分线、各抽采地质单元优选的强化层体系、瓦斯抽采工程地质指标体系中筛选的关键指标等信息。具体划分依据见第 2～第 5 章相关内容，编绘结果如图 7-22 所示。

7.3.2 27 采区抽采地质

中马村矿 27 采区始采于 1996 年，至 2009 年已完成回采工作面 6 个，未回采工作面两个。2012 年开始开采 27011 工作面，27021 工作面是下一个接替工作面。

27 采区开采煤层为二₁煤，其结构复杂，一般情况下，自上而下可分为 3 个分层：上软分层，厚 1.3～1.6m，靠近顶板，常呈揉皱状态、粉末状或鳞片状，光泽暗淡，f 值为 0.2～0.3；中硬分层，厚 1.5～2.0m，较坚硬，节理裂隙发育，f 值在 1.5 左右，煤层较薄时，该分层常消失；下软分层，厚 1.0～2.0m，与上软分层相似。3 个分层厚度变化较大，煤层厚度在 4.0m 以下时，甚至全为软分层。煤层倾角为 8°～14°。煤层埋深：27011 工作面为 292～309m，27021 工作面为 273～301m。二₁煤瓦斯含量为 4.18～29.21m³·t⁻¹。2011 年 7 测试结果显示，27011 工作面回风巷东段煤层瓦斯含量为 18.16～23.29m³·t⁻¹。

二₁煤鉴定为突出煤层，已发生过的突出均处于煤层分岔带内。27 采区的 27031 工作面回风巷和 27041 工作面回风巷曾发生过数次瓦斯动力现象。尽管在东副巷已经实施穿层钻孔抽采 27011 工作面回风巷条带瓦斯，但由于软煤渗透性低及成孔困难，抽采效率低下。目前 27011 工作面回风巷掘进工作面瓦斯动力现象频显，严重影响最后 120m 的正常掘进。

根据中马村矿二$_1$煤瓦斯抽采工程地质图可知，27011 工作面瓦斯抽采地质单元属III$_4$-IV$_2$，27021 工作面瓦斯抽采地质单元属III$_3$-IV$_1$，其中通过对煤体结构组合、顶底板岩性、水敏性和水文地质条件综合分析，中马村矿强化层体系优选ⅤD（煤层+顶板），其次再考虑底板强化Ⅴd（煤层+底板），但隔水层安全厚度要大于 15m。27011 工作面瓦斯抽采地质单元III$_4$-IV$_2$和 27021 工作面瓦斯抽采地质单元III$_3$-IV$_1$所优选的关键瓦斯抽采工程地质指标如图 7-23 所示。

通过层次分析法优选水力扰动方案，得煤层直接水力压裂（D_1）、煤层直接水力冲孔（D_2）、煤层顶底板改造（D_3）层次总排序权重值分别为 0.246（D_1）、0.410（D_2）、0.456（D_3）。由此可得，决策结果为煤层顶底板改造。但 D_2 和 D_3 值相近，结合矿井实际，由于巷道布置的关系，最终选用了顶底板+煤层直接水力压冲工艺，配合使用常规水力压裂和水力喷射压裂进行扰动，需 3 级扰动程度。

针对 27 采区生产现状和瓦斯治理存在的问题，布置了 3 个水力强化抽采瓦斯区域，分别是 27011 工作面回风巷条带水力强化区、27011 工作面水力强化区和 27021 工作面回风巷条带水力强化区，位置如图 7-23 所示。具体抽采钻孔工程部署参数如图 7-23 所示。

7.3.3 27011 工作面回风巷条带瓦斯抽采工程

27011 工作面回风巷掘进过程中瓦斯涌出量大，时常发生打钻喷孔和卡钻等瓦斯动力现象，尽管已采取立体交叉网状抽采瓦斯措施，但仍很难在较短的时间内抽采达标，导致掘进速度缓慢，影响该工作面的投产进度。

为了通过水力强化技术，加快抽采瓦斯的速度和力度，在东副巷设计实施了 3 个间距分别为 20m 和 35m 的穿层钻孔，采用水力喷射压裂和水力压冲强化方式进行作业施工，以尽可能多地冲出软煤为目的，实现 27011 工作面回风巷未掘进条带段煤层整体卸压，在冲出煤与瓦斯的同时，增加煤层透气性，强化抽采瓦斯，快速消除掘进时的突出危险性。

钻孔编号依次为 ZM27C01、ZM27C02 和 ZM27C03。钻孔位置如图 7-23 所示，钻孔施工参数见表 7-5。

表 7-5 穿层钻孔施工参数

钻孔编号	方位角/(°)	倾角/(°)	孔深/m	见煤点
ZM27C01	53	33	65	26m $\xrightarrow{煤}$ 34m $\xrightarrow{岩}$ 55.5m $\xrightarrow{煤}$ 59m
ZM27C02	30	8	87	76m $\xrightarrow{煤}$ 86m
ZM27C03	40	5	110	46m $\xrightarrow{煤}$ 49m $\xrightarrow{岩}$ 51m $\xrightarrow{煤}$ 57m

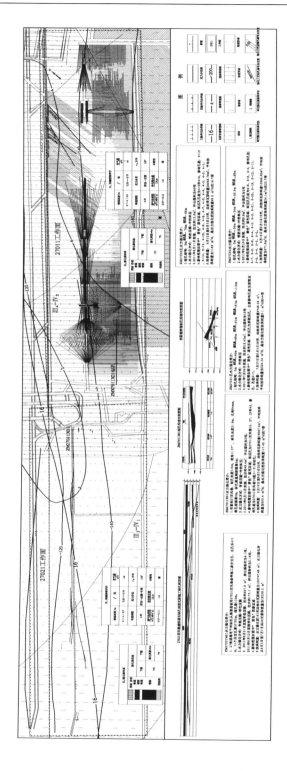

图 7-23　中马村矿 27011 工作面瓦斯抽采工程部署图

3 个穿层钻孔分别于 2012 年 7 月 26 日、8 月 11 日和 8 月 15 分 3 次施工完成，对 3 个钻孔水力强化效果进行检测评价，结果如下所述。

1）水力强化影响范围

根据水力强化作业时的出水点和出煤点位置来确定该次水力强化的影响范围，见表 7-6。从表中可以看出，水力强化作业的影响范围最小为 35 m、最大为 63.3 m，均超过 15 m（图 7-24）。

表 7-6　水力强化作业影响范围

钻孔编号	出水点和出煤点钻孔编号	距强化钻孔距离/m	影响范围内的钻孔
ZM27C01	原测压孔	15	原测量压孔、5-7
ZM27C02	4-3、4-4	55	4-1、4-2、4-3、4-4、4-5、4-7、4-8、4-9、4-10、5-1、5-2、5-3、5-4、5-5、5-6、5-7
ZM27C03	6-4、6-8、6-9	18	5-11、5-12、5-13、5-14、5-15、5-19、5-20、5-21、6-1、6-2、6-3、6-4、6-5、6-6、6-7、6-8、6-9

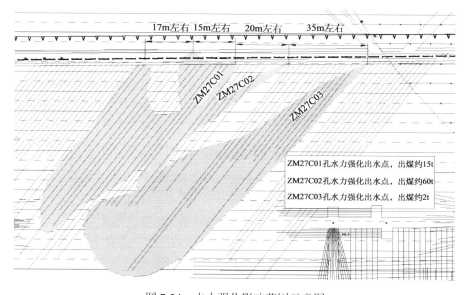

图 7-24　水力强化影响范围示意图

2）抽采瓦斯纯量对比

至 2012 年 9 月 3 日，水力强化后影响范围内 33 组共 168 个钻孔的瓦斯抽采量成倍增加（图 7-25），持续时间超过 30 天。7 月 26 日～9 月 3 日，共计抽采瓦斯纯量为 46181.55m³，日平均抽采瓦斯纯量为 1154.54m³，相当于水力强化前 98.4m³ 的 11.7 倍。

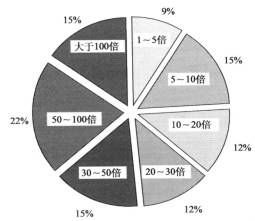

图 7-25   穿层钻孔水力强化抽采瓦斯纯量增加倍数统计图

3）抽采强度

ZM27C01 钻孔强度抽采量为 0.062m^3·(t·d)$^{-1}$，强度抽采率为 0.41%（影响范围为：长 65m、宽 10m、煤层厚度 4m，煤的密度为 1.4t·m^{-3}，瓦斯含量为 15m^3·t^{-1}，抽采时间为 39 天）。

ZM27C02 钻孔强度抽采量 0.103m^3·(t·d)$^{-1}$，强度抽采率为 0.69%（影响范围为：长 80m、宽 25m、煤层厚度 4m，煤的密度为 1.4t·m^{-3}，瓦斯含量为 15m^3·t^{-1}，抽采时间为 23 天）。

ZM27C03 钻孔强度抽采量 0.076m^3·(t·d)$^{-1}$，强度抽采率为 0.50%（影响范围为：长 90m、宽 15m、煤层厚度 4m，煤的密度为 1.4t·m^{-3}，瓦斯含量为 15m^3·t^{-1}，抽采时间为 19 天）。

4）冲出煤量

ZM27C01 钻孔水力强化作业冲煤量约 15t，ZM27C02 钻孔水力强化作业冲煤量约 60t，ZM27C03 钻孔水力强化作业冲煤量约 2t，累计冲出煤量约 77t，占控制面积内煤量（控制面积按长 100m、宽 40m、煤层厚度 4m 计算）的 0.33%。

7.3.4   27011 工作面瓦斯抽采工程

27011 工作面运输巷和工作面切眼已全部掘进完成，回风巷还有 120m 正在掘进。已采取的抽采措施有：① 掘进前由掘进工作面迎头和挂耳向前方 25°～110° 扇形区域施工长度为 50～130m、间距为 1.5m 的钻孔，抽采巷道正前方和两侧的煤层瓦斯；② 回风巷已掘出巷道向工作面方向施工长度为 80～85m、间距为 0.5～1m 的顺层钻孔抽采瓦斯；③ 运输巷向工作面方面施工长度为 50～65m、间距为 1.2～1.5m 的顺层钻孔抽采瓦斯；④ 横贯向两侧施工长度为 50～60m、间距为 1.5m 的走向顺层钻孔抽采瓦斯。但这种立体网状抽采瓦斯系统由于煤层的低透气性和塌孔严重，有效抽采时间短，抽出率低。27011工作面抽采瓦斯实钻图如图 7-25 所示。

针对软煤塌孔问题，提出应用虚拟储层常规压裂技术，使煤层瓦斯沿顶板裂隙向虚拟储层钻孔运移抽出，同时在顶板压裂后进行水力压冲强化，使部分软煤从本煤层顺层钻孔冲出、卸压增透、抽采达标。虚拟储层钻孔编号为 ZM27011X01，位置如图 7-26 所示。

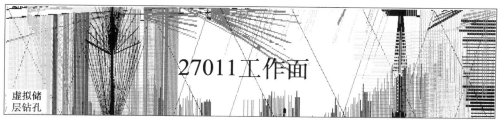

图 7-26 27011 工作面抽采瓦斯实钻图

ZM27011X01 钻孔于 2012 年 8 月 13 日实施常规水力压裂和水力压冲作业，共冲出煤约 2t，据工作面出水点统计，本次水力强化作业在煤层中的影响范围为宽约 50m、长约 65m，如图 7-27 白线圈定区域。

1）抽采纯量对比

至 2012 年 9 月 3 日，水力强化后影响范围内 12 组 51 个钻孔的抽采瓦斯纯量成倍增加（图 7-28），持续时间超过 20 天。8 月 15 日～9 月 3 日共 20 天的抽采瓦斯纯量为 16067.3 m³，即平均每天的抽采瓦斯纯量为 803.4 m³·d⁻¹，约是水力强化前抽采瓦斯纯量 117.48 m³·d⁻¹ 的 7 倍。

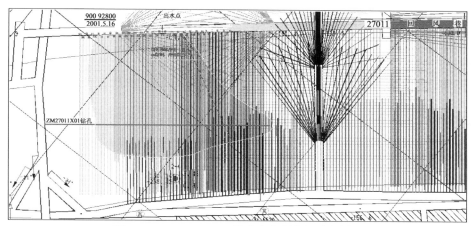

图 7-27 ZM27011X01 钻孔水力强化影响范围图

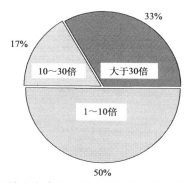

图 7-28 ZM27011X01 钻孔水力强化影响范围内钻孔抽采瓦斯纯量增加倍数统计

2）抽采强度对比

ZM27011X01 钻孔的强度抽采量为 $0.044m^3 \cdot (t \cdot d)^{-1}$，即水力强化后，影响范围按长 65m、宽 50m、煤层厚度 4m、煤的密度 $1.4t \cdot m^{-3}$ 计算，每吨煤每天约抽出 $0.044m^3$ 瓦斯。

ZM27011X01 钻孔的强度抽采率为 0.29%，即水力强化后，影响范围按长 65m、宽 50m、煤层厚度 4m、煤的密度 $1.4t \cdot m^{-3}$、瓦斯含量 $15m^3 \cdot t^{-1}$、抽采时间 20 天计算，每天抽出量占总量的 0.29%。

7.3.5　27021 工作面回风巷条带瓦斯抽采工程

由于 27021 工作面巷道没有开始掘进，综合考虑在 27 轨道巷用千米钻机从煤层底板沿 27021 工作面回风巷条带施工多分支钻孔抽采瓦斯，钻孔布置图如图 7-29 所示。钻孔主孔长 411m，11 个分支钻孔累计长 783m，煤孔段为 110m。钻孔于 2010 年 10 月施工完成，日抽采瓦斯纯量为 $1684.8m^3$；2011 年 1 月，瓦斯流量衰减为 $374.4m^3$；至 2011 年 4 月，没有流量。

由于千米钻机多分支钻孔抽采流量衰减严重，失去了抽采瓦斯能力，决定采用常规水力压裂和吞吐压裂增透作业对分支钻孔进行增透改造，充分发掘分支钻孔抽采 27021 工作面回风巷条带瓦斯的潜能。

1）水力强化排出煤量及影响范围

水力强化作业分别于 2012 年 5 月 31 日和 6 月 12 日实施完成，共注入水量 $760.5m^3$，通过快速排水排出煤岩粉约 8.26t。大地电场岩性探测（CYT）检测水力强化煤层影响范围如图 7-29 阴影区所示，呈"S"形，面积为 $24582.7m^2$。

2）抽采瓦斯纯量对比

水力强化前，钻孔 5 个月累计抽采瓦斯纯量为 $182747.49m^3$。

水力强化后抽采瓦斯纯量变化趋势明显呈 3 个阶段：第一阶段是常规水力压裂后，2012 年 6 月 2 日～6 月 11 日共 10 天时间内，最大抽采瓦斯纯量为 748.8 $m^3 \cdot d^{-1}$，最小抽采瓦斯纯量为 432.0 $m^3 \cdot d^{-1}$，平均抽采瓦斯纯量为 592.3 $m^3 \cdot d^{-1}$，累计抽采瓦斯纯量为 5923.4 m^3；最大浓度为 30%，最小浓度为 20%。钻孔抽采瓦斯的能力恢复到了钻孔施工第 3 个月的水平。第二阶段是吞吐压裂后，2012 年 6 月 14 日～7 月 1 日共 18 天时间，最大抽采瓦斯纯量为 997.9 $m^3 \cdot d^{-1}$，最小抽采瓦斯纯量为 130.3 $m^3 \cdot d^{-1}$，平均抽采瓦斯纯量为 739.8 $m^3 \cdot d^{-1}$，累计抽采瓦斯纯量为 13315.8 m^3；最大浓度为 99.9%，最小浓度为 44.1%。钻孔抽采瓦斯的能力恢复到了钻孔施工第 2 个月的水平。第 3 个阶段为 2012 年 7 月 2 日以后，封孔工艺造成封孔管端头堵塞，抽采瓦斯纯量下降到 300 $m^3 \cdot d^{-1}$ 以下。

3）抽采强度对比

水力强化前的强度抽采量为 $0.008m^3 \cdot (t \cdot d)^{-1}$，即水力强化后，影响范围按长 450m、宽 50m、煤层厚度 4m、煤的密度 $1.4t \cdot m^{-3}$、抽采 181 天计算，每吨煤每天约抽出 $0.008m^3$ 瓦斯；水力强化后，强度抽采量为 $0.0055m^3 \cdot (t \cdot d)^{-1}$，即水力强化后，影响范围按长 450m、宽 50m、煤层厚度 4m、煤的密度 $1.4t \cdot m^{-3}$、抽采 28 天计算，每吨煤每天约抽出 $0.008 m^3$ 瓦斯。

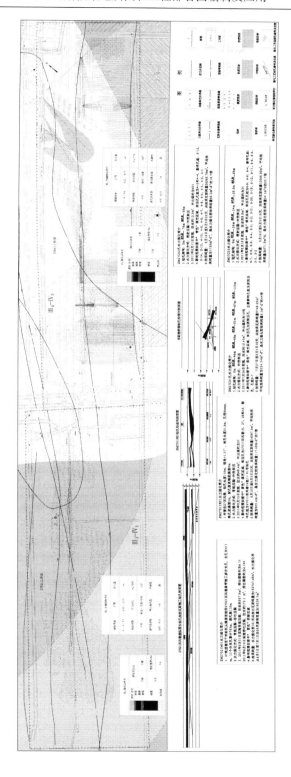

图 7-29 中马村矿钻孔水力强化影响范围图

水力强化前强度抽采率为 0.04%，即影响范围按长 450m、宽 50m、煤层厚度 4m、煤的密度 1.4t·m^{-3}、瓦斯含量 20m^3·t^{-1}、抽采 181 天计算，每天抽出量占总量的 0.04%。水力强化后 2012 年 6 月 3 日～7 月 1 日共 29 天累积抽采量为 19239.3m^3，强度抽采率为 0.03%，即影响范围按长 450m、宽 50m、煤层厚度 4m、煤的密度 1.4t·m^{-3}、瓦斯含量 18.5m^3·t^{-1}、抽采 29 天计算，每天抽出量占总量的 0.03%。

7.4　新义矿瓦斯抽采地质分析技术应用

7.4.1　新义矿抽采地质概况

新义矿位于新安县正村乡境内（新安煤田正村普查区西部），距新安县约 8km，东以 19 勘探线为界，西以 00 勘探线以西 360m 为界，北起二$_1$煤底板标高–200m 等高线，南至二$_1$煤底板标高–600m 等高线。井田内无生产矿井与老窑，区外浅部毗邻有新安煤矿、东部毗邻义安煤矿，两矿隶属义马煤业（集团）有限责任公司。新安煤矿于 1988 年 12 月建成投产，斜井开拓，生产能力为 1.50Mt·a^{-1}。义安煤矿设计生产能力为 1.20Mt·a^{-1}。

井田内钻孔揭露地层由老到新有：奥陶系、石炭系、二叠系、三叠系和第四系。本区含煤地层属石炭系、二叠系地层，总厚度 56.44m，6 个煤组含煤 22 层，煤层总厚度 7.38m。本井田可采煤层仅有二$_1$煤，其赋存于山西组下部，上距砂锅窑砂岩（Ssh）平均 70.33m，下距 L$_7$灰岩 5.82～21.00m，平均为 11.93m。二$_1$煤层位稳定，井田内已施工的 61 个钻孔均穿过了二$_1$煤层位，其中 51 个钻孔可采，10 个钻孔不可采（其中 3 个钻孔未见煤），变异系数为 77%，煤层厚度为 0～15.47m，平均为 4.81m，属大部可采的薄—厚煤层。局部含夹矸 1～2 层，夹矸有分叉现象，夹矸单层厚度 0.10～4.29m，岩性为泥岩或碳质泥岩。

二$_1$煤厚度具有短距离内急剧变化的特点，大致呈 N-NE 向，厚薄相间交替出现，不可采面积较小；井田内不可采点 10 个，占 14.08%；煤点 14 个，占 19.72%，中厚煤点 11 个，占 15.49%，厚煤点 22 个，占 30.99%，特厚煤点 14 个点，占 19.72%。

其中二$_1$煤煤层厚度等值线如图 7-30 所示。

井田开拓方式为立井，两水平上、下山开拓，一水平标高–300m，二水平标高–500m，井底车场位于二$_1$煤顶板，主井采用水平上装载。本井田可采煤层仅有二$_1$煤，全区可采，无保护层可采。采煤方法采用倾斜长壁采煤法，全部陷落法管理顶板。

二$_1$煤顶板为细-中粒砂岩，比较稳定、岩性坚硬，具有较大的抗压、抗拉、抗剪强度，工程地质条件良好。二$_1$煤底板为泥岩及砂质泥岩、粉砂岩或细粒砂岩，抗压、抗拉强度次于顶板，属易于管理的顶底板。

其中二$_1$煤顶底板岩性分布如图 7-30 所示。

1）地质构造

新义矿井田位于新安倾伏向斜北翼的深部，为一平缓的单斜构造。地层走向大致为 N40°～50°E，倾向 130°～140°，倾角 6°～14°。井田构造简单。井田内基本无褶曲构造，在 03 勘探线有一宽缓的牵引向斜，延伸 3.6km，轴向 NW，向东倾伏，地层倾角 8°～10°。

除西部边界 F_{58} 断层外，井田内尚未发现落差大于 20m 的断层。

在首采区开展的三维地震勘探发现落差为 5～12m 的小断层 12 条，其中落差大于 10m 的断层 1 条，还发现小于 5m 的断点 27 个，小向斜 1 处，小背斜 2 处。

其中地质构造分布如图 7-30 所示。

2）煤层瓦斯地质特征

根据地质勘探报告，本井田二$_1$煤瓦斯含量为 2.21～9.80$m^3 \cdot t^{-1}$，平均为 5.39$m^3 \cdot t^{-1}$，二$_1$煤层顶板为细-中粒砂岩、砂质泥岩及泥岩，二$_1$煤底板为泥岩及砂质泥岩、粉砂岩或细砂岩，二$_1$煤浮煤的干燥无灰基挥发分为 10.87%～14.20%，一般为 12%，属低挥发分煤。

二$_1$煤为黑色，条痕灰黑色，具玻璃光泽，参差状断口，机械强度极低，多呈粉状产出，结构简单，组织疏松。煤的视密度为 1.46$t \cdot m^{-3}$，真密度为 1.51$t \cdot m^{-3}$。煤岩成分以亮煤为主，暗煤次之。煤的静止角为 27°，摩擦角为 35.7°，散煤密度为 0.954$t \cdot m^{-3}$。

其中二$_1$煤瓦斯含量等值线如图 7-30 所示。

3）瓦斯抽采工程地质图其他内容

新义矿瓦斯抽采工程地质图还主要包含地质构造特征、应力分区线、瓦斯抽采地质单元划分线、各抽采地质单元优选的强化层体系、瓦斯抽采工程地质指标体系中筛选的关键指标等信息。具体划分依据见第 2～第 5 章相关内容，编绘结果如图 7-30 所示。

7.4.2 11090 工作面抽采地质

新义矿 11090 工作面为 11071 工作面的接替面，北部为新义矿与新安煤矿井田边界，南部为东回大巷保护煤柱，西部为 11080 工作面未采区，东部为未采工作面。其井下标高为 −298.53～−186.6m，对应地面标高为 +390～+413m，走向长度 185m，倾斜可采长度 1030m，可采储量 137.6 万 t。

11090 工作面共布置 6 条巷道：其中 11090 工作面轨道顺槽设计长度 1050.9m，担负工作面回采期间的辅助运输及回风任务；11090 工作面轨道顺槽底板巷设计长度 1064.8m，主要掩护 11090 工作面轨道顺槽煤巷掘进；11090 工作面胶带顺槽设计长度 1106.5m，担负工作面回采期间的煤炭运输及进风任务；11090 工作面胶带顺槽底板巷设计长度 1118m，主要掩护 11090 工作面胶带顺槽煤巷掘进；11090 工作面中部底板巷设计长度 1100.4m，主要起到对 11090 工作面中部 80m 区域执行区域措施的作用；11090 工作面切眼设计长度 191m。4 条底板巷、两条顺槽和一条切眼总工程量 5822.6m，其中煤巷 2348.4m，底板巷均处于二$_1$煤底板岩层中，距二$_1$煤底板 8～10m。

1）瓦斯地质情况

煤层赋存情况：该工作面所采二$_1$煤煤质松软，煤层厚度变化较大，且赋存不稳定，煤层厚度 1.5～12m，平均为 4.6m，煤层倾角 4°～16°，平均为 5°，局部夹矸，煤层结构中等。

煤层顶底板岩性：伪顶为泥岩和碳质泥岩，厚度为 0～1.3m，局部发育；直接顶为砂质泥岩、泥岩，厚度 2～6m，不稳定；老顶为细粒砂岩或中粒砂岩，厚度≥6m；煤层直接底为粉砂岩，老底为硅质泥岩。

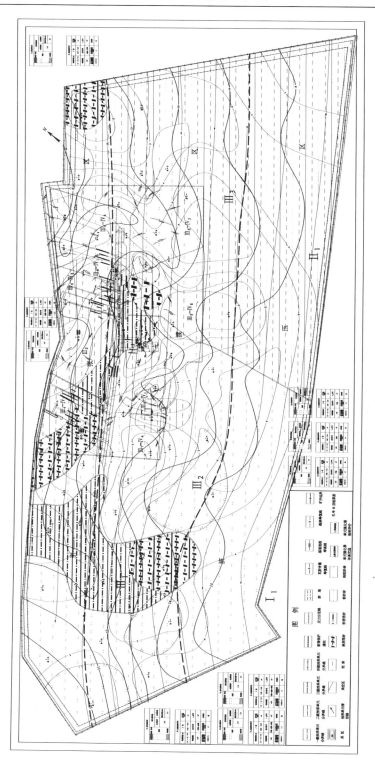

图 7-30 新义矿二₁煤瓦斯抽采地质图

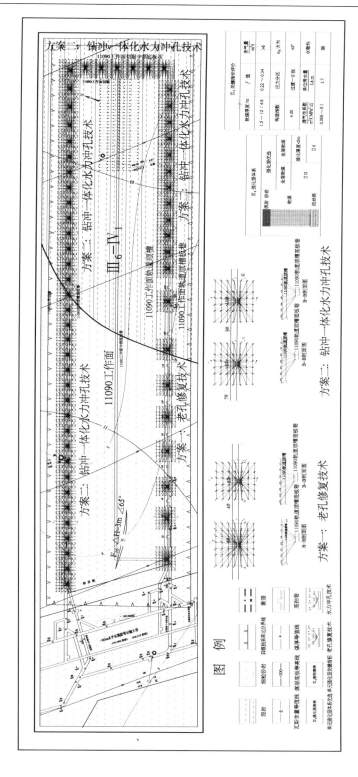

图 7-31 新义矿 11090 工作面瓦斯抽采工程部署图

瓦斯情况：全层发育Ⅲ～Ⅳ构造软煤，煤的坚固性系数 f 值在 0.22～0.65，瓦斯放散初速度值在 15.0～28.0，从煤体结构参数分析可以看出二₁煤普遍较软，具备发生煤与瓦斯突出的煤体结构条件。

矿井实测二₁煤瓦斯压力为 1.14MPa，煤层瓦斯含量为 9.69m³·t⁻¹，均具备发生煤与瓦斯突出的瓦斯含量和瓦斯压力条件。

2）地质构造

该工作面构造简单，褶曲宽缓，呈一单斜形态，无大的断层等地质构造。据三维地震资料显示，工作面内无落差大于 5m 的断层，小断层发育，多为高角度正断层。小褶曲发育，伴随煤层厚度发生变化，二₁煤底板到老底间局部地层缺失。

根据新义矿二₁煤瓦斯抽采工程地质图可知，11090 工作面瓦斯抽采地质单元属Ⅲ₆-Ⅳ₁，根据煤体结构组合、顶底板岩性、水敏性和水文地质综合分析，新义矿强化层体系优优选ⅡD 或者Ⅱd 型（底板安全有效厚度＞15m）。11090 工作面瓦斯抽采地质单元Ⅲ₆-Ⅳ₁所优选的关键瓦斯抽采工程地质指标如图 7-31 所示。

通过层次分析法优选水力扰动方案，得煤层直接水力压裂（D_1）、煤层直接水力冲孔（D_2）、煤层顶底板改造（D_3）层次总排序权值分别为 0.363（D_1）、0.466（D_2）、0.483（D_3）。由此可得，决策结果为煤层顶底板改造。但 D_2 和 D_3 值相近，结合矿井实际，由于巷道布置的关系，最终选用了本煤层水力冲孔或顶底板+煤层直接水力冲孔、水力压冲工艺相结合的方案进行扰动，需 3 级扰动程度。瓦斯抽采工程部署位置和具体抽采钻孔工程部署参数如图 7-31 所示。

7.4.3　11090 工作面煤巷条带瓦斯抽采工程

目前新义矿在 11090 工作面采用的瓦斯治理技术措施是水力冲孔卸压增透技术，经考察，11090 工作面轨道顺槽底板巷前 5 个钻场联抽 2～3 个月后，钻场的平均瓦斯抽采浓度普遍低于 10%，钻场平均流量小于 0.1m³·min⁻¹。为解决 11090 工作面瓦斯抽采效果差、冲孔效率低等问题，根据 11090 工作面瓦斯抽采地质条件，结合新义矿 11090 工作面设计，决定采取钻冲一体化水力冲孔技术、钻机+瓦斯抽采孔修复装备协同冲孔技术和老孔修复冲孔卸压增透技术，实现对 11090 工作面轨道顺槽条带的卸压改造，提高抽采效果（图 7-32）。

7.4.3.1　瓦斯抽采老孔修复技术方案

在 11090 工作面胶带或轨道顺槽底板巷利用瓦斯抽采孔水力作业机对已施工钻孔进行老孔修复，提高抽采效果，并验证该技术方案的可行性。利用老孔修复作业机对钻场内已施工钻孔进行间隔老孔修复（隔一排进行一次老孔修复），单孔冲出煤量不少于 1t，单孔水力冲孔作业完成后，进行封孔联抽（临时），进入下一组钻孔作业，完成一组钻场钻冲作业后进行标准化联抽。如果间隔老孔修复效果不理想，可采用全部钻孔进行老孔修复。

实施参数经计算如下：冲孔压力 10～15MPa；乳化泵选型额定工作压力可取为 31.5 MPa，排量可取 200 Lmin⁻¹ 或 400 L·min⁻¹，建议泵的排量为 400 L·min⁻¹；高压软管内径 32mm，耐压 35MPa。

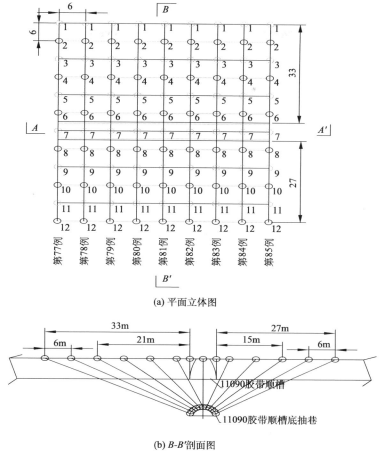

(a) 平面立体图

(b) *B-B'*剖面图

图 7-32 水力冲孔卸压抽采技术平剖面图

7.4.3.2 钻冲一体化卸压抽采方案

在 11090 工作面胶带或轨道顺槽底板巷利用钻冲一体化设备提高打钻、冲孔效率，并验证该技术方案的可行性。同时可采用钻机与老孔修复作业机配合，钻机施工钻孔，利用老孔修复作业机对施工钻孔进行水力冲孔，该施工工艺可改善矿方目前的水力冲孔数次扩孔的繁杂技术工艺效果，提高钻孔施工和冲孔效率，节省穿层钻孔水力冲孔强化抽采的时间。在 11090 工作面胶带顺槽底板巷内利用新研发的钻冲一体化装备进行水力冲孔作业，目标为 1 孔・2 班$^{-1}$（钻孔直径 Φ=113mm），出煤量为每米煤孔冲出 1t 煤；开展钻机钻孔+瓦斯抽采孔水力作业机协同冲孔的钻冲连续作业试验，钻机只负责打钻，冲孔作业由瓦斯抽采孔水力作业机完成，冲煤量每米煤孔不少于 1t，1 孔・1 班$^{-1}$。

钻冲一体化工艺技术实施参数经计算如下：冲孔压力 10MPa；乳化泵选型额定工作压力可取为 31.5 MPa，排量可取 200 L・min^{-1}或 400 L・min^{-1}，建议泵的排量为 400 L・min^{-1}；高压软管内径 32mm ，耐压 35MPa。

钻机钻孔+瓦斯抽采孔水力作业机协同冲孔工艺技术参数经计算如下：冲孔压力

15MPa；乳化泵选型额定工作压力可取为 31.5 MPa，排量可取 200 L·min^{-1} 或 400 L·min^{-1}，建议泵的排量为 400 L·min^{-1}；高压软管内径 32mm，耐压 35MPa。

7.4.3.3 效果评价

1）钻冲一体化水力冲孔技术

为分析钻冲一体化水力冲孔技术的冲孔效果，项目组统计了 45 天的冲孔数据，其中停工 8 天（设备故障、提料等），作业机实际工作时间为 37 天。工程量包括冲孔作业 45 个，冲孔效率为 1 孔·2 班$^{-1}$，合计冲孔煤段 173m，合计冲孔煤量 288t，平均出煤量 1.7t·m^{-1}，平均每班出煤量为 2.95t·班$^{-1}$。

钻冲一体化水力冲孔技术以钻冲压一体化作业机为载体，将打钻冲孔效率从原来的 1 孔·3 班$^{-1}$ 提高到 1 孔·2 班$^{-1}$，冲孔效率提高 33%。

2）钻机+瓦斯抽采孔修复装备协同冲孔技术

为分析该技术的冲孔效果，项目组统计了 39 天的试验数据，在此期间停工 16 天（设备故障、提料等），有效作业时间 23 天，冲孔 46 个，冲孔效率为 2 孔·3 班$^{-1}$，合计冲孔煤段 142m，合计冲孔煤量 203t，平均出煤量 1.4t·m^{-1}，平均每班出煤量为 3.7t·班$^{-1}$。

钻机-老孔修复作业机联动冲孔技术利用 3200 钻机和老孔作业机进行配合作业，将打钻冲孔效率从原来的 1 孔·3 班$^{-1}$ 提高到 2 孔·3 班$^{-1}$，冲孔效率提高一倍。

3）老孔修复卸压增透技术

利用老孔修复作业机对已抽采钻孔进行透孔，2016 年已经完成 130 多个钻孔的老孔修复作业，选取第 3$^{\#}$～第 10$^{\#}$ 共 8 个集气箱、136 个钻孔为考察对象对老孔修复前后（2015 年 10 月 4 日～2016 年 1 月 10 日）的瓦斯抽采纯量进行考察。由图 7-33 可知：老孔修复前，随着抽采时间的增加，抽采瓦斯纯量逐渐降低，每天的平均抽采瓦斯纯量从 20.5m^3 降低到 16.8 m^3，从 2015 年 11 月 6 日开始对第 3$^{\#}$ 集气箱的钻孔进行修复，每天的平均抽采瓦斯纯量开始逐渐升高，到 11 月 29 日第 10$^{\#}$ 集气箱的钻孔修复完成并联抽后，每天的平均抽采瓦斯纯量达到最大值 21.7m^3，持续抽采一个月后平均瓦斯抽采纯量恢复到修复前的水平。其中第 3$^{\#}$ 集气箱联抽 24 个钻孔，平均每个钻孔出煤量在 1t 以上，瓦斯抽采纯量从 20m^3·d^{-1} 平均提高到 46m^3·d^{-1}，持续时间达到两个月。分析认为：第 3$^{\#}$ 集气

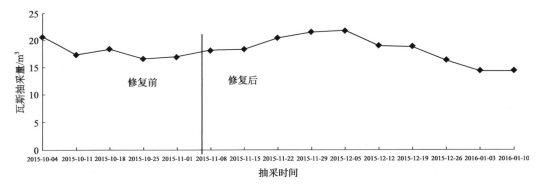

图 7-33　冲孔卸压增透技术

箱联抽的 3 列钻孔的出煤量明显高于后期修复的钻孔，达到 1t 以上，其他钻孔平均出煤量在 0.3t 左右（图 7-33）。由此可见，利用老孔修复作业机对已抽采钻孔进行透孔，可改善瓦斯抽采效果，抽采效率提高了一倍。

7.5　小　　结

本章在瓦斯抽采地质技术研究的基础上，提出了瓦斯抽采地质图和瓦斯抽采工程部署图的编制方法和标准，分别绘制了中马村矿、新义矿二₁煤瓦斯抽采地质图，选择中马村矿 27 采区和新义矿 11 采区进行了现场应用，绘制了瓦斯抽采工程部署图，指导扰动工艺与瓦斯抽采工程试验设计和施工，修正瓦斯抽采地质指标，考核了瓦斯抽采效果评价。

（1）提出了矿井瓦斯抽采地质图和矿井瓦斯抽采工程部署图的编制方法，据此分别绘制了中马村矿、新义矿二₁煤瓦斯抽采地质图和中马村矿 27 采区和新义矿 11 采区瓦斯抽采工程部署图。瓦斯抽采地质图包含矿井地质信息、瓦斯地质信息、瓦斯抽采地质单元、强化层体系及瓦斯抽采地质关键指标等信息。瓦斯抽采工程部署图包含瓦斯抽采地质图信息和瓦斯抽采工程设计信息等。

（2）中马村矿 27011 工作面回风条带水力强化后影响范围内单孔平均日抽采瓦斯纯量由 $0.984m^3 \cdot d^{-1}$ 增加到 $11.54m^3 \cdot d^{-1}$，增加 11.7 倍；27011 工作面水力强化后影响范围内单孔平均日抽采瓦斯纯量由 $117.48m^3 \cdot d^{-1}$ 增加到 $803.4m^3 \cdot d^{-1}$，增加 7 倍；27021 工作面回风巷条带水力强化影响范围内单孔平均日抽采瓦斯纯量由 $0m^3 \cdot d^{-1}$ 增加到 $739.80m^3 \cdot d^{-1}$。

（3）新义矿 11090 工作面钻冲一体化水力冲孔技术以钻冲压一体化作业机为载体，将打钻冲孔效率从原来的 1 孔·3 班$^{-1}$ 提高到了 1 孔·2 班$^{-1}$，冲孔效率提高 33%。钻机-老孔修复作业机联动冲孔技术利用 3200 钻机和老孔作业机进行配合作业，将打钻冲孔效率从原来的 1 孔·3 班$^{-1}$ 提高到了 2 孔·3 班$^{-1}$，冲孔效率提高了一倍。利用老孔修复作业机对已抽采钻孔进行透孔，改善了瓦斯抽采效果，瓦斯抽采纯量从 $20m^3 \cdot d^{-1}$ 平均提高到 $46m^3 \cdot d^{-1}$，抽采效率提高了一倍左右。

8 研 究 展 望

（1）瓦斯抽采是一项复杂的系统工程，瓦斯抽采地质单元划分、水力强化层体系构建与物性特征评价是基础性理论工作，该项工作的精细与准确程度取决于丰富的矿井地质资料和科学的探测手段，因此，矿井在日常生产实践中应注意探测、收集和保存地质资料，并加强地球物理探测手段的运用与优选。

（2）水力强化层瓦斯抽采地质评价指标体系还需要在更多的矿井瓦斯抽采与水力强化实践中进一步验证提炼，关键指标的获取急需配套相关先进测试仪器及处理软件系统。

（3）瓦斯抽采工程地质分析技术能更准确地阐明瓦斯抽采地质特征，提供瓦斯高效抽采所需的地质参数，为科学开展瓦斯抽采工程施工提供地质保障。随着"以孔代巷"区域瓦斯抽采技术的实施，亟须科学的抽采地质理论来明确该技术的适用条件、指导抽采设计及工程实施。

参 考 文 献

[1] 袁亮. 我国深部煤与瓦斯共采战略思考[J]. 煤炭学报, 2016, 41(1): 1-6.

[2] 王震. 新常态下煤炭产业发展战略思考[J]. 中国能源, 2015, 37(3): 30-33.

[3] 马耕, 陶云奇. 煤矿井下水力扰动抽采瓦斯技术体系[J]. 煤炭科学技术, 2016, 44(1): 29-38.

[4] 李辛子, 王运海, 姜昭琛, 等. 深部煤层气勘探开发进展与研究[J]. 煤炭学报, 2016, 41(1): 24-31.

[5] 秦勇, 袁亮, 胡千庭, 等. 我国煤层气勘探与开发技术现状及发展方向[J]. 煤炭科学技术, 2012, 40(10): 1-6.

[6] 袁亮. 卸压开采抽采瓦斯理论及煤与瓦斯共采技术体系[J]. 煤炭学报, 2009, 34(1): 1-8.

[7] 袁亮, 林柏泉, 杨威. 我国煤矿水力化技术瓦斯治理研究进展及发展方向[J]. 煤炭科学技术, 2015, 43(1): 45-49.

[8] 冯增朝. 低渗透煤层瓦斯强化抽采理论及应用[M]. 北京: 科学出版社, 2008.

[9] 赵阳升. 多孔介质多场耦合作用及其工程响应[M]. 北京: 科学出版社, 2010.

[10] 郭红玉. 基于水力压裂的煤矿井下瓦斯抽采理论与技术[D]. 焦作: 河南理工大学, 2011.

[11] 俞启香, 程远平. 矿井瓦斯防治[M]. 徐州: 中国矿业大学出版社, 1992.

[12] 马耕, 苏现波, 蔺海晓, 等. 围岩—煤储层缝网改造增透抽采瓦斯理论与技术[J]. 天然气工业, 2014, 34(8): 53-60.

[13] 苏现波, 马耕. 煤矿井下水力强化理论与技术[M]. 北京: 科学出版社, 2014.

[14] 张子戌, 吕闰生, 刘高峰, 等. 矿井地质学[M]. 徐州: 中国矿业大学出版社, 2017.

[15] 焦作矿业学院瓦斯地质研究室. 瓦斯地质概论[M]. 北京: 煤炭工业出版社, 1990.

[16] 张子敏. 瓦斯地质学[M]. 徐州: 中国矿业大学出版社, 2009.

[17] 傅雪海, 秦勇, 韦重韬. 煤层气地质学[M]. 徐州: 中国矿业大学出版社, 2007.

[18] 苏现波. 煤层气地质学与勘探开发[M]. 北京: 科学出版社, 2001.

[19] Creedy D P. Geological controls on the formation and distribution of gas in British coal measure strata[J]. International Journal of Coal Geology, 1988, 10(1):1-31.

[20] Bodden W R, Ehrlich R. Permeability of coals and characteristics of desorption tests: Implications for coalbed methane production[J]. International Journal of Coal Geology, 1998, 35(1):333-347.

[21] Markowski A K. Coalbed methane resource potential and current prospects in Pennsylvania[J]. International Journal of Coal Geology, 1998, 38(1):137-159.

[22] 周克友. 江苏省矿井瓦斯与地质构造关系分析[J]. 河南理工大学学报: 自然科学版, 1998, 17(4): 269-271.

[23] 王生全, 王英. 石嘴山一矿地质构造的控气性分析[J]. 中国煤炭地质, 2000, 12(4): 31-34.

[24] 康继武. 褶皱构造控制煤层瓦斯的基本类型[J]. 煤田地质与勘探, 1994, 22(1): 30-32.

[25] Karacan C Ö, Ruiz F A, Cotè M, et al. Coal mine methane: A review of capture and utilization practices with benefits to mining safety and to greenhouse gas reduction[J]. International Journal of Coal Geology, 2011, 86(2):121-156.

[26] 刘贻军, 娄建青. 中国煤层气储层特征及开发技术探讨[J]. 天然气工业, 2004, 24(1): 68-71.

[27] 芮绍发, 陈富勇, 宋三胜. 煤矿中小型构造控制瓦斯涌出规律[J]. 矿业安全与环保, 2001, 28(6): 18-19.

[28] 张子敏, 林又玲, 吕绍林, 等. 中国不同地质时代煤层瓦斯区域分布特征[J]. 地学前缘, 1999, 6(s1):

245-250.

[29] 黄德生. 地质构造控制煤与瓦斯突出的探讨[J]. 地质科学, 1992, (a12): 201-207.

[30] 张建博. 中国煤层气地质[M]. 北京: 地质出版社, 2000.

[31] 宋岩, 秦胜飞, 赵孟军. 中国煤层气成藏的两大关键地质因素[J]. 天然气地球科学, 2007, 18(4): 545-553.

[32] 时保宏, 赵靖舟, 权海奇. 试论煤层气藏概念与成藏要素[J]. 煤田地质与勘探, 2005, 33(1): 22-25.

[33] 唐书恒, 蔡超, 朱宝存, 等. 煤变质程度对煤储层物性的控制作用[J]. 天然气工业, 2008, 28(12): 30-33.

[34] Flores R M. Coalbed methane: From hazard to resource[J]. International Journal of Coal Geology, 1998, 35(1-4):3-26.

[35] 张天军, 许鸿杰, 李树刚, 等. 温度对煤吸附性能的影响[J]. 煤炭学报, 2009, 34(6): 802-805.

[36] 刘曰武, 苏中良, 方虹斌, 等. 煤层气的解吸/吸附机理研究综述[J]. 油气井测试, 2010, 19(6): 37-44.

[37] Aminian K, Ameri S. Predicting production performance of CBM reservoirs[J]. Journal of Natural Gas Science & Engineering, 2009, 1(1):25-30.

[38] 赵庆波, 张公明. 煤层气评价重要参数及选区原则[J]. 石油勘探与开发, 1999, 45(2): 23-24.

[39] 叶建平, 武强, 王子和. 水文地质条件对煤层气赋存的控制作用[J]. 煤炭学报, 2001, 26(5): 459-462.

[40] 刘勇. 构造煤测井曲线判识理论研究与应用[D]. 焦作: 河南理工大学, 2014.

[41] 侯泉林, 李培军, 李继亮. 闽西南前陆褶皱冲断带[M]. 北京: 地质出版社, 1995.

[42] 曹代勇, 张守仁, 任德贻. 构造变形对煤化作用进程的影响[J]. 地质论评, 2002, 48(3): 313-317.

[43] 琚宜文, 姜波, 侯泉林, 等. 构造煤结构−成因新分类及其地质意义[J]. 煤炭学报, 2004, 29(5): 513-517.

[44] 汤友谊, 田高岭, 孙四清, 等. 对煤体结构形态及成因分类的改进和完善[J]. 焦作工学院学报, 2004, 23(3): 161-164.

[45] 孙四清. 测井曲线判识构造软煤在煤与瓦斯突出区域预测中的应用[D]. 焦作: 河南理工大学, 2005.

[46] 王恩营, 刘明举, 魏建平. 构造煤成因−结构−构造分类新方案[J]. 煤炭学报, 2009, 34(5): 656-660.

[47] 郭红玉, 苏现波, 夏大平, 等. 煤储层渗透率与地质强度指标的关系研究及意义[J]. 煤炭学报, 2010, 35(8): 1319-1322.

[48] 王恩营. 构造煤形成的构造控制模式研究[D]. 焦作: 河南理工大学, 2009.

[49] 曹运兴, 彭立世. 顺层断层的基本类型及其对瓦斯突出带的控制作用[J]. 煤炭学报, 1995, 20(4): 413-417.

[50] 姜波, 李明, 屈争辉, 等. 构造煤研究现状及展望[J]. 地球科学进展, 2016, 31(4): 335-346.

[51] 王生全, 王贵荣, 常青, 等. 褶皱中和面对煤层的控制性研究[J]. 煤田地质与勘探, 2006, 34(4): 16-18.

[52] 刘咸卫, 曹运兴, 刘瑞, 等. 正断层两盘的瓦斯突出分布特征及其地质成因浅析[J]. 煤炭学报, 2000, 25(6): 571-575.

[53] 邵强, 王恩营, 王红卫, 等. 构造煤分布规律对煤与瓦斯突出的控制[J]. 煤炭学报, 2010, 35(2): 250-254.

[54] 张小东. 煤分级萃取的吸附响应及其地球化学机理[D]. 徐州: 中国矿业大学, 2005.

[55] 吴俊, 金奎励, 童有德, 等. 煤孔隙理论及在瓦斯突出和抽放评价中的应用[J]. 煤炭学报, 1991, 16(3): 87-94.

[56] 傅雪海, 秦勇, 薛秀谦, 等. 煤储层孔、裂隙系统分形研究[J]. 中国矿业大学学报, 2001, 30(3): 225-228.

[57] 许浩, 张尚虎, 冷雪, 等. 沁水盆地煤储层孔隙系统模型与物性分析[J]. 科学通报, 2005, 50(s1):

45-50.

[58] Yao Y B, Liu D M, Tang D Z, et al. Fractal characterization of seepage-pores of coals from China: An investigation on permeability of coals[J]. Computer & Geosciences, 2009, 35(6):1159-1166.

[59] 陈萍, 唐修义. 低温氮吸附法与煤中微孔隙特征的研究[J]. 煤炭学报, 2001, 26(5): 552-556.

[60] 赵志根, 唐修义. 低温氮吸附法测试煤中微孔隙及其意义[J]. 煤田地质与勘探, 2001, 29(5): 28-30.

[61] 降文萍, 宋孝忠, 钟玲文. 基于低温液氮实验的不同煤体结构煤的孔隙特征及其对瓦斯突出影响[J]. 煤炭学报, 2011, 36(4): 609-614.

[62] 张素新, 肖红艳. 煤储层中微孔隙和微裂隙的扫描电镜研究[J]. 电子显微学报, 2000, 19(4): 531-532.

[63] 张慧. 煤孔隙的成因类型及其研究[J]. 煤炭学报, 2001, 26(1): 40-44.

[64] 宫伟力, 李晨. 煤岩结构多尺度各向异性特征的 SEM 图像分析[J]. 岩石力学与工程学报, 2010, 29(增刊): 531-532.

[65] 韩德馨. 中国煤岩学[M]. 徐州: 中国矿业大学出版社, 1996.

[66] Dun W, Liu G J, Sun R, et al. Influences of magmatic intrusion on the macromolecular and pore structures of coal: Evidences from Raman spectroscopy and atomic force microscopy[J]. Fuel, 2014, 119(1):191-201.

[67] Baalousha M, Lead J R. Characterization of natural aquatic colloids (<5nm) by flow-field flow fractionation and atomic force microscopy[J]. Environmental Science & Technology, 2007, 41(4): 1111-1117.

[68] Yao S P, Jiao K, Zhang K, et al. An atomic force microscopy study of coal nanopore structure[J]. Chinese Science Bulletin, 2011, 56(25):2706-2712.

[69] Bruening F A, Cohen A D. Measuring surface properties and oxidation of coal macerals using the atomic force microscope[J]. International Journal of Coal Geology, 2005, 63(3):195-204.

[70] Pan J N, Zhu H T, Bai H L, et al. Atomic force microscopy study on microstructure of various ranks of coals[J]. Journal of Coal Science and Engineering, 2013, 19(3):309-315.

[71] Zhao Y, Liu S, Elsworth D, et al. Pore structure characterization of coal by synchrotron small-angle X-ray scattering and transmission electron microscopy[J]. Energy & Fuels, 2014, 28(6):3704-3711.

[72] 朱育平. 小角 X 射线散射: 理论、测试、计算及应用[M]. 北京: 化学工业出版社, 2008.

[73] Sakurovs R, He L, Melnichenko Y B, et al. Pore size distribution and accessible pore size distribution in bituminous coals[J]. International Journal of Coal Geology, 2012, 100(3):51-64.

[74] 宋晓夏, 唐跃刚, 李伟, 等. 基于小角 X 射线散射构造煤孔隙结构的研究[J]. 煤炭学报, 2014, 39(4): 719-724.

[75] 孟巧荣, 赵阳升, 胡耀青, 等. 焦煤孔隙结构形态的实验研究[J]. 煤炭学报, 2011, 36(3): 487-490.

[76] 于艳梅, 胡耀青, 梁卫国, 等. 应用 CT 技术研究瘦煤在不同温度下孔隙变化特征[J]. 地球物理学报, 2012, 55(2): 637-644.

[77] 宋晓夏, 唐跃刚, 李伟, 等. 基于显微 CT 的构造煤渗流孔精细表征[J]. 煤炭学报, 2013, 38(3): 435-440.

[78] 唐巨鹏, 潘一山, 李成全. 利用核磁共振成像技术研究煤层气渗流规律[J]. 中国科学技术大学学报, 2004, 33(z1): 423-427.

[79] 姚艳斌, 刘大锰, 蔡益栋, 等. 基于 NMR 和 X-CT 的煤的孔裂隙精细定量表征[J]. 中国科学地球科学, 2010, 40(11): 1598-1607.

[80] 王恩元, 何学秋. 煤岩变形破裂电磁辐射实验研究[J]. 地球物理学报, 2000, 43(1): 131-137.

[81] 窦林名, 何学秋, 王恩元, 等. 由煤岩变形冲击破坏所产生的电磁辐射[J]. 清华大学学报: 自然科学版, 2001, 41(12): 86-88.

[82] 谢晓永, 唐洪明, 孟英峰, 等. 气体泡压法在测试储集层孔隙结构中的应用[J]. 西南石油大学学报 (自然科学版), 2009, 31(5): 17-20.

[83] 韩贝贝, 秦勇, 张政, 等. 基于压汞试验的煤可压缩性研究及压缩量校正[J]. 煤炭科学技术, 2015, 43(3): 68-72.

[84] 刘大锰, 李振涛, 蔡益栋. 煤储层孔-裂隙非均质性及其地质影响因素研究进展[J]. 煤炭科学技术, 2015, 43(2): 10-15.

[85] 邹明俊. 三孔两渗煤层气产出建模及应用研究[D]. 徐州: 中国矿业大学, 2014.

[86] 郝琦. 煤的显微孔隙形态特征及其成因探讨[J]. 煤炭学报, 1987, 12(4): 51-57.

[87] 朱兴珊. 煤层孔隙特征对抽放煤层气的影响[J]. 中国煤层气, 1996, 6(1): 362-369.

[88] 吴俊. 煤微孔隙特征及其与油气运移储集关系的研究[J]. 中国科学, 1993, 23(1): 77-84.

[89] 秦勇. 中国高煤级煤的显微岩石学特征及结构演化[M]. 徐州: 中国矿业大学出版社, 1994.

[90] Hower J C. Observations on the role of the Bernice coal field (Sullivan County, Pennsylvania) anthracites in the development of coalification theories in the Appalachians[J]. International Journal of Coal Geology, 1997, 33(2):95-102.

[91] 王佑安, 杨思敬. 煤和瓦斯突出危险煤层的某些特征[J]. 煤炭学报, 1980, 5(1): 47-53.

[92] 姚多喜, 吕劲. 淮南谢一矿煤的孔隙研究[J]. 中国煤田地质, 1996, 8(4): 31-33.

[93] 张井, 于冰, 唐家祥. 瓦斯突出煤层的孔隙结构研究[J]. 中国煤田地质, 1996, 8(2): 71-74.

[94] 王涛, 黄文涛. 江西省新华煤矿软分层煤层的孔隙结构特征[J]. 中国煤田地质, 1994, 6(4): 57-59.

[95] 徐龙君, 鲜学福, 刘成伦, 等. 突出区煤的孔隙结构特征研究[J]. 矿业安全与环保, 1999, (2): 25-27.

[96] 郭德勇, 韩德馨, 王新义. 煤与瓦斯突出的构造物理环境及其应用[J]. 北京科技大学学报, 2002, 24(6): 582-592.

[97] 张子敏, 张玉贵. 瓦斯地质规律与瓦斯预测[M]. 北京: 煤炭工业出版社, 2005.

[98] 琚宜文, 姜波, 侯泉林, 等. 华北南部构造煤纳米级孔隙结构演化特征及作用机理[J]. 地质学报, 2005, 79(2): 269-285.

[99] 琚宜文, 姜波, 侯泉林, 等. 煤岩结构纳米级变形与变质变形环境的关系[J]. 科学通报, 2005, 50(17): 1884-1892.

[100] 王向浩, 王延斌, 高莎莎, 等. 构造煤与原生结构煤的孔隙结构及吸附性差异[J]. 高校地质学报, 2012, 18(3): 528-532.

[101] 要惠芳, 康志勤, 李伟. 典型构造煤变形特征及储集层物性[J]. 石油勘探与开发, 2014, 41(4): 414-420.

[102] 张文静, 琚宜文, 卫明明, 等. 不同变质变形煤储层吸附/解吸特征及机理研究进展[J]. 地学前缘, 2015, 22(2): 232-242.

[103] 姜家钰, 雷东记, 谢向向, 等. 构造煤孔隙结构与瓦斯耦合特性研究[J]. 安全与环境学报, 2015, 15(1): 123-127.

[104] 孙培德, 鲜学福. 煤层瓦斯渗流力学的研究进展[J]. 河南理工大学学报: 自然科学版, 2001, 20(3): 161-167.

[105] 周世宁, 孙辑正. 煤层瓦斯流动理论及其应用[J]. 煤炭学报, 1965, 2(1): 26-39.

[106] 唐书恒. 煤储层渗透性影响因素探讨[J]. 中国煤炭地质, 2001, 13(1): 28-30.

[107] 唐巨鹏, 潘一山, 李成全, 等. 有效应力对煤层气解吸渗流影响试验研究[J]. 岩石力学与工程学报, 2006, 25(8): 1563-1568.

[108] 何学秋, 张力. 外加电磁场对瓦斯吸附解吸的影响规律及作用机理的研究[J]. 煤炭学报, 2000, 25(6): 614-618.

[109] 聂百胜, 何学秋, 王恩元, 等. 电磁场影响煤层甲烷吸附的机理研究[J]. 天然气工业, 2004, 24(10):

32-34.

[110] 周世宁. 瓦斯在煤层中流动的机理[J]. 煤炭学报, 1990, 15(1): 15-24.

[111] 赵阳升. 煤体—瓦斯耦合数学模型及数值解法[J]. 岩石力学与工程学报, 1994, 13(3): 229.

[112] 梁冰, 章梦涛, 王泳嘉. 煤层瓦斯渗流与煤体变形的耦合数学模型及数值解法[J]. 岩石力学与工程学报, 1996, 15(2): 135.

[113] 汪有刚, 刘建军, 杨景贺, 等. 煤层瓦斯流固耦合渗流的数值模拟[J]. 煤炭学报, 2001, 26(3): 285-289.

[114] 季长江, 蔺海晓, 信凯. 瓦斯强化抽采措施的分析[J]. 煤矿开采, 2011, 16(6): 6-7.

[115] 邹忠有, 白铁刚, 姜文忠, 等. 水力冲割煤层卸压抽放瓦斯技术的研究[J]. 煤矿安全, 2000, 31(1): 34-36.

[116] 赵岚, 冯增朝, 杨栋, 等. 水力割缝提高低渗透煤层渗透性实验研究[J]. 太原理工大学学报, 2001, 32(2): 109-111.

[117] 段康廉, 冯增朝, 赵阳升, 等. 低渗透煤层钻孔与水力割缝瓦斯排放的实验研究[J]. 煤炭学报, 2002, 27(1): 50-53.

[118] 王婕, 林柏泉, 茹阿鹏. 割缝排放低透气性煤层瓦斯过程的数值试验[J]. 煤矿安全, 2005, 36(8): 4-7.

[119] 李晓红, 卢义玉, 赵瑜, 等. 高压脉冲水射流提高松软煤层透气性的研究[J]. 煤炭学报, 2008, 33(12): 1386-1390.

[120] 林柏泉, 吕有厂, 李宝玉, 等. 高压磨料射流割缝技术及其在防突工程中的应用[J]. 煤炭学报, 2007, 32(9): 959-963.

[121] 梁运培. 高压水射流钻孔破煤机理研究[D]. 青岛: 山东科技大学, 2007.

[122] 魏国营, 郭中海, 谢伦荣, 等. 煤巷掘进水力掏槽防治煤与瓦斯突出技术[J]. 煤炭学报, 2007, 32(2): 172-176.

[123] 李晓红, 卢义玉, 向文英. 水射流理论及在矿业工程中的应用[M]. 重庆: 重庆大学出版社, 2007.

[124] 李同林. 水压致裂煤层裂缝发育特点的研究[J]. 地球科学, 1994, 19(4): 537-545.

[125] 李文魁. 多裂缝压裂改造技术在煤层气井压裂中的应用[J]. 西安石油大学学报: 自然科学版, 2000, 15(5): 37-38.

[126] 李安启, 姜海, 陈彩虹. 我国煤层气井水力压裂的实践及煤层裂缝模型选择分析[J]. 天然气工业, 2004, 24(5): 91-94.

[127] 赵阳升, 杨栋, 胡耀青, 等. 低渗透煤储层煤层气开采有效技术途径的研究[J]. 煤炭学报, 2001, 26(5): 455-458.

[128] 胡耀青, 段康廉, 赵阳升. 煤层动压注水的现场实验研究[J]. 太原理工大学学报, 1998, 29(2): 156-158.

[129] 聂百胜, 何学秋, 冯志华, 等. 磁化水在煤层注水中的应用[J]. 辽宁工程技术大学学报, 2007, 26(1): 1-3.

[130] 李学臣, 魏国营. 突出煤层水力掏槽防突技术措施的应用[J]. 河南理工大学学报: 自然科学版, 2006, 25(4): 270-274.

[131] 张小兵, 邹璇, 张航, 等. 不同煤体结构煤基活性炭微观结构与甲烷吸附性能[J]. 中国矿业大学学报, 2017, 46(1): 155-161.

[132] 李世峰, 金瞰昆, 刘素娟. 矿井地质与矿井水文地质[M]. 徐州: 中国矿业大学出版社, 2009.

[133] 李明. 构造煤结构演化及成因机制[D]. 徐州: 中国矿业大学, 2013.

[134] 胡斌, 张璐, 刘顺喜, 等. 河南省中二叠世山西期古地理特征[J]. 古地理学报, 2012, 14(4): 411-422.

[135] 武强, 赵苏启, 孙文洁, 等. 中国煤矿水文地质类型划分与特征分析[J]. 煤炭学报, 2013, 38(6):

901-905.

[136] 赵德安, 陈志敏, 蔡小林, 等. 中国地应力场分布规律统计分析[J]. 岩石力学与工程学报, 2007, 26(6): 1265-1271.

[137] 张寅. 深部特厚煤层巷道冲击地压机理及防治研究[D]. 徐州: 中国矿业大学, 2010.

[138] 梁坤, 张小荣, 丁炳英. 水压致裂法在塔山煤矿巷道围岩地应力测量中的应用[J]. 中国西部科技, 2010, 9(23): 10-11.

[139] 陈群策, 丰成君, 孟文, 等. 5.12 汶川地震后龙门山断裂带东北段现今地应力测量结果分析[J]. 地球物理学报, 2012, 55(12): 3923-3932.

[140] 李飞. 韩国背后岭隧道水压致裂法地应力测量与围岩稳定研究[D]. 沈阳: 东北大学, 2008.

[141] 蔡美峰, 乔兰, 李华斌. 地应力测量原理和技术[M]. 北京: 科学出版社, 1995.

[142] 康红普, 林健, 张晓, 等. 潞安矿区井下地应力测量及分布规律研究[J]. 岩土力学, 2010, 31(3): 827-831.

[143] 任润厚. 潞安矿区围岩地应力分布规律[J]. 采矿与安全工程学报, 2005, 22(1): 102-103.

[144] 吴志刚. 数字定向器在地应力测量中的应用[J]. 煤炭技术, 2008, 27(6): 125-126.

[145] 郭伟杰, 龚成, 李晶. 地应力测量方法及其需要注意的问题[J]. 价值工程, 2010, 29(5): 136-137.

[146] 黄禄渊, 杨树新, 崔效锋, 等. 华北地区实测应力特征与断层稳定性分析[J]. 岩土力学, 2013, 34(s1): 204-213.

[147] 崔效锋, 谢富仁, 李瑞莎, 等. 华北地区构造应力场非均匀特征与煤田深部应力状态[J]. 岩石力学与工程学报, 2010, 29(s1): 2755-2761.

[148] 康红普, 林健, 张晓. 深部矿井地应力测量方法研究与应用[J]. 岩石力学与工程学报, 2007, 26(5): 929-933.

[149] 苏现波, 马耕, 等. 煤系气储层缝网改造技术及应用[M]. 北京: 科学出版社, 2017.

[150] 林柏泉, 张建国. 矿井瓦斯抽放理论与技术[M]. 徐州: 中国矿业大学出版社, 2007.

[151] 张铁岗. 矿井瓦斯综合治理技术[M]. 北京: 煤炭工业出版社, 2001.

[152] 于不凡. 煤矿瓦斯灾害防治及利用技术手册[M]. 北京: 煤炭工业出版社, 2005.

[153] 乌效鸣. 煤层气井水力压裂计算原理及应用[M]. 北京: 中国地质大学出版社, 1997.

[154] 李根生, 黄中伟, 田守嶒, 等. 水力喷射压裂理论与应用[M]. 北京: 科学出版社, 2011.

[155] 李波, 魏建平, 郝天轩. 水力冲孔措施在深部低透气性煤层中的应用研究[J]. 河南理工大学学报: 自然科学版, 2012, 31(5): 501-506.

[156] 冯增朝, 康健, 段康廉. 煤体水力割缝中瓦斯突出现象实验与机理研究[J]. 辽宁工程技术大学学报, 2001, 20(4): 443-445.

[157] 龙威成, 孙四清, 郑凯歌, 等. 煤层高压水力割缝增透技术地质条件适用性探讨[J]. 中国煤炭地质, 2017, 29(3): 37-40.

[158] 邝四华, 蒋志刚. 超高压水力割缝技术在瓦斯抽采中的应用[J]. 陕西煤炭, 2017, 36(4): 76-79.

[159] 李志强. 水力挤出措施防突机理及合理技术参数研究[D]. 焦作: 河南理工大学, 2004.

[160] 吴世跃. 煤层中的耦合运动理论及其应用—具有吸附作用的气固耦合运动理论[M]. 北京: 科学出版社, 2009.

[161] 戚玲玲. 基于煤孔隙特征的焦作矿区二₁ 煤层瓦斯吸附/解吸响应特性研究[D]. 焦作: 河南理工大学, 2013.

[162] 宋志敏. 变形煤物理模拟与吸附—解吸规律研究[D]. 焦作: 河南理工大学, 2012.

[163] 刘宇, 彭平安. 不同矿物组分对泥页岩纳米孔隙发育影响因素研究[J]. 煤炭学报, 2017, 42(3): 702-711.

[164] 吕闰生. 受载瓦斯煤体变形渗流特征及控制机理研究[D]. 北京: 中国矿业大学 (北京), 2014.

[165] 刘高峰. 高温高压三相介质煤吸附瓦斯机理与吸附模型[D]. 焦作: 河南理工大学, 2011.

[166] 宋志敏, 刘高峰, 杨晓娜, 等. 高温高压平衡水分条件下变形煤的吸附-解吸特性[J]. 采矿与安全工程学报, 2012, 29(4): 591-595.

[167] 孟召平, 田永东, 李国富. 煤层气开发地质学理论与方法[M]. 北京: 科学出版社, 2010.

[168] 李志强, 刘勇, 许彦鹏, 等. 煤粒多尺度孔隙中瓦斯扩散机理及动扩散系数新模型[J]. 煤炭学报, 2016, 41(3): 633-643.

[169] 张国成, 任建刚, 宋志敏, 等. 方向性原煤 CH_4 气体扩散实验及矢量计算模型[J]. 河南理工大学学报: 自然科学版, 2015, 34(5): 593-599.

[170] 倪小明, 苏现波, 张小东. 煤层气开发地质学[M]. 北京: 化学工业出版社, 2010.

[171] 郭红玉, 苏现波. 煤储层启动压力梯度的实验测定及意义[J]. 天然气工业, 2010, 30(6): 52-54.

[172] 马耕, 苏现波, 魏庆喜. 基于瓦斯流态的抽放半径确定方法[J]. 煤炭学报, 2009, 34(4): 501-504.

[173] 崔连训, 邵先杰, 董新秀, 等. 煤层气井评价指标体系及评价方法[J]. 煤田地质与勘探, 2014, 42(3): 26-30.

[174] 王安民, 曹代勇, 魏迎春. 煤层气选区评价方法探讨——以准噶尔盆地南缘为例[J]. 煤炭学报, 2017, 42(4): 950-958.

[175] 邵龙义, 文怀军, 李永红, 等. 青海省天峻县木里煤田煤层气有利区块的多层次模糊数学评判[J]. 地质通报, 2011, 30(12): 1896-1903.

[176] 刘晓. 煤—围岩水力扰动增透机理及技术研究[D]. 焦作: 河南理工大学, 2015.

[177] 国安安全生产监督管理总局. 煤矿矿井瓦斯地质图编制方法: AQ/T 1086—2011[S]. 北京: 煤炭工业出版社, 2011.